普通高等教育电子信息类系列教材

通 信 原 理

李莉　王春悦　叶茵　编著

机械工业出版社

本书根据国内"通信原理"课程的传统教学体系，结合近年来通信技术的发展，全面讲述了现代通信的基本原理和分析方法，是作者通过长期的教学实践为通信及电子信息类专业编写的教材。

本书具体内容包括绪论、确知信号和随机信号分析、模拟调制系统、数字基带传输系统、数字调制系统、模拟信号的数字化传输、信道、数字信号的最佳接收、差错控制编码、扩频通信等。

本书在注重传统通信理论系统性的同时，注意与其他专业课程的衔接。本书内容系统性强、阐述简练、深入浅出、图文并茂，在对系统进行严格理论分析的基础上尽量结合实际通信系统进行原理阐述。各章后均附有思考题和习题，旨在促进读者思考、理解有关基本原理与概念，帮助读者学习和掌握基础通信理论。

本书可作为高等院校通信与电子信息类及相关专业本科生教材，也可作为研究生和成人教育的主要参考教材。

图书在版编目（CIP）数据

通信原理/李莉，王春悦，叶茵编著. —北京：机械工业出版社，2020.5
(2023.1重印)
普通高等教育电子信息类系列教材
ISBN 978-7-111-64914-4

Ⅰ. ①通… Ⅱ. ①李… ②王… ③叶… Ⅲ. ①通信原理—高等学校—教材 Ⅳ. ①TN911

中国版本图书馆CIP数据核字（2020）第034976号

机械工业出版社（北京市百万庄大街22号　邮政编码100037）
策划编辑：路乙达　责任编辑：路乙达　王雅新
责任校对：王　延　封面设计：张　静
责任印制：常天培
北京中科印刷有限公司印刷
2023年1月第1版第2次印刷
184mm×260mm·23.5印张·579千字
标准书号：ISBN 978-7-111-64914-4
定价：59.80元

电话服务　　　　　　　　网络服务
客服电话：010-88361066　机　工　官　网：www.cmpbook.com
　　　　　010-88379833　机　工　官　博：weibo.com/cmp1952
　　　　　010-68326294　金　书　网：www.golden-book.com
封底无防伪标均为盗版　　机工教育服务网：www.cmpedu.com

前　言

　　通信领域发展迅猛，门类繁多，要对各种通信系统及其设备做深入研究，必须掌握最基本的通信理论，理解通信系统构成的基本原理，进而应用、设计各种类型的通信系统、通信设备和通信网络。因此，使读者获得足够的基础通信理论是本书的宗旨。

　　本书系统地介绍了现代通信系统的基本概念、工作原理、主要技术及分析方法。全书共分11章。第1章绪论，主要介绍通信的基本概念、通信系统模型、通信系统的性能指标、信息的基本概念等内容；第2章确知信号分析，主要回顾信号与系统的分析方法及重要结论；第3章随机信号分析，介绍分析通信系统抗噪声性能必备的随机过程的数学知识；第4章模拟调制系统，主要介绍各种模拟通信系统的调制、解调方法，并讨论模拟通信系统的抗噪声性能，频分复用和加重技术等相关内容；第5章数字基带传输系统，主要介绍数字基带信号波形和功率谱密度、码间干扰、部分响应系统、眼图和时域均衡等内容；第6章数字调制系统，主要介绍二进制、多进制数字调制解调原理、抗噪声性能分析、正交振幅调制（QAM）、最小频移键控（MSK）、正交频分复用（OFDM）、新型多载波技术等的原理；第7章模拟信号的数字化传输，主要介绍PCM等模拟信号的数字化方法与时分复用等；第8章信道，主要介绍信道的数学模型、恒参信道和随参信道及其对信号传输的影响；第9章数字信号的最佳接收，主要介绍数字信号的最佳接收准则，二进制和多进制的最佳接收等内容；第10章差错控制编码，主要介绍差错控制编码的机理、检错码和纠错码的概念，分析线性分组码和卷积码的构成原理及解码方式，同时还介绍了删余卷积码、Turbo码和低密度奇偶校验（LDPC）码等新技术；第11章扩频通信，介绍 m 序列、直接序列扩频系统及其抗干扰性能、码分多址等内容。

　　本书内容系统性强，除必要的数学推导外，突出基本概念，深入浅出、图文并茂。为了便于学习，各章配有典型例题，各章后均附有思考题和习题，旨在促进读者思考、理解有关基本原理与概念，帮助读者学习和掌握基础通信理论。

　　本书根据国内"通信原理"课程的传统教学体系，同时结合近年来通信技术的发展，全面讲述了现代通信的基本原理和分析方法，是作者通过长期的教学实践为通信及电子信息类专业编写的教材。在实施教学过程中，尚需配合一定数量的实验。

　　本书由李莉、王春悦、叶茵编著。第1、2、4、5、6章以及附录由李莉编写，第3、7、11章由王春悦编写，第8、9、10章由叶茵编写。

　　鉴于编者水平有限，难免有错误、遗漏和不妥之处，恳请读者指正。

编　者

目 录

前 言
第1章 绪论 ·········· 1
1.1 通信的基本概念 ············ 1
1.2 通信系统和通信网 ·········· 1
1.3 模拟通信系统和数字通信系统 ····· 2
1.3.1 模拟通信系统 ············ 3
1.3.2 数字通信系统 ············ 4
1.3.3 模拟通信和数字通信的比较 ·· 5
1.4 信息及其度量 ············· 5
1.5 通信系统的主要性能指标 ······· 7
思考题 ··················· 9
习题 ···················· 10

第2章 确知信号分析 ········· 11
2.1 引言 ·················· 11
2.2 信号与系统的表示法 ········· 11
2.2.1 信号的分类 ············· 11
2.2.2 系统的描述 ············· 12
2.3 信号的频域分析 ············ 13
2.3.1 周期信号的傅里叶级数 ····· 13
2.3.2 傅里叶变换 ············ 14
2.4 能量谱密度与功率谱密度 ······ 17
2.4.1 能量谱密度 ············· 17
2.4.2 功率谱密度 ············· 17
2.5 确知信号的卷积与相关 ········ 18
2.5.1 卷积与卷积定理 ········· 18
2.5.2 信号的相关 ············· 19
2.6 确知信号通过线性系统 ········ 22
2.6.1 信号通过线性系统的分析方法 ····· 22
2.6.2 信号的无失真传输条件 ····· 23
2.6.3 信号与系统的带宽 ······· 24
2.6.4 低通滤波器与带通滤波器 ··· 26
2.7 希尔伯特变换与解析信号 ······ 26
2.7.1 希尔伯特变换 ··········· 26
2.7.2 解析信号 ·············· 29
思考题 ··················· 30
习题 ···················· 30

第3章 随机信号分析 ········· 31
3.1 随机过程的一般描述 ········· 31
3.1.1 随机过程的基本概念 ······ 31
3.1.2 随机过程的概率分布 ······ 31
3.2 随机过程的部分描述——数字特征 ···· 32
3.2.1 数学期望 ·············· 32
3.2.2 方差 ················· 33
3.2.3 自协方差函数和自相关函数 ·· 33
3.2.4 互协方差函数和互相关函数 ·· 33
3.3 平稳随机过程 ············· 34
3.3.1 平稳随机过程的定义 ······ 34
3.3.2 各态历经性 ············· 35
3.3.3 平稳随机过程的相关函数与功率谱密度 ········ 35
3.3.4 循环平稳随机过程 ········ 39
3.4 高斯随机过程 ············· 40
3.4.1 高斯随机变量与高斯随机过程 ··· 40
3.4.2 高斯随机过程的性质 ······ 41
3.4.3 与高斯分布有关的重要函数 ·· 42
3.5 窄带随机过程 ············· 42
3.5.1 窄带随机过程的定义 ······ 42
3.5.2 窄带随机过程的表示方式 ··· 43
3.5.3 同相分量与正交分量的统计特性 ······ 43
3.5.4 包络与相位的统计特性 ····· 45
3.5.5 同相分量与正交分量随机过程的功率谱密度 ······ 46
3.6 余弦波加窄带平稳高斯过程 ····· 48
3.7 随机过程通过系统分析 ········ 49
3.7.1 平稳随机过程通过线性系统 ·· 49
3.7.2 平稳随机过程通过乘法器 ··· 51
3.8 高斯白噪声与限带白噪声 ······ 53
3.8.1 高斯白噪声 ············· 53
3.8.2 限带白噪声 ············· 54
思考题 ··················· 55
习题 ···················· 55

第4章 模拟调制系统 ········· 59
4.1 引言 ·················· 59

目　录

- 4.2 幅度调制系统 …………………………… 60
  - 4.2.1 调幅与双边带调制 ……………… 60
  - 4.2.2 单边带与残留边带调制 ………… 65
- 4.3 幅度调制系统的抗噪声性能 …………… 70
  - 4.3.1 DSB 与 SSB 系统的抗噪声性能 …… 71
  - 4.3.2 AM 系统的抗噪声性能 …………… 73
- 4.4 角度调制 ………………………………… 75
  - 4.4.1 角度调制的时域特性分析 ……… 76
  - 4.4.2 角度调制的频域特性分析 ……… 77
  - 4.4.3 角度调制的功率与带宽 ………… 79
  - 4.4.4 调频信号的产生与解调 ………… 80
- 4.5 调频信号的抗噪声性能 ………………… 82
- 4.6 各种模拟调制系统的比较 ……………… 87
- 4.7 频分复用 ………………………………… 88
- 思考题 ………………………………………… 89
- 习题 …………………………………………… 90

第 5 章　数字基带传输系统 …………… 96
- 5.1 引言 ……………………………………… 96
- 5.2 数字基带信号 …………………………… 96
  - 5.2.1 二元码 …………………………… 96
  - 5.2.2 1B2B 码 ………………………… 97
  - 5.2.3 传号反转码和三阶高密度
    双极性码 ………………………… 98
  - 5.2.4 多元码 …………………………… 99
- 5.3 数字基带信号的功率谱密度 …………… 100
- 5.4 无码间干扰的数字基带系统 …………… 104
  - 5.4.1 数字基带传输系统的模型 ……… 104
  - 5.4.2 数字基带信号的传输过程 ……… 105
  - 5.4.3 无码间干扰的条件 ……………… 107
  - 5.4.4 无码间干扰的传输特性设计 …… 109
- 5.5 部分响应系统 …………………………… 113
  - 5.5.1 第 I 类部分响应系统 …………… 113
  - 5.5.2 第 IV 类部分响应系统 ………… 117
  - 5.5.3 部分响应关系的推广 …………… 119
- 5.6 数字基带传输系统的抗噪声性能 ……… 121
  - 5.6.1 数字基带信号的接收 …………… 121
  - 5.6.2 高斯白噪声对二电平数字基带
    传输系统的影响 ………………… 121
  - 5.6.3 高斯白噪声对多电平数字基带
    传输系统的影响 ………………… 124
- 5.7 眼图 ……………………………………… 125
- 5.8 时域均衡 ………………………………… 127
  - 5.8.1 时域均衡器的基本原理 ………… 127
- 5.8.2 时域均衡器的结构 ……………… 129
- 思考题 ………………………………………… 131
- 习题 …………………………………………… 132

第 6 章　数字调制系统 ………………… 137
- 6.1 二进制幅移键控 ………………………… 137
  - 6.1.1 2ASK 信号时域与频域分析 …… 137
  - 6.1.2 2ASK 信号抗噪声性能分析 …… 140
- 6.2 二进制频移键控 ………………………… 145
  - 6.2.1 2FSK 信号时域与频域分析 …… 145
  - 6.2.2 2FSK 信号抗噪声性能分析 …… 147
- 6.3 二进制绝对相移键控与二进制相对
  相移键控 ………………………………… 152
  - 6.3.1 2PSK 与 2DPSK 时域与频域
    分析 ……………………………… 152
  - 6.3.2 2PSK 与 2DPSK 信号抗噪声
    性能分析 ………………………… 156
- 6.4 各种二进制数字调制系统的比较 ……… 161
  - 6.4.1 传输带宽和频带利用率 ………… 161
  - 6.4.2 误码率 …………………………… 162
  - 6.4.3 对信道特性变化的敏感性 ……… 162
  - 6.4.4 设备的复杂程度与成本 ………… 163
- 6.5 多进制数字调制系统 …………………… 163
  - 6.5.1 多进制幅度调制原理及抗噪声
    性能 ……………………………… 164
  - 6.5.2 多进制频率调制原理及抗噪声
    性能 ……………………………… 166
  - 6.5.3 多进制相位调制原理及抗噪声
    性能 ……………………………… 168
- 6.6 无码间干扰的数字调制系统 …………… 174
  - 6.6.1 数字调制系统的无码间干扰
    条件 ……………………………… 175
  - 6.6.2 余弦滚降特性 …………………… 175
- 6.7 常用的现代调制技术 …………………… 177
  - 6.7.1 正交调幅 ………………………… 177
  - 6.7.2 最小频移键控 …………………… 183
  - 6.7.3 高斯最小频移键控 ……………… 187
  - 6.7.4 正交频分复用 …………………… 189
  - 6.7.5 新型多载波——滤波器组技术 …… 195
- 思考题 ………………………………………… 198
- 习题 …………………………………………… 198

第 7 章　模拟信号的数字化传输 ……… 201
- 7.1 引言 ……………………………………… 201
- 7.2 模拟信号的抽样 ………………………… 201

  7.2.1 低通信号抽样定理 ………… 201
  7.2.2 带通信号抽样定理 ………… 205
 7.3 脉冲振幅调制 ……………………… 209
  7.3.1 自然抽样 …………………… 209
  7.3.2 平顶抽样 …………………… 210
 7.4 模拟信号的量化 …………………… 213
  7.4.1 量化的基本概念 …………… 213
  7.4.2 均匀量化信噪比 …………… 214
  7.4.3 非均匀量化 ………………… 216
  7.4.4 矢量量化 …………………… 220
 7.5 脉冲编码调制 ……………………… 221
  7.5.1 A 律 13 折线的 PCM 编码 … 221
  7.5.2 PCM 系统的抗噪声性能 …… 226
 7.6 差值脉冲编码调制与增量调制 …… 228
  7.6.1 差值脉冲编码调制系统 …… 228
  7.6.2 增量调制原理 ……………… 229
 7.7 赫夫曼编码 ………………………… 229
 7.8 语音和图像压缩编码 ……………… 231
  7.8.1 语音压缩编码 ……………… 231
  7.8.2 图像压缩编码 ……………… 232
 7.9 时分复用和数字传输技术 ………… 234
  7.9.1 时分复用的基本原理 ……… 234
  7.9.2 PCM 基群帧结构与传输速率 … 236
  7.9.3 准同步数字体系、同步数字体系与光传送网 ……………… 237
 思考题 …………………………………… 238
 习题 ……………………………………… 239

第 8 章 信道 …………………………… 241
 8.1 信道的定义及分类 ………………… 241
 8.2 调制信道与编码信道模型 ………… 242
  8.2.1 调制信道模型 ……………… 242
  8.2.2 编码信道模型 ……………… 243
 8.3 恒参信道及其对信号传输的影响 … 244
  8.3.1 恒参信道及其特性 ………… 244
  8.3.2 恒参信道对信号传输的影响 … 245
 8.4 随参信道及其对信号传输的影响 … 246
  8.4.1 随参信道举例 ……………… 246
  8.4.2 随参信道的数学模型 ……… 247
  8.4.3 随参信道特性及其对信号传输的影响 ……………………… 248
  8.4.4 随参信道特性的改善 ……… 252
 8.5 信道噪声 …………………………… 253
 8.6 信道容量 …………………………… 255
 思考题 …………………………………… 258
 习题 ……………………………………… 258

第 9 章 数字信号的最佳接收 ………… 260
 9.1 相关接收机 ………………………… 260
  9.1.1 接收波形的统计特性 ……… 260
  9.1.2 关于最小差错概率准则 …… 261
  9.1.3 二进制确知信号的相关接收机结构 ……………………… 263
  9.1.4 二进制确知信号的相关接收机性能 ……………………… 264
  9.1.5 多进制正交确知信号的相关接收 ………………………… 270
 9.2 匹配滤波接收机 …………………… 272
  9.2.1 匹配滤波器原理 …………… 272
  9.2.2 二进制确知信号的匹配滤波接收 ………………………… 275
 9.3 最佳基带传输系统 ………………… 277
 思考题 …………………………………… 278
 习题 ……………………………………… 279

第 10 章 差错控制编码 ………………… 282
 10.1 检错和纠错的基本概念 ………… 282
 10.2 几种常见的简单检错码 ………… 287
 10.3 线性分组码 ……………………… 289
  10.3.1 线性分组码的基本概念 … 289
  10.3.2 生成矩阵及其特性 ……… 290
  10.3.3 监督矩阵及其特性 ……… 291
  10.3.4 编码和译码 ……………… 292
  10.3.5 汉明码 …………………… 294
  10.3.6 缩短码 …………………… 295
 10.4 循环码 …………………………… 296
  10.4.1 循环码的多项式描述 …… 296
  10.4.2 循环码的生成矩阵与生成多项式 ……………………… 298
  10.4.3 循环码编码 ……………… 299
  10.4.4 循环码译码 ……………… 301
  10.4.5 缩短循环码 ……………… 304
  10.4.6 循环冗余校验码 ………… 305
 10.5 BCH 码 …………………………… 306
  10.5.1 多项式域 ………………… 306
  10.5.2 BCH 码原理 ……………… 309
  10.5.3 RS 码 ……………………… 311
 10.6 卷积码 …………………………… 313
  10.6.1 卷积码的基本概念 ……… 313

10.6.2 卷积码的图形描述 ………… 314
10.6.3 卷积码的解析描述 ………… 317
10.6.4 卷积码译码 ………………… 321
10.6.5 递归系统卷积码 …………… 323
10.6.6 删余卷积码 ………………… 325
10.7 交织编码 …………………………… 326
10.8 级联码与 Turbo 码 ………………… 329
10.8.1 级联码 ………………………… 329
10.8.2 Turbo 码 ……………………… 329
10.9 低密度奇偶校验码 ………………… 331
10.9.1 LDPC 码的基本概念 ……… 331
10.9.2 LDPC 码的编码和译码 …… 331
10.9.3 LDPC 码与 Turbo 码的误码率
性能比较 ……………………… 332
思考题 ……………………………………… 333
习题 ………………………………………… 333

第 11 章 扩频通信 ……………………… 336
11.1 扩频通信的基本概念 ……………… 336
11.2 m 序列 …………………………… 338
11.2.1 m 序列的产生 ……………… 338
11.2.2 特征多项式与序列多项式
的关系 ………………………… 341

11.2.3 m 序列的性质 ……………… 342
11.2.4 m 序列波形的自相关函数和
功率谱密度 …………………… 344
11.3 直接序列扩频系统 ………………… 345
11.3.1 直扩信号的产生 …………… 346
11.3.2 直扩信号的频谱特性 ……… 347
11.3.3 直扩信号的解扩与解调 …… 348
11.3.4 直扩系统的抗干扰性能 …… 349
11.3.5 码分多址 …………………… 352
11.4 正交编码 …………………………… 353
11.4.1 哈达玛矩阵 ………………… 353
11.4.2 沃尔什函数与沃尔什码 …… 354
11.4.3 码分复用 …………………… 355
思考题 ……………………………………… 355
习题 ………………………………………… 356

附录 ………………………………………… 360
附录 A 常用三角函数公式 …………… 360
附录 B 常用信号的傅里叶变换 ……… 361
附录 C Q 函数表和误差函数表 ……… 362
附录 D 贝塞尔函数表 ………………… 364

参考文献 …………………………………… 365

第1章 绪 论

1.1 通信的基本概念

通信就是信息的传输与交换。通信的基本方式是在信源和信宿之间建立一个传输信息的通路（信道）。但由于信源和信宿之间的不确定性和多元性，所以它们之间一般不一定需要建立固定的信息通路。因此，通信系统除了信息的传输以外，还必须进行信息的交换。传输系统和交换系统共同组成了一个完整的通信系统，乃至通信网。在通信原理课程中，主要讲述通信传输系统的基本原理。

通信就是将消息从一个地方传送到另一个或多个地方，这些消息有语音、文字、图像、数据等。从古至今，实现通信的方法有旌旗、烽火台、金鼓、信件、电报、电话、广播、电视、遥控、因特网等。旌旗、烽火台、金鼓、信件都属于非电通信，这些通信方式要受到自然环境的影响，可靠性差并且传输速率慢；电报、电话、广播、电视、遥控、因特网等为电通信，这些通信方式借助电信号传递信息。电通信受自然环境的影响比非电通信小得多，并且传输速率快、可靠性好。本书中讲述的是电通信的基本原理。

1.2 通信系统和通信网

通信技术实际上就是通信系统和通信网的技术。通信系统是指点对点通信所需的全部设施，而通信网是由许多通信系统组成的多点之间能相互通信的全部设施。最基本的点对点单向通信系统模型如图1.2.1所示。

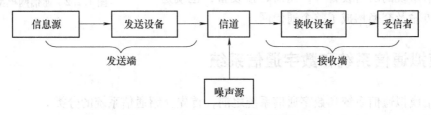

图1.2.1 点对点单向通信系统模型

信息源（信源）产生各种可能的消息，并把各种消息转换成原始电信号，也称为基带信号。电话机的话筒、电视摄像机属于典型的模拟信源，输出的是模拟信号；电传机、计算机等各种数字终端设备属于典型的数字信源，输出的是数字信号。

发送设备的基本功能是将信源和信道匹配起来，即将信源产生的消息信号变换成适合在信道中传输的信号。变换方式是多种多样的，在需要频谱搬移的场合，调制是最常见的变换方式。对数字通信系统来说，发送设备常常又可分为信源编码与信道编码。

信道是指传输信号的物理媒质。在无线信道中，信道可以是大气（自由空间），在有线信道中，信道可以是架空明线、电缆或光纤。有线和无线信道均有多种物理媒质。媒质的固有特性及引入的干扰与噪声直接关系到通信的质量。根据研究对象的不同，需要对实际的物理媒质建立不同的数学模型，以反映传输媒质对信号的影响。

接收设备的基本功能是完成发送设备的反变换，即进行解调、信道解码、信源解码等。它的任务是从带有干扰的接收信号中正确恢复出相应的原始基带信号来，对于多路复用信号，还包括解除多路复用，实现正确分路。

受信者（信宿）是传输信息的归宿点，其作用是将复原的原始电信号转换成相应的消息。电话机的耳机就是信宿的一种。

噪声源不是人为加入的设备，而是通信系统中各种设备以及信道所固有的，并且是人们所不希望的。噪声的来源是多样的，它可分为内部噪声和外部噪声，而且外部噪声往往是从信道引入的。因此，为了分析方便，把噪声源视为各处噪声的集中表现而抽象加入到信道。

信源和信宿决定了通信系统的业务性质。例如电话系统传送语音信息，电报或数据通信系统传送代表某些信息的符号，电视系统传送活动图像的信息等。信道容量决定了通信系统能传送多少信息。发送设备和接收设备在给定信源和信宿的前提下，决定了通信系统的性能。例如适当的压缩编码可降低数码率以提高通信系统的有效性，也就是说同样的信道可传送更多的信源信息；又如适当的调制方式可降低误码率以提高通信系统的可靠性。

若图 1.2.1 所示系统在收发两端都有信源和信宿、发送设备和接收设备，并且信道是双向的，就构成了点对点的双向通信系统。当多点之间相互通信时，就需用交换设备将这些通信系统连接，组成通信网。

图 1.2.2 为通信网模型，其中 T 为终端，圆圈所示为具有转接设备的交换局，两个交换局之间是信道。一个终端只要和通信网中一个交换局连接，就可以和通信网中连接的任何一个终端相互通信。由此可见，通信网中除了通信系统的所有设备外，尚需转接设备，也就是说，信息传输及交换构成了整个通信网。

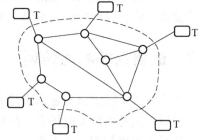

图 1.2.2　通信网模型

1.3　模拟通信系统和数字通信系统

在介绍模拟通信系统和数字通信系统之前，首先介绍通信系统的分类。

（1）按通信业务分类

根据通信业务的不同，通信系统可以分为电报通信系统、电话通信系统、数据通信系统、图像通信系统等。

（2）按传输媒质分类

按传输媒质分类，通信系统可以分为有线通信系统和无线通信系统。有线通信系统的传输媒质是架空明线、电缆和光缆，如市内电话、有线电视、海底电缆通信；无线通信系统是借助电磁波在自由空间的传播来传输信号，如短波通信、微波通信等。

（3）按调制方式分类

根据是否采用调制，通信系统可以分为基带传输和频带（或带通）传输两大类。基带传输就是将未经调制的信号直接在线路上传输,如市内电话;频带传输是将信号调制到高频载波上进行传输。频带传输根据载波情况又可分为连续波调制和脉冲调制,连续波调制根据载波被调制的参数情况又可分为幅度调制(AM 或 ASK)、频率调制(FM 或 FSK)、相位调制(PM 或 PSK);脉冲调制根据载波被调制的参数情况可分为脉冲幅度调制(PAM)、脉冲宽度调制(PDM)、脉冲位置调制(PPM)等。

(4) 按复用方式分类

信道复用是通信系统中很重要的组成部分,其基本功能是使多种信息流共享同一信道,提高通信资源利用率。目前常用信道复用方式有频分复用(FDM)、时分复用(TDM)、空分复用(SDM)、码分复用(CDM)。近几年通信的发展已大量推广利用光密集波分复用(DWDM),可以使一条光纤容纳几亿个数字电话的点对点间传输。

(5) 按工作方式分类

通信系统按工作方式可分为单工通信、半双工通信和全双工通信。

1) 单工通信:信号单向传输,例如广播是单工通信方式。

2) 半双工通信:信号双向传输,但不能同时进行,例如同频步话机是半双工工作方式。

3) 全双工通信:信号双向传输,可同时进行,例如固定电话和移动电话是全双工工作方式。

(6) 按信道中传输信号特征分类

根据信道中传输信号是模拟信号还是数字信号,通信系统可分为模拟通信系统和数字通信系统。

1.3.1 模拟通信系统

在模拟通信系统中,信道中传输的信号是模拟信号。模拟通信系统模型如图 1.3.1 所示。

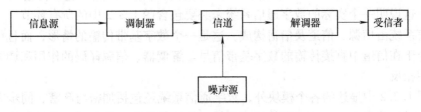

图 1.3.1 模拟通信系统模型

信源发出的原始电信号是基带信号。基带的含义是指信号的频谱从零频附近开始,如语音信号为 300~3400Hz,图像信号为 0~6MHz。由于这种信号具有频率很低的频谱分量,一般不宜直接传输,这就需要把基带信号变换成其频带适合在信道中传输的信号,并可在接收端进行反变换。完成这种变换和反变换作用的通常是调制器和解调器。经过调制以后的信号称为已调信号,由于已调信号的频谱在某一较高的中心频率附近呈带通型频谱,故又称其为带通信号或频带信号。已调信号有两个基本特征:一是携带全部的基带信息;二是适合在信道中传输。

图 1.3.1 中发送设备和接收设备仅由调制器和解调器描述。这并不说明在模拟通信系统

的发送设备和接收设备中仅包括调制器和解调器，实际上还有放大器、滤波器、天线辐射等过程，只不过是在这里强调调制和解调的功能，假设其他过程处于理想状态，不予讨论。

模拟通信系统研究的主要问题有：①调制与解调原理；②已调信号的特性；③在有噪声的背景下，系统的抗噪声性能。

1.3.2 数字通信系统

在数字通信系统中，信道中传输的信号是数字信号。数字通信系统模型如图 1.3.2 所示。

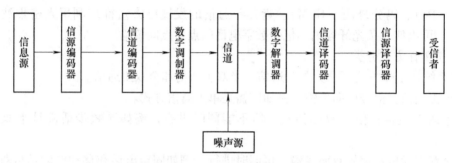

图 1.3.2 数字通信系统模型

信源编码器的作用是模拟信号数字化。数字信号在信道传输时，由于噪声、衰落以及人为干扰等，将会引起差错。为了减少差错，信道编码器对传输的信息码元按一定的规则加入保护成分（监督元），组成所谓的"抗干扰编码"。接收端的信道译码器按一定规则进行解码，从解码过程中发现错误或纠正错误，从而提高通信系统抗干扰能力，实现可靠通信。数字调制的作用是将数字基带信号的频谱搬移到高频处，形成适合在信道中传输的带通信号。数字通信系统有基带传输和频带传输两种，基带传输（如市话）就是不经调制，数字基带信号直接传输；频带传输（如卫星通信）则需调制后传输。显然，基带传输系统是不需要调制器的。这说明一个实际的数字通信系统未必要包含图 1.3.2 中的所有环节。一个最简单的数字通信系统由信源、信道及信宿构成，这是一个数字基带传输的情形，而且信源产生的是一个适合于在信道中直接传输的数字基带信号。解调器、信源译码的作用和调制器、信源编码的作用相反。

除了图 1.3.2 中描述的各个模块外，数字通信系统还包括加密与解密、同步等问题，由于不是本书讨论的重点，在此不再赘述。另外，关于信源编码器与译码器的作用，除了进行模/数（A/D）、数/模（D/A）转换外，还有进行数据压缩及解压缩等功能，由于不是本课程的主要内容，在此不再说明。

应该说明的是，模拟信号经过数字编码后可以在数字通信系统中传输，数字电话系统就是以数字方式传输模拟语音信号的例子。当然，数字信号也可以在模拟通信系统中传输，如计算机数据可以通过模拟电话线路传输，但这时必须使用调制解调器（Modem）将数字基带信号进行正弦调制，以适应模拟信道的传输特性。

数字通信系统研究的主要问题有：①模拟信号数字化；②数字基带信号的特性；③数字基带传输原理；④数字调制与解调原理；⑤数字频带信号特性；⑥数字通信系统抗噪声性能。

1.3.3 模拟通信和数字通信的比较

目前，无论是模拟通信还是数字通信，在不同的通信业务中都得到了广泛的应用。最早出现的电报是一种最简单的数字通信。随着数字通信技术的发展及对通信质量的要求越来越高，数字通信获得飞速发展，成为当代通信技术的主流。与模拟通信相比，数字通信的特点如下：

1）抗干扰能力强，易再生中继，且无噪声积累。信号在传输过程中受到噪声的干扰，必然会发生波形畸变。在数字通信系统中，接收端对接收的信号进行抽样判决，以辨别是发送的哪一个状态。只要噪声的大小不足以影响判决，就能正确接收。而模拟通信系统传输的是连续变化的模拟信号，它要求接收端接收的信号波形和发送基带信号波形相比不应有失真。即使由很小的噪声带来的畸变，模拟通信系统也无法消除。显然，从接收端看，数字通信相比模拟通信系统抗干扰能力要有优势。数字通信抗干扰能力比模拟通信系统强还表现在使用中继站方面。无论模拟通信系统还是数字通信系统，较远距离通信时都需要有中继站。在数字通信系统的中继站，对接收的信号进行抽样判决，即使信号被叠加上噪声，只要噪声不致产生误码，在中继站输出都会恢复一个和发送的数字基带信号一样的码元序列，也就是说，在没有误码的前提下，数字中继站可以起到噪声清除的作用。模拟通信系统的中继站对接收的信号进行放大，然后发送出去。由于模拟中继站在放大有用信号的同时也将噪声放大，实现了噪声的积累。从中继站角度看，数字通信系统的抗噪声性能也优于模拟通信系统。

2）传输差错可控。在数字通信系统中，可通过信道编码技术进行检错与纠错，降低误码率，提高传输质量。

3）易于进行各种数字信号处理。便于用现代数字信号处理技术对数字信息进行处理、变换、存储。这种数字处理的灵活性表现为可以将来自不同信源的信号综合到一起传输。

4）易于实现集成，使通信设备微型化，重量轻。

5）易于加密处理，且保密性好。

6）可以综合传递和交换各种消息，有利于实现综合业务通信网。

数字通信相对模拟通信，缺点是传输带宽较宽。以电话为例，一路模拟电话通常只占4kHz 的带宽，而一路接近同样语音质量的数字电话可能要占 20~60kHz 的带宽。

1.4 信息及其度量

信息论是通信的数学基础。香农信息论指出信息是事物运动状态或存在方式的不确定性的描述。可运用研究随机事件的数学工具——概率来测量不确定性的大小。在信息论中，把消息用随机事件表示，而发出这些消息的信源则用随机变量来表示。

日常生活中经常会听到各种各样的消息。信息是消息中有意义、有价值的部分。信息量是对信息的定量描述。一个接收者接收到若干个消息，每个消息会具有不同的信息量。一个接收者接收一个消息后，消息中所携带的信息量的大小，从感知角度看，和接收者接收到消息后的惊奇程度有关，惊奇程度大的携带的信息量就大；惊奇程度小的携带信息量也小。从概率论角度看，消息中携带的信息量与事件发生的概率有关，事件发生的概率越小，则消息中携带的信息量就越大。

假设一个离散信源是一个由 M 个符号（事件）组成的集合，其中每个符号 $x_i(i=1,2,3,\cdots,M)$ 按一定的概率独立出现，即概率空间分布为

$$\begin{bmatrix} x_1 & x_2 & \cdots & x_M \\ p(x_1) & p(x_2) & \cdots & p(x_M) \end{bmatrix} \text{且有} \sum_{i=1}^{M} p(x_i) = 1$$

用 $I(x_i)$ 表示消息（每个符号）所携带的信息量，则每个消息的信息量 $I(x_i)$ 应是事件发生的概率 $p(x_i)$ 的函数，并且 $I(x_i)$ 与 $p(x_i)$ 还应满足：

1) $I(x_i)$ 是 $p(x_i)$ 的严格递减函数。当 $p(x_1) < p(x_2)$ 时，$I(x_1) > I(x_2)$，概率越小，事件发生的不确定性越大，事件发生以后所包含的信息量越大。

2) 极限情况下，当 $p(x_i) = 0$ 时，$I(x_i) \to \infty$；当 $p(x_i) = 1$ 时，$I(x_i) = 0$。

3) 若干个相互独立的不同消息所携带的信息量应等于它们分别携带的信息量之和，即

$$I(x_1, x_2, \cdots, x_M) = I(x_1) + I(x_2) + \cdots + I(x_M) \tag{1.4.1}$$

可以证明，满足以上条件的函数形式是对数形式，即

$$I(x_i) = \log_a \frac{1}{p(x_i)} = -\log_a p(x_i) \tag{1.4.2}$$

信息量的单位与所用对数的底有关。

① 若取对数的底为 2，即 $a=2$，信息量的单位为比特（bit）。当 $p(x_i) = 1/2$ 时，$I(x_i) = 1$bit，即概率等于 1/2 的事件具有 1bit 的信息量。

② 若取对数的底为 e，即 $a=e$，信息量的单位为奈特（nat）。1 奈特 = $\log_2 e$ 比特 = 1.443 比特。

③ 若取对数的底为 10，即 $a=10$ 则信息量的单位为哈特莱（Hartley）。1 哈特莱 = $\log_2 10$ 比特 = 3.322 比特。

通常广泛使用的单位为比特，此时有

$$I(x_i) = \log_2 \frac{1}{p(x_i)} = -\log_2 p(x_i) \tag{1.4.3}$$

式（1.4.2）或式（1.4.3）是一个信源中任意一个事件发生（或称发送任意一个符号）所携带信息量的计算公式。下面计算一个信源中任意一个事件发生所携带的平均信息量。平均信息量可以表征整个信源的不确定度，又称为信息熵、信源熵，简称熵。定义平均信息量为信源中任意一个事件发生所携带信息量 $I(x_i)$ 的统计平均值，即

$$\begin{aligned} H(x) &= I(x_1)p(x_1) + I(x_2)p(x_2) + \cdots + I(x_M)p(x_M) \\ &= p(x_1)[-\log_2 p(x_1)] + p(x_2)[-\log_2 p(x_2)] + \cdots + p(x_M)[-\log_2 p(x_M)] \\ &= -\sum_{i=1}^{M} p(x_i) \log_2 p(x_i) \end{aligned} \tag{1.4.4}$$

$H(x)$ 的单位为 bit 可以证明：式（1.4.4）在 $p(x_i) = 1/M$，即每个符号等概率独立出现时，会有最大值。

当信源为离散二进制信源，且以相等的概率发送数字"0"或"1"，则信源每个输出的信息量为

$$I(0) = I(1) = \log_2 \frac{1}{1/2} = \log_2 2 = 1 \tag{1.4.5}$$

当离散二进制信源发送"0"或"1"的概率不等时,信源每个输出的平均信息量将小于1bit。

传送等概率的四进制符号之一 $[p(x_i) = 1/4; i = 1, 2, 3, 4]$ 的信息量为2bit,这时每个四进制符号可以用两个二进制脉冲表示;传送等概率的八进制符号之一 $(p(x_i) = 1/8; i = 1, 2, 3, 4, 5, 6, 7, 8)$ 的信息量为3bit,这时每个八进制符号可以用三个二进制脉冲表示。显然,一个 M 进制的信源,各符号等概率独立发送,那么发送其中任意一个符号所携带的信息量可以表示为

$$I = \log_2 \frac{1}{p(x_i)} = \log_2 \frac{1}{1/M} = \log_2 M \tag{1.4.6}$$

若 $M = 2^k$,k 为正整数,则式(1.4.6)可改写为

$$I = \log_2 2^k = k \tag{1.4.7}$$

以上讨论的是离散信源的度量,当信源为连续信源时,平均信息量可表示为

$$H(x) = -\int_{-\infty}^{\infty} f(x) \log_a f(x) \, dx \tag{1.4.8}$$

式中,$f(x)$ 为连续信源的概率密度函数。

1.5 通信系统的主要性能指标

在研究设计或评价一个通信系统时,必然涉及通信系统的性能指标问题。衡量一个通信系统的性能指标有:①有效性:指信道给定的前提下,传输一定信息量时所占用的信道资源(频带宽度和时间间隔),或者说是传输的"速度"问题;②可靠性:指信道给定的前提下,接收信息的准确程度,也就是传输的"质量"问题;③适应性:指环境使用条件;④标准性:指元件的标准性、互换性;⑤经济性:指成本;⑥保密性:指是否便于加密;⑦使用维修:指是否方便使用和维修。这些指标中,最主要的是有效性和可靠性。由于模拟通信系统在收发两端比较的是波形是否失真,而数字通信系统并不介意波形是否失真,而是强调传送的码元是否出错,也就是说,模拟通信系统和数字通信系统本身存在着差异,因此,对有效性和可靠性两个指标要求的具体内容也有很大差别。下面分别加以讨论。

模拟通信系统中,有效性用已调波形的传输带宽来衡量。如果已知信道允许的传输带宽,它被每路信号的传输带宽相除,就可确定信道允许传输的路数。如传输路数越多,则该通信系统的有效性就越高。提高模拟通信系统有效性的方法主要有两个方面,一方面是利用频分复用,以复用路数多少来体现有效性,如同轴电缆最高可容纳10800路4kHz模拟语音信号。目前使用的无线频段为 $10^5 \sim 10^{12}$Hz 范围的自由空间,更是利用多种频分复用方式实现各种无线通信。另一方面,是根据业务性质减少已调信号传输带宽,如调幅广播,其主要目的就是听清语音,所以其已调信号的带宽为语音信号带宽2倍即可,即为8kHz;而调频广播,其主要目的是要播放音乐,所以其已调信号的带宽,当调制指数为5时,为180kHz,远远大于调幅广播的带宽,也就是说,根据业务需要选择适当的传输带宽,可以提高有效性。从有效性角度看,调幅广播的有效性好于调频广播系统。

模拟通信系统中,可靠性用接收端系统输出信噪比衡量。信噪比定义为输出信号功率与

噪声功率的比值。通信系统，特别是卫星通信系统，发送信号功率总是有一定限量，而信道噪声（主要是热噪声）则随传输距离而增长，其功率不断累积，并以相加的形式来干扰信号，这种干扰称为加性干扰。信号加噪声的混合波形与原信号相比则具有一定程度失真。模拟通信系统的输出信噪比越高，通信质量就越好。公共电话系统要求信噪比大于40dB，电视节目要求信噪比在40~60dB。提高模拟通信的信噪比，虽然可以通过提高信号功率或减小噪声来实现，但是通信系统发送端功率往往是受限的，并且发送端信号电平过大也会带来相邻信道干扰，另外，当通信系统建立后，降低噪声也是很难的。在实际中，常用折中的方法来改善可靠性，即以带宽（有效性）为代价换取可靠性。调频广播可靠性比调幅广播可靠性好，在调制指数为5时，调频广播输出端信噪比是调幅广播的75倍，但是是以扩大带宽，牺牲有效性换取的。有效性和可靠性往往是一对矛盾，调幅广播和调频广播系统就是很典型的例子，调幅广播有效性好，但可靠性差；而调频广播有效性差，但可靠性好。没有必要追求一个通信系统的有效性和可靠性多好，满足业务需求就好。

数字通信系统的有效性可以用传输速率和频带利用率来衡量。

(1) 码元速率（传码率）R_B

传码率定义为单位时间传送码元的数目，单位为波特（Baud），简记为 B。例如，某数字通信系统每秒内传送 2400 个码元，则该系统的传码率为 2400B。

虽然数字信号有二进制和多进制的区分，但传码率与信号的进制无关，只与码元宽度 T 有关，根据传码率的定义，有

$$R_B = \frac{1}{T} \tag{1.5.1}$$

(2) 信息速率（传信率）R_b

传信率定义为单位时间内传递的平均信息量，单位为比特/秒，简记 bit/s。由于信息量与进制有关，因此信息速率也和进制有关。如前所述，传送一位等概率的二进制码携带的信息量为 1bit，因此，在数值上二进制数字信号的传码率和传信率是相等的，即

$$R_{b2} = R_{B2} \tag{1.5.2}$$

但是它们的单位是不同的，例如二进制数字信号的传码率为 1200Baud，则传信率为 1200bit/s。

采用多（M）进制码元的数字通信系统中，由于每个码元携带 $\log_2 M$ 比特的信息量，因此，码元速率和信息速率有以下关系

$$R_{bM} = R_{BM} \log_2 M \tag{1.5.3}$$

例如在八进制（$M=8$）中，已知传码率为 1200B，则传信率为 3600bit/s。

比较式（1.5.2）和式（1.5.3）可以看出，在传信率相同的前提下，二进制和多进制系统的传码率之间的关系为

$$R_{B2} = R_{BM} \log_2 M \tag{1.5.4}$$

【例 1.5.1】 一个由字母 A、B、C、D 组成的字，对于传输的每一个字母用二进制脉冲编码，00 代表 A，01 代表 B，10 代表 C，11 代表 D，每个脉冲宽度为 5ms。

1) 不同的字母等概率出现时，试计算传输的平均信息速率；

2) 若每个字母出现的概率分别为

$$P_A = \frac{1}{5},\ P_B = \frac{1}{4},\ P_C = \frac{1}{4},\ P_D = \frac{3}{10}$$

试计算传输的平均信息速率。

解：1）传码率为

$$R_B = \frac{1}{2 \times 5 \times 10^{-3}} B = 100B$$

等概率时，平均信息速率为

$$R_b = R_B \log_2 4 = 200 \text{bit/s}$$

2）每个符号的平均信息量为

$$H(x) = \frac{1}{5}\log_2 5 \text{bit} + \frac{2}{4}\log_2 4 \text{bit} + \frac{3}{10}\log_2 \frac{10}{3} \text{bit} = 1.985 \text{bit}$$

则平均信息速率为

$$R_b = R_B H(x) = 100 \times 1.985 \text{bit/s} = 198.5 \text{bit/s}$$

（3）频带利用率 η_B

在比较不同通信系统的有效性时，不能单看它们的传输速率，还应考虑所占用的频带宽度，因为两个传输速率相等的系统其传输效率并不一定相同。真正衡量数字通信系统的有效性的指标是频带利用率，它定义为单位带宽内的传输速率，即

$$\eta_B = \frac{R_B}{B} \tag{1.5.5}$$

或

$$\eta_b = \frac{R_b}{B} \tag{1.5.6}$$

式中，B 为系统带宽。η_B 的单位为 B/Hz，η_b 的单位为 bit/(s·Hz)。

数字通信系统的可靠性用差错率来衡量。差错率有误码率和误信率两种表现形式。

（1）误码率 P_e

误码率 P_e 是指错误接收的码元数与传输的总码元数的比值，即

$$P_e = \frac{\text{错误接收的码元数}}{\text{传输的总码元数}} \tag{1.5.7}$$

（2）误信率 P_b

误信率 P_b 又称误比特率，是指错误接收的比特数与传输的总比特数之比，即

$$P_b = \frac{\text{错误接收的比特数}}{\text{传输的总比特数}} \tag{1.5.8}$$

在二进制数字通信系统中，有

$$P_b = P_e \tag{1.5.9}$$

思 考 题

1-1 什么是模拟信号？什么是数字信号？

1-2 什么是模拟通信系统？什么是数字通信系统？数字通信系统有哪些优缺点？

1-3 什么是已调信号？已调信号有什么特点？

1-4 消息和信息有何区别？

1-5 按复用方式，通信系统如何分类？

1-6 按工作方式，通信系统如何分类？

1-7 信息量的定义是什么？信息量的单位是什么？

1-8 什么是传码率？什么是传信率？两者之间的关系是什么？

1-9 衡量通信系统的主要性能指标是什么？

1-10 衡量一个数字通信系统有效性指标是什么？

1-11 通信系统的一般模型包含几部分？各部分的作用是什么？

1-12 模拟通信系统的一般模型包含几部分？各部分的作用是什么？

1-13 信源编码的作用是什么？信道编码的作用是什么？

1-14 什么是数字基带传输？什么是数字频带传输？

1-15 数字通信系统最简单模型是什么？最简单模型存在的前提条件是什么？

习 题

1-1 在英文字母中 E 的出现概率最大，等于 0.105，试求其信息量。

1-2 某个信息源由 A、B、C 和 D 四个符号组成。设每个符号独立出现，其出现的概率分别为 1/4、1/4、3/16、5/16，试求该信息源中每个符号的信息量和该信息源信号的平均信息量。

1-3 国际莫尔斯码用"点"和"划"的序列发送英文字母，"划"用持续 3 个单位的电流脉冲表示，"点"用持续 1 个单位的电流脉冲表示，且"划"出现的概率是"点"出现概率的 1/3。

1) 计算"点"和"划"的信息量；

2) 计算"点"和"划"的平均信息量。

1-4 设一信息源的输出由 128 个不同的符号组成，其中 16 个出现的概率为 1/32，其余 112 个出现的概率为 1/224。信息源每秒发出 1000 个符号，且每个符号彼此独立。试计算该信息源的平均信息速率。

1-5 某离散信息源输出 8 个不同符号 $x_1, x_2, \cdots, x_8$，符号速率为 2400B，其中 4 个符号的出现概率分别为

$$p(x_1) = p(x_2) = \frac{1}{16}, \ p(x_3) = \frac{1}{8}, \ p(x_4) = \frac{1}{4}$$

其余符号等概率出现。

1) 求该信息源的平均信息速率；

2) 求传送 1h 的信息量；

3) 求传送 1h 可能达到的最大信息量。

1-6 某信息源的符号集由 A、B、C、D 所组成，各符号间独立。

1) 若每个符号的时间宽度为 $T_s = 2\text{ms}$，计算：

① 各符号等概率出现时的符号速率和平均信息速率；

② 各符号出现概率分别为 1/16、3/16、5/16、7/16 时的符号速率和平均信息速率。

2) 若每一符号均以二进制脉冲编码，A 为 00，B 为 01，C 为 11，D 为 10，且每个脉冲宽度为 $T_b = 1\text{ms}$，重复计算问题 1)。

1-7 已知八进制数字信号的传输速率为 1600B，试问变换成二进制时的传输速率为多少 bit/s？

1-8 已知二进制信号的传输速率为 2400bit/s，试问变换成四进制数字信号的传输速率是多少 Baud？

1-9 如果二进制独立等概率信号的码元间隔为 0.5ms，求 R_B 和 R_b；若改为四进制信号，码元宽度不变，求传码率 R_B 和独立等概率时的传信率 R_b。

1-10 已知某四进制数字传输系统的传信率为 2400bit/s，接收端在 0.5h 内共收到 216 个错误码元，试计算该系统的误码率 P_e。

第 2 章 确知信号分析

2.1 引言

通信系统中最根本的问题就是研究信号在系统中的传输和交换。在实际的通信系统中，载荷信息的各种信号，不论是模拟信号还是数字信号均带有随机性，传输过程中，由于信道存在噪声并介入干扰，也具有某些统计特性，所以，随机信号分析在通信原理课程中尤为重要。但随机信号有时也要借助确知信号加以分析，例如数字信号中常用的二进制代码，虽然二进制代码本身是随机的，但其中单个的"1"码或"0"码的波形，都可以把它看作确知信号；再如，对于一个随机的功率信号，通常对其截取一段，截取一段后的信号作为确知信号分析，然后再将观测时间设为无穷大。另外，随机信号与确知信号的分析方法有很多共同的地方，这就决定了确知信号的分析是信号分析的基础。

2.2 信号与系统的表示法

2.2.1 信号的分类

1. 周期信号与非周期信号

若信号 $f(t)$ 满足

$$f(t) = f(t + nT) \tag{2.2.1}$$

式中，T 为周期，是正的最小值；n 为任意整数，则 $f(t)$ 为周期信号。

$f(t)$ 也可表示为

$$f(t) = \sum_{k=-\infty}^{\infty} g(t - kT) \tag{2.2.2}$$

$g(t)$ 为 $f(t)$ 在主值周期内的波形。

周期信号的性质如下：

1) 若 T 是 $f(t)$ 的周期，则 mT 也是 $f(t)$ 的周期，m 为任意正整数。
2) $s(t) = f(at)$ 的周期等于 T/a。
3) $\int_{c}^{c+T} f(t) dt = \int_{0}^{T} f(t) dt$，其中 c 为任意常数。
4) 同周期信号的和、差、积也是周期信号，且具有同一周期。

若对于某一信号 $f(t)$，不存在能满足式（2.2.1）的任何大小的 T 值，则不为周期信号（如随机信号）。

2. 确知信号和随机信号

可以用明确的数学表达式表示的信号称为确知信号，也称规则信号。确知信号的特征是：无论过去、现在和未来的任何时间，其取值总是唯一确定的。如一个正弦信号波形，当幅度、角频率和初相均为确定值时，它就属于确知信号，因为它是一个完全确定的时间函数。有些信号没有确定的数学表达式，当给定一个时间值时，信号的数值并不确定，通常只知道它取某一数值的概率，称这种信号为随机信号或不规则信号。如上所述的正弦波，当其幅度、角频率和相位中有一个参数在其可能取值范围内没有固定值时，例如：正弦波为 $X(t) = A\cos(\omega_0 t + \theta)$，其中 A 和 ω_0 为确定值（常数），θ 在 $(0, 2\pi)$ 之间按一定概率随机取值，则 $X(t)$ 为随机信号。研究随机信号时应该用统计的观点和方法。

3. 模拟信号与数字信号

模拟信号是连续波，如声音与图像信号等，它们的主要参量的取值有无限个可能性；数字信号就所关注的参量取值则可数且有限。这样，可以利用一定长度的编码码字序列来表示。

4. 基带信号与频带信号

从信源发送的信号，最初的表示方法大都为基带信号形式（模拟或数字），它们的主要能量在低频端，如语音、视频等。它们均可以由低通滤波器取出或限定，因此又称低通信号。为了传输的需要，特别是长途通信与无线通信，需将源信息基带信号以特定调制方式"载荷"到某一指定的高频载波，以载波的某一个、两个参量变换受控于基带信号或数字码流，受控后的信号称为已调信号或已调载波，属于频带信号。它限制在以载频为中心的一定带宽范围内，因此又称为带通信号。

5. 能量信号与功率信号

若 $f(t)$ 表示在 1Ω 电阻上的电压，则电流 $i(t) = f(t)$ 在电阻上消耗的能量为

$$E = \int_{-\infty}^{\infty} f^2(t)\,dt \tag{2.2.3}$$

若 $E < \infty$，则称 $f(t)$ 为能量信号。一般限时信号的能量有限，为能量信号。非限时信号也有能量有限的，例如 $e^{-|t|}$、e^{-t^2} 等，满足式 (2.2.3) 有限，因而也是能量信号。

当 $E \to \infty$，但

$$P = \lim_{T \to \infty} \frac{1}{T} \int_{-T/2}^{T/2} f^2(t)\,dt < \infty \tag{2.2.4}$$

则称 $f(t)$ 为功率信号。

周期信号的能量无穷大，因此不是能量信号。由于周期信号的周期性，其功率计算式为

$$P = \frac{1}{T} \int_{-T/2}^{T/2} f^2(t)\,dt \tag{2.2.5}$$

不难看出，周期信号是功率信号。

2.2.2 系统的描述

从数学的观点来看，如图 2.2.1 所示的系统输入信号 $x(t)$ 和输出响应 $y(t)$ 之间存在着如下的函数关系式：

$$y(t) = f[x(t)] \tag{2.2.6}$$

图 2.2.1 系统描述

从这个函数关系出发，系统可做如下分类：

1. 线性系统和非线性系统

一个系统如果满足均匀性与叠加性（叠加原理），则是线性系统。如图 2.2.1 所示系统，假设 $x_1(t)$ 的响应为 $y_1(t)$，$x_2(t)$ 的响应为 $y_2(t)$，那么当输入为 $ax_1(t)+bx_2(t)$ 时，线性系统的输入为 $ay_1(t)+by_2(t)$，这说明当激励为线性组合时，线性系统的输出信号为两信号单独作用系统得到响应的线性组合，其内涵为一个激励的存在并不影响另一个激励的响应。

凡是不满足叠加原理的系统称为非线性系统。非线性系统内一个激励的存在将影响另一个激励的响应。

2. 时不变系统和时变系统

时不变系统内的参数是不随时间变化的，而时变系统内的参数是随时间变化的。如果输入信号 $x(t)$ 和响应 $y(t)$ 满足

$$y(t) = f[x(t)] \tag{2.2.7}$$

$$y(t - t_0) = f[x(t - t_0)] \tag{2.2.8}$$

则系统是时不变的，反之是时变的。时变系统也称变参（随参）系统，时不变系统也称恒参系统。

3. 物理可实现系统和物理不可实现系统

一个实际的系统都是物理可实现系统。一个系统满足稳定性及因果性，则系统是物理可实现的。从系统的输入输出关系上看，当系统激励有界的前提下，若响应也有界，那么这个系统是稳定的系统；若一个系统的响应不超前激励，那么这个系统是因果系统。另外，从一个系统的冲激响应角度看，若系统的冲激响应满足

$$\int_{-\infty}^{\infty} |h(t)| \mathrm{d}t < \infty \tag{2.2.9}$$

则系统是稳定的。若满足

$$h(t) = 0, \quad t < 0 \tag{2.2.10}$$

则系统是因果的。

2.3 信号的频域分析

从信号与系统课程中，已经得知对信号及系统的分析有时域、频域和复频域三个角度，从不同的角度分析能够得到不同的信息，但结论应该是统一且互补的。

2.3.1 周期信号的傅里叶级数

任何一个周期为 T 的周期信号 $f(t) = f(t \pm kT)$，$k = 1, 2, \cdots$，只要满足狄里赫利条件，就可以展开为正交序列之和——傅里叶级数。式（2.3.1）为指数形式的傅里叶级数。

$$f(t) = \sum_{n=-\infty}^{\infty} \dot{F}_n \mathrm{e}^{jn\omega_0 t} \tag{2.3.1}$$

式中

$$\dot{F}_n = \frac{1}{T} \int_{-T/2}^{T/2} f(t) \mathrm{e}^{-jn\omega_0 t} \mathrm{d}t \quad \text{且} \quad \omega_0 = \frac{2\pi}{T} \tag{2.3.2}$$

由式（2.3.1）可见，周期信号可以展开为许多不同幅度、频率和相位的单频信号的和。$n\omega_0$ 为这些单频信号的频率，$n=0$ 为直流，$n=1$ 为基频，$n>1$ 为 n 次谐波。$\dot{F}_n$ 描述这些单频信号的幅度和相位，$|\dot{F}_n|$ 和 ω 之间的关系称作 $f(t)$ 信号频谱的幅度-频率特性，简称幅频特性，它表示不同谐波幅度大小与频率的关系；$\arg[\dot{F}_n]$ 与 ω 之间的关系称作 $f(t)$ 信号频谱的相位-频率特性，简称相频特性，它表示不同谐波相位与频率的关系。不难看出，$\dot{F}_n$ 仅在 $\omega = n\omega_0$ 处有值，因此，周期信号的频谱是离散谱线。

【例 2.3.1】 周期矩形脉冲信号的幅度为 A、宽度为 τ、周期为 T，如图 2.3.1 所示，求周期信号 $f(t)$ 的傅里叶级数。

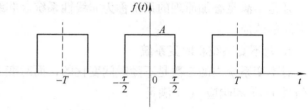

图 2.3.1 周期矩形脉冲信号

解：由式（2.3.2）可知

$$\dot{F}_n = \frac{1}{T}\int_{-T/2}^{T/2} f(t)\mathrm{e}^{-\mathrm{j}n\omega_0 t}\mathrm{d}t = \frac{1}{T}\int_{-\tau/2}^{\tau/2} A\mathrm{e}^{-\mathrm{j}n\omega_0 t}\mathrm{d}t = -\frac{A}{T}\frac{\mathrm{e}^{-\mathrm{j}n\omega_0 t}}{\mathrm{j}n\omega_0}\bigg|_{-\tau/2}^{\tau/2}$$

$$= \frac{A}{T}\frac{\mathrm{e}^{\mathrm{j}n\omega_0\tau/2} - \mathrm{e}^{-\mathrm{j}n\omega_0\tau/2}}{\mathrm{j}n\omega_0} = \frac{2A}{T}\frac{\sin n\omega_0\tau/2}{n\omega_0} = \frac{A\tau}{T}\mathrm{Sa}\left(\frac{n\omega_0\tau}{2}\right) \quad (2.3.3)$$

则 $f(t)$ 可展开为

$$f(t) = \sum_{n=-\infty}^{\infty}\dot{F}_n \mathrm{e}^{\mathrm{j}n\omega_0 t} = \sum_{n=-\infty}^{\infty}\frac{A\tau}{T}\mathrm{Sa}\left(\frac{n\omega_0\tau}{2}\right)\mathrm{e}^{\mathrm{j}n\omega_0 t} \quad (2.3.4)$$

其频谱如图 2.3.2 所示。

2.3.2 傅里叶变换

傅里叶变换是对信号的频域描述。式（2.3.5a）可以实现信号从时域到频域的映射，式（2.3.5b）可以实现信号从频域到时域的映射。称式（2.3.5a）为傅里叶变换的正变换，式

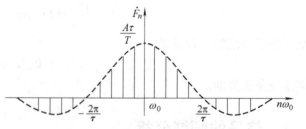

图 2.3.2 周期矩形脉冲信号的频谱

（2.3.5b）为傅里叶变换的反变换。傅里叶变换的缩写符号为 $f(t) \longleftrightarrow F(\omega)$。

正变换 $$F(\omega) = F[f(t)] = \int_{-\infty}^{\infty} f(t)\mathrm{e}^{-\mathrm{j}\omega t}\mathrm{d}t \quad (2.3.5a)$$

反变换 $$f(t) = F^{-1}[F(\omega)] = \frac{1}{2\pi}\int_{-\infty}^{\infty} F(\omega)\mathrm{e}^{\mathrm{j}\omega t}\mathrm{d}\omega \quad (2.3.5b)$$

1. 傅里叶变换的性质

下面介绍本课程中常用的傅里叶变换性质，以便后面学习。

（1）线性性质

若 $f_1(t) \longleftrightarrow F_1(\omega)$，$f_2(t) \longleftrightarrow F_2(\omega)$ 则

$$af_1(t) + bf_2(t) \longleftrightarrow aF_1(\omega) + bF_2(\omega) \quad (2.3.6)$$

（2）时移性质

若 $f(t) \longleftrightarrow F(\omega)$ 则

$$f(t - t_0) \longleftrightarrow F(\omega) e^{-j\omega t_0} \tag{2.3.7}$$

（3）频移性质

若 $f(t) \longleftrightarrow F(\omega)$ 则

$$f(t) e^{j\omega_0 t} \longleftrightarrow F(\omega - \omega_0) \tag{2.3.8}$$

（4）对偶性质

若 $f(t) \longleftrightarrow F(\omega)$ 则

$$F(t) \longleftrightarrow 2\pi f(-\omega) \tag{2.3.9}$$

（5）时域微分性质

若 $f(t) \longleftrightarrow F(\omega)$ 则

$$\frac{d^n f(t)}{dt^n} \longleftrightarrow (j\omega)^n F(\omega) \tag{2.3.10}$$

（6）时域积分性质

若 $f(t) \longleftrightarrow F(\omega)$ 则

$$\int_{-\infty}^{t} f(\tau) d\tau \longleftrightarrow \frac{F(\omega)}{j\omega} + \pi F(0) \delta(\omega) \tag{2.3.11}$$

（7）压扩性质（尺度变换）

若 $f(t) \longleftrightarrow F(\omega)$ 则

$$f(at) \longleftrightarrow \frac{1}{|a|} F\left(\frac{\omega}{a}\right) \tag{2.3.12}$$

（8）奇偶虚实对称性

$$F(\omega) = \int_{-\infty}^{\infty} f(t) e^{-j\omega t} dt = \int_{-\infty}^{\infty} f(t) \cos\omega t dt - j \int_{-\infty}^{\infty} f(t) \sin\omega t dt$$

1）当 $f(t)$ 是实函数时，$F(\omega)$ 通常为复函数，其实部为偶函数，虚部为奇函数；幅度特性为偶函数，相位特性为奇函数。

2）当 $f(t)$ 是实偶函数时，$F(\omega)$ 为实偶函数。

3）当 $f(t)$ 是实奇函数时，$F(\omega)$ 为虚偶奇函数。

2. 常见能量信号的傅里叶变换

将能量信号的时域表达式 $f(t)$ 带入式（2.3.5a），积分收敛，可以求出其频域特性。

（1）单位冲激函数

$$\delta(t) \longleftrightarrow 1 \tag{2.3.13}$$

（2）矩形脉冲（门函数）

$$A\text{rect}(t/\tau) \longleftrightarrow A\tau \text{Sa}\left(\frac{\omega\tau}{2}\right) \tag{2.3.14}$$

（3）抽样函数

$$\text{Sa}(\omega_c t) \longleftrightarrow \frac{\pi}{\omega_c} \text{rect}(\omega/2\omega_c) \tag{2.3.15}$$

（4）三角脉冲

三角脉冲信号的时域波形如图 2.3.3 所示，其傅里叶变换为

$$F(\omega) = A\tau \text{Sa}^2\left(\frac{\omega\tau}{2}\right) \qquad (2.3.16)$$

3. 常见功率信号的傅里叶变换

按照经典数学函数的定义,功率信号的傅里叶变换是不存在的,但如果扩大函数定义范围,引入广义函数 $\delta(\omega)$,则可以求得功率信号的傅里叶变换。

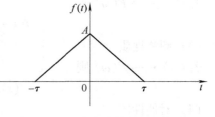

图 2.3.3　三角脉冲信号的时域波形

(1) 常数 A 的傅里叶变换

$$A \longleftrightarrow 2\pi A\delta(\omega) \qquad (2.3.17)$$

(2) 符号函数的傅里叶变换

$$\text{sgn}(t) \longleftrightarrow \frac{2}{j\omega} \qquad (2.3.18)$$

(3) 周期信号的傅里叶变换

令 $f(t)$ 为周期信号,周期为 T,且满足狄里赫利条件,则可展开为傅里叶级数

$$f(t) = \sum_{n=-\infty}^{\infty} \dot{F}_n e^{jn\omega_0 t}$$

$f(t)$ 的傅里叶变换为

$$F[f(t)] = F\left[\sum_{n=-\infty}^{\infty} \dot{F}_n e^{jn\omega_0 t}\right] = \sum_{n=-\infty}^{\infty} \dot{F}_n F[e^{jn\omega_0 t}] = 2\pi \sum_{n=-\infty}^{\infty} \dot{F}_n \delta(\omega - n\omega_0) \qquad (2.3.19)$$

式 (2.3.19) 表明,借助冲激信号 $\delta(\omega)$,周期信号的离散谱线可以用一系列的冲激信号描述,冲激的间隔为 $\omega_0 = \dfrac{2\pi}{T}$,冲激的强度取决于 $\dot{F}_n$。

由于周期信号可以看作由其主值周期延拓而成,所以 $\dot{F}_n$ 有另一种计算方法。

设 $f_1(t)$ 为 $f(t)$ 的主值周期,即

$$f_1(t) = \begin{cases} f(t) & -T/2 \leq t \leq T/2 \\ 0 & \text{其他} \end{cases}$$

且

$$f_1(t) \longleftrightarrow F_1(\omega)$$

则

$$\dot{F}_n = \frac{1}{T}\int_{-T/2}^{T/2} f(t) e^{-jn\omega_0 t} dt = \frac{1}{T}\int_{-\infty}^{\infty} f_1(t) e^{-jn\omega_0 t} dt = \frac{1}{T} F_1(\omega)\Big|_{\omega=n\omega_0} \qquad (2.3.20)$$

周期的正弦信号、余弦信号的傅里叶变换为

$$\cos\omega_0 t \longleftrightarrow \pi[\delta(\omega - \omega_0) + \delta(\omega + \omega_0)] \qquad (2.3.21)$$

$$\sin\omega_0 t \longleftrightarrow \frac{\pi}{j}[\delta(\omega - \omega_0) - \delta(\omega + \omega_0)] \qquad (2.3.22)$$

【例 2.3.2】 求周期单位冲激序列 $\delta_T(t)$ 的傅里叶变换(频谱密度)。

解: 周期单位冲激序列 $\delta_T(t)$ 可表示为

$$\delta_T(t) = \sum_{n=-\infty}^{\infty} \delta(t - nT)$$

由于其为周期信号,根据式 (2.3.1) 及式 (2.3.20) 将其展开为指数傅里叶级数

$$\delta_T(t) = \sum_{n=-\infty}^{\infty} \dot{F}_n e^{jn\omega_0 t} = \frac{1}{T} \sum_{n=-\infty}^{\infty} e^{jn\omega_0 t}$$

式中，$\dot{F}_n = \frac{1}{T} F[\delta(t)]|_{\omega=n\omega_0} = \frac{1}{T}$。则 $\delta_T(t)$ 的傅里叶变换为

$$F[\delta_T(t)] = \frac{2\pi}{T} \sum_{n=-\infty}^{\infty} \delta(\omega - n\omega_0) = \omega_0 \sum_{n=-\infty}^{\infty} \delta(\omega - n\omega_0) \quad (2.3.23)$$

图 2.3.4a、b 为周期单位冲激序列 $\delta_T(t)$ 时域波形与频谱图。可以看出，由于单位冲激序列是周期信号，因此其频谱为离散谱。时域中强度为 1、间隔为 T 的周期序列，其在频域中频谱也表现为一串强度为 ω_0、间隔为 ω_0 的冲激序列。

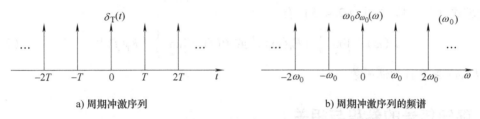

a) 周期冲激序列 b) 周期冲激序列的频谱

图 2.3.4 冲激序列的频域特性

2.4 能量谱密度与功率谱密度

2.4.1 能量谱密度

令 $f(t)$ 为实能量信号，且 $f(t) \longleftrightarrow F(\omega)$ 则 $f(t)$ 的能量可以定义为

$$E = \int_{-\infty}^{\infty} f^2(t) dt = \frac{1}{2\pi} \int_{-\infty}^{\infty} |F(\omega)|^2 d\omega = \int_{-\infty}^{\infty} |F(f)|^2 df \quad (2.4.1)$$

式 (2.4.1) 被称为帕什伐尔能量定理。帕什伐尔能量定理表明一个能量信号的能量可以在时域内求解，也可以在频域内求解，并且，在时域内和在频域内求得的结果是相同的。

通常将

$$E(\omega) = |F(\omega)|^2 \quad (2.4.2)$$

定义为能量信号 $f(t)$ 的能量谱密度。显然，$E(\omega)$ 是一个偶函数。式 (2.4.1) 可写为

$$E = \frac{1}{2\pi} \int_{-\infty}^{\infty} E(\omega) d\omega = \int_{-\infty}^{\infty} E(f) df \quad (2.4.3)$$

能量谱密度的物理含义为单位频带上的信号能量分布，对能量谱密度全频积分，可得能量信号的能量。

2.4.2 功率谱密度

设 $f(t)$ 为一个实功率信号，其信号作用时间在 $-\infty < t < \infty$。通常对这样信号的分析方法是将信号截短，截短后的信号可以看作能量信号。设

$$f_T(t) = \begin{cases} f(t) & |t| < \frac{T}{2} \\ 0 & \text{其他} \end{cases}$$

则 $f_T(t)$ 为能量信号，且设 $f_T(t) \longleftrightarrow F_T(\omega)$。

由式（2.2.4）功率信号的计算公式及能量信号帕什伐尔定理，可得

$$P = \lim_{T \to \infty} \frac{1}{T} \int_{-T/2}^{T/2} f_T^2(t) \mathrm{d}t = \lim_{T \to \infty} \frac{1}{T} \frac{1}{2\pi} \int_{-\infty}^{\infty} |F_T(\omega)|^2 \mathrm{d}\omega = \frac{1}{2\pi} \int_{-\infty}^{\infty} \lim_{T \to \infty} \frac{1}{T} |F_T(\omega)|^2 \mathrm{d}\omega \tag{2.4.4}$$

类似能量谱密度全频积分的能量，定义功率谱密度

$$P = \frac{1}{2\pi} \int_{-\infty}^{\infty} P(\omega) \mathrm{d}\omega = \int_{-\infty}^{\infty} P(f) \mathrm{d}f \tag{2.4.5}$$

式中，$P(f)$ 被称为功率谱密度，表示信号在单位频带上的功率分布。

比较式（2.4.4）与式（2.4.5）有

$$P(\omega) = \lim_{T \to \infty} \frac{1}{T} |F_T(\omega)|^2 \text{ 或 } P(f) = \lim_{T \to \infty} \frac{1}{T} |F_T(f)|^2 \tag{2.4.6}$$

显然，$P(\omega) \geqslant 0$ 且为偶函数。

2.5 确知信号的卷积与相关

2.5.1 卷积与卷积定理

1. 卷积定义及卷积的计算

现有函数 $f_1(t)$ 和 $f_2(t)$，定义 $f_1(t)$ 与 $f_2(t)$ 的卷积为

$$f_1(t) * f_2(t) = \int_{-\infty}^{\infty} f_1(\tau) f_2(t-\tau) \mathrm{d}\tau \tag{2.5.1}$$

式中，τ 为积分变量。与傅里叶变换及拉普拉斯变换不同，卷积积分没有域的改变。两个时间函数卷积结果仍然是时间函数。

对于离散时间信号 $x_1(n)$ 和 $x_2(n)$，有离散卷积定义为

$$x_1(n) * x_2(n) = \sum_{m=-\infty}^{\infty} x_1(m) x_2(n-m) \tag{2.5.2}$$

卷积的计算可以通过图解法、图表法及公式计算三种方法完成。

2. 卷积的性质

（1）与单位冲激信号的卷积

$$f(t) * \delta(t) = f(t) \tag{2.5.3}$$

$$f(t) * \delta(t - t_0) = f(t - t_0) \tag{2.5.4}$$

$$f(t - t_1) * \delta(t - t_2) = f(t - t_1 - t_2) \tag{2.5.5}$$

类似有

$$F(\omega) * \delta(\omega) = F(\omega) \tag{2.5.6}$$

$$F(\omega) * \delta(\omega - \omega_0) = F(\omega - \omega_0) \tag{2.5.7}$$

$$F(\omega - \omega_1) * \delta(\omega - \omega_2) = F(\omega - \omega_1 - \omega_2) \tag{2.5.8}$$

（2）交换律

$$f_1(t) * f_2(t) = f_2(t) * f_1(t) \tag{2.5.9}$$

（3）分配律

$$f_1(t) * [f_2(t) + f_3(t)] = f_1(t) * f_2(t) + f_1(t) * f_3(t) \tag{2.5.10}$$

(4) 结合律

$$f_1(t) * [f_2(t) * f_3(t)] = [f_1(t) * f_2(t)] * f_3(t) \tag{2.5.11}$$

离散卷积的性质与连续时间信号的卷积性质类似。

3. 卷积定理

(1) 时域卷积定理

若 $f_1(t) \longleftrightarrow F_1(\omega), f_2(t) \longleftrightarrow F_2(\omega)$，则

$$f_1(t) * f_2(t) \longleftrightarrow F_1(\omega) F_2(\omega) \tag{2.5.12}$$

证：

$$F[f_1(t) * f_2(t)] = \int_{-\infty}^{\infty} \left[\int_{-\infty}^{\infty} f_1(\tau) f_2(t-\tau) d\tau \right] e^{-j\omega t} dt$$

$$= \int_{-\infty}^{\infty} f_1(\tau) \left[\int_{-\infty}^{\infty} f_2(t-\tau) e^{-j\omega t} dt \right] d\tau$$

$$= \int_{-\infty}^{\infty} f_1(\tau) F_2(\omega) e^{-j\omega\tau} d\tau$$

$$= F_1(\omega) F_2(\omega)$$

(2) 频域卷积定理

若 $f_1(t) \longleftrightarrow F_1(\omega), f_2(t) \longleftrightarrow F_2(\omega)$，则

$$f_1(t) f_2(t) \longleftrightarrow \frac{1}{2\pi} F_1(\omega) * F_2(\omega) \tag{2.5.13}$$

将式（2.5.13）的右端进行傅里叶反变换即可证明上式。

由此得出结论：在时域中两个函数的卷积等效于在频域中它们的频谱的乘积，而在时域中两个函数的乘积等效于在频域中它们的频谱的卷积再乘以 $\frac{1}{2\pi}$。

2.5.2 信号的相关

1. 相关函数定义

相关函数分互相关函数与自相关函数。互相关函数反映两个信号 $f_1(t)$ 和 $f_2(t)$ 之间的关联程度，自相关函数反映同一信号 $f(t)$ 在不同时刻之间的关联程度。

互相关函数定义：

(1) 能量信号

$$R_{12}(t) = \int_{-\infty}^{\infty} f_1(\tau) f_2(t+\tau) d\tau \tag{2.5.14}$$

(2) 功率信号

$$R_{12}(t) = \lim_{T \to \infty} \frac{1}{T} \int_{-\frac{T}{2}}^{\frac{T}{2}} f_1(\tau) f_2(t+\tau) d\tau \tag{2.5.15}$$

(3) 周期信号

$$R_{12}(t) = \frac{1}{T} \int_{-\frac{T}{2}}^{\frac{T}{2}} f_1(\tau) f_2(t+\tau) d\tau \tag{2.5.16}$$

自相关函数定义：

(1) 能量信号
$$R(t) = \int_{-\infty}^{\infty} f(\tau)f(t+\tau)\mathrm{d}\tau \tag{2.5.17}$$

(2) 功率信号
$$R(t) = \lim_{T\to\infty} \frac{1}{T} \int_{-\frac{T}{2}}^{\frac{T}{2}} f(\tau)f(t+\tau)\mathrm{d}\tau \tag{2.5.18}$$

(3) 周期信号
$$R(t) = \frac{1}{T} \int_{-\frac{T}{2}}^{\frac{T}{2}} f(\tau)f(t+\tau)\mathrm{d}\tau \tag{2.5.19}$$

【例 2.5.1】 求周期信号 $f(t) = \sum_{n=-\infty}^{\infty} \dot{F}_n e^{jn\omega_0 t}$ 的自相关函数,其周期为 T,其波角频率为 $\omega_0 = \frac{2\pi}{T}$。

解:将周期信号 $f(t)$ 带入式 (2.5.19),则有
$$R(t) = \frac{1}{T} \int_{-\frac{T}{2}}^{\frac{T}{2}} \left[\sum_{m=-\infty}^{\infty} \dot{F}_m e^{jm\omega_0 \tau} \right] \left[\sum_{n=-\infty}^{\infty} \dot{F}_n e^{jn\omega_0(t+\tau)} \right] \mathrm{d}\tau$$

其中求和中的任意一项为
$$I_{mn} = \frac{1}{T} \int_{-\frac{T}{2}}^{\frac{T}{2}} \dot{F}_m \dot{F}_n e^{jm\omega_0 \tau} e^{jn\omega_0 t} e^{jn\omega_0 \tau} \mathrm{d}\tau = \dot{F}_m \dot{F}_n e^{jn\omega_0 t} \frac{1}{T} \int_{-\frac{T}{2}}^{\frac{T}{2}} e^{jm\omega_0 \tau} e^{jn\omega_0 \tau} \mathrm{d}\tau$$
$$= \begin{cases} \dot{F}_m \dot{F}_n e^{jn\omega_0 t} & m = -n \\ 0 & m \neq -n \end{cases}$$

所以
$$R(t) = \sum_{n=-\infty}^{\infty} \dot{F}_n \dot{F}_{-n} e^{jn\omega_0 t} = \sum_{n=-\infty}^{\infty} |\dot{F}_n|^2 e^{jn\omega_0 t} \tag{2.5.20}$$

显然,周期信号的自相关函数是一个具有相同周期的周期函数。

2. 相关定理

令 $f_1(t) \longleftrightarrow F_1(\omega)$,$f_2(t) \longleftrightarrow F_2(\omega)$,则有
$$R_{12}(t) \longleftrightarrow F_1^*(\omega)F_2(\omega) \tag{2.5.21}$$
$$R_{21}(t) \longleftrightarrow F_2^*(\omega)F_1(\omega) \tag{2.5.22}$$

根据相关定理有

1) 若 $f_1(t)$ 为实偶函数,则 $F_1(\omega)$ 为实偶函数,故
$$R_{12}(t) \longleftrightarrow F_1(\omega)F_2(\omega)$$
即
$$R_{12}(t) = f_1(t) * f_2(t) \tag{2.5.23}$$

2) 若 $f_2(t)$ 为实偶函数,则 $F_2(\omega)$ 为实偶函数,故
$$R_{21}(t) \longleftrightarrow F_1(\omega)F_2(\omega)$$
即
$$R_{21}(t) = f_1(t) * f_2(t) \tag{2.5.24}$$

3) 当 $f_1(t)$、$f_2(t)$ 均为实偶函数,则
$$R_{12}(t) = R_{21}(t) = f_1(t) * f_2(t) \tag{2.5.25}$$

4) 当 $f_1(t) = f_2(t) = f(t)$ 时，
$$R(t) \longleftrightarrow F^*(\omega)F(\omega) = |F(\omega)|^2 = E(\omega) \tag{2.5.26}$$

3. 相关函数的性质

(1) 当 $t = 0$ 时

对于能量信号
$$R(0) = \int_{-\infty}^{\infty} |f(\tau)|^2 d\tau = E \tag{2.5.27}$$

对于功率信号
$$R(0) = \lim_{T \to \infty} \frac{1}{T} \int_{-\frac{T}{2}}^{\frac{T}{2}} |f(\tau)|^2 d\tau = P \tag{2.5.28}$$

式中，$R(0)$ 为能量信号的总能量，功率信号的平均功率。

(2) $R(0) \geqslant R(t)$ \hfill (2.5.29)

(3) $R(t) = R(-t)$ \hfill (2.5.30)

$\quad\quad R_{12}(t) = R_{21}(-t)$ \hfill (2.5.31)

(4) 对于周期为 T 的周期信号，其自相关函数仍为同周期的周期信号，即其自相关函数满足
$$R(t) = R(t + nT) \quad\quad n = \pm 1, \pm 2 \cdots\cdots \tag{2.5.32}$$

(5) 能量信号的自相关函数与其能量谱密度为一对傅里叶变换，即
$$R(t) \longleftrightarrow E(\omega) \tag{2.5.33}$$

证明：令 $f(t)$ 为能量信号，且 $f(t) \longleftrightarrow F(\omega)$，则有

$$R(t) = \int_{-\infty}^{\infty} f(\tau)f(t+\tau) d\tau = \int_{-\infty}^{\infty} f(\tau) \left[\frac{1}{2\pi} \int_{-\infty}^{\infty} F(\omega) e^{j\omega(t+\tau)} d\omega\right] d\tau$$

$$= \frac{1}{2\pi} \int_{-\infty}^{\infty} \left[\int_{-\infty}^{\infty} f(\tau) e^{j\omega\tau} d\tau\right] F(\omega) e^{j\omega t} d\omega = \frac{1}{2\pi} \int_{-\infty}^{\infty} F^*(\omega) F(\omega) e^{j\omega t} d\omega$$

$$= \frac{1}{2\pi} \int_{-\infty}^{\infty} |F(\omega)|^2 e^{j\omega t} d\omega = \frac{1}{2\pi} \int_{-\infty}^{\infty} E(\omega) e^{j\omega t} d\omega$$

证毕。

(6) 功率信号的自相关函数与其功率谱密度为一对傅里叶变换，即
$$R(t) \longleftrightarrow P(\omega) \tag{2.5.34}$$

证明：令 $f(t)$ 为功率信号，取其截短

$$f_T(t) = \begin{cases} f(t) & |t| < \frac{T}{2} \\ 0 & 其他 \end{cases}$$

并令 $f_T(t) \longleftrightarrow F_T(\omega)$，$f_T(t)$ 为能量信号，令其自相关函数为 $R_T(t)$，则有

$$R_T(t) \longleftrightarrow |F_T(\omega)|^2$$

根据功率信号自相关的定义

$$R(t) = \lim_{T \to \infty} \frac{1}{T} \int_{-T/2}^{T/2} f(\tau)f(t+\tau) d\tau = \lim_{T \to \infty} \frac{1}{T} \int_{-\infty}^{\infty} f_T(\tau)f_T(t+\tau) d\tau = \lim_{T \to \infty} \frac{R_T(t)}{T}$$

已知 $R_T(t) \longleftrightarrow |F_T(\omega)|^2$，因此有

$$\lim_{T\to\infty}\frac{R_T(t)}{T} \longleftrightarrow \lim_{T\to\infty}\frac{|F_T(\omega)|^2}{T} \quad 即 \quad R(t) \longleftrightarrow P(\omega)$$

证毕。

2.6 确知信号通过线性系统

2.6.1 信号通过线性系统的分析方法

无论信号还是系统，对其分析的方法有时域、频域及复频域三个角度，本课程中通常采用时域和频域两个角度来分析信号与系统。

图 2.6.1 为信号经过线性系统示意图。图中 $h(t)$ 为系统的冲激响应；$H(\omega)$ 为系统的传输函数，是系统在单位冲激信号 $\delta(t)$ 激励下的零状态响应，并有 $h(t) \longleftrightarrow H(\omega)$。$H(\omega)$ 通常是 ω 的复函数，可表示为

图 2.6.1 信号经过线性系统

$$H(\omega) = |H(\omega)|e^{j\varphi(\omega)} \quad (2.6.1)$$

式中，$|H(\omega)|$ 称为系统的幅度-频率特性，简称幅频特性；$\varphi(\omega)$ 称为系统的相位-频率特性，简称相频特性。

1. 输出信号的时域、频域描述

在时域内，系统的输入、输出关系为

$$y(t) = x(t) * h(t) = \int_{-\infty}^{\infty} x(\tau)h(t-\tau)d\tau = \int_{-\infty}^{\infty} h(\tau)x(t-\tau)d\tau \quad (2.6.2)$$

对于物理可实现系统，由于 $h(t) = 0, t < 0$，因此有

$$y(t) = \int_{-\infty}^{\infty} x(\tau)h(t-\tau)d\tau = \int_{-\infty}^{t} x(\tau)h(t-\tau)d\tau \quad (2.6.3)$$

或

$$y(t) = \int_{-\infty}^{\infty} h(\tau)x(t-\tau)d\tau = \int_{0}^{\infty} h(\tau)x(t-\tau)d\tau \quad (2.6.4)$$

在频域内，系统的输入、输出关系为

$$Y(\omega) = X(\omega)H(\omega)$$

式（2.6.4）说明，系统的传输函数可以由输入、输出信号的频谱确定，$H(\omega) = \dfrac{Y(\omega)}{X(\omega)}$。

2. 输出信号的自相关函数

系统输出自相关函数为

$$R_y(t) = \int_{-\infty}^{\infty} y(\tau)y(t+\tau)d\tau \quad (2.6.5)$$

将式（2.6.4）带入式（2.6.5），可得

$$R_y(t) = \int_{-\infty}^{\infty}\int_{0}^{\infty} h(\alpha)x(\tau-\alpha)d\alpha \int_{0}^{\infty} h(\beta)x(t+\tau-\beta)d\beta d\tau$$

$$= \int_0^\infty h(\alpha) \int_0^\infty h(\beta) \left[\int_{-\infty}^\infty x(\tau-\alpha)x(t+\tau-\beta)\mathrm{d}\tau \right] \mathrm{d}\alpha\mathrm{d}\beta$$

$$= \int_0^\infty h(\alpha) \int_0^\infty h(\beta) R_x(t+\alpha-\beta)\mathrm{d}\alpha\mathrm{d}\beta = R_x(t) * h(t) * h(-t) \quad (2.6.6)$$

3. 输出信号的能量谱密度或功率谱密度

若输入信号 $x(t)$ 为能量信号，输入端 $E_x(\omega) = |X(\omega)|^2$，则输出信号的能量谱密度为

$$E_y(\omega) = |Y(\omega)|^2 = |X(\omega)H(\omega)|^2 = |X(\omega)|^2 |H(\omega)|^2 = E_x(\omega) |H(\omega)|^2 \quad (2.6.7)$$

式（2.6.7）也可通过对式（2.6.6）求傅里叶变换获得。

若输入信号 $x(t)$ 为功率信号，输入端 $P_x(\omega) = \lim_{T\to\infty} \dfrac{|X_T(\omega)|^2}{T}$，则输出信号的功率谱密度为

$$P_y(\omega) = \lim_{T\to\infty} \frac{|Y_T(\omega)|^2}{T} = \lim_{T\to\infty} \frac{|X_T(\omega)H(\omega)|^2}{T} = \lim_{T\to\infty} \frac{|X_T(\omega)|^2 |H(\omega)|^2}{T}$$

$$= |H(\omega)|^2 \lim_{T\to\infty} \frac{|X_T(\omega)|^2}{T} = P_x(\omega) |H(\omega)|^2 \quad (2.6.8)$$

可以看出，能量谱密度或功率谱密度的输入、输出关系与系统的传输函数的幅度二次方函数有关。仅用输入输出的自能量谱密度或功率谱密度只能确定系统的幅频特性，系统的相位特性无法确定，因此，称能量谱密度或功率谱密度为相盲。

4. 输入、输出信号的互相关函数与互功率谱密度

$$R_{xy}(t) = \int_{-\infty}^\infty x(\tau)y(t+\tau)\mathrm{d}\tau = \int_{-\infty}^\infty x(\tau) \left[\int_0^\infty h(\alpha)x(t+\tau-\alpha)\mathrm{d}\alpha \right] \mathrm{d}\tau$$

$$= \int_0^\infty h(\alpha) \left[\int_{-\infty}^\infty x(\tau)x(t+\tau-\alpha)\mathrm{d}\tau \right] \mathrm{d}\alpha$$

$$= \int_0^\infty h(\alpha) R_x(t-\alpha)\mathrm{d}\alpha = R_x(t) * h(t) \quad (2.6.9)$$

同样有

$$R_{yx}(t) = R_x(t) * h(-t) \quad (2.6.10)$$

对式（2.6.9）求傅里叶变换，则

$$P_{xy}(\omega) = P_x(\omega)H(\omega) \quad (2.6.11)$$

对于功率信号，可以得到类似的结论。以功率信号为例，式（2.6.11）反映了输入输出信号之间的互功率谱密度与系统输入信号自功率及系统函数之间的关系。可以看出，利用互功率谱密度及输入端的自功率谱密度可以获得系统的全部信息。

2.6.2 信号的无失真传输条件

信号通过线性系统时希望不产生失真，或者失真尽量小到不易觉察的程度。但实际传输时总会有失真，除了传输过程中引入噪声以外，还有系统本身特性不理想引起的失真，其中有通过线性电路引起的失真和通过非线性电路引起的失真。这里主要介绍信号通过线性系统引起的失真和不失真传输的条件。

信号通过线性系统会引起变化。从传送信号的角度考虑，重要的是信号波形的变化，认

为信号波形的大小和时延的变化应不影响信号所携带的信息。因此定义通过线性系统信号不失真的条件为

$$y(t) = kx(t - t_0) \tag{2.6.12}$$

式中，k、t_0 均为常数，k 为衰减或放大系数；t_0 为系统时延，$t_0 > 0$ 表示时间滞后，$t_0 < 0$ 表示时间超前，实际电路中都是时间滞后（$t_0>0$）。

对式（2.6.12）求傅里叶变换，则在频域有

$$Y(\omega) = kX(\omega)\mathrm{e}^{-\mathrm{j}\omega t_0} \tag{2.6.13}$$

故有

$$H(\omega) = \frac{Y(\omega)}{X(\omega)} = k\mathrm{e}^{-\mathrm{j}\omega t_0} \tag{2.6.14}$$

满足信号不失真传输条件的系统被称作理想系统。由式（2.6.14）可知，任何一个信号通过线性系统不产生波形失真，系统应该具备以下两个条件：

1）系统的幅频特性应该是一个不随频率变换的常数。
2）系统的相频特性应是一条过原点的直线。

在实际应用时，由于信号的带宽是有限的，因此当传输有限带宽的信号时，只要求在信号带宽范围内满足上述条件即可。

由于系统特性 $H(\omega)$ 不理想引起的信号失真称为线性失真。线性失真包括频率失真和相位失真。由于系统的幅频特性不理想引起的信号失真称为频率失真。由于系统的相频特性不理想引起的信号失真称为相位失真。

对于系统的相移特性另有一种描述方法，以"群时延"特性来表示。群时延定义为

$$\tau = -\frac{\mathrm{d}\varphi(\omega)}{\mathrm{d}\omega} \tag{2.6.15}$$

也即，群时延定义为系统相频特性对频率的倒数并取负号。满足信号传输不产生相位失真的条件是群时延特性应为常数，对式（2.6.14），$\tau=t_0$。

2.6.3 信号与系统的带宽

从通信系统中信号的传输过程来说，实际上遇到两种不同含义的带宽：一种是信号的带宽（或者是噪声的带宽），这是由信号（或噪声）的频谱或能量谱密度、功率谱密度在频域的分布规律确定的；另一种是信道的带宽，这是由传输电路的传输特性决定的。

1. 信号的带宽

从理论上讲，除了极个别的信号外，信号的频谱都是分布得无穷宽的。例如，矩形脉冲的频谱，如式（2.3.14）所示，频谱是很宽的，可以说是无穷宽。如果把凡是有信号频谱的范围都算带宽，那么很多信号的带宽都为无穷大了。一般信号虽然频谱很宽，但绝大部分能量是集中在某一个不太宽的频率范围以内的，因此，通常根据信号能量的集中情况适当地进行取舍，可以确定信号的带宽。

常用信号带宽定义如下：

（1）以集中一定百分比的能量（功率）来定义

以低通信号为例。对于能量信号，可由

$$\frac{2\int_0^B |F(f)|^2 df}{E} = \gamma \qquad (2.6.16)$$

求出带宽 B。式中，E 为能量信号的能量；B 为信号的带宽，定义为信号在正频域内涉及的频率范围；百分比 γ 可取 90%、95% 或 99%。

对于功率信号，可由

$$\frac{2\int_0^B [\lim_{T\to\infty} \frac{|F_T-(f)|^2}{T}] df}{P} = \gamma \qquad (2.6.17)$$

求出带宽 B。式中，P 为功率信号的平均功率。

（2）等效矩形带宽

用一个矩形频谱代替信号的频谱，矩形频谱具有的能量与信号的能量相等，矩形频谱的幅度为信号频谱在 $f=0$Hz 时的幅度，如图 2.6.2 所示。

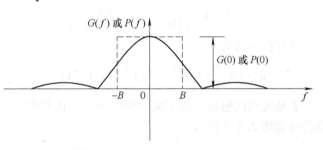

图 2.6.2 等效矩形带宽定义示意图

由

$$2BG(0) = \int_{-\infty}^{\infty} G(f) df$$

或

$$2BP(0) = \int_{-\infty}^{\infty} P(f) df$$

得带宽

$$B = \frac{\int_{-\infty}^{\infty} G(f) df}{2G(0)} \qquad (2.6.18)$$

或

$$B = \frac{\int_{-\infty}^{\infty} P(f) df}{2P(0)} \qquad (2.6.19)$$

2. 系统的带宽

通常系统的带宽 B 定义为系统的幅频特性 $|H(\omega)|$ 保持在其频带中心处取值的 $1/\sqrt{2}$ 倍以内（即 3dB 以内）的频率区间，常称为 3dB 带宽，如图 2.6.3a 所示。或者定义为系统幅

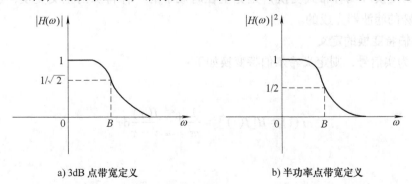

a) 3dB 点带宽定义　　　　　　　b) 半功率点带宽定义

图 2.6.3 系统带宽定义示意图

度二次方特性 $|H(\omega)|^2$ 保持在其频带中心处取值的 1/2 倍以内（即半功率点以内），如图 2.6.3b 所示。

2.6.4 低通滤波器与带通滤波器

若滤波器的通频带位于零频附近至某一频率，则称其为低通滤波器，其特性如图 2.6.4 所示。

理想低通滤波器的传递函数可表示为

$$H(\omega) = \text{rect}\left(\frac{\omega}{2W}\right) e^{-j\omega t_0} \quad (2.6.20)$$

其冲激响应为

$$h(t) = \frac{W}{\pi} \text{Sa}[W(t - t_0)] \quad (2.6.21)$$

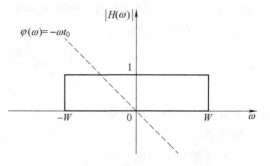

图 2.6.4 理想低通滤波器传递函数

若滤波器的通频带位于某一频率附近，且其带宽远小于此频率，则称其为带通滤波器，其特性如图 2.6.5 所示。

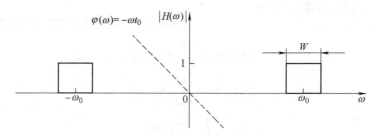

图 2.6.5 理想带通滤波器传递函数

2.7 希尔伯特变换与解析信号

2.7.1 希尔伯特变换

希尔伯特变换（简称希式变换）是完全在时域中的一种特殊的正交变换，也可以看成是由一种特殊的滤波器完成的。

1. 希尔伯特变换的定义

令 $f(t)$ 为实信号，则定义希尔伯特变换如下：

正变换

$$\hat{f}(t) = H[f(t)] = \frac{1}{\pi} \int_{-\infty}^{\infty} \frac{f(\tau)}{t - \tau} d\tau \quad (2.7.1)$$

反变换

$$f(t) = H^{-1}[\hat{f}(t)] = -\frac{1}{\pi} \int_{-\infty}^{\infty} \frac{\hat{f}(\tau)}{t - \tau} d\tau \quad (2.7.2)$$

容易看出，正变换可以用卷积表示

$$\hat{f}(t) = \frac{1}{\pi}\int_{-\infty}^{\infty}\frac{f(\tau)}{t-\tau}\mathrm{d}\tau = f(t) * \frac{1}{\pi t} \tag{2.7.3}$$

由式（2.7.3）可以看出，希尔伯特变换正变换可以看作一线性系统，其冲激响应为 $h(t) = \frac{1}{\pi t}$，如图 2.7.1 所示。

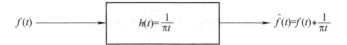

图 2.7.1　希尔伯特变换正变换系统示意图

希尔伯特变换反变换可以用卷积表示

$$f(t) = -\frac{1}{\pi}\int_{-\infty}^{\infty}\frac{\hat{f}(\tau)}{t-\tau}\mathrm{d}\tau = \hat{f}(t) * \left(-\frac{1}{\pi t}\right) \tag{2.7.4}$$

由式（2.7.4）可以看出，希尔伯特变换反变换也可以看作一线性系统，其冲激响应为 $h(t) = -\frac{1}{\pi t}$，如图 2.7.2 所示。

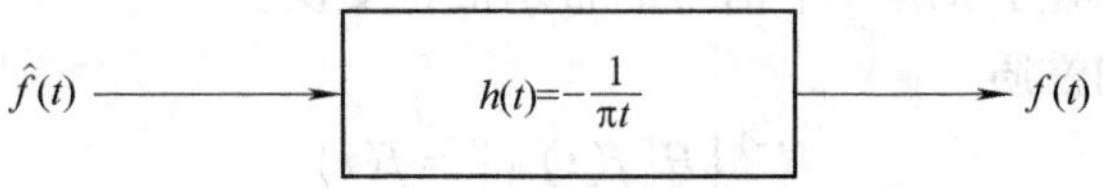

图 2.7.2　希尔伯特变换反变换系统示意图

在频域，由于

$$\frac{1}{\pi t} \longleftrightarrow -\mathrm{j}\mathrm{sgn}(\omega) = \begin{cases} -\mathrm{j} & \omega > 0 \\ \mathrm{j} & \omega < 0 \end{cases}$$

那么，希尔伯特变换正变换系统传递函数为

$$H(\omega) = -\mathrm{j}\mathrm{sgn}(\omega) = \begin{cases} -\mathrm{j} & \omega > 0 \\ \mathrm{j} & \omega < 0 \end{cases} \tag{2.7.5}$$

由于在实际中仅存在正频率，所以只需要理解正频率下希氏变换的物理含义。希氏变换是一个全通的 $-\frac{\pi}{2}$ 相移网络。

对式（2.7.3）求傅里叶变换则有

$$\hat{F}(\omega) = -\mathrm{j}\mathrm{sgn}(\omega)F(\omega) = -\mathrm{j}[2U(\omega)-1]F(\omega) = \begin{cases} -\mathrm{j}F(\omega) & \omega > 0 \\ \mathrm{j}F(\omega) & \omega < 0 \end{cases} \tag{2.7.6}$$

由式（2.7.6）可以看出一个信号的希氏变换滞后该信号 $\frac{\pi}{2}$ 相位。

对于希氏反变换,其系统为全通的$\frac{\pi}{2}$相移网络。信号经过希氏反变换系统,其输出信号超前输入信号$\frac{\pi}{2}$相位。

【例 2.7.1】 求$f(t) = \cos\omega_0 t$的希尔伯特变换。

解:方法一:

由于$f(t) = \cos\omega_0 t$为三角函数,故可用

$$\hat{f}(t) = \cos\left(\omega_0 t - \frac{\pi}{2}\right) = \sin\omega_0 t \tag{2.7.7}$$

方法二:

通过下面过程求解希尔伯特变换

$$f(t) \to F(\omega) \to \hat{F}(\omega) \to \hat{f}(t)$$

由于$F(\omega) = \pi[\delta(\omega - \omega_0) + \delta(\omega + \omega_0)]$

则 $\hat{F}(\omega) = \pi[-j\delta(\omega - \omega_0) + j\delta(\omega + \omega_0)] = \frac{\pi}{j}[\delta(\omega - \omega_0) - \delta(\omega + \omega_0)]$

所以 $\hat{f}(t) = \sin\omega_0 t$

三角函数信号都可以用方法一求解希尔伯特变换,方法二的应用有一定的局限性。除此之外还可以带入定义式积分求解一个信号的希尔伯特变换。

2. 希尔伯特变换的性质

1)
$$H^{-1}\{H[f(t)]\} = f(t) \tag{2.7.8}$$

求一次希氏变换相移$-\frac{\pi}{2}$,求一次希氏反变换相移$\frac{\pi}{2}$,则信号还原。

2)
$$H\{H[f(t)]\} = -f(t) \tag{2.7.9}$$

求两次希氏变换,相移π,从而反相。

3)
$$\int_{-\infty}^{\infty} f^2(t)\,dt = \int_{-\infty}^{\infty} \hat{f}^2(t)\,dt \tag{2.7.10}$$

式(2.7.10)表明一个信号和它的希尔伯特变换具有相同的能量。这个结论不难理解,由式(2.7.6)有$|\hat{F}(\omega)|^2 = |F(\omega)|^2$,再借助帕什伐尔能量定理,式(2.7.10)自然成立。

4) 若$f(t)$为偶函数,则$\hat{f}(t)$为奇函数;若$f(t)$为奇函数,则$\hat{f}(t)$为偶函数

证明:令$f(t)$为偶函数,则有$f(-t) = f(t)$。由希尔伯特变换正变换定义

$$\hat{f}(-t) = \frac{1}{\pi}\int_{-\infty}^{\infty} \frac{f(\tau)}{(-t)-\tau}d\tau = \frac{1}{\pi}\int_{-\infty}^{\infty} \frac{f(-\tau)}{(-t)-\tau}d\tau$$

令$\tau' = -\tau$,则

$$\hat{f}(-t) = -\frac{1}{\pi}\int_{-\infty}^{\infty} \frac{f(\tau')}{t-\tau'}d\tau' = -\hat{f}(t)$$

由此得证。同理可证明第二个结论。

5)
$$\int_{-\infty}^{\infty} f(t)\hat{f}(t)\,dt = 0 \tag{2.7.11}$$

式（2.7.11）表明 $f(t)$ 与 $\hat{f}(t)$ 相互正交。由性质（4）可知，$f(t)\hat{f}(t)$ 一定是奇函数，显然，式（2.7.11）成立。

2.7.2 解析信号

令 $f(t)$ 为实信号，则定义解析信号

$$z(t) = f(t) + j\hat{f}(t) \tag{2.7.12}$$

称 $z(t)$ 为 $f(t)$ 的解析信号或预包络。由式（2.7.12）可知，解析信号是复信号，但不是所有的复信号都是解析信号，只有当复信号的实部与虚部之间是一对希尔伯特变换对时，复信号才为解析信号。

若 $f(t) \longleftrightarrow F(\omega)$，$z(t) \longleftrightarrow Z(\omega)$ 则有

$$Z(\omega) = F(\omega) + j\hat{F}(\omega) = F(\omega) - j \cdot j\mathrm{sgn}(\omega)F(\omega)$$
$$= \begin{cases} 2F(\omega) & \omega > 0 \\ 0 & \omega < 0 \end{cases} \tag{2.7.13}$$

式（2.7.13）表明，解析信号的频谱为单边谱。

同理，解析信号（预包络）还有另外一种形式，即

$$\tilde{z}(t) = z^*(t) = f(t) - j\hat{f}(t) \tag{2.7.14}$$

假设有 $\tilde{z}(t) \longleftrightarrow \tilde{Z}(\omega)$，则可以证明有

$$\tilde{Z}(\omega) = \mathscr{F}[z^*(t)] = \begin{cases} 0 & \omega > 0 \\ 2F(\omega) & \omega < 0 \end{cases} \tag{2.7.15}$$

式（2.7.15）也表明，解析信号的频谱为单边谱。

解析信号的性质如图 2.7.3 所示。

1) 解析信号为单边频谱，只有 $\omega > 0$ 或 $\omega < 0$ 时有值。
2) $f(t)$ 为解析信号的实部，即 $f(t) = \mathrm{Re}[z(t)]$，是实值信号，其双边频谱幅度为解析信号单边频谱幅度的一半。

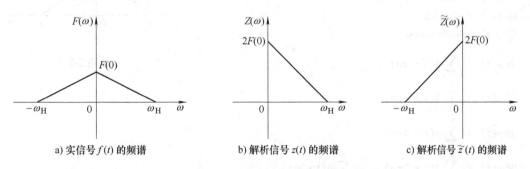

a) 实信号 $f(t)$ 的频谱   b) 解析信号 $z(t)$ 的频谱   c) 解析信号 $\tilde{z}(t)$ 的频谱

图 2.7.3 解析信号性质示意图

【例 2.7.2】 已知 $f(t) = \cos\omega_0 t$，求其解析信号。

解： 由例 2.7.1 可知 $\cos\omega_0 t$ 的希尔伯特变换为 $\sin\omega_0 t$，则

$$z(t) = f(t) + j\hat{f}(t) = \cos\omega_0 t + j\sin\omega_0 t = e^{j\omega_0 t}$$

思 考 题

2-1 什么是能量信号？什么是功率信号？什么是能量谱密度？什么是功率谱密度？
2-2 什么是自相关函数？自相关函数的性质是什么？什么是互相关函数？其主要性质是什么？
2-3 冲激响应的定义是什么？冲激响应的傅里叶变换等于什么？
2-4 何为物理可实现系统？它应该满足什么条件？
2-5 如何借助系统冲激响应在时域内描述线性系统输入和输出的关系？
2-6 如何借助系统函数在频域内描述线性系统输入和输出的关系？
2-7 如何借助系统冲激响应在时域内描述物理可实现线性系统输入和输出的关系？
2-8 如何用公式描述一个时延为 t_d 的线性时不变低通滤波器的频率特性？
2-9 卷积的定义是什么？卷积的性质有哪些？卷积的物理含义是什么？
2-10 在什么条件下，卷积和相关是相等的？
2-11 什么是希尔伯特变换正变换？什么是希尔伯特变换反变换？其物理含义是什么？
2-12 什么是解析信号？其性质是什么？

习 题

2-1 已知 $f_1(t) = \sin t$，$f_2(t) = \delta(t) + \delta(t-\pi)$，求 $f_1(t) * f_2(t)$。

2-2 1）设 $x(t)$ 的傅里叶变换为 $X(\omega)$，而 $p(t)$ 是基频为 ω_0，傅里叶级数表示为

$$p(t) = \sum_{n=-\infty}^{\infty} a_n e^{jn\omega_0 t}$$

的周期信号。求

$$y(t) = x(t)p(t)$$

的傅里叶变换。

2）假设 $X(\omega)$ 如题图 2-2 所示，对以下的每个 $p(t)$，画出 $y(t)$ 的频谱。

① $p(t) = \cos \dfrac{t}{2}$

② $p(t) = \cos t$

③ $p(t) = \cos 2t$

④ $p(t) = \sin t \sin 2t$

⑤ $p(t) = \cos 2t - \cos t$

⑥ $p(t) = \sum_{n=-\infty}^{\infty} \delta(t - \pi n)$

⑦ $p(t) = \sum_{n=-\infty}^{\infty} \delta(t - 2\pi n)$

⑧ $p(t) = \sum_{n=-\infty}^{\infty} \delta(t - 4\pi n)$

⑨ $p(t) = \sum_{n=-\infty}^{\infty} \delta(t - 2\pi n) - \dfrac{1}{2} \sum_{n=-\infty}^{\infty} \delta(t - \pi n)$

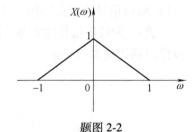

题图 2-2

2-3 试写出如下两个信号的解析信号：

1) $f(t) = \sin t$

2) $f(t) = (1 + k\cos\omega_H t)\cos\omega_c t$

第 3 章 随机信号分析

通信网中传输的信号，例如语音信号、电视信号、数据信号及图像信号等，通常总带有某种随机性，即它们的某个或几个参数不能预知或不能完全被预知，这种具有随机性的时间信号统称为随机信号。通信网中还必然存在着噪声，例如各种电磁波噪声和通信设备本身产生的热噪声、散粒噪声等，通常它们都是不能预测的。凡是不能预测的噪声统称为随机噪声，或简称为噪声。

本章全面讨论这类随机信号和随机噪声的分析方法，掌握它们的分析方法对研究各种通信系统的可靠性及设计各种通信系统是必不可少的基础知识。

3.1 随机过程的一般描述

3.1.1 随机过程的基本概念

自然界中事物的变化过程可以分成两类。一类是其变化过程具有确定的形式，或者说具有必然的变化规律，其变化过程可用一个或几个时间 t 的确定函数来描述，这类过程称为确定性过程。而通信网中所遇到的信号和噪声可归纳为依赖时间参数 t 的随机过程。这种过程的基本特征是：其一，在观察区间内是一个时间函数；其二，在任意时刻上观察到的值是不确定的，是一个随机变量。其中每个时间函数称为一个样本函数，而随机过程就可以看成是一个有全部可能的样本函数构成的总体。例如在研究通信机输出噪声现象时，可以设想有 n 台性能完全相同的通信机，它们的工作条件相同，现用 n 部记录仪同时记录各部通信机输出的噪声波形，测试结果表明，得到的 n 个记录并没有因为具有相同的测试条件而输出相同的波形。即使 n 足够大，也找不到两个完全相同的波形。具体情况如图 3.1.1 所示。图中每个样本函数 $x_i(t)$ 表示通信机输出噪声的时间波形，所有可能出现的结果 $x_1(t)$，$x_2(t)$，…，$x_n(t)$ 的集合就构成了随机过程 $\xi(t)$。随机过程和随机变量在定义方法上是相似的，不同的是随机变量的样本空间是一个实数集合，而随机过程的样本空间是一个时间函数集合。因此，随机过程具有随机变量

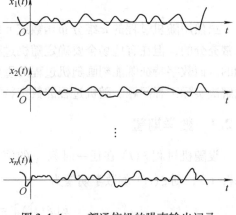

图 3.1.1 n 部通信机的噪声输出记录

和时间函数的特点。下面将会看到，在用数学处理随机过程时正是利用了这两个特点。

3.1.2 随机过程的概率分布

随机过程的两重性使得可以用描述随机变量的相似方法，来描述它的统计特性。

设 $\xi(t)$ 是一个随机过程,则它在任意一个时刻 t_1 的值 $\xi(t_1)$ 是一个随机变量。而随机变量的统计特性是可以用概率分布函数或概率密度函数来描述的。把 $\xi(t_1) \leq x_1$ 的概率 $P[\xi(t_1) \leq x_1]$ 记作 $F_1(x_1, t_1)$,称为随机过程 $\xi(t)$ 的一维分布函数,即

$$F_1(x_1, t_1) = P[\xi(t_1) \leq x_1] \tag{3.1.1}$$

设式(3.1.1)对 x_1 的偏导数存在,这时随机过程 $\xi(t)$ 的一维概率密度函数可定义为

$$f_1(x_1, t_1) = \frac{\partial F_1(x_1, t_1)}{\partial x_1} \tag{3.1.2}$$

式(3.1.1)和式(3.1.2)描述了随机过程 $\xi(t)$ 在特定时刻 t_1 的统计分布情况,但它们只是一维分布函数和一维概率密度函数,仅描述了随机过程在某个时刻上的统计分布特性。显然在一般情况下,仅用一维分布函数或一维概率密度函数来描述随机过程的完整统计特性是极不充分的,因为它们只描述了随机过程在任一瞬间的统计特性,而没有说明随机过程在不同瞬间的内在联系。因此,需要考察在足够多的时刻上随机过程的多维分布函数。

随机过程 $\xi(t)$ 的 n 维概率分布函数被定义为

$$\begin{aligned}&F_n(x_1, x_2, \cdots, x_n; t_1, t_2, \cdots, t_n)\\&= P[\xi(t_1) \leq x_1, \xi(t_2) \leq x_2, \cdots, \xi(t_n) \leq x_n]\end{aligned} \tag{3.1.3}$$

$\xi(t)$ 的 n 维概率密度函数(如果存在)为

$$f_n(x_1, x_2, \cdots, x_n; t_1, t_2, \cdots, t_n) = \frac{\partial^n F_n(x_1, x_2, \cdots, x_n; t_1, t_2, \cdots, t_n)}{\partial x_1 \partial x_2 \cdots \partial x_n} \tag{3.1.4}$$

显然,n 越大,用 n 维分布函数或 n 维概率密度函数描述随机过程 $\xi(t)$ 的统计特性就越充分。在一般实际问题中,二维概率密度函数用得最多。

3.2 随机过程的部分描述——数字特征

虽然用随机过程的 n 维分布函数或 n 维概率密度函数描述随机过程 $\xi(t)$ 的统计特性是非常充分的,但在有些场合要确定随机过程的 n 维分布函数并加以分析比较困难甚至是不可能的。而数字特征既能刻画随机过程的重要特征,又便于进行运算和实际测量,从而更简捷地解决实际工程问题。随机过程的数字特征包括数学期望、方差和相关函数等。

3.2.1 数学期望

设随机过程 $\xi(t)$ 在任一时刻 t_1 的值为 $\xi(t_1)$,且为一随机变量,其概率密度函数为 $f_1(x_1, t_1)$,则 $\xi(t_1)$ 的数学期望为

$$E[\xi(t_1)] = \int_{-\infty}^{\infty} x_1 f_1(x_1, t_1) \mathrm{d}x_1$$

注意这里的 t_1 是任取的,所以可以把 t_1 直接写为 t,x_1 改为 x,这时上式就变为随机过程在任意时刻的数学期望,记作 $a(t)$,于是

$$a(t) = E[\xi(t)] = \int_{-\infty}^{\infty} x f_1(x, t) \mathrm{d}x \tag{3.2.1}$$

$a(t)$ 是一时间函数,它表示随机过程各个时刻的数学期望随时间的变化情况,其本质就是

随机过程所有样本函数的统计平均函数。图 3.2.1 画出了随机过程 $\xi(t)$ 的 n 个样本函数 $x_1(t)$，$x_2(t)$，$\cdots$，$x_n(t)$ 和它的数学期望 $a(t)$。

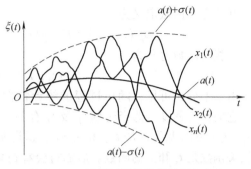

图 3.2.1 随机过程的数学期望和方差

3.2.2 方差

随机过程的方差定义为

$$D[\xi(t)] = E\{[\xi(t) - a(t)]^2\}$$

由此可得

$$\begin{aligned} D[\xi(t)] &= E[\xi(t)]^2 - 2a(t)E[\xi(t)] + [a(t)]^2 \\ &= E[\xi(t)]^2 - [a(t)]^2 \\ &= \int_{-\infty}^{\infty} x^2 f_1(x, t) \mathrm{d}x - [a(t)]^2 \end{aligned} \quad (3.2.2)$$

$D[\xi(t)]$ 也常记作 $\sigma^2(t)$，它表示随机过程在时刻 t 对于均值 $a(t)$ 的偏离程度，见图 3.2.1。$\sqrt{\sigma^2(t)}$ 称为随机过程 $\xi(t)$ 的标准差，也称均方差。

3.2.3 自协方差函数和自相关函数

数学期望 $a(t)$ 和方差 $\sigma^2(t)$ 描述了随机过程在各个孤立时刻的特征，但没有反映随机过程不同时刻之间的内在联系。自协方差函数 $B(t_1, t_2)$ 和自相关函数 $R(t_1, t_2)$ 就是用来衡量随机过程在任意两个时刻上获得的随机变量的统计相关特性的。

自协方差函数定义为

$$\begin{aligned} B(t_1, t_2) &= E\{[\xi(t_1) - a(t_1)][\xi(t_2) - a(t_2)]\} \\ &= \int_{-\infty}^{\infty} \int_{-\infty}^{\infty} [x_1 - a(t_1)][x_2 - a(t_2)] f_2(x_1, x_2; t_1, t_2) \mathrm{d}x_1 \mathrm{d}x_2 \end{aligned} \quad (3.2.3)$$

式中，t_1 与 t_2 为两个任意时刻；$a(t_1)$ 与 $a(t_2)$ 为在 t_1 和 t_2 上所得到的数学期望；$f_2(x_1, x_2; t_1, t_2)$ 为二维概率密度函数。

自相关函数定义为

$$R(t_1, t_2) = E[\xi(t_1)\xi(t_2)] = \int_{-\infty}^{\infty} \int_{-\infty}^{\infty} x_1 x_2 f_2(x_1, x_2; t_1, t_2) \mathrm{d}x_1 \mathrm{d}x_2 \quad (3.2.4)$$

由式（3.2.3）和式（3.2.4）可得自协方差函数与自相关函数之间的关系式

$$\begin{aligned} B(t_1, t_2) &= E\{\xi(t_1)\xi(t_2) + a(t_1)a(t_2) - \xi(t_1)a(t_2) - \xi(t_2)a(t_1)\} \\ &= E\{\xi(t_1)\xi(t_2)\} + E\{a(t_1)a(t_2)\} - E\{a(t_1)\xi(t_2)\} - E\{\xi(t_2)a(t_1)\} \\ &= R(t_1, t_2) - a(t_1)a(t_2) \end{aligned} \quad (3.2.5)$$

若式中 $a(t_1) = 0$ 或 $a(t_2) = 0$，则 $B(t_1, t_2) = R(t_1, t_2)$。上面的 $B(t_1, t_2)$ 和 $R(t_1, t_2)$ 是衡量同一个随机过程的相关程度的。

3.2.4 互协方差函数和互相关函数

如果把自相关函数的概念引申到两个或多个随机过程中，可以得互协方差或互相关函数。设 $\xi(t)$ 和 $\eta(t)$ 分别表示两个随机过程，则

互协方差函数定义为
$$B_{\xi\eta}(t_1, t_2) = E\{[\xi(t_1) - a_\xi(t_1)][\eta(t_2) - a_\eta(t_2)]\} \quad (3.2.6)$$
互相关函数定义为
$$R_{\xi\eta}(t_1, t_2) = E[\xi(t_1)\eta(t_2)] \quad (3.2.7)$$

由以上分析可见,随机过程的统计特性一般都与时刻 t_1, t_2, $\cdots$ 有关。就相关函数而言,它的相关程度与选择时刻 t_1 及 t_2 有关。如果 $t_2 > t_1$,可令 $t_2 = t_1 + \tau$,则自相关函数 $R(t_1, t_2)$ 可以表示为 $R(t_1, t_1 + \tau)$,这说明,相关函数依赖于起始时刻 t_1 及时间间隔 τ,即相关函数是 t_1 和 τ 的函数。后面将会看到某些随机过程的协方差函数和相关函数只与 τ 有关,而和时间 t_1 的选择无关。

3.3 平稳随机过程

随机过程的种类很多,有一类随机过程称为平稳随机过程,在通信中占有重要地位。平稳随机过程的重要性来自两个方面:其一,在实际应用中,特别在通信中所遇到的过程大多属于或很接近平稳随机过程;其二,平稳随机过程可以用它的一维、二维统计特征很好地描述。

3.3.1 平稳随机过程的定义

所谓平稳随机过程是指它的 n 维分布函数或概率密度函数不随时间的平移而变化,或者说不随时间原点的选取而变化。也就是说,对于任意的正整数 n 和所有实数 Δ,随机过程 $\xi(t)$ 的 n 维概率密度函数满足

$$f_n(x_1, x_2, \cdots, x_n; t_1, t_2, \cdots, t_n)$$
$$= f_n(x_1, x_2, \cdots, x_n; t_1 + \Delta, t_2 + \Delta, \cdots, t_n + \Delta) \quad (3.3.1)$$

则称 $\xi(t)$ 是在严格意义下的平稳随机过程。简称严平稳随机过程或狭义平稳随机过程。

式 (3.3.1) 定义的平稳随机过程对于一切 n 都成立,这在实际应用上是十分困难的。通常在应用上只考虑二维分布。平稳随机过程具有以下规律:它的一维概率密度函数与时间 t 无关。

$$f_1(x_1, t_1) = f_1(x_1, t_1 + \Delta) = f_1(x_1)$$

于是 $\xi(t)$ 的数学期望(均值)为

$$E[\xi(t)] = \int_{-\infty}^{\infty} x_1 f_1(x_1) \mathrm{d}x_1 = a \quad (3.3.2)$$

所以,平稳随机过程的数学期望为常数。同样可以证明平稳随机过程的方差和均方差也是常数 $\sigma(t) = \sigma$。

再把式 (3.3.1) 用于二维概率密度函数,则有

$$f_2(x_1, x_2; t_1, t_2) = f_2(x_1, x_2; t_1 + \Delta, t_2 + \Delta)$$
$$= f_2(x_1, x_2; 0, t_2 - t_1)$$

这说明二维概率密度函数仅依赖于时间间隔 $\tau = t_2 - t_1$,把它写成 $f_2(x_1, x_2; \tau)$,因此当设 $t_1 = t$, $t_2 = t + \tau$ 时,式 (3.2.4) 应用于自相关函数成为

$$E[\xi(t)\xi(t+\tau)] = \int_{-\infty}^{\infty}\int_{-\infty}^{\infty} x_1 x_2 f_2(x_1, x_2; \tau) \mathrm{d}x_1 \mathrm{d}x_2 = R(\tau) \quad (3.3.3)$$

即为时间间隔 τ 的函数。

以上表明对于平稳随机过程：①数学期望和方差与 t 无关，且分别为 a 及 σ^2；②自相关函数只与时间间隔 τ 有关，即

$$R(t_1, t_2) = R(t_1, t_1 + \tau) = R(\tau) \tag{3.3.4}$$

按照这两个条件定义的随机过程称为广义平稳随机过程或宽平稳随机过程。它的定义只涉及与一维、二维概率密度函数有关的数字特征，所以一个狭义平稳随机过程只要 $E[\xi^2(t)]$ 均方值有界，则它必定也是广义平稳随机过程，但反过来是不成立的。今后不特别说明，一般所说的平稳随机过程都是指广义平稳随机过程或简称平稳过程。

3.3.2 各态历经性

平稳随机过程在满足一定条件下有一个非常重要的特性，称为各态历经性。这种平稳随机过程，它的数字特征完全可由随机过程中的任一样本函数的数字特征，即数学期望、方差和自相关函数（均为统计值）来决定，这样就可以用时间平均来代替统计平均。

设 $x(t)$ 是平稳随机过程 $\xi(t)$ 中任取的一个样本函数，取它的时间平均值 $\overline{a}$ 为

$$\overline{a} = \overline{x(t)} = \lim_{T \to \infty} \frac{1}{T} \int_{-T/2}^{T/2} x(t) \mathrm{d}t \tag{3.3.5}$$

时间平均方差 $\overline{\sigma^2}$ 为

$$\overline{\sigma^2} = \overline{[x(t) - \overline{a}]^2} = \lim_{T \to \infty} \frac{1}{T} \int_{-T/2}^{T/2} [x(t) - \overline{a}]^2 \mathrm{d}t \tag{3.3.6}$$

时间平均的自相关函数为

$$\overline{R(\tau)} = \overline{x(t)x(t + \tau)} = \lim_{T \to \infty} \frac{1}{T} \int_{-T/2}^{T/2} x(t) x(t + \tau) \mathrm{d}t \tag{3.3.7}$$

对于具有各态历经性的平稳随机过程，以下公式成立

$$\begin{cases} a = \overline{a} \\ \sigma^2 = \overline{\sigma^2} \\ R(\tau) = \overline{R(\tau)} \end{cases} \tag{3.3.8}$$

各态历经性的含义是：从随机过程中得到的任何一个样本函数，好像它经历了随机过程的所有可能状态。因此，用一个样本函数就可以得到其数字特征。不过应注意，具有各态历经的随机过程一定是平稳随机过程，但平稳随机过程不一定是各态历经性的。对于自相关函数为 $R(\tau)$ 的零均值平稳高斯随机过程，只需满足条件

$$\int_{-\infty}^{\infty} |R(\tau)| \mathrm{d}\tau < \infty \tag{3.3.9}$$

一定是各态历经的。通信中所遇到的信号和噪声一般均满足上述条件，所以在后面的讨论中都把它们作为各态历经性的平稳随机过程来处理。

3.3.3 平稳随机过程的相关函数与功率谱密度

1. 平稳随机过程自相关函数的性质

平稳随机过程的统计特性，如数字特征等，可通过自相关函数来描述；自相关函数和平稳随机过程的谱特性又有着内在的联系，因此平稳随机过程的自相关函数是特别重要的函

数。下面先讨论平稳随机过程自相关函数的性质。

重写平稳随机过程自相关函数的定义式 (3.3.3)
$$R(\tau) = E[\xi(t)\xi(t+\tau)] \qquad (3.3.10)$$
它具有如下重要性质：

(1) $R(0) = E[\xi^2(t)] = S$ \qquad (3.3.11)

为平稳随机过程 $\xi(t)$ 的平均功率。

(2) $R(\infty) = E^2[\xi(t)]$ \qquad (3.3.12)

为 $\xi(t)$ 的直流功率。

$$\lim_{\tau \to \infty} R(\tau) = \lim_{\tau \to \infty} E[\xi(t)\xi(t+\tau)] = E[\xi(t)]E[\xi(t+\tau)] = E^2[\xi(t)]$$

注意，这里利用了当 $\tau \to \infty$ 时，$\xi(t)$ 与 $\xi(t+\tau)$ 没有依赖关系，即统计独立，而且也认为 $\xi(t)$ 不含有周期分量。

(3) $R(0) - R(\infty) = \sigma^2$ \qquad (3.3.13)

式 (3.3.13) 是方差，为 $\xi(t)$ 的交流功率，这一点可由式 (3.2.2) 得到。其物理意义为平稳随机过程的平均功率与直流功率的差等于它的交流功率。

(4) $R(\tau) = R(-\tau)$

$R(\tau)$ 是偶函数，这一点可直接由定义式 (3.2.4) 得到证实。

(5) $R(0) \geq |R(\tau)|$

自相关函数 $R(\tau)$ 在 $\tau = 0$ 时有最大值，为它的上界。该性质可用非负式 $E\{[\xi(t) \pm \xi(t+\tau)]^2\} \geq 0$ 得到。

由上述性质可知，用自相关函数几乎可表述 $\xi(t)$ 的几乎所有的数字特征，因而它们具有实用意义。

【例 3.3.1】 设随机过程 $\xi(t) = A\cos(\omega_c t + \theta)$，其中 θ 是在 $(0, 2\pi)$ 内均匀分布的随机变量。试证明：(1) $\xi(t)$ 是广义平稳的；(2) $\xi(t)$ 是各态历经性的；(3) 试说明它的自相关函数的性质。

证明：(1) 按题意，随机相位 θ 的概率密度函数为
$$f(\theta) = \begin{cases} \dfrac{1}{2\pi} & 0 \leq \theta \leq 2\pi \\ 0 & \text{其他} \end{cases}$$

则 $\xi(t)$ 的数学期望为
$$a(t) = E[\xi(t)] = \int_0^{2\pi} A\cos(\omega_c t + \theta) \frac{1}{2\pi} d\theta$$
$$= \frac{A}{2\pi} \int_0^{2\pi} (\cos\omega_c t \cos\theta - \sin\omega_c t \sin\theta) d\theta$$
$$= \frac{A}{2\pi} \left[\cos\omega_c t \int_0^{2\pi} \cos\theta d\theta - \sin\omega_c t \int_0^{2\pi} \sin\theta d\theta \right]$$
$$= 0(\text{常数})$$

$\xi(t)$ 的自相关函数为
$$R(t_1, t_2) = E[\xi(t_1)\xi(t_2)]$$
$$= E[A\cos(\omega_c t_1 + \theta) A\cos(\omega_c t_2 + \theta)]$$

$$= \frac{A^2}{2} E\{\cos\omega_c(t_2 - t_1) + \cos[\omega_c(t_1 + t_2) + 2\theta]\}$$

$$= \frac{A^2}{2}\cos\omega_c(t_2 - t_1) + \frac{A^2}{2}\int_0^{2\pi} \cos[\omega_c(t_1 + t_2) + 2\theta] \frac{1}{2\pi} d\theta$$

$$= \frac{A^2}{2}\cos\omega_c(t_2 - t_1) + 0$$

令 $t_2 - t_1 = \tau$，得 $R(t_1, t_2) = \frac{A^2}{2}\cos\omega_c\tau = R(\tau)$。可见 $\xi(t)$ 的数学期望为常数（等于0）。而自相关函数只与时间间隔 τ 有关，所以 $\xi(t)$ 为广义平稳随机过程。

(2) 现在求解一个样本函数时间平均。根据式 (3.3.5) 和式 (3.3.7)，得

$$\overline{a} = \lim_{T\to\infty} \frac{1}{T}\int_{-T/2}^{T/2} A\cos(\omega_c t + \theta) dt = 0$$

$$\overline{R(\tau)} = \lim_{T\to\infty} \frac{1}{T}\int_{-T/2}^{T/2} A\cos(\omega_c t + \theta) A\cos[\omega_c(t + \tau) + \theta] dt$$

$$= \lim_{T\to\infty} \frac{A^2}{2T}\left\{\int_{-T/2}^{T/2} A\cos\omega_c\tau dt + \int_{-T/2}^{T/2} \cos(2\omega_c t + \omega_c\tau + 2\theta) dt\right\}$$

$$= \frac{A^2}{2}\cos\omega_c\tau$$

比较统计平均与时间平均，得 $a = \overline{a}$，$R(\tau) = \overline{R(\tau)}$。因此，随机相位余弦波是各态历经性的。

(3) 画出其自相关函数 $R(\tau)$ 的曲线如图 3.3.1 所示。由图可见，$R(\tau)$ 为 τ 的偶函数；$R(0) = A^2/2$；$R(0) \geq |R(\tau)|$，其直流功率经计算得 $E^2[\xi(t)] = 0$，说明无直流功率，这时交流功率就是 $A^2/2$。

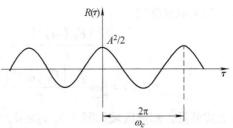

图 3.3.1 随机相位余弦波的自相关函数

2. 平稳随机过程的功率谱密度

确定信号的自相关函数与其谱密度之间有确定的傅里叶变换关系。那么对于平稳随机过程其自相关函数与功率谱密度之间是否也存在这种关系呢？

对于任意的确定功率信号 $f(t)$，它的功率谱密度 $P_s(\omega)$ 可以表示成

$$P_s(\omega) = \lim_{T\to\infty} \frac{|F_T(\omega)|^2}{T} \tag{3.3.14}$$

式中，$F_T(\omega)$ 是 $f(t)$ 的截短函数 $f_T(t)$ 的频谱函数。

平稳随机过程的每个实现（样本函数）是一个时间信号，且为功率信号，因而每个实现的功率谱密度可由式 (3.3.14) 表示。但是随机过程的每一个实现是不能预知的，因此，某一实现的功率谱密度不能当作平稳随机过程的功率谱密度，而必须进行统计平均。

与确定功率信号相似，令 $\xi_T(t)$ 是随机过程 $\xi(t)$ 的某一实现的截短函数，且其傅里叶变换存在，即有 $\xi_T(t) \longleftrightarrow F_T(\omega)$。可以得到平稳随机过程的功率谱密度 $P_\xi(\omega)$ 为

$$P_\xi(\omega) = E[P_s(\omega)] = \lim_{T\to\infty} \frac{E|F_T(\omega)|^2}{T} \tag{3.3.15}$$

式（3.3.15）与式（3.3.14）的区别在于增加统计平均 E 的运算，而 $\xi(t)$ 的平均功率 P 可表示为

$$P = \frac{1}{2\pi}\int_{-\infty}^{\infty} P_\xi(\omega)\mathrm{d}\omega = \frac{1}{2\pi}\int_{-\infty}^{\infty} \lim_{T\to\infty} \frac{E|F_T(\omega)|^2}{T}\mathrm{d}\omega \qquad (3.3.16)$$

3. 功率谱密度与自相关函数的关系

为了寻求功率谱密度与自相关函数之间的关系，将式（3.3.15）中的 $F_T(\omega)$ 用其傅里叶逆变换代替，得

$$\begin{aligned}
\frac{E[|F_T(\omega)|^2]}{T} &= E\left\{\frac{1}{T}\int_{-T/2}^{T/2}\xi_T(t)\mathrm{e}^{-\mathrm{j}\omega t}\mathrm{d}t \int_{-T/2}^{T/2}\xi_T(t')\mathrm{e}^{\mathrm{j}\omega t'}\mathrm{d}t'\right\} \\
&= E\left\{\frac{1}{T}\int_{-T/2}^{T/2}\xi(t)\mathrm{e}^{-\mathrm{j}\omega t}\mathrm{d}t \int_{-T/2}^{T/2}\xi(t')\mathrm{e}^{\mathrm{j}\omega t'}\mathrm{d}t'\right\} \\
&= \frac{1}{T}\int_{-T/2}^{T/2}\int_{-T/2}^{T/2} E[\xi(t)\xi(t')]\mathrm{e}^{-\mathrm{j}\omega(t-t')}\mathrm{d}t'\mathrm{d}t \\
&= \frac{1}{T}\int_{-T/2}^{T/2}\int_{-T/2}^{T/2} R(t-t')\mathrm{e}^{-\mathrm{j}\omega(t-t')}\mathrm{d}t'\mathrm{d}t
\end{aligned}$$

这里利用了自相关函数的定义，再令 $\tau = t - t'$，先对 τ 积分（令 $t' =$ 常数），这时，$\mathrm{d}\tau = \mathrm{d}t$，且当 $t = -T/2$ 时，$\tau = -T/2 - t'$；当 $t = T/2$ 时，$\tau = T/2 - t'$。

二重积分变为

$$\frac{E[|F_T(\omega)^2|]}{T} = \frac{1}{T}\int_{-T/2}^{T/2}\int_{-T/2-t'}^{T/2-t'} R(\tau)\mathrm{e}^{-\mathrm{j}\omega\tau}\mathrm{d}\tau\mathrm{d}t'$$

$$P_\xi(\omega) = \lim_{T\to\infty}\frac{E[|F_T(\omega)^2|]}{T} = \lim_{T\to\infty}\frac{1}{T}\int_{-T/2}^{T/2}\int_{-T/2-t'}^{T/2-t'} R(\tau)\mathrm{e}^{-\mathrm{j}\omega\tau}\mathrm{d}\tau\mathrm{d}t'$$

由上式可见，积分区域如图 3.3.2 所示，因此积分区间可分为 $\tau>0$ 和 $\tau<0$，有

$$\begin{aligned}
P_\xi(\omega) &= \lim_{T\to\infty}\frac{1}{T}\left[\int_{-T}^{0} R(\tau)\mathrm{e}^{-\mathrm{j}\omega\tau}\int_{-T/2-\tau}^{T/2}\mathrm{d}t'\mathrm{d}\tau + \int_{0}^{T} R(\tau)\mathrm{e}^{-\mathrm{j}\omega\tau}\int_{-T/2}^{T/2-\tau}\mathrm{d}t'\mathrm{d}\tau\right] \\
&= \lim_{T\to\infty}\frac{1}{T}\left[\int_{-T}^{0}(T+\tau)R(\tau)\mathrm{e}^{-\mathrm{j}\omega\tau}\mathrm{d}\tau + \int_{0}^{T}(T-\tau)R(\tau)\mathrm{e}^{-\mathrm{j}\omega\tau}\mathrm{d}\tau\right] \\
&= \lim_{T\to\infty}\int_{-T}^{T}\left(1 - \frac{|\tau|}{T}\right)R(\tau)\mathrm{e}^{-\mathrm{j}\omega\tau}\mathrm{d}\tau \\
&= \int_{-\infty}^{\infty} R(\tau)\mathrm{e}^{-\mathrm{j}\omega\tau}\mathrm{d}\tau
\end{aligned}$$

因此，$\xi(t)$ 的自相关函数和功率谱密度是一对傅里叶变换，即

$$\begin{cases} P_\xi(\omega) = \int_{-\infty}^{\infty} R(\tau)\mathrm{e}^{-\mathrm{j}\omega\tau}\mathrm{d}\tau \\ R(\tau) = \frac{1}{2\pi}\int_{-\infty}^{\infty} P_\xi(\omega)\mathrm{e}^{\mathrm{j}\omega\tau}\mathrm{d}\omega \end{cases} \qquad (3.3.17)$$

简记为

$$P_\xi(\omega) \longleftrightarrow R(\tau)$$

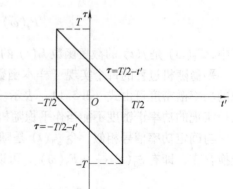

图 3.3.2 二重积分的积分区域

这就是著名的维纳-辛钦关系。它在平稳随机过程的理论和应用中是一个非常重要的工具，是联系频域和时域两种分析方法的基本关系式。应注意，在上面的推导中用到了平稳随机过程的自相关函数与时间间隔有关而与时间起点无关的性质，对于非平稳随机过程的功率谱密度也有类似的结论，感兴趣的读者可以参阅其他相关资料。

在维纳-辛钦关系的基础上，可以得到如下结论：

1) 对功率谱密度进行积分，可以得到平稳随机过程的总功率，即

$$R(0) = \frac{1}{2\pi} \int_{-\infty}^{\infty} P_\xi(\omega) \mathrm{d}\omega \tag{3.3.18}$$

这正是维纳-辛钦关系的意义所在，它不仅指出了用自相关函数来表示功率谱密度，同时还从频域的角度给出了随机过程 $\xi(t)$ 平均功率的计算方法，而式 $R(0) = E[\xi^2(t)]$ 是时域的计算方法。这一点进一步验证了自相关函数 $R(\tau)$ 与功率谱密度 $P_\xi(\omega)$ 的关系。

2) 各态历经随机过程中的任一样本函数的功率谱密度等于随机过程的功率谱密度。也就是说，各态历经过程中的每一样本函数的谱特性都能很好地表现整个随机过程的谱特性。

3) 功率谱密度 $P_\xi(\omega)$ 具有非负性和实偶性。即有

$$P_\xi(\omega) \geq 0$$

和

$$P_\xi(\omega) = P_\xi(-\omega)$$

与自相关函数 $R(\tau)$ 的实偶性相对应。

【例 3.3.2】 求随机相位余弦波 $\xi(t) = A\cos(\omega_c t + \theta)$ 的自相关函数和功率谱密度。

解：在例 3.3.1 中，已经得出 $\xi(t)$ 是广义平稳的随机过程，并且求出其自相关函数为

$$R(\tau) = \frac{A^2}{2}\cos\omega_c\tau$$

根据维纳-辛钦关系，即 $P_\xi(\omega) \Longleftrightarrow R(\tau)$，由于

$$\cos\omega_c\tau \Longleftrightarrow \pi[\delta(\omega - \omega_c) + \delta(\omega + \omega_c)]$$

所以，功率谱密度为

$$P_\xi(\omega) = \frac{\pi A^2}{2}[\delta(\omega - \omega_c) + \delta(\omega + \omega_c)]$$

而平均功率为

$$S = R(0) = \frac{1}{2\pi}\int_{-\infty}^{\infty} P_\xi(\omega)\mathrm{d}\omega = \frac{A^2}{2}$$

3.3.4 循环平稳随机过程

1. 定义

若随机过程 $\xi(t)$ 的统计平均值（数学期望）和自相关函数是时间的周期函数，则 $\xi(t)$ 称为周期平稳随机过程或循环平稳随机过程。

2. 循环平稳随机过程的统计特性

某随机过程可表示为 $\xi(t) = \sum_{n=-\infty}^{\infty} a_n g(t - nT)$。求 $\xi(t)$ 的均值、自相关函数及平均功率谱密度。

其中，$g(t)$ 为码元波形，是确定函数；$\{a_n\}$ 是一随机序列，其中 a_n 是随机变量，其均

值 $E(a_n)$ 是一常数，与 n 无关；序列 $\{a_n\}$ 的自相关函数为 $R_a(a_n, a_{n+k}) = R_a(k)$，因此序列 $\{a_n\}$ 是广义平稳的随机序列。

(1) $\xi(t)$ 的均值

$$E[\xi(t)] = E\left[\sum_{n=-\infty}^{\infty} a_n g(t-nT)\right] = \sum_{n=-\infty}^{\infty} E(a_n) g(t-nT)$$

$$= E(a_n) \sum_{n=-\infty}^{\infty} g(t-nT) \tag{3.3.19}$$

显然，$E[\xi(t)]$ 是 t 的周期函数且周期为 T。

(2) $\xi(t)$ 的自相关函数

$$R_\xi(t, t+\tau) = E[\xi(t)\xi(t+\tau)]$$

$$= \sum_{n=-\infty}^{\infty} \sum_{m=-\infty}^{\infty} E(a_n a_m) g(t-nT) g(t+\tau-mT)$$

$$= \sum_{n=-\infty}^{\infty} \sum_{m=-\infty}^{\infty} R_a(m-n) g(t-nT) g(t+\tau-mT) \tag{3.3.20}$$

显然，$R_\xi(t, t+\tau)$ 与 t 有关，但不难看出，它是 t 的周期函数，且周期为 T，因为

$$R_\xi(t+kT, t+\tau+kT) = R_\xi(t, t+\tau) \tag{3.3.21}$$

由式 (3.3.19) 和式 (3.3.21) 可见，$\xi(t)$ 是循环平稳随机过程。

(3) $\xi(t)$ 的平均功率谱密度

$\xi(t)$ 是非广义平稳随机过程，其自相关函数与 t 有关，但它是 t 的周期函数，可在周期 T 内对 $R_\xi(t, t+\tau)$ 进行时间平均，消除 $R_\xi(t, t+\tau)$ 与 t 的关系。

$$\overline{R_\xi(t, t+\tau)} = \frac{1}{T} \int_{-T/2}^{T/2} R_\xi(t, t+\tau) \mathrm{d}t = \overline{R_\xi(\tau)} \tag{3.3.22}$$

再对平均自相关函数 $\overline{R_\xi(\tau)}$ 进行傅里叶变换，得到 $\xi(t)$ 的平均功率谱密度为

$$P_\xi(\omega) = \int_{-\infty}^{\infty} \overline{R_\xi(\tau)} \mathrm{e}^{-j\omega\tau} \mathrm{d}\tau \tag{3.3.23}$$

3.4 高斯随机过程

高斯随机过程又称为正态随机过程，它是一种在通信系统中普遍存在且十分重要的随机过程。一般情况下，通信信道中的噪声都可以认为是高斯随机过程。

3.4.1 高斯随机变量与高斯随机过程

高斯随机变量的概率密度函数可表示成

$$f(x) = \frac{1}{\sqrt{2\pi}\sigma} \exp\left[-\frac{(x-a)^2}{2\sigma^2}\right] \tag{3.4.1}$$

式中，a 和 σ 分别为高斯分布的均值和方差。$f(x)$ 可由图 3.4.1 表示。

由式 (3.4.1) 和图 3.4.1 容易看到 $f(x)$

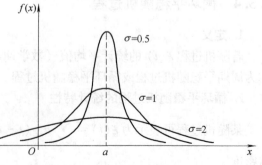

图 3.4.1 高斯分布的概率密度函数

有如下特性：

1) $f(x)$ 对称于均值 a。

2) $f(x)$ 在 $a \pm \sigma$ 处有拐点，即 $f(x)$ 图形的宽度与 σ 成比例。

如果式（3.4.1）中 $a = 0$，$\sigma = 1$ 时，则称为标准高斯（正态）分布，这时有

$$f(x) = \frac{1}{\sqrt{2\pi}} \exp\left[-\frac{x^2}{2}\right] \tag{3.4.2}$$

若随机过程 $\xi(t)$ 的任意 n 维（$n = 1, 2, \cdots$）概率密度函数可由式（3.4.3）表示，则称 $\xi(t)$ 为高斯过程。

$$f_n(x_1, x_2, \cdots, x_n; t_1, t_2, \cdots, t_n)$$
$$= \frac{1}{(2\pi)^{n/2} \sigma_1 \sigma_2 \cdots \sigma_n |B|^{1/2}} \exp\left[\frac{-1}{2|B|} \sum_{j=1}^{n} \sum_{k=1}^{n} |B_{jk}| \left(\frac{x_j - a_j}{\sigma_j}\right)\left(\frac{x_k - a_k}{\sigma_k}\right)\right] \tag{3.4.3}$$

式中，$a_k = E[\xi(t_k)]$；$\sigma_k^2 = E[\xi(t_k) - a_k]^2$；$|B|$ 为归一化协方差矩阵行列式，即

$$|B| = \begin{vmatrix} 1 & b_{12} & \cdots & b_{1n} \\ b_{12} & b_{22} & \cdots & b_{2n} \\ \vdots & \vdots & \ddots & \vdots \\ b_{n1} & b_{n2} & \cdots & 1 \end{vmatrix}$$

$|B|_{jk}$ 为行列式 $|B|$ 中元素 b_{jk} 的代数余子式；b_{jk} 为归一化协方差函数，即

$$b_{jk} = \frac{E\{[\xi(t_j) - a_j][\xi(t_k) - a_k]\}}{\sigma_j \sigma_k} \tag{3.4.4}$$

3.4.2 高斯随机过程的性质

1) 设 n 维 $x_1, x_2, \cdots, x_n$ 是一组在 $t_1, t_2, \cdots, t_n$ 时对随机过程 $\xi(t)$ 进行观察所得到的随机变量，如果随机过程 $\xi(t)$ 是高斯的，则随机变量 $x_1, x_2, \cdots, x_n$ 的 n 维联合概率密度函数仅由各随机变量的数学期望、方差和两两之间的归一化协方差函数所决定，这一点可从式（3.4.3）得到。

2) 如果一个高斯过程是广义平稳的，则它也是狭义平稳的。因为广义平稳随机过程的均值与时间无关，协方差函数只与时间间隔 τ 有关，而与时间起点无关，由性质 1，则它的 n 维分布与时间无关，所以它也是狭义平稳的。

3) 如果对高斯过程 $\xi(t)$ 进行抽样，所得一组随机变量两两之间互不相关，即它的归一化协方差函数 $b_{jk} = 0$，当 $j \neq k$ 时，这些随机变量也是统计独立的。这时式（3.4.3）变为

$$f_n(x_1, x_2, \cdots, x_n; t_1, t_2, \cdots, t_n)$$
$$= f(x_1, t_1)f(x_2, t_2)\cdots f(x_n, t_n)$$
$$= \prod_{j=1}^{n} \frac{1}{\sqrt{2\pi}\sigma_j} \exp\left[-\frac{(x - a_j)^2}{2\sigma_j^2}\right] \tag{3.4.5}$$

式中，$\prod$ 是连乘符号。

这就是说，如果高斯过程中的随机变量之间互不相关，则它们是统计独立的。这一性质说明，若 $\xi(t)$ 是高斯过程，并且如果各随机变量 $x_1, x_2, \cdots, x_n$ 是不相关的，则可以用这些随机变量各自的概率密度函数的乘积表示它们的 n 维联合概率密度函数。

4) 如果一个高斯过程加到一个线性网络上,其输出的随机过程也是高斯的。

3.4.3 与高斯分布有关的重要函数

Q 函数、误差函数和互补误差函数常被用来表示通信系统的误码率,它们的定义为

$$Q(\alpha) = \frac{1}{\sqrt{2\pi}} \int_\alpha^\infty \exp\left(-\frac{x^2}{2}\right) dx \tag{3.4.6}$$

$$\mathrm{erf}(\alpha) = \frac{2}{\sqrt{\pi}} \int_0^\alpha \exp(-x^2) dx \tag{3.4.7}$$

$$\mathrm{erfc}(\alpha) = 1 - \mathrm{erf}(\alpha) = \frac{2}{\sqrt{\pi}} \int_\alpha^\infty \exp(-x^2) dx \tag{3.4.8}$$

$Q(\alpha)$ 的几何意义如图 3.4.2 所示。三个函数之间的关系为

$$\begin{cases} Q(\alpha) = \frac{1}{2}\mathrm{erfc}\left(\frac{\alpha}{\sqrt{2}}\right) \\ \mathrm{erfc}(\alpha) = 2Q(\sqrt{2}\alpha) \\ \mathrm{erf}(\alpha) = 1 - \mathrm{erfc}(\alpha) \end{cases} \tag{3.4.9}$$

当 $\alpha \gg 1$ 时,有近似式

$$\begin{cases} Q(\sqrt{\alpha}) \approx \frac{1}{\sqrt{2\pi\alpha}} e^{-\alpha/2} \\ \mathrm{erfc}(\sqrt{\alpha}) \approx \frac{1}{\sqrt{\pi\alpha}} e^{-\alpha} \end{cases} \tag{3.4.10}$$

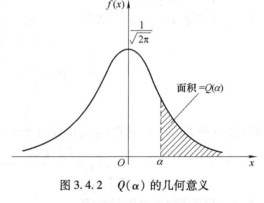

图 3.4.2 $Q(\alpha)$ 的几何意义

附录 C 给出了 Q 函数表,据此可方便地求出 Q 函数值,当然也可以根据近似式计算 Q 函数值。

3.5 窄带随机过程

通信系统都有发送机和接收机,为了提高系统的可靠性,通常在接收机的输入端接有一个带通滤波器,信道内的噪声构成了一个随机过程,经过该带通滤波器之后,则变成了窄带随机过程,因此,讨论窄带随机过程的规律非常重要。

3.5.1 窄带随机过程的定义

窄带随机过程的定义借助于它的功率谱密度的图形来说明。图 3.5.1a 中,波形的中心频率为 f_c,带宽为 Δf,

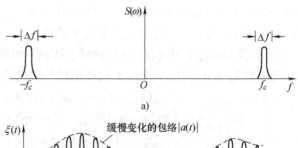
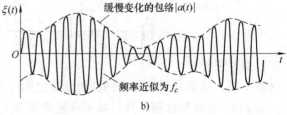

图 3.5.1 窄带波形的频谱及示意波形

当满足 $\Delta f \ll f_c$ 时，就可认为满足窄带条件。

若随机过程的功率谱满足该条件则称为窄带随机过程。若带通滤波器的传输函数满足该条件则称为窄带滤波器。随机过程通过窄带滤波器之后变成窄带随机过程。

3.5.2 窄带随机过程的表示方式

如果在示波器上观察这个过程中一个样本函数的波形，则会发现它像一个包络和相位缓慢变化的正弦波，如图 3.5.1b 所示。因此窄带随机过程可用下式表示成

$$\xi(t) = a_\xi(t)\cos[\omega_c t + \varphi_\xi(t)] \qquad a_\xi(t) \geq 0 \tag{3.5.1}$$

式中，$a_\xi(t)$ 是窄带随机过程包络函数；$\varphi_\xi(t)$ 是窄带随机过程的随机相位函数；ω_c 是正弦波的中心角频率。显然这里的 $a_\xi(t)$ 和 $\varphi_\xi(t)$ 一定比载波 $\cos\omega_c t$ 的变化缓慢很多。

窄带随机过程也可用下式表示

$$\xi(t) = \xi_c(t)\cos\omega_c t - \xi_s(t)\sin\omega_c t \tag{3.5.2}$$

其中

$$\xi_c(t) = a_\xi(t)\cos\varphi_\xi(t) \tag{3.5.3}$$

$$\xi_s(t) = a_\xi(t)\sin\varphi_\xi(t) \tag{3.5.4}$$

这里的 $\xi_c(t)$ 和 $\xi_s(t)$ 分别被称为 $\xi(t)$ 的同相分量和正交分量。可见，$\xi(t)$ 的统计特性可以由 $a_\xi(t)$、$\varphi_\xi(t)$ 或 $\xi_c(t)$、$\xi_s(t)$ 的统计特性来确定。反之，若已知 $\xi(t)$ 的统计特性，怎样来求 $a_\xi(t)$、$\varphi_\xi(t)$ 或 $\xi_c(t)$、$\xi_s(t)$ 的特性呢？

3.5.3 同相分量与正交分量的统计特性

设窄带随机过程是均值为零的平稳窄带高斯过程。可以证明，它的同相分量和正交分量也是均值为零的平稳高斯过程，而且与 $\xi(t)$ 具有相同的方差。

1. 数学期望

对式（3.5.2）求数学期望得

$$\begin{aligned}E[\xi(t)] &= E[\xi_c(t)\cos\omega_c t - \xi_s(t)\sin\omega_c t] \\ &= E[\xi_c(t)]\cos\omega_c t - E[\xi_s(t)]\sin\omega_c t\end{aligned} \tag{3.5.5}$$

已设 $\xi(t)$ 是平稳的，且均值为零，即对于任意时刻，有 $E[\xi(t)] = 0$，所以，由式（3.5.5）可得

$$\begin{cases}E[\xi_c(t)] = 0 \\ E[\xi_s(t)] = 0\end{cases} \tag{3.5.6}$$

2. 自相关函数

由于一些统计特性可以从自相关函数中得到，所以，按定义 $\xi(t)$ 的自相关函数为

$$\begin{aligned}R_\xi(t, t+\tau) &= E[\xi(t)\xi(t+\tau)] \\ &= E\{[\xi_c(t)\cos\omega_c t - \xi_s(t)\sin\omega_c t][\xi_c(t+\tau)\cos\omega_c(t+\tau) - \xi_s(t+\tau)\sin\omega_c(t+\tau)]\}\end{aligned}$$

将上式展开，并取数学期望为

$$\begin{aligned}R_\xi(t, t+\tau) =\ & R_{\xi_c}(t, t+\tau)\cos\omega_c t\cos\omega_c(t+\tau) - R_{\xi_c\xi_s}(t, t+\tau)\cos\omega_c t\sin\omega_c(t+\tau) - \\ & R_{\xi_s\xi_c}(t, t+\tau)\sin\omega_c t\cos\omega_c(t+\tau) + R_{\xi_s}(t, t+\tau)\sin\omega_c t\sin\omega_c(t+\tau)\end{aligned}$$

$$\tag{3.5.7}$$

其中
$$R_{\xi_c}(t, t+\tau) = E[\xi_c(t)\xi_c(t+\tau)]$$
$$R_{\xi_c\xi_s}(t, t+\tau) = E[\xi_c(t)\xi_s(t+\tau)]$$
$$R_{\xi_s\xi_c}(t, t+\tau) = E[\xi_s(t)\xi_c(t+\tau)]$$
$$R_{\xi_s}(t, t+\tau) = E[\xi_s(t)\xi_s(t+\tau)]$$

因为 $\xi(t)$ 是平稳的,即要求式 (3.5.7) 的右边与时间 t 无关,仅与 τ 有关。可以令 $t=0$,则由式 (3.5.7) 得

$$R_\xi(\tau) = R_{\xi_c}(\tau)\cos\omega_c\tau - R_{\xi_c\xi_s}(\tau)\sin\omega_c\tau \tag{3.5.8}$$

同理,令 $t = \dfrac{\pi}{2\omega_c}$,则由式 (3.5.7) 得

$$R_\xi(\tau) = R_{\xi_s}(\tau)\cos\omega_c\tau + R_{\xi_s\xi_c}(\tau)\sin\omega_c\tau \tag{3.5.9}$$

由式 (3.5.7) 可知如果 $\xi(t)$ 是平稳的,则 $\xi_c(t)$、$\xi_s(t)$ 也是平稳的。

由于式 (3.5.8) 和式 (3.5.9) 成立,则应有

$$R_{\xi_c}(\tau) = R_{\xi_s}(\tau) \tag{3.5.10}$$
$$R_{\xi_c\xi_s}(\tau) = -R_{\xi_s\xi_c}(\tau) \tag{3.5.11}$$

可见,$\xi(t)$ 的同相分量和正交分量具有相同的自相关函数,而且根据互相关函数的性质,有

$$R_{\xi_c\xi_s}(\tau) = R_{\xi_s\xi_c}(-\tau) \tag{3.5.12}$$

将式 (3.5.12) 代入式 (3.5.11),则有

$$R_{\xi_s\xi_c}(\tau) = -R_{\xi_s\xi_c}(-\tau) \tag{3.5.13}$$

式 (3.5.13) 表示,$R_{\xi_s\xi_c}(\tau)$ 为 τ 的奇函数,所以

$$R_{\xi_s\xi_c}(0) = 0 \tag{3.5.14}$$

同理可以证明
$$R_{\xi_c\xi_s}(0) = 0 \tag{3.5.15}$$

这样由式 (3.5.8)、式 (3.5.9) 得到
$$R_\xi(0) = R_{\xi_c}(0) = R_{\xi_s}(0)$$

即
$$\sigma_\xi^2 = \sigma_c^2 = \sigma_s^2 \tag{3.5.16}$$

这表明 $\xi(t)$,$\xi_c(t)$ 和 $\xi_s(t)$ 具有相同的方差。

另外,再观察两个时刻,由式 (3.5.2) 得

当 $t = t_1 = 0$ 时,$\xi(t_1) = \xi_c(t_1)$

当 $t = t_2 = \dfrac{\pi}{2\omega_c}$ 时,$\xi(t_2) = -\xi_s(t_2)$

因为 $\xi(t)$ 为高斯过程,所以 $\xi_c(t_1)$,$\xi_s(t_2)$ 是高斯随机变量。一般来说。可以证明 $\xi_c(t)$ 和 $\xi_s(t)$ 也是高斯过程。

综上所述,可归纳为:

1) 一个均值为零的窄带平稳高斯过程,它的同相分量 $\xi_c(t)$ 和正交分量 $\xi_s(t)$ 也是均值为零的平稳高斯过程,且方差也相同。

2) 在同一时刻上得到的同相分量 $\xi_c(t)$ 和正交分量 $\xi_s(t)$ 的值 ξ_c 和 ξ_s 是不相关的,见式 (3.5.14) 和式 (3.5.15)。由于 $\xi_c(t)$ 和 $\xi_s(t)$ 是高斯过程,因此,ξ_c 和 ξ_s 是统计独立的。

3) 可以写出它们的概率密度函数为

$$f(\xi_c) = \frac{1}{\sqrt{2\pi}\,\sigma_c}\exp\left[-\frac{\xi_c^2}{2\sigma_c^2}\right]$$

$$f(\xi_s) = \frac{1}{\sqrt{2\pi}\,\sigma_s}\exp\left[-\frac{\xi_s^2}{2\sigma_s^2}\right]$$

因为 ξ_c 和 ξ_s 统计独立，则 ξ_c 和 ξ_s 的二维概率密度函数为

$$f(\xi_c, \xi_s) = f(\xi_c)f(\xi_s)$$

$$= \frac{1}{2\pi\sigma_c\sigma_s}\exp\left[-\frac{\xi_c^2}{2\sigma_c^2} - \frac{\xi_s^2}{2\sigma_s^2}\right]$$

利用式（3.5.16），上式改写为

$$f(\xi_c,\xi_s) = \frac{1}{2\pi\sigma_\xi^2}\exp\left[-\frac{\xi_c^2 + \xi_s^2}{2\sigma_\xi^2}\right]$$

以上讨论的是由 $\xi(t)$ 的统计特性推导出同相分量 $\xi_c(t)$ 和正交分量 $\xi_s(t)$ 的统计特性。

3.5.4 包络与相位的统计特性

现在来确定窄带平稳高斯过程的包络和相位的统计特性，由式（3.5.3）、式（3.5.4）可得到

$$a_\xi(t) = \sqrt{\xi_c^2(t) + \xi_s^2(t)} \tag{3.5.17}$$

$$\varphi_\xi(t) = \arctan\frac{\xi_s(t)}{\xi_c(t)} \tag{3.5.18}$$

利用概率论中随机变量变换的关系来求解 $a_\xi(t)$ 和 $\varphi_\xi(t)$ 的概率密度函数，把 $a_\xi(t)$、$\varphi_\xi(t)$、$\xi_c(t)$ 和 $\xi_s(t)$ 在某一时刻的随机变量用 a_ξ、φ_ξ、ξ_c 和 ξ_s 来表示。根据随机变量变换关系有

$$f(a_\xi, \varphi_\xi) = |J|f(\xi_c, \xi_s) \tag{3.5.19}$$

式中，$f(a_\xi, \varphi_\xi)$ 为 a_ξ 和 φ_ξ 的联合概率密度函数；$|J|$ 为雅可比行列式，它等于

$$|J| = \begin{vmatrix} \dfrac{\partial g_1}{\partial y_1} & \dfrac{\partial g_2}{\partial y_1} \\ \dfrac{\partial g_1}{\partial y_2} & \dfrac{\partial g_2}{\partial y_2} \end{vmatrix} \tag{3.5.20}$$

由式（3.5.3）、式（3.5.4）得 t 时刻的随机变量之间的关系为

$$\begin{cases} \xi_c = a_\xi\cos\varphi_\xi \\ \xi_s = a_\xi\sin\varphi_\xi \end{cases} \tag{3.5.21}$$

进行偏微分，并代入式（3.5.20）得

$$|J| = \begin{vmatrix} \dfrac{\partial \xi_c}{\partial a_\xi} & \dfrac{\partial \xi_s}{\partial a_\xi} \\ \dfrac{\partial \xi_c}{\partial \varphi_\xi} & \dfrac{\partial \xi_s}{\partial \varphi_\xi} \end{vmatrix} = \begin{vmatrix} \cos\varphi_\xi & \sin\varphi_\xi \\ -a_\xi\sin\varphi_\xi & a_\xi\cos\varphi_\xi \end{vmatrix} = a_\xi$$

于是式（3.5.19）变为

$$f(a_\xi, \varphi_\xi) = a_\xi f(\xi_c, \xi_s) = \frac{a_\xi}{2\pi\sigma_\xi^2}\exp\left[-\frac{(a_\xi\cos\varphi_\xi)^2 + (a_\xi\sin\varphi_\xi)^2}{2\sigma_\xi^2}\right]$$

$$= \frac{a_\xi}{2\pi\sigma_\xi^2}\exp\left[-\frac{a_\xi^2}{2\sigma_\xi^2}\right] \tag{3.5.22}$$

因为 $a_\xi(t) \geq 0$，所以式（3.5.22）中包络 $a_\xi \geq 0$，而 φ_ξ 在 $(0, 2\pi)$ 内取值。

利用概率论中的边际分布知识，可求得包络 a_ξ 的概率密度函数为

$$f(a_\xi) = \int_0^\infty f(a_\xi, \varphi_\xi)\mathrm{d}\varphi_\xi = \int_0^{2\pi} \frac{a_\xi}{2\pi\sigma_\xi^2}\exp\left[-\frac{a_\xi^2}{2\sigma_\xi^2}\right]\mathrm{d}\varphi_\xi$$

$$= \frac{a_\xi}{\sigma_\xi^2}\exp\left[-\frac{a_\xi^2}{2\sigma_\xi^2}\right] \qquad a_\xi \geq 0 \tag{3.5.23}$$

可见，a_ξ 服从瑞利分布。

瑞利分布的特点：最大值发生在 $a_\xi = \sigma_\xi$ 处，其值为 $0.606/\sigma_\xi$。窄带高斯过程包络的概率密度函数如图 3.5.2 所示。

仍然利用边际分布知识，可求得相位 φ_ξ 的概率密度函数为

$$f(\varphi_\xi) = \int_{-\infty}^\infty f(a_\xi, \varphi_\xi)\mathrm{d}a_\xi = \int_0^\infty \frac{a_\xi}{2\pi\sigma_\xi^2}\exp\left[-\frac{a_\xi^2}{2\sigma_\xi^2}\right]\mathrm{d}a_\xi = \frac{1}{2\pi} \tag{3.5.24}$$

可见，随机相位在 $(0, 2\pi)$ 内服从均匀分布。

由式（3.5.23）及式（3.5.24）可知

$$f(a_\xi, \varphi_\xi) = f(a_\xi)f(\varphi_\xi)$$

所以窄带平稳高斯过程的包络和相位是统计独立的。

3.5.5 同相分量与正交分量随机过程的功率谱密度

窄带随机过程同相分量 $\xi_c(t)$ 和正交分量 $\xi_s(t)$ 具有相同的自相关函数，故具有相同的功率谱密度。

图 3.5.3 所示为窄带随机过程 $\xi(t)$ 的同相分量 $\xi_c(t)$ 和正交分量 $\xi_s(t)$ 的提取框图。

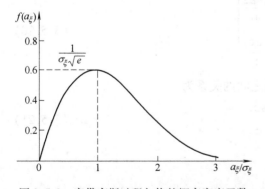
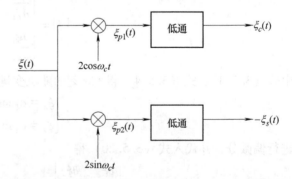

图 3.5.2 窄带高斯过程包络的概率密度函数　　图 3.5.3 同相分量 $\xi_c(t)$ 和正交分量 $\xi_s(t)$ 的提取框图

图 3.5.3 上支路乘法器输出 $\xi_{p1}(t)$ 为

$$\xi_{p1}(t) = \xi(t)2\cos\omega_c t = 2\xi_c(t)\cos^2\omega_c t - 2\xi_s(t)\sin\omega_c t\cos\omega_c t$$

$$= \xi_c(t) + \xi_c(t)\cos 2\omega_c t - \xi_s(t)\sin 2\omega_c t \tag{3.5.25}$$

适当选择低通滤波器截止频率，上支路输出信号为 $\xi_c(t)$。

图 3.5.3 下支路乘法器输出 $\xi_{p2}(t)$ 为

$$\xi_{p2}(t) = \xi(t)2\sin\omega_c t = 2\xi_c(t)\sin\omega_c t\cos\omega_c t - 2\xi_s(t)\sin^2\omega_c t$$
$$= -\xi_s(t) + \xi_s(t)\cos 2\omega_c t + \xi_c(t)\sin 2\omega_c t \tag{3.5.26}$$

适当选择低通滤波器截止频率,下支路输出信号为 $-\xi_s(t)$。

下面推导同相分量与正交分量随机过程的功率谱密度。由于自功率谱密度的相盲特性,因此,$-\xi_s(t)$ 的功率谱密度与 $\xi_s(t)$ 相同。

同相分量 $\xi_c(t)$ 和正交分量 $\xi_s(t)$ 的功率谱密度相同,下面以同相分量功率谱密度推导为例。

设窄带随机过程的功率谱密度 $P_\xi(\omega)$ 的频率范围 $|\omega - \omega_c| \leqslant \dfrac{W}{2}$, $\omega_c \gg \dfrac{W}{2}$, 如图3.5.4所示。$\xi_{p1}(t)$ 时域上是随机过程 $\xi(t)$ 与 $2\cos\omega_c t$ 乘积,在频域上 $\xi_{p1}(t)$ 的功率谱为 $\xi(t)$ 的功率谱密度与 $2\cos\omega_c t$ 的功率谱密度的卷积,再乘以 $\dfrac{1}{2\pi}$ 系数。$2\cos\omega_c t$ 的功率谱密度为 $2\pi[\delta(\omega-\omega_c)+\delta(\omega+\omega_c)]$, 因此,$\xi_{p1}(t)$ 的功率谱密度为

$$\frac{1}{2\pi}\{P_\xi(\omega) * 2\pi[\delta(\omega-\omega_c)+\delta(\omega+\omega_c)]\} = P_\xi(\omega-\omega_c) + P_\xi(\omega+\omega_c)$$

经过低通滤波器(LPF)后,同相分量 $\xi_c(t)$ 和正交分量 $\xi_s(t)$ 的功率谱密度为

$$P_{\xi_c}(\omega) = P_{\xi_s}(\omega) = \begin{cases} P_\xi(\omega-\omega_c) + P_\xi(\omega+\omega_c) & -\dfrac{W}{2} \leqslant \omega \leqslant \dfrac{W}{2} \\ 0 & \text{其他} \end{cases} \tag{3.5.27}$$

由式(3.5.27),可画出功率谱密度 $P_\xi(\omega)$、$P_{\xi_c}(\omega)$ 和 $P_{\xi_s}(\omega)$, 如图3.5.4所示。

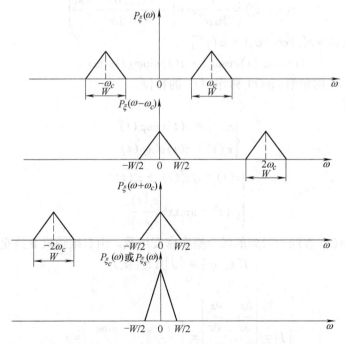

图 3.5.4 $P_\xi(\omega)$、$P_{\xi_c}(\omega)$ 和 $P_{\xi_s}(\omega)$ 的功率谱密度

3.6 余弦波加窄带平稳高斯过程

在通信系统中,信道内存在的噪声都可以认为是高斯白噪声。为了减少噪声的影响,提高系统的可靠性,通常在解调器前端设置一个带通滤波器,信道内的高斯白噪声经过带通滤波器后,变成了窄带高斯噪声,而这种窄带噪声在3.5节中已做了详细的讨论。

但在实际通信系统中,带通滤波器输出的是信号和噪声的混合波形,而在数字通信中,往往用一个单一的频率表示"0"信号或"1"信号。因此了解余弦波加窄带平稳高斯噪声合成波的统计特性具有很大的实际意义。

设余弦波加窄带高斯噪声的混合信号为

$$r(t) = A\cos\omega_c t + n_i(t) \tag{3.6.1}$$

式中,$n_i(t)$ 为窄带平稳高斯过程(噪声),可表示为

$$n_i(t) = n_c(t)\cos\omega_c t - n_s(t)\sin\omega_c t$$
$$r(t) = [A + n_c(t)]\cos\omega_c t - n_s(t)\sin\omega_c t$$
$$= z_c(t)\cos\omega_c t - z_s(t)\sin\omega_c t$$

其中 $z_c(t) = A + n_c(t)$,$z_s(t) = n_s(t)$,则有

1) $z_c(t)$ 和 $z_s(t)$ 均为高斯过程且在同一时刻统计独立。
2) $z_c(t)$ 的均值为 A,$z_s(t)$ 的均值为 0。
3) $z_c(t)$ 和 $z_s(t)$ 的方差均为 σ^2。

由此可以得到 $z_c(t)$ 和 $z_s(t)$ 的联合概率密度函数(同一时刻)为

$$f(z_c, z_s) = \frac{1}{2\pi\sigma^2}\exp\left[-\frac{(z_c - A)^2 + z_s^2}{2\sigma^2}\right] \tag{3.6.2}$$

还可以写成
$$r(t) = z(t)\cos[\omega_c t + \varphi(t)]$$
$$= z(t)\cos\varphi(t)\cos\omega_c t - z(t)\sin\varphi(t)\sin\omega_c t$$

其中,$z(t)$ 称作 $r(t)$ 的包络;$\varphi(t)$ 称作 $r(t)$ 的相位。

不难看出,有

$$\begin{cases} z_c(t) = z(t)\cos\varphi(t) \\ z_s(t) = z(t)\sin\varphi(t) \end{cases} \tag{3.6.3}$$

$$\begin{cases} z(t) = \sqrt{z_c^2(t) + z_s^2(t)} \\ \varphi(t) = \arctan\dfrac{z_s(t)}{z_c(t)} \end{cases} \tag{3.6.4}$$

现求 $z(t)$ 和 $\varphi(t)$ 在同一时刻的联合概率密度函数。由二维随机变量变换则有

$$f(z, \varphi) = |J|f(z_c, z_s)$$

其中

$$|J| = \begin{vmatrix} \dfrac{\partial z_c}{\partial z} & \dfrac{\partial z_s}{\partial z} \\ \dfrac{\partial z_c}{\partial \varphi} & \dfrac{\partial z_s}{\partial \varphi} \end{vmatrix} = \begin{vmatrix} \cos\varphi & \sin\varphi \\ -z\sin\varphi & z\cos\varphi \end{vmatrix} = z$$

由此有

$$f(z, \varphi) = \frac{z}{2\pi\sigma^2} \exp\left[-\frac{(z^2 + A^2 - 2Az\cos\varphi)}{2\sigma^2}\right] \quad (3.6.5)$$

包络的概率密度函数为

$$f(z) = \int_{-\infty}^{\infty} f(z, \varphi) d\varphi = \frac{z}{\sigma^2} \exp\left[-\frac{(z^2 + A^2)}{2\sigma^2}\right] \int_0^{2\pi} \frac{1}{2\pi} \exp\left[\frac{Az}{\sigma^2}\cos\varphi\right] d\varphi \quad (3.6.6)$$

已知

$$I_0(x) = \frac{1}{2\pi} \int_0^{2\pi} \exp(x\cos\theta) d\theta \quad (3.6.7)$$

$I_0(x)$ 称为零阶修正贝塞尔函数，如图 3.6.1 所示。

将式（3.6.7）代入式（3.6.6），得

$$f(z) = \frac{z}{\sigma^2} \exp\left[-\frac{(z^2 + A^2)}{2\sigma^2}\right] I_0\left(\frac{Az}{\sigma^2}\right), \quad z \gg 0 \quad (3.6.8)$$

称为莱斯（Rice）分布或广义瑞利分布。

式（3.6.8）存在两种极限情况：

1) 当信号很小，即 $A \to 0$ 时，信号功率与噪声功率的比值 $r = \frac{A^2/2}{\sigma^2} \to 0$，相当于 x 值很小，于是有 $I_0(x) = 1$，式（3.6.8）近似为式（3.5.23），即由莱斯分布退化为瑞利分布。

2) 当信噪比 $r = \frac{A^2}{2\sigma^2}$ 很大时，有 $I_0(x) \approx \frac{e^x}{\sqrt{2\pi x}}$，这时在 $z = A$ 附近近似为高斯分布，即

$$f(z) = \frac{1}{\sqrt{2\pi}\sigma} \exp\left[-\frac{(z-A)^2}{2\sigma^2}\right]$$

余弦波加窄带高斯过程包络的概率密度函数如图 3.6.2 所示。

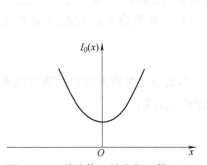

图 3.6.1 零阶修正贝塞尔函数 $I_0(x)$

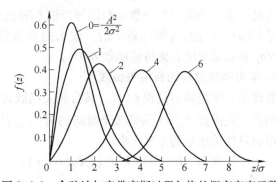

图 3.6.2 余弦波加窄带高斯过程包络的概率密度函数

3.7 随机过程通过系统分析

3.7.1 平稳随机过程通过线性系统

1. 输入和输出随机过程的关系

随机过程通过线性系统的分析，是完全建立在信号通过线性系统的分析原理之上的。众

所周知，线性系统响应 $v_0(t)$ 等于输入信号 $v_i(t)$ 与系统的冲激响应 $h(t)$ 的卷积。即

$$v_0(t) = v_i(t) * h(t) = \int_{-\infty}^{\infty} v_i(\tau) h(t - \tau) \mathrm{d}\tau \qquad (3.7.1)$$

如果 $v_0(t) \Leftrightarrow V_0(\omega)$，$v_i(t) \Leftrightarrow V_i(\omega)$，$h(t) \Leftrightarrow H(\omega)$，则有

$$V_0(\omega) = H(\omega) V_i(\omega) \qquad (3.7.2)$$

当线性系统的输入端是随机过程 $\xi_i(t)$ 时，对于 $\xi_i(t)$ 的每一个样本函数 $x_i(t) (i = 1, 2, \cdots)$，系统的输出端都有一个 $y_i(t)$ 和它对应，而 $y_i(t)$ 的整个集合就构成了输出随机过程 $\xi_0(t)$，如图 3.7.1 所示。显然，$\xi_i(t)$ 的每个样本函数 $x_i(t)$ 与 $\xi_0(t)$ 的相应样本 $y_i(t)$ 之间都满足式 (3.7.1) 的关系。这样，对于整个过程而言，有

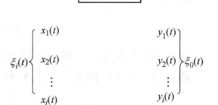

$$\xi_0(t) = \int_{-\infty}^{\infty} h(\tau) \xi_i(t - \tau) \mathrm{d}\tau \qquad (3.7.3)$$

图 3.7.1 随机过程通过线性系统

即输出随机过程等于输入随机过程与系统冲激响应的卷积。式 (3.7.3) 是联系输入和输出随机过程的基本关系式。假如输入 $\xi_i(t)$ 是平稳随机过程，现在来分析系统的输出过程 $\xi_0(t)$ 的统计特性，如数学期望和自相关函数等。

2. 输出随机过程的数学期望

假设输入平稳随机过程 $\xi_i(t)$，其均值为 $E[\xi_i(t)] = a_\xi$，经线性系统传输后，输出随机过程 $\xi_0(t)$ 的数学期望为

$$E[\xi_0(t)] = E\left[\int_{-\infty}^{\infty} h(\tau) \xi_i(t - \tau) \mathrm{d}\tau\right] = \int_{-\infty}^{\infty} h(\tau) E[\xi_i(t - \tau)] \mathrm{d}\tau$$

$$= a_\xi \int_{-\infty}^{\infty} h(\tau) \mathrm{e}^{-\mathrm{j}0 \cdot \tau} \mathrm{d}\tau = a_\xi H(0) \qquad (3.7.4)$$

由此可见，输出随机过程的数学期望等于输入随机过程的数学期望乘以 $H(0)$。其物理意义是：平稳随机过程通过线性系统后，输出的直流分量 $E[\xi_0(t)]$ 等于输入的直流分量 $E[\xi_i(t)] = a_\xi$ 乘以系统的直流传递函数 $H(0)$。

3. 输出随机过程的自相关函数

假设输入平稳随机过程 $\xi_i(t)$，其自相关函数为 $R_i(\tau)$，那么经过线性系统后，输出随机过程的自相关函数 $R_o(\tau)$ 只依赖于时间间隔 τ，而与时间起点 t 无关。

根据自相关函数的定义，有

$$R_o(t, t + \tau) = E[\xi_0(t) \xi_0(t + \tau)]$$

$$= E\left[\int_{-\infty}^{\infty} h(\alpha) \xi_i(t - \alpha) \mathrm{d}\alpha \int_{-\infty}^{\infty} h(\beta) \xi_i(t + \tau - \beta) \mathrm{d}\beta\right]$$

$$= E\left[\int_{-\infty}^{\infty} \int_{-\infty}^{\infty} h(\alpha) h(\beta) \xi_i(t - \alpha) \xi_i(t + \tau - \beta) \mathrm{d}\alpha \mathrm{d}\beta\right]$$

更换上式中数学期望各积分的次序，可改写为

$$R_o(t, t + \tau) = \int_{-\infty}^{\infty} \int_{-\infty}^{\infty} h(\alpha) h(\beta) E[\xi_i(t - \alpha) \xi_i(t + \tau - \beta)] \mathrm{d}\alpha \mathrm{d}\beta$$

因为 $\xi_i(t)$ 是平稳的，则有

$$E[\xi_i(t - \alpha) \xi_i(t + \tau - \beta)] = R_i(\tau + \alpha - \beta)$$

于是
$$R_o(t, t+\tau) = \int_{-\infty}^{\infty}\int_{-\infty}^{\infty} h(\alpha)h(\beta)R_i(\tau+\alpha-\beta)\mathrm{d}\alpha\mathrm{d}\beta = R_o(\tau) \tag{3.7.5}$$

可见，输出随机过程的自相关函数只依赖时间间隔 τ 而与时间起点 t 无关。式（3.7.4）和式（3.7.5）说明，当输入随机过程是广义平稳时，输出随机过程也是广义平稳的。

4. 输出随机过程的功率谱密度

设输入平稳随机过程 $\xi_i(t)$ 的功率谱密度为 $P_{\xi_i}(\omega)$，可以求得输出随机过程的功率谱密度

$$P_{\xi_0}(\omega) = \int_{-\infty}^{\infty} R_o(\tau)\mathrm{e}^{-\mathrm{j}\omega\tau}\mathrm{d}\tau$$

$$= \int_{-\infty}^{\infty}\left[\int_{-\infty}^{\infty}\int_{-\infty}^{\infty}[h(\alpha)h(\beta)R_i(\tau+\alpha-\beta)]\mathrm{d}\alpha\mathrm{d}\beta\right]\mathrm{e}^{-\mathrm{j}\omega\tau}\mathrm{d}\tau$$

令 $\tau' = \tau + \alpha - \beta$，则有 $\tau = \tau' - \alpha + \beta$，代入上式得

$$P_{\xi_0}(\omega) = \int_{-\infty}^{\infty} h(\alpha)\mathrm{e}^{\mathrm{j}\omega\alpha}\mathrm{d}\alpha \int_{-\infty}^{\infty} h(\beta)\mathrm{e}^{-\mathrm{j}\omega\beta}\mathrm{d}\beta \int_{-\infty}^{\infty} R_i(\tau')\mathrm{e}^{-\mathrm{j}\omega\tau'}\mathrm{d}\tau'$$

由于

$$\int_{-\infty}^{\infty} h(\beta)\mathrm{e}^{-\mathrm{j}\omega\beta}\mathrm{d}\beta = H(\omega)$$

$$\int_{-\infty}^{\infty} h(\alpha)\mathrm{e}^{\mathrm{j}\omega\alpha}\mathrm{d}\alpha = H^*(\omega)$$

$$\int_{-\infty}^{\infty} R_i(\tau')\mathrm{e}^{-\mathrm{j}\omega\tau'}\mathrm{d}\tau' = P_{\xi_i}(\omega)$$

于是得

$$P_{\xi_0}(\omega) = H^*(\omega)H(\omega)P_{\xi_i}(\omega) = |H(\omega)|^2 P_{\xi_i}(\omega) \tag{3.7.6}$$

线性系统输出的平稳随机过程的功率谱密度是输入随机过程功率谱密度 $P_{\xi_i}(\omega)$ 与线性系统传递函数模平方 $|H(\omega)|^2$ 的乘积。

5. 输出随机过程的分布

假设输入的是高斯过程 $\xi_i(t)$，经过线性系统 $h(t)$ 之后，其输出过程 $\xi_0(t)$ 仍是高斯过程，只是数字特征和功率谱密度与输入不同。由式（3.7.3），可以得到

$$\xi_0(t) = \int_{-\infty}^{\infty}\xi_i(t-\tau)h(\tau)\mathrm{d}\tau = \lim_{\Delta\tau_i \to 0}\sum_{k=0}^{\infty}\xi_i(t-\tau_i)h(\tau_i)\Delta\tau_i \tag{3.7.7}$$

由于 $\xi_i(t)$ 已假设称高斯型的，因此，在任意时刻上的每一项 $\xi_i(t-\tau_i)h(\tau_i)\Delta\tau_i$ 都是一个高斯随机变量。所以在任一时刻上得到的输出随机变量将是无限多个高斯随机变量的和。由概率论可知，这个"和"也是高斯随机变量。还可以证明，输出过程的 n 维联合分布也是服从高斯分布的；输出随机过程也是高斯过程。但与输入正态过程相比，它的数字特征有所不同。

也可以说，高斯过程经线性变换后的随机过程仍为高斯过程。

3.7.2 平稳随机过程通过乘法器

在通信系统中广泛使用的线性调制器和相干解调器，其主要部件是乘法器。下面分析平稳随机过程经过乘法器后的输出过程。

乘法器可以看成是一个六端口网络，平稳随机过程 $\xi_i(t)$ 通过乘法器的数学模型如图 3.7.2 所示。

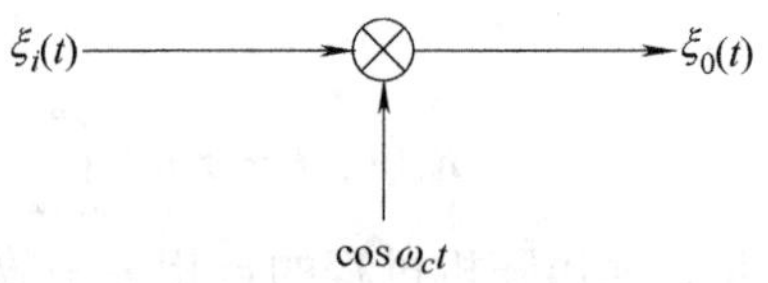

如果有一平稳随机过程 $\xi_i(t)$ 通过乘法器，则其输出为

$$\xi_0(t) = \xi_i(t)\cos\omega_c t \qquad (3.7.8)$$

图 3.7.2 乘法器模型

从广义平稳判定条件可知，若要判是否平稳，要看其数学期望（均值）是否为常数，自相关函数是否与 t 无关而只和时间间隔 τ 有关。

1. 输出随机过程的数学期望

$$E[\xi_0(t)] = E[\xi_i(t)\cos\omega_c t] = E[\xi_i(t)]\cos\omega_c t \neq 常数 \qquad (3.7.9)$$

所以 $\xi_0(t)$ 不再是广义平稳随机过程。

2. 输出随机过程的自相关函数

$$\begin{aligned}
R_o(t, t+\tau) &= E[\xi_0(t)\xi_0(t+\tau)] \\
&= E[\xi_i(t)\cos\omega_c t \xi_i(t+\tau)\cos\omega_c(t+\tau)] \\
&= E[\xi_i(t)\xi_i(t+\tau)]\cos\omega_c t\cos\omega_c(t+\tau) \\
&= \frac{1}{2}R_i(\tau)[\cos\omega_c\tau + \cos\omega_c(2t+\tau)] \\
&= \frac{1}{2}R_i(\tau)\cos\omega_c\tau + \frac{1}{2}R_i(\tau)\cos(2\omega_c t + \omega_c\tau) \qquad (3.7.10)
\end{aligned}$$

式中，$R_i(\tau) = E[\xi_i(t)\xi_i(t+\tau)]$ 是输入随机过程的自相关函数。因为 $\xi_0(t)$ 是平稳的，故 $R_i(\tau)$ 与时间无关。但是 $R_o(t, t+\tau)$ 却是时间 t 的函数，因此说明经过乘法器后的随机过程不再是广义平稳随机过程。但输出随机过程 $\xi_0(t)$ 的数学期望和自相关函数是时间 t 的周期函数，则 $\xi_0(t)$ 为循环平稳随机过程。

3. 输出随机过程的平均功率谱密度

为了求解输出随机过程的功率谱密度，式（3.7.10）中第一项可按常规的傅里叶变换得到功率谱密度，但第二项却同时含有 τ 与 t 两种时间变量，它的功率谱密度尚与 t 有关，这种动态谱分析将很复杂。可用短时傅里叶变换（STFT）开时窗、频窗进行动态谱分析。在讨论自相关函数与功率谱密度性质时已经明确，功率谱并不反映随机信号的相位特征。从这个意义上讲，由式（3.7.10）表示的自相关函数中，在求功率谱密度时可先将第二项求时间平均，然后再求傅里叶变换即可。

非广义平稳随机过程的功率谱密度的定义为

$$P_o(\omega) = \int_{-\infty}^{\infty} \overline{R_o(t, t+\tau)} e^{-j\omega\tau} d\tau \qquad (3.7.11)$$

因为 $\xi_0(t)$ 是循环平稳随机过程，其自相关函数是时间 t 的周期函数，可在周期 T 内对 $R_o(t, t+\tau)$ 取时间平均，消除 $R_o(t, t+\tau)$ 与 t 的关系。因此它是式（3.3.17）的推广形式，对式（3.7.10）取时间平均后得

$$\overline{R_o(t, t+\tau)} = \frac{1}{T}\int_{-T/2}^{T/2} R_o(t, t+\tau) dt = \frac{1}{2}R_i(\tau)\cos\omega_c\tau \qquad (3.7.12)$$

将它代入式（3.7.11）后得

$$P_o(\omega) = \int_{-\infty}^{\infty} \frac{1}{2}R_i(\tau)\cos\omega_c\tau e^{-j\omega\tau} d\tau \qquad (3.7.13)$$

再应用调制定理就可以得到通过乘法器后输出随机过程的功率谱密度。即

$$P_o(\omega) = \frac{1}{4}[P_i(\omega - \omega_c) + P_i(\omega + \omega_c)] \tag{3.7.14}$$

其中，$P_i(\omega) = \int_{-\infty}^{\infty} R_i(\tau) e^{-j\omega\tau} d\tau$，其功率谱密度如图 3.7.3 所示。

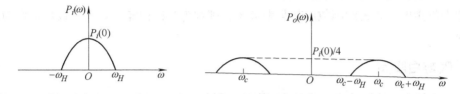

图 3.7.3 乘法器输入输出的功率谱密度

由式（3.7.14）可得出结论：低频平稳随机过程通过乘法器，其输出过程的功率谱密度是输入随机过程功率谱密度在频率轴上搬移到 $-\omega_c$ 和 ω_c 处，且幅度减小为原来的 1/4。

3.8 高斯白噪声与限带白噪声

在分析通信系统的抗噪声性能时，通常将高斯白噪声作为通信系统中的噪声模型。这时因为通信系统中的起伏噪声（包含热噪声和散粒噪声）可以近似为白噪声，且服从高斯分布。

3.8.1 高斯白噪声

若噪声的功率谱密度 $P_n(\omega)$ 在整个频率域为常数，则称为白噪声。其功率谱密度

$$P_n(\omega) = \frac{n_0}{2} \quad (-\infty < \omega < \infty) \tag{3.8.1}$$

式中 n_0 是大于 0 的常数，功率谱密度 $P_n(\omega)$ 如图 3.8.1a 所示。这种称呼来源于光学，光学中将包含全部可见光频率的光称为白光，通信中也将包含全部频率的噪声称为白噪声。实际上完全理想的白噪声是不存在的，但只要噪声功率谱密度均匀分布的频率范围超过通信系统工作的频率范围很多时，就可近似认为是白噪声。例如，热噪声的频率可高达 10^{13}Hz，且功率谱密度在 $0 \sim 10^{13}$Hz 内基本均匀分布，因此可以将其看成是白噪声。

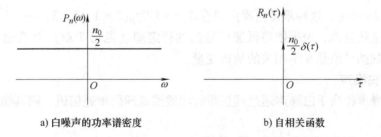

a) 白噪声的功率谱密度   b) 自相关函数

图 3.8.1 白噪声的功率谱密度和自相关函数

根据维纳-辛钦定理，可以得到白噪声的自相关函数为

$$R_n(\tau) = \frac{1}{2\pi}\int_{-\infty}^{\infty}\frac{n_0}{2}e^{j\omega\tau}d\omega = \frac{n_0}{2}\delta(\tau) \qquad (3.8.2)$$

由式（3.8.2）可见，理想白噪声的自相关函数是位于 $\tau=0$ 处的冲激，强度为 $n_0/2$，这就说明，白噪声只有在 $\tau=0$ 时才相关，而它在任意两个时刻上的随机变量都是不相关的。图 3.8.1b 为白噪声的自相关函数 $R_n(\tau)$。

如果白噪声的概率密度函数服从高斯分布，则称为高斯白噪声。它常被用来作为信道噪声的模型。

3.8.2 限带白噪声

在通信系统中，传输系统的带宽是有限的，因此当白噪声通过通信系统传输时就变成了频带受限的白噪声，称为限带白噪声。常见的限带白噪声有两种：低通型白噪声和带通型白噪声。

1. 低通型白噪声

低通型白噪声相当于白噪声通过理想矩形低通滤波器或理想低通信道。设理想低通滤波器的传递函数 $|H(f)|=1$，$|f|\leq f_H$，则该低通滤波器的输出为

$$P_n(f) = \begin{cases} \dfrac{n_0}{2} & |f|\leq f_H \\ 0 & \text{其他} \end{cases} \qquad (3.8.3)$$

自相关函数为

$$R_n(\tau) = n_0 f_H \frac{\sin 2\pi f_H \tau}{2\pi f_H \tau} \qquad (3.8.4)$$

低通型白噪声的功率谱密度和自相关函数对应的曲线如图 3.8.2 所示。

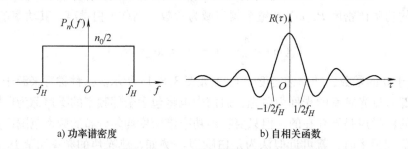

a) 功率谱密度　　　　　　　b) 自相关函数

图 3.8.2　低通型白噪声的功率谱密度和自相关函数

由图 3.8.2b 可见，这种限带白噪声只有在 $\tau=k/2f_H(k=1,2,3,\cdots)$ 上得到的随机变量才不相关。也就是说，如果依照低通信号的抽样定理（见第 7 章）对低通型白噪声进行抽样，则得到的抽样值是互不相关的随机变量。

2. 带通型白噪声

带通型白噪声相当于白噪声通过理想带通滤波器或理想带通信道，则其输出的噪声称为带通型白噪声。

理想带通滤波器的传递函数为

$$|H(f)|=1,\ f_c-(B/2)\leq |f|\leq f_c+(B/2)$$

式中，f_c 为中心频率，B 为通带带宽。

该带通滤波器输出的功率谱密度为

$$P_n(f) = \begin{cases} \dfrac{n_0}{2} & f_c - \dfrac{B}{2} \leq |f| \leq f_c + \dfrac{B}{2} \\ 0 & \text{其他} \end{cases} \quad (3.8.5)$$

自相关函数为

$$R_n(\tau) = n_0 B \frac{\sin \pi B \tau}{\pi B \tau} \cos 2\pi f_c \tau \quad (3.8.6)$$

带通型白噪声的功率谱密度和自相关函数对应的曲线如图 3.8.3 所示。

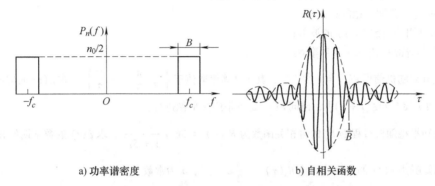

a) 功率谱密度   b) 自相关函数

图 3.8.3　带通型白噪声的功率谱密度和自相关函数

理想带通型白噪声的自相关函数的过零点很多，故具有很多不相关的随机变量，同时又是彼此统计独立的。

思 考 题

3-1　什么是随机过程？它有什么特点？
3-2　什么是随机过程的数学期望和方差？它们分别描述了随机过程的什么性质？
3-3　什么是随机过程的协方差和自相关函数？它们之间有什么关系？反映了随机过程的什么性质？
3-4　什么是广义平稳随机过程？什么是狭义平稳随机过程？它们之间有什么关系？
3-5　什么是随机过程的各态历经性？
3-6　什么是白噪声？什么是高斯噪声？它们各有什么特点？
3-7　什么是窄带高斯噪声的同相分量和正交分量？它们各具有什么样的统计特性？
3-8　正弦波加窄带高斯噪声的合成包络服从什么概率分布？
3-9　平稳随机过程通过线性系统时，输出随机过程和输入随机过程的数学期望及功率谱密度之间有什么关系？

习 题

3-1　设随机过程 $\xi(t)$ 可表示为

$$\xi(t) = 2\cos(2\pi t + \theta)$$

式中，θ 是一个离散随机变量，且 $P(\theta=0) = 1/2$，$P(\theta=\pi/2) = 1/2$，试求 $E[\xi(1)]$ 及 $R_\xi(0,1)$。

3-2　设 $Z(t) = X_1 \cos\omega_c t - X_2 \sin\omega_c t$ 是一随机过程，若 X_1 和 X_2 是彼此独立且具有均值为 0、方差为 σ^2 的正态随机变量，试求

1) $E[Z(t)]$、$E[Z^2(t)]$；

2) $Z(t)$ 的一维概率密度函数 $f(z)$；

3) $B(t_1, t_2)$ 与 $R(t_1, t_2)$。

3-3 求乘积 $Z(t) = X(t)Y(t)$ 的自相关函数。已知 $X(t)$ 与 $Y(t)$ 是统计独立的平稳随机过程，且它们的自相关函数分别为 $R_X(\tau)$、$R_Y(\tau)$。

3-4 若随机过程 $Z(t) = m(t)\cos(\omega_0 t + \theta)$，其中，$m(t)$ 是宽平稳随机过程，且自相关函数 $R_m(\tau)$ 为

$$R_m(\tau) = \begin{cases} 1+\tau, & -1 < \tau < 0 \\ 1-\tau, & 0 \leq \tau < 1 \\ 0, & \text{其他 } \tau \end{cases}$$

θ 是服从均匀分布的随机变量，它与 $m(t)$ 彼此统计独立。

1) 证明 $Z(t)$ 是宽平稳的；

2) 绘出自相关函数 $R_Z(\tau)$ 的波形；

3) 求功率谱密度 $P_Z(\omega)$ 及功率 S。

3-5 设有复随机信号 $\xi(t) = e^{j(2\pi f_c t + \theta)}$，其中 θ 等概取值于 $\left\{0, \dfrac{\pi}{3}, -\dfrac{\pi}{3}\right\}$。求 $\xi(t)$ 的均值 $E[\xi(t)]$ 和自相关函数 $E[\xi^*(t)\xi(t+\tau)]$，请问 $\xi(t)$ 是不是广义平稳过程？

3-6 已知平稳随机过程 $\xi(t)$ 的自相关函数为 $R_\xi(\tau) = 36 + \dfrac{4}{1+5\tau^2}$，求 $\xi(t)$ 的数学期望和方差。

3-7 已知噪声 $n(t)$ 的自相关函数 $R_n(\tau) = \dfrac{a}{2}e^{-a|\tau|}$，$a$ 为常数，

1) 求 $P_n(\omega)$ 及 S；

2) 绘出 $R_n(\tau)$ 及 $P_n(\omega)$ 的图形。

3-8 已知 $n(t)$ 是平稳零均值的高斯白噪声。功率谱密度为 $\dfrac{n_0}{2}$，让其通过如题图 3-8 所示的理想低通网络，输出过程为 $\xi(t)$，再对其进行 $2f_H$ 速率的抽样，所得样值为 $\xi(t)$，$\xi\left(t-\dfrac{1}{2f_H}\right)$，$\xi\left(t-\dfrac{2}{2f_H}\right)$，…，求 N 个样值的联合概率密度函数。

3-9 将均值为零、功率谱密度为 $n_0/2$ 的高斯白噪声加到题图 3-9 所示的 RC 低通滤波器的输入端。

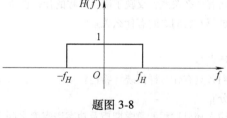

题图 3-8

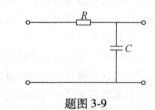

题图 3-9

1) 求输出噪声 $n_0(t)$ 的功率谱密度和自相关函数；

2) 求输出噪声 $n_0(t)$ 的方差；

3) 写出输出噪声的一维概率密度函数。

3-10 随机过程 $\xi(t)$ 的功率谱密度如题图 3-10 所示。

1) 求出自相关函数 $R_\xi(\tau)$，并绘出图形；

2) $\xi(t)$ 中包含的直流功率为多少？

3) $\xi(t)$ 中包含的交流功率为多少？

4) $\xi(t)$ 的抽样速率等于多少可以使样本间不相关？能否统计独立？

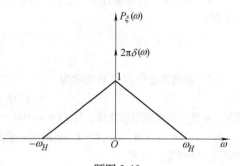

题图 3-10

3-11 将一个均值为零，功率谱密度为 $n_0/2$ 的高斯白噪声加到一个中心角频率为 ω_c、带宽为 B 的理想带通滤波器上，如题图 3-11 所示。

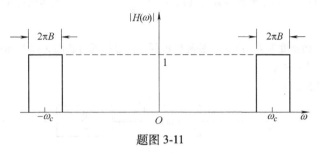

题图 3-11

1) 求滤波器输出噪声的自相关函数；
2) 写出输出噪声的一维概率密度函数。

3-12 试证明随机过程 $\xi(t)$ 的自相关函数 $R_\xi(\tau)$ 的下列性质：

1) 如果 $\xi(t)$ 包括数值为 A 的直流分量，则 $R_\xi(\tau)$ 将含有常数值 A^2；
2) 如果 $\xi(t)$ 包括正弦分量，则 $R_\xi(\tau)$ 也包含频率相同的正弦量。

3-13 题图 3-13 所示为单个输入、两个输出的线性滤波器，若输入过程 $\eta(t)$ 是平稳的，求 $\xi_1(t)$ 与 $\xi_2(t)$ 的互功率谱密度的表示式（提示：互功率谱密度与互相关函数为傅里叶变换对）。

3-14 若 $\xi(t)$ 是平稳随机过程，自相关函数为 $R_\xi(\tau)$，试求它通过如题图 3-14 所示系统后的自相关函数及功率谱密度。

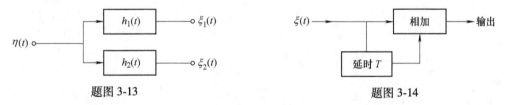

题图 3-13　　　　　　　　题图 3-14

3-15 若随机过程 $Z(t) = X(t)\cos\omega_0 t - Y(t)\sin\omega_0 t$，其中 $X(t)$、$Y(t)$ 是高斯的、零均值、相互独立的平稳随机过程。

1) 求 $Z(t)$ 的均值；
2) $Z(t)$ 是高斯随机过程吗？
3) 若 $R_X(\tau) = R_Y(\tau)$，试证：$R_Z(\tau) = R_X(\tau)\cos\omega_0\tau$；当 $R_X(\tau) = \sigma^2 e^{-\alpha|\tau|}$ ($\alpha > 0$)，求 $Z(t)$ 的功率谱密度，并画出其图形。

3-16 一噪声的功率谱密度如题图 3-16 所示，试求其自相关函数为 $KS_a(\Omega\tau/2)\cos\omega_0\tau$。

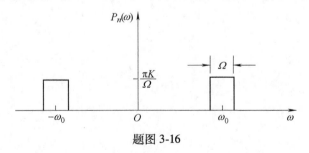

题图 3-16

3-17 有一个窄带过程：

$$\xi(t) = X(t)\cos\omega_c t - Y(t)\sin\omega_c t = Z(t)\cos[\omega_c t + \varphi(t)]$$

其同相分量和正交分量的联合概率密度函数为 $f(x,y) = \dfrac{4}{\pi} x^2 e^{-(x^2+y^2)}$。求随机过程 $\xi(t)$ 包络 $Z(t)$ 的一维概率密度函数 $f(z)$。

3-18 $X(t)$ 是功率谱密度为 $P_X(f)$ 的平稳随机过程,该过程通过题图 3-18 所示的系统。

1) 输出过程 $Y(t)$ 是否平稳?

2) 求 $Y(t)$ 的功率谱密度。

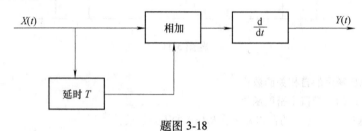

题图 3-18

3-19 一正弦波加窄带高斯平稳过程为
$$z(t) = A\cos(\omega_c t + \theta) + n(t)$$

1) 求 $z(t)$ 通过能够理想提取包络的平方律检波器后的一维分布密度函数;

2) 若 $A=0$,重新求解上一问。

第 4 章 模拟调制系统

4.1 引言

由绪论可知，由信源产生的原始电信号一般不能在大多数信道内直接传输，因此需要经过调制，将它变换成适于在信道内传输的信号。那么，究竟什么是调制呢？具体地说，调制就是用欲传输的原始信号 $m(t)$ 去控制高频简谐波或周期脉冲信号的某个参量，使它随 $m(t)$ 呈线性关系变化。通常把原始电信号称为调制信号，有时也叫基带信号；被调制的高频简谐波或周期脉冲信号起着运载原始电信号的作用，因此称为载波，用 $s(t)$ 表示；调制后所得到的其参量随 $m(t)$ 呈线性关系变化的信号则称为已调信号，用 $s_m(t)$ 表示。显然，已调信号应具备携带基带信号的全部信息及易于在信道中传输这两个特点。

在本章模拟调制系统中，基带信号为模拟信号，载波采用连续波。在实际的通信系统中，模拟基带信号通常呈随机性，但在这一章里，以确知基带信号为例讲解调制与解调的原理，这样主要是为了学习的方便。随机信号与确知信号的调制过程分析的主要差别在于频域分析，通常利用频谱（傅里叶变换）分析确知信号的频域特性，利用功率谱密度分析随机信号的频域特性。

载波采用正弦型载波。正弦型载波可表示为

$$s(t) = A\cos(\omega_c t + \varphi_0)$$

式中，ω_c 为载波的角频率；φ_0 为载波的初相；A 为载波的幅度。

当载波的幅度随调制信号呈线性关系变化，频率及相位没有改变时，已调波为调幅（AM）信号。

当载波的频率随调制信号呈线性关系变化，幅度及相位没有改变时，已调波为调频（FM）信号。

当载波的相位随调制信号呈线性关系变化，幅度及频率没有改变时，已调波为调相（PM）信号。

当载波的两个以上的参数被调制时，已调波被称为复合调制，比如载波的幅度和频率随调制信号呈线性关系变化，相位没有改变时，已调波为调幅调频信号。

调制的作用主要有：

1）可以减小天线的尺寸。

2）可以实现频谱搬移。在通信系统中将基带信号的低频频谱搬到载波频率上，使得所发送的频带信号的频谱匹配于频带信号的带通特性。

3）频分复用。通过调制技术还可在一个信道内同时传送多个信源的消息，这是由于携带每个消息的已调信号带宽往往比频带信道的总带宽窄得多，因而通过调制技术将各消息的低通频谱分别搬移到互不重叠的频带上，这样可在一个信道内同时传送多路消息，实现信道的频分复用，它是信道的多路复用方式之一。

4）可以实现有效性与可靠性之间的取舍。通过采用不同的调制方式兼顾通信系统的有效性与可靠性，如将频率调制与幅度调制相比较，频率调制通过展宽已调信号的带宽来增大抗噪声能力，所以频率调制的抗噪声性能优于幅度调制，但幅度调制信号的频带窄，有效性好。

本章主要从时域及频域两个角度，讲述调幅、调频及调相的调制与解调的原理，并且，讲述调幅信号、调频信号、调相信号的时域及频域特性。

4.2 幅度调制系统

幅度调制是正弦波的幅度随调制信号线性变化的过程。幅度调制信号一般表示为

$$s_m(t) = km(t)\cos(\omega_c t + \varphi_0) \tag{4.2.1}$$

式中，k 为常数，$m(t)$ 为调制信号。

设调制信号的基带频谱为 $M(\omega)$，则已调信号的频谱 $S_m(\omega)$ 为

$$S_m(\omega) = \frac{k}{2}[M(\omega - \omega_c)e^{j\varphi_0} + M(\omega + \omega_c)e^{-j\varphi_0}] \tag{4.2.2}$$

由式（4.2.1）和式（4.2.2）可见，在时间波形上，幅度调制信号的幅度随调制信号呈线性关系变化，在频谱结构上，频谱已从基带域搬到另外一个较高的频域，而且它的频谱结构完全是基带信号频谱在频域内的简单搬移。由于这种搬移是线性的，即在频率搬移过程中已调波形的频谱中没有出现基带信号频谱中所不包含的新的频率成分，因此幅度调制又称线性调制。但应注意，幅度调制是线性调制，并不是线性变换，在时域，它是一个非线性过程。

由式（4.2.1）可以得出产生幅度调制信号的一般方法，其模型如图 4.2.1 所示。

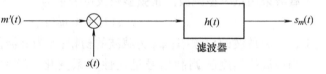

图 4.2.1　幅度调制器的一般模型

在幅度调制器的一般模型中，根据 $m'(t)$ 中除了包含调制信号 $m(t)$ 外是否含有直流，和滤波器 $h(t)$ 的情形，可以得到四种不同形式的幅度调制信号：调幅或称标准调幅（AM）、双边带调幅或称抑制载波双边带调幅（DSB）、单边带调幅（SSB）及残留边带调幅（VSB）。

4.2.1 调幅与双边带调制

在通信系统分析中，通常假设基带信号的均值为零，即 $\overline{m(t)} = 0$。

在图 4.2.1 中，若 $m'(t) = A + m(t)$，也就是说不直接发送基带信号，而是将基带信号叠加上一个直流以后再发送，滤波器为理想滤波器，则得到的已调波形为 AM 信号。若 $m'(t) = m(t)$，即不加直流直接发送，得到的是 DSB 信号。

AM 信号的时域表达式为

$$s_{AM}(t) = [A + m(t)]\cos\omega_c t = \underbrace{A\cos\omega_c t}_{\text{载波分量}} + \underbrace{m(t)\cos\omega_c t}_{\text{边带分量}} \tag{4.2.3}$$

式（4.2.3）第一项代表载波分量，第二项代表边带分量，该项包含的有用信号 $m(t)$，即携带了基带信号信息。

DSB 信号的时域表达式为

$$s_{\text{DSB}}(t) = m(t)\cos\omega_c t \quad (4.2.4)$$

由 AM 信号的时域表达式不难看出，AM 信号的波形为幅度随 $A + m(t)$ 变换的正弦信号（余弦波形），如图 4.2.2d 所示。这是一种 AM 信号的波形，这个 AM 信号的包络随基带信号 $m(t)$ 呈线性关系变化，频率和相位与载波相同，因此，为幅度调制信号。这种 AM 信号产生条件是 $A > |m_{\max}(t)|$，是线性调幅。当 $A < |m_{\max}(t)|$ 时，AM 信号的时域波形如图 4.2.3 所示。此种情形的 AM 信号的包络已不随 $m(t)$ 呈线性关系变化，为过调幅。

为了衡量标准调幅的调制程度，定义 AM 信号的调制指数为

$$\beta_{\text{AM}} = \frac{|m_{\max}(t)|}{A} \quad (4.2.5)$$

用调制指数衡量调幅波的调制程度是很方便的，此时线性调幅的条件是 $\beta_{\text{AM}} \leq 1$，当 $\beta_{\text{AM}} > 1$ 时出现过调幅。DSB 信号是一种过调幅的调幅波，其调制指数为无穷大。

对式 (4.2.3) 求傅里叶变换可得 AM 信号的频域表示式

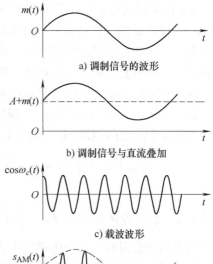
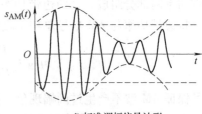

a) 调制信号的波形

b) 调制信号与直流叠加

c) 载波波形

d) 标准调幅信号波形

图 4.2.2　AM 时域波形

$$S_{\text{AM}}(\omega) = \pi A[\delta(\omega - \omega_c) + \delta(\omega + \omega_c)] + \frac{1}{2}[M(\omega - \omega_c) + M(\omega + \omega_c)] \quad (4.2.6)$$

可见，AM 信号的频谱中包含了位于 $\omega = \omega_c$、$\omega = -\omega_c$ 的载波频率以及位于它两旁的边带频率 $M(\omega - \omega_c)$（正频率）、$M(\omega + \omega_c)$（负频率）。绘出 AM 频谱图如图 4.2.4 所示。定义大于载频 ω_c 为上边带，小于载频 ω_c 的为下边带。

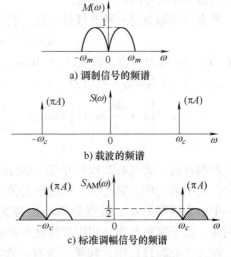

a) 调制信号的频谱

b) 载波的频谱

c) 标准调幅信号的频谱

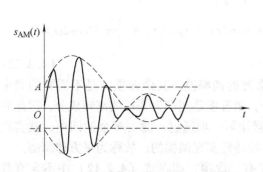

图 4.2.3　过调幅 AM 信号时域波形

图 4.2.4　AM 信号的频谱

AM 信号频谱特点是：①上、下边带均包含了基带信号的全部信息；②幅度减半，带宽加倍；③线性调制。比较调制信号的频谱与 AM 信号的频谱，可以发现，AM 信号频谱中的边带频谱是由调制信号的频谱经过简单的线性搬移到 ω_c 和 $-\omega_c$ 两侧构成的。在这个频谱搬移过程中，没有新的频率分量产生。因此，该调制为线性调制。

DSB 信号的频谱与 AM 信号频谱相比，只是在载频处没有冲激，即没有载频成分，因此 DSB 信号又被称为抑制载波双边带调幅信号。

AM 信号在 1Ω 负载电阻上的功率由 $s_{AM}(t)$ 的均方值求出，为

$$P_{AM} = \overline{s_{AM}^2(t)} = \overline{[A + m(t)]^2 \cos^2\omega_c t} = \underbrace{\frac{1}{2}A^2}_{\text{载波功率}} + \underbrace{\frac{1}{2}\overline{m^2(t)}}_{\text{边带功率}} = P_s + P_m \qquad (4.2.7)$$

式中，$P_s = \frac{1}{2}A^2$ 为载波功率；$P_m = \frac{1}{2}\overline{m^2(t)}$ 为边带功率。可见，AM 信号的功率由载波功率和边带功率两部分组成，其中边带功率为有用信号功率。

将边带功率与 AM 信号总功率之比定义为标准调幅的调制效率，即

$$\eta_{AM} = \frac{P_m}{P_{AM}} = \frac{P_m}{P_s + P_m} = \frac{\overline{m^2(t)}}{A^2 + \overline{m^2(t)}} \qquad (4.2.8)$$

为了保证 AM 波不产生过调幅现象，要求 $A \geqslant |m_{\max}(t)|$，在此条件下，标准调幅的调制效率最大为 50%，$\eta_{AM}$ 的最大值发生在调制信号 $m(t)$ 幅度为 A 的方波情况下；当 $m(t)$ 为正弦波（单频信号）时，η_{AM} 最大为 1/3，此时正弦波的幅度为 A。

DSB 信号的功率为

$$P_{DSB} = \overline{s_{DSB}^2(t)} = \overline{m^2(t)\cos^2\omega_c t} = \frac{1}{2}\overline{m^2(t)} \qquad (4.2.9)$$

DSB 信号的调制效率为

$$\eta_{DSB} = 1 \qquad (4.2.10)$$

利用平方律调幅器、斩波器等非线性电路，可以产生调幅波。下面以平方律调幅器为例，讲解 AM 信号的产生过程。

平方律调幅器是一种非线性电路，设平方律电路的输入、输出关系为

$$u_0(t) = a_1 u_i(t) + a_2 u_i^2(t) \qquad (4.2.11)$$

式中，a_1、a_2 均为常数。若 $u_i(t) = A\cos\omega_c t + m(t)$，则

$$\begin{aligned} u_0(t) &= a_1[A\cos\omega_c t + m(t)] + a_2[A\cos\omega_c t + m(t)]^2 \\ &= a_1 A\left[1 + \frac{2a_2}{a_1}m(t)\right]\cos\omega_c t + \frac{1}{2}a_2 A^2 + a_1 m(t) + a_2 m^2(t) + \frac{1}{2}a_2 A^2\cos 2\omega_c t \end{aligned}$$

$$(4.2.12)$$

不难看出，式（4.2.12）中第一项就是所需要的调幅波。其余四项都是不需要的频率成分，其中第二项、第三项、第四项是低频成分，第五项是频率为 $2\omega_c$ 的高频成分，因此利用一个中心频率为 ω_c、带宽为 $2\omega_m$ 的带通滤波器让第一项通过，滤去多余的四项，就实现了调幅。由于这种电路是利用非线性器件的平方律特性实现调幅的，故称为平方律调幅。

在式（4.2.11）中，如果不含有一次项，仅有二次项，则在式（4.2.12）中不含载频成分，经一个中心频率为 ω_c、带宽为 $2\omega_m$ 的带通滤波器后，得到的为 DSB 信号。

解调是在接收端进行的工作,当携带着调制信号的已调信号传输到系统的接收端后,就需要从收到的已调信号中把调制信号 $m(t)$ 无失真地恢复出来,这一过程就叫解调或检波。显然,解调是调制的逆过程,它是从已调波中还原出调制信号的过程。

调幅信号的解调一般有两种方法:相干解调和非相干解调。相干解调是从已调信号的相位变化中提出原始信号,而非相干解调是从已调信号的幅度变化中提取原始信号。

AM 信号的解调可以采用相干解调和非相干解调两种方法。线性调幅既可以采用相干解调也可以采用非相干解调,过调幅的 AM 信号只能用相干解调方式进行解调。显然,要想采用非相干解调需要满足条件 $\beta_{AM} \leq 1$。通常,AM 信号的解调采用非相干解调方式,非相干解调的设备比相干解调设备要简单得多。非相干解调包括包络检波器、平方律检波器等。

最常见和最容易实现的非相干解调器是包络检波器,它广泛应用于调幅广播接收机中。若包络检波器输入信号为 $A(t)\cos\omega_c t$ 时,它的输出 $m_o(t)$ 正比于输入高频信号的包络,即
$$m_o(t) \propto |A(t)|$$

将调幅波输入到包络检波器,输出为
$$m_o(t) = |A + m(t)| \tag{4.2.13}$$

当 $\beta_{AM} \leq 1$ 时,
$$m_o(t) = A + m(t) \tag{4.2.14}$$

包络检波器的输出与调制信号 $m(t)$ 的变化规律相同,从而实现解调。

包络检波器只适用于含载波分量且无过调的标准调幅信号。从恢复消息来说,有无载波分量无关紧要,甚至认为载波分量是个浪费,因它不携带任何消息,但正是因为有了载波分量,在解调时才可以采用包络检波器,使解调电路很简单。

由于双边带的包络不反映调制信号的变化规律,如果将 DSB 信号加入到包络检波器,输出为 $m_o(t) = |m(t)|$,丢失了基带信号的相位信息,所以它不能像标准调幅信号那样采用包络检波器解调。

DSB 信号可以采用相干解调器进行解调。相干解调器要求接收端提供一个与发送端载波信号完全同步的载波(或称相干载波),因此又称同步解调或相干检测。

DSB 信号的解调框图如图 4.2.5 所示。图中 $s_l(t)$ 为本地载波,它可以由接收机内部产生,也可以从发送端直接发送过来。相干解调要求本地载波与发送端载波应完全同步,亦即要求本地载波与发送端载波应同频同相,幅度不做严格要求。

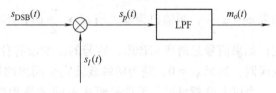

图 4.2.5 DSB 信号的解调框图

若接收到的已调信号为 $s_{DSB}(t) = m(t)\cos\omega_c t$,本地载波为 $s_l(t) = \cos\omega_c t$,由图 4.2.5 可以看出,已调信号经乘法器的输出信号为
$$s_p(t) = s_{DSB}(t)\cos\omega_c t = m(t)\cos^2\omega_c t = \frac{1}{2}m(t)[1 + \cos2\omega_c t]$$

经截止频率为 ω_m 的低通滤波器滤去高频分量得到
$$m_o(t) = \frac{1}{2}m(t) \tag{4.2.15}$$

上述原理说明：要想如实恢复原调制信号 $m(t)$，要求本地载波 $s_l(t)$ 必须与发送端载波完全同步。如果两端载波不同步将会产生什么影响呢？下面分别进行讨论。

1. 频率误差的影响

若收到的 DSB 信号为 $s_{DSB}(t) = m(t)\cos\omega_c t$，而本地载波为 $s_l(t) = \cos(\omega_c + \Delta\omega)t$，即本地载波与发送端载波之间频率相差 $\Delta\omega$，这时乘法器的输出为

$$s_p(t) = m(t)\cos\omega_c t\cos(\omega_c + \Delta\omega)t = \frac{1}{2}[m(t)\cos\Delta\omega t + m(t)\cos(2\omega_c t + \Delta\omega t)]$$

(4.2.16)

经低通滤波器后，式（4.2.16）第二项是频谱在 $2\omega_c$ 附近的高频分量，被滤除掉，这时同步检波的输出为

$$m_o(t) = \frac{1}{2}m(t)\cos\Delta\omega t \qquad (4.2.17)$$

可见，当收、发两端的载波具有频率误差时，解调器输出仍为双边带信号，明显出现失真。这个双边带信号的载波的角频率为 $\Delta\omega$，一般 $\Delta\omega$ 较小。和发送基带信号 $m(t)$ 相比，解调输出的信号受到了时变的衰减。为了得到满意的语音传输，通常要求 $|\Delta f| \leqslant 20\mathrm{Hz}$。

2. 相位误差的影响

若收到的 DSB 信号为 $s_{DSB}(t) = m(t)\cos\omega_c t$，而本地载波为 $s_l(t) = \cos(\omega_c t + \varphi)$，即本地载波与发送端载波同频不同相，相位差为 φ，这时乘法器的输出为

$$s_p(t) = m(t)\cos\omega_c t\cos(\omega_c t + \varphi) = \frac{1}{2}[m(t)\cos\varphi + m(t)\cos(2\omega_c t + \varphi)] \quad (4.2.18)$$

式（4.2.18）第二项是频谱在 $2\omega_c$ 附近的高频分量，将被低通滤波器滤掉，因此，此时同步检波器的输出为

$$m_o(t) = \frac{1}{2}m(t)\cos\varphi \qquad (4.2.19)$$

上面的结果表明，当两端的载波不存在频率误差，只有相位误差时，由于 φ 是固定值，解调后输出信号将受到衰减的影响，而不会产生失真。衰减的程度取决于相位误差 φ 的大小。如果 $\varphi = \pm\frac{\pi}{2}$，则输出为零。当 $\varphi > \frac{\pi}{2}$ 时，不仅输出信号幅度受到衰减，而且符号也要改变；如果信号是语音和音乐，符号的改变没有什么意义；如果调制信号是数据信号，则会造成误码；如果 $\varphi = 0$，则为两端载波完全同步的情况，输出信号具有最大值。

由以上分析可见，无论是频率不同或是相位不同都将影响同步检波器的解调效果，为此，接收机中必须要有使本地载波与接收信号在频率上和相位上保持同步的电路，造成了接收机复杂化，这正是为了节省功率而抑制掉载波分量所必须付出的代价。

AM 信号的解调方法也可以采用相干解调方法，采用相干解调原理与 DSB 解调相同，经相干解调后输出信号为

$$m_o(t) = \frac{1}{2}[A + m(t)] \qquad (4.2.20)$$

在利用相干解调解调 AM 信号时，与 DSB 解调一样，要求接收机本地载波与发送端载波完全同步，如果不同步后果与 DSB 解调相同。

除同步检波外,还可以用大载波插入法对 DSB 信号解调。DSB 信号之所以不能用包络检波器解调,是因为载波分量被抑制掉后,信号的包络不反映调制信号的变换规律。在接收到的 DSB 信号中重新加入原有载波分量,恢复为 AM 信号后使用包络检波器进行解调,这就是大载波插入法。大载波插入法解调 DSB 信号框图如图 4.2.6 所示。

当然,用载波插入法进行 DSB 信号解调时,必须满足:①插入的载波足够大,以满足包络不失真条件;②插入载波与 DSB 信号的载波同步(同频、同相)。因此,仍需解决同步问题。

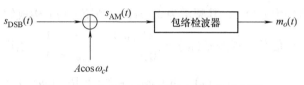

图 4.2.6 大载波插入法解调 DSB 信号框图

4.2.2 单边带与残留边带调制

与标准调幅相比,双边带调幅抑制掉载波分量,使调制效率得到提高。但是,在信道利用率上,DSB 信号与 AM 信号一样,其带宽比调制信号增加一倍。然而当信道很拥挤时,带宽加倍是不利的。因此要研究能否减小已调信号的带宽。4.2.1 节已经提到,在双边带调幅信号中,包含了两个相同的上、下边带,每个边带都包含了调制信号的全部信息。从传递信息的角度来看,只传递一个边带即可达到传送信息的目的,由任何一个边带信号都可以恢复出原来的消息。这种只传送一个边带的通信方式称为"单边带通信"。相应地把产生调幅信号的一个边带的调制方式称为单边带调制(SSB)。

利用图 4.2.1 所示的幅度调制器的一般模型可以产生单边带信号。此时,$m'(t) = m(t)$,$h(t)$ 为边带滤波器。通过边带滤波器的选择,我们可以获得上边带和下边带信号。图 4.2.7 为取上边带和下边带时,边带滤波器的传输特性。

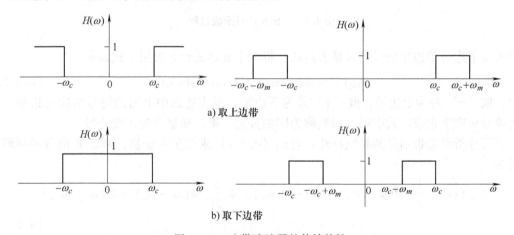

图 4.2.7 边带滤波器的传输特性

可见,要想得到上边带调幅信号,首先产生一个双边带调幅信号,然后用截止频率为载频 ω_c 的高通滤波器或中心频率为 $\omega_c + \omega_m/2$,带宽为 ω_m 的带通滤波器,滤掉下边带,保留上边带即可实现。

同理,要获得一个下边带信号,需要首先产生一个双边带调幅信号,然后用截止频率为载频 ω_c 的低通滤波器或中心频率为 $\omega_c - \omega_m/2$,带宽为 ω_m 的带通滤波器,滤掉上边带,即可获得。利用这种方法获得单边带调幅信号被称为滤波法。这是一种基于频域的单边带信号产生方法。

1. 单边带信号的时域和频域表示式

推导 SSB 信号的时域表示式,需要借助希尔伯特变换和解析信号的相关知识。设调制信号为 $m(t)$,其频谱为 $M(\omega)$。利用 $m(t)$ 构成解析信号 $\varphi(t)$,则 $\varphi(t) = m(t) + j\hat{m}(t)$ 解析信号的频谱 $\Phi(\omega) = \begin{cases} 2M(\omega), & \omega \geq 0 \\ 0, & \omega < 0 \end{cases}$,由图 4.2.8 可知

$$s_{SSBU}(t) = \mathrm{Re}[\varphi(t)e^{j\omega_c t}] = \mathrm{Re}\{[m(t) + j\hat{m}(t)](\cos\omega_c t + j\sin\omega_c t)\}$$
$$= m(t)\cos\omega_c t - \hat{m}(t)\sin\omega_c t \tag{4.2.21}$$

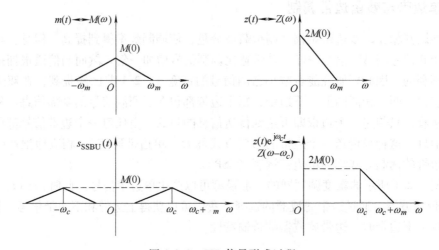

图 4.2.8 SSB 信号形成过程

同理可得下边带单边带信号的时域表达式。将两个表达式合并可用下式表示

$$s_{SSB}(t) = m(t)\cos\omega_c t \mp \hat{m}(t)\sin\omega_c t \tag{4.2.22}$$

式中,取"-"号为上边带,取"+"号为下边带,即表达式中上面的符号对应上边带,下面的符号对应下边带。式中第一项被称为同相分量,第二项被称为正交分量。

下面分析单边带信号的频域特性。对式(4.3.7)求傅里叶变换,则 SSB 信号的频域表达式为

$$S_{SSB}(\omega) = \frac{1}{2}[M(\omega - \omega_c) + M(\omega + \omega_c)] \mp \frac{1}{2j}[\hat{M}(\omega - \omega_c) - \hat{M}(\omega + \omega_c)]$$
$$\tag{4.2.23}$$

其中,$\hat{M}(\omega) = -j\mathrm{sgn}(\omega)M(\omega)$,代入式(4.2.23),整理得

$$S_{SSB}(\omega) = u(\pm\omega \mp \omega_c)M(\omega - \omega_c) + u(\mp\omega \mp \omega_c)M(\omega + \omega_c) \tag{4.2.24}$$

式(4.2.24)中不再包含基带信号希尔伯特变换的频谱。由式(4.2.24)可以更直观地理解,借助高通或低通滤波器,从 DSB 信号中去除一个不用的边带(比如下边带信号),保留有用边带(比如上边带信号)而获得 SSB 信号的过程。

2. 单边带信号的产生

单边带信号的产生有两种方法:滤波法和相移法。滤波法以 SSB 信号的频域表示式为

基础来分析 SSB 信号产生的过程；相移法是以 SSB 信号的时域表示式为基础来分析 SSB 信号的产生过程。

（1）滤波法

所谓的滤波法是产生一个双边带信号，然后滤去一个边带，而获得单边带信号。为了获得上边带信号，边带滤波器通常采用带通或高通滤波器。为了获得下边带信号，边带滤波器采用带通或低通滤波器。虽然用滤波器产生单边带信号的方法很简单，但是对边带滤波器的性能要求非常严格，因为一般调制信号具有丰富的低频成分，因而要求滤波器的截止特性要极为陡峭。在实际中，往往采用多级滤波法产生单边带调幅信号。多级滤波法产生单边带信号是多级调制的一个实例。

所谓的多级滤波法产生单边带调幅信号就是采用多级频谱搬移及多级滤波的方法。以二级滤波器法为例，如图 4.2.9 所示。图中 $\omega_{c1} \ll \omega_{c2}$，即边带滤波器 1 一般工作在较低的频率上。

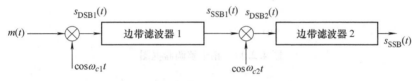

图 4.2.9　多级滤波法产生 SSB 信号

如图 4.2.9 所示的二级滤波法中，对边带滤波器 1、边带滤波器 2 的性能指标要求较单级滤波法中滤波器要求要低些。假设调制信号的频带在 $\omega_L \sim \omega_H$，通过表 4.2.1 可以比较单级滤波法和多级滤波法对滤波器指标的要求。

表 4.2.1　多级滤波法与单级滤波法参数比较

	中心频率	过渡带宽	滤波器制作的难易程度
单级滤波法	ω_c	$2\omega_L$	难
多级滤波法（第一级）	ω_{c1}	$2\omega_L$	易
多级滤波法（第二级）	ω_{c2}	$\approx 2\omega_{c1}$	易

比较可知，多级滤波法相对单级滤波法滤波器制作更容易些。尽管用多级滤波法产生 SSB 信号较单级滤波法产生 SSB 信号更可行，但是，如果调制信号的低频分量接近零频，则用滤波器来分离上、下两个边带更为困难。因此，用这种方法产生单边带信号不纯，含有不需要的另一个边带分量，在解调时产生失真。如果是多路复用，则产生邻路之间的干扰，严重影响通信质量。

（2）相移法

所谓相移法产生 SSB 信号，实际上是模仿 SSB 信号的时域表达式构成一模型，以此产生 SSB 信号，如图 4.2.10 所示。

可见，该模型由两个乘法器和两个相移网络构成。上、下两个支路分别产生同相分量和正交分量，然后由合成器将两个分量相加或相减，相加产生下边带信号，相减产生上边带信号。

从理论上讲，用相移法可以无失真产生单边带信号，但是具体实现仍十分困难。一方面要求载波的 $-\pi/2$ 相移必须十分稳定和准确；另一方面要求 $m(t)$ 的所有频率分量都必须相移 $-\pi/2$，实际上即使近似地达到这个要求也是很困难，特别是在靠近零频附近。因此，这种方法也很难产生理想的单边带信号。

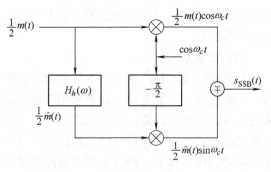

图 4.2.10 相移法产生 SSB 信号

3. 单边带信号的解调

单边带信号可以采用相干解调器进行解调。相干解调器框图如图 4.2.11 所示。

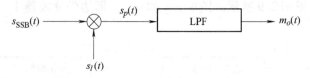

图 4.2.11 相干解调器框图

若接收的 SSB 信号为 $s_{SSB}(t) = \frac{1}{2}m(t)\cos\omega_c t \mp \frac{1}{2}\hat{m}(t)\sin\omega_c t$，并假设收、发端载波同步，经乘法器后，信号为

$$s_p(t) = s_{SSB}(t)\cos\omega_c t = \frac{1}{2}[m(t)\cos\omega_c t \mp \hat{m}(t)\sin\omega_c t]\cos\omega_c t$$

$$= \frac{1}{4}m(t) + \frac{1}{4}m(t)\cos2\omega_c t \mp \frac{1}{4}\hat{m}(t)\sin2\omega_c t$$

经低通滤波器后

$$m_o(t) = \frac{1}{4}m(t) \tag{4.2.25}$$

这一过程与双边带调幅的解调相似，同样要求接收端的本地载波与发送端的载波完全同步。当本地载波与发送端载波不同步时，也会类似 DSB 信号的解调，产生频率误差和相位误差，不同程度上影响通信效果。SSB 信号也可以采用大载波插入法进行解调。

4. 残留边带调幅产生与解调

单边带调幅的优点是节省频带，但是产生单边带信号在技术上存在一定的困难。双边带调幅容易实现，但传输带宽是单边带的两倍。为了解决这个矛盾，采用一种折中的方法，称为残留边带调幅（VSB）。用这种方法，双边带调幅后的两个边带中，不是将一个边带完全抑制，而是留一部分残余，同时有用边带的一部分也受到衰减。图 4.2.12 说明残留边带调幅的概念。图中 $S_{VSB}(\omega)$ 为残留边带信号 $s_{VSB}(t)$ 的频谱。

用滤波法产生残留边带调幅信号，同样采用幅度调制器的一般模型，但是 $h(t)$ 要使用残留边带滤波器。残留边带滤波器由全通到完全衰减是逐步过渡的，因此，不像单边带滤波器那样，要求陡峭的滤波特性，这种滤波特性容易实现。为了保证残留边带信号在解调时不失真，要求残留边带滤波器在载频分割处具有互补对称滚降特性，亦即在载频附近有用边带

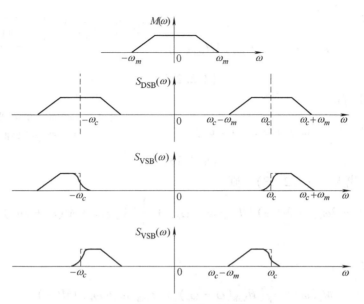

图 4.2.12 残留边带调幅的概念

损失的能量,被无用边带中残留部分的能量所补偿。根据选用不同的有用边带,残留边带滤波器可以是带通、低通和高通。图 4.2.13a 表示有用边带为下边带时,残留边带滤波器为低通滤波器的传递函数 $H_{VSB}(\omega)$ 的特性。它可以写作

$$H_{VSB}(\omega) = \begin{cases} 2 & |\omega| \leq \omega_c - \omega_a \\ \text{互补对称滚降特性} & \omega_c - \omega_a \leq |\omega| \leq \omega_c + \omega_a \end{cases} \quad (4.2.26)$$

这样的滤波器特性意味着:如果将它的传递函数进行 $\pm\omega_c$ 的频移,得到两个传递函数分别为 $H_{VSB}(\omega+\omega_c)$ 和 $H_{VSB}(\omega-\omega_c)$ 的频谱特性,如图 4.2.13b、c 所示。将图 4.2.13b、c 相加,其结果在 $|\omega| \leq |\omega_c - \omega_a|$ 的频带内将是常数。从解调角度看,如果调制信号的最高频率为 ω_m,则应满足

$$H_{VSB}(\omega+\omega_c) + H_{VSB}(\omega-\omega_c) = 2 \quad |\omega| \leq \omega_m$$
(4.2.27)

其特性如图 4.2.13d 所示。式(4.2.27)是残留边带调幅信号不失真地恢复原调制信号的必要条件。这一点将在 VSB 信号解调时得到证明。

残留边带调幅信号的解调可以采用相干解调器和大载波插入法。

相干解调器解调残留边带调幅信号框图如图 4.2.14 所示。

由幅度调制器的一般模型,残留边带调幅

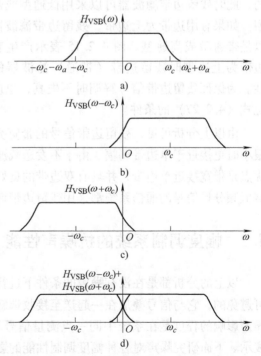

图 4.2.13 残留边带滤波器(低通)的特性

信号可以表示为

$$S_{\text{VSB}}(\omega) = \frac{1}{2}[M(\omega - \omega_c) + M(\omega + \omega_c)]H_{\text{VSB}}(\omega)$$
(4.2.28)

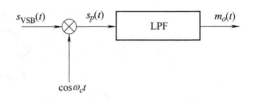

图 4.2.14 相干解调器解调残留边带调幅信号框图

由图 4.2.14 可得

$$S_p(\omega) = \frac{1}{2}[S_{\text{VSB}}(\omega - \omega_c) + S_{\text{VSB}}(\omega + \omega_c)]$$
(4.2.29)

将式（4.2.29）代入式（4.2.28），则

$$S_p(\omega) = \frac{1}{4}[M(\omega - 2\omega_c) + M(\omega)]H_{\text{VSB}}(\omega - \omega_c) + \frac{1}{4}[M(\omega) + M(\omega + 2\omega_c)]H_{\text{VSB}}(\omega + \omega_c)$$
(4.2.30)

经低通后输出为

$$M_o(\omega) = \frac{1}{4}[H_{\text{VSB}}(\omega - \omega_c) + H_{\text{VSB}}(\omega + \omega_c)]M(\omega)$$

当残留边带滤波器满足互补对称滚降特性，即满足式（4.2.27）时

$$M_o(\omega) = \frac{1}{2}M(\omega) \quad (4.2.31)$$

即

$$m_o(t) = \frac{1}{2}m(t) \quad (4.2.32)$$

以上的讨论是以有用边带为下边带进行分析的，此时残留边带滤波器可以采用低通型或带通型。如果有用边带为上边带，残留边带滤波器可以是带通型或高通型。图 4.2.15 表示产生有用边带为上边带时残留边带（带通）滤波器的特性。为保证残留边带信号解调时不失真，也应满足式（4.2.27）的条件。

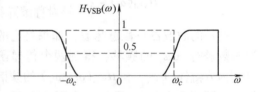

图 4.2.15 有用边带为上边带时残留边带（带通）滤波器特性

由以上分析可见，残留边带信号的带宽介于双边带和单边带调幅信号带宽之间，当 ω_c 很小时更接近于单边带调幅。由于不发送载波，调制效率与双边带以及单边带相同。其主要优点是带宽接近单边带，并具有双边带的良好低频基带特性。因此，对于电视和要求传输丰富低频分量信号的通信系统都采用残留边带调制。

4.3 幅度调制系统的抗噪声性能

以上的分析都是在没有噪声的条件下进行的。实际上，在任何通信系统内，噪声总是不可避免的，它与信号叠加在一起送至接收端解调器的输入端，对信号的接收产生影响。衡量噪声影响的程度是在系统中同一点测量信号均方值与噪声均方值之比，即信噪比，用 S/N 表示。下面研究噪声对各种幅度调制性能的影响，或者说各种解调器的抗噪声能力，称为解调器或调制系统的噪声性能。

本节讨论的噪声为加性白噪声，其概率密度为高斯分布。有噪声时解调器的抗噪声模型如图 4.3.1 所示。

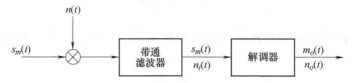

图 4.3.1 解调器的抗噪声模型

图中，$n(t)$ 为高斯型白噪声，带通滤波器的带宽与接收已调波带宽相同，带通滤波器的作用是使信号通过，抑制带外噪声。经过 BPF 后，信号为已调波信号，噪声变为带通（窄带）噪声，其表达式为

$$n_i(t) = n_c(t)\cos\omega_c t - n_s(t)\sin\omega_c t \tag{4.3.1}$$

式中，$n_c(t)$ 为同相分量，$n_s(t)$ 为正交分量，它们与 $n_i(t)$ 具有相同的平均功率，即

$$\sigma_{n_i} = \sigma_{n_c} = \sigma_{n_s} \tag{4.3.2}$$

或记为

$$\overline{n_i^2(t)} = \overline{n_c^2(t)} = \overline{n_s^2(t)} \tag{4.3.3}$$

式中，"—"表示统计平均（对随机信号）或时间平均（对确知信号）。

如果解调器输入噪声 $n_i(t)$ 具有带宽 B，则输入噪声平均功率为

$$N_i = \overline{n_i^2(t)} = n_o B \tag{4.3.4}$$

式中，n_o 是噪声单边功率谱密度，它在通带 B 内是恒定的。

若设经解调器解调后得到有用基带信号记为 $m_o(t)$，解调器输出噪声记为 $n_o(t)$，则解调器输出信号平均功率 S_o 与输出噪声平均功率 N_o 之比可表示为

$$\frac{S_o}{N_o} = \frac{\overline{m_o^2(t)}}{\overline{n_o^2(t)}} \tag{4.3.5}$$

为了衡量解调器对信噪比的贡献，定义调制制度增益（解调增益）G 为

$$G = \frac{输出信噪比}{输入信噪比} \tag{4.3.6}$$

G 可以描述解调器对信噪比的改善程度。模拟通信系统的可靠性由解调器输出端的信噪比衡量。下面分别讨论 DSB、SSB、AM 系统的抗噪声性能。

4.3.1 DSB 与 SSB 系统的抗噪声性能

在分析 DSB 和 SSB 系统的抗噪声性能时，图 4.3.1 所示模型中的解调器应为相干解调器，如图 4.3.2 所示。由于解调器由乘法器和低通滤波器构成，是线性解调器，故在解调过程中，输入信号及噪声可以分别单独解调。下面以 DSB 系统为例，分析系统的抗噪声性能。

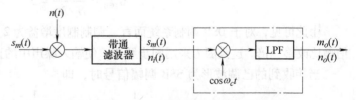

图 4.3.2 DSB 相干解调抗噪声性能分析模型

解调器输入信号为 $s_{DSB}(t) = m(t)\cos\omega_c t$ 时，其平均功率为

$$S_i = \overline{S_{DSB}^2(t)} = \frac{1}{2}\overline{m^2(t)} \qquad (4.3.7)$$

解调器输入噪声为窄带噪声，如前述其功率为 $N_i = \overline{n_i^2(t)} = n_o B$，其中 $B = 2f_m$，则输入信噪比为

$$\frac{S_i}{N_i} = \frac{\frac{1}{2}\overline{m^2(t)}}{n_o B} \qquad (4.3.8)$$

解调器输出信号为

$$m_o(t) = \frac{1}{2}m(t)$$

解调器输出信号功率为

$$S_o = \overline{\left[\frac{1}{2}m(t)\right]^2} = \frac{1}{4}\overline{m^2(t)} \qquad (4.3.9)$$

为了计算解调器输出端的噪声平均功率，先求出同步解调的相乘器输出的噪声，即

$$n_i(t)\cos\omega_c t = [n_c(t)\cos\omega_c t - n_s(t)\sin\omega_c t]\cos\omega_c t$$
$$= \frac{1}{2}n_c(t) + \frac{1}{2}[n_c(t)\cos2\omega_c t - n_s(t)\sin2\omega_c t]$$

经过低通滤波器后，解调器最终输出噪声为 $n_o(t) = \frac{1}{2}n_c(t)$，因此输出噪声功率为

$$N_o = \overline{n_o^2(t)} = \frac{1}{4}\overline{n_c^2(t)} \qquad (4.3.10)$$

根据式（4.3.3）则有

$$N_o = \frac{1}{4}\overline{n_i^2(t)} = \frac{1}{4}N_i = \frac{1}{4}n_o B \qquad (4.3.11)$$

由式（4.3.9）及式（4.3.11），解调器输出信噪比为

$$\frac{S_o}{N_o} = \frac{\frac{1}{4}\overline{m^2(t)}}{\frac{1}{4}n_o B} = \frac{\overline{m^2(t)}}{n_o B} \qquad (4.3.12)$$

由式（4.3.8）及式（4.3.12）可得解调器的调制制度增益为

$$G_{DSB} = \frac{S_o/N_o}{S_i/N_i} = 2 \qquad (4.3.13)$$

由此可见，对于 DSB 调制系统而言，调制制度增益为 2。这就是说，DSB 信号的解调器使信噪比改善一倍。这是因为采用同步解调，使输入噪声中的正交分量 $n_s(t)$ 被滤掉的缘故。

当接收到的已调波形为 SSB 调幅信号时，即

$$s_{SSB}(t) = \frac{1}{2}m(t)\cos\omega_c t \mp \frac{1}{2}\hat{m}(t)\sin\omega_c t$$

单边带解调器输出端信噪比为

$$\frac{S_o}{N_o} = \frac{\frac{1}{16}\overline{m^2(t)}}{\frac{1}{4}n_oB} = \frac{\overline{m^2(t)}}{4n_oB} \tag{4.3.14}$$

调制制度增益为

$$G_{\text{SSB}} = \frac{S_o/N_o}{S_i/N_i} = 1 \tag{4.3.15}$$

比较式（4.3.13）及式（4.3.15），可见 DSB 系统的调制制度增益是 SSB 系统的两倍。这只说明相干解调器对 DSB 信号有 1 倍的信噪比改善，而对 SSB 信号解调没有信噪比的改善，这并不说明 DSB 系统的抗噪声性能比 SSB 系统好。

比较式（4.3.12）及式（4.3.14），从公式表面看，似乎 DSB 系统的输出信噪比大于 SSB 系统的信噪比，但是要注意公式中的带宽 B 两者是不同的。另外，要比较两个系统的抗噪声性能是否相同，要在同样的前提下比较。上述分析过程中，两个系统还有不同之处是，两个系统的输入功率是不同的。当将前提统一后，可以得到的结论是 DSB 系统的抗噪声性能和 SSB 系统的抗噪声性能是相同的，稍后在 4.6 节中会有比较。

4.3.2 AM 系统的抗噪声性能

AM 信号既可以采用相干解调也可以采用非相干解调，不同的解调方式抗噪声性能是不同的。由于 AM 信号采用非相干解调方式较多，在此介绍采用包络检波器解调 AM 信号的抗噪声性能。此时，图 4.3.1 所示模型中的解调器为包络检波器，如图 4.3.3 所示。

图 4.3.3　AM 信号包络检波的抗噪声性能分析模型

解调器输入信号为

$$s_{\text{AM}}(t) = [A + m(t)]\cos\omega_c t$$

输入信号功率为

$$S_i = \frac{1}{2}A^2 + \frac{1}{2}\overline{m^2(t)}$$

输入噪声为

$$n_i(t) = n_c(t)\cos\omega_c t - n_s(t)\sin\omega_c t$$

输入噪声功率为

$$N_i = \overline{n_i^2(t)} = n_oB 。$$

式中，$B = 2f_m$。

输入信噪比为

$$\frac{S_i}{N_i} = \frac{\frac{1}{2}A^2 + \frac{1}{2}\overline{m^2(t)}}{n_oB} \tag{4.3.16}$$

为了求出包络检波器输出端信噪比,亦即求出包络检波器输出端信号功率 S_o 和噪声功率 N_o,有必要求检波器输入端信号和噪声的混合信号的包络。包络检波器输出端的信号正比于检波器输入混合信号的包络。

$$s_{AM}(t) + n_i(t) = [A + m(t)]\cos\omega_c t + n_c(t)\cos\omega_c t - n_s(t)\sin\omega_c t$$
$$= [A + m(t) + n_c(t)]\cos\omega_c t - n_s(t)\sin\omega_c t$$
$$= E(t)\cos[\omega_c t + \varphi(t)] \quad (4.3.17)$$

其中

$$E(t) = \sqrt{[A + m(t) + n_c(t)]^2 + n_s^2(t)} \quad (4.3.18)$$

$$\varphi(t) = \arctan\left[\frac{n_s(t)}{A + m(t) + n_c(t)}\right] \quad (4.3.19)$$

很明显,$E(t)$ 便是所求的混合信号的包络,$\varphi(t)$ 是混合信号的相位。当包络检波器的传输函数为 1 时,包络检波器的输出就是 $E(t)$。

1. 大信噪比情况

所谓大信噪比是指满足下列条件,即 $A + m(t) \gg n_i(t)$,则有 $A + m(t) \gg n_c(t)$,$A + m(t) \gg n_s(t)$,亦即 $A \gg \sqrt{n_c^2(t) + n_s^2(t)}$,于是式(4.3.18)可写为

$$E(t) = \sqrt{[A + m(t)]^2 + 2[A + m(t)]n_c(t) + n_c^2(t) + n_s^2(t)}$$
$$\approx \sqrt{[A + m(t)]^2 + 2[A + m(t)]n_c(t)}$$
$$= [A + m(t)]\sqrt{1 + \frac{2n_c(t)}{A + m(t)}}$$
$$\approx [A + m(t)]\left[1 + \frac{n_c(t)}{A + m(t)}\right]$$
$$= A + m(t) + n_c(t) \quad (4.3.20)$$

这里利用了近似公式 $\sqrt{1 + x} \approx 1 + \frac{x}{2}$,$|x| \ll 1$。

由式(4.3.20)可见,包络检波器输出信号为 $m_o(t) = m(t)$。

输出信号功率为

$$S_o = \overline{m^2(t)} \quad (4.3.21)$$

输出噪声为 $n_o(t) = n_c(t)$,则输出的噪声功率为

$$N_o = \overline{n_c^2(t)} = \overline{n_i^2(t)} = n_o B \quad (4.3.22)$$

由式(4.3.21)及式(4.3.22),AM 解调器输出信噪比为

$$\frac{S_o}{N_o} = \frac{\overline{m^2(t)}}{n_o B} \quad (4.3.23)$$

AM 系统调制制度增益为

$$G = \frac{S_o/N_o}{S_i/N_i} = \frac{2\overline{m^2(t)}}{A^2 + \overline{m^2(t)}} \quad (4.3.24)$$

显然,在大信噪比情况下,AM 信号包络检波器解调的 G 随 A 的减小而增加。但对包络

检波器来说,为了不发生过调制现象,A 不能减小到低于 $|m(t)|_{\max}$。因此,对于 100% 调制(即 $\beta_{AM} = 1$),且 $m(t)$ 为正弦波时,有

$$G_{AM} = \frac{2}{3} \tag{4.3.25}$$

需要指出,若采用同步检测法解调 AM 信号,得到的调制制度增益 G 与式(4.3.24)相同。由此可见,对于 AM 调制系统,在大信噪比时,采用包络检波器解调性能与同步检测器解调性能几乎一样。但是,应该注意到,同步检测器的调制制度增益 G 不受信号与噪声相对幅度假设条件的限制,即它的 G 对于一切噪声的值均由式(4.3.24)确定。

2. 小信噪比情况

小信噪比情形下,包络检波器输出为

$$E(t) = R(t)\left[1 + \frac{A + m(t)}{R(t)}\cos\theta(t)\right] = R(t) + [A + m(t)]\cos\theta(t) \tag{4.3.26}$$

其中,$R(t) = \sqrt{n_c^2(t) + n_s^2(t)}$,$\theta(t) = \arctan\frac{n_s(t)}{n_c(t)}$,$\cos\theta(t) = \frac{n_c(t)}{R(t)}$。这个结果表明,在包络检波器输出端没有单独的有用信号项,只有受到 $\cos\theta(t)$ 调制的 $m(t)\cos\theta(t)$ 项。由于 $\cos\theta(t)$ 是一个依赖于噪声变化的随机函数,实际上它就是一个随机噪声。因而有用信号 $m(t)$ 被包络检波器扰乱,致使 $m(t)\cos\theta(t)$ 也只能看作是噪声。在这种情况下,无法通过包络检波器恢复出原调制信号。

在小信噪比情况下,包络检波器会把有用信号扰乱成噪声,这种现象通常称为"门限效应"。进一步说,所谓的门限效应,就是当包络检波器的输入信噪比降低到一个特定的数值后,检波器输出信噪比出现急剧恶化的一种现象。该特定的输入信噪比值被称为"门限"。这种门限效应是由包络检波器的非线性解调作用所引起的。

有必要指出,用同步检测的方法解调各种线性调制信号时,由于解调过程可视为信号与噪声分别解调,故解调器输出端总是单独存在有用信号项的,因此,同步解调器不存在门限效应。

4.4 角度调制

传送信号的载波通常表示为

$$s(t) = A\cos(\omega_c t + \varphi_0)$$

作为正弦信号,它有三个基本要素:幅度 A、角频率 ω_c 和初相角 φ_0。用调制信号 $m(t)$ 控制载波幅度,使其随调制信号 $m(t)$ 呈线性关系变化,就构成了调幅波,这就是本章前面介绍的内容。由于幅度调制属于线性调制,使基带信号的频谱简单搬移,这种搬移是通过改变载波的幅度来实现的。调制信号控制载波的频率和相位可分别形成一种已调波信号,这就是通常说的调频波和调相波。相应的调制称为频率调制和相位调制,总称为角度调制。角度调制属于非线性调制,搬移后的频谱与原来调制信号的频谱不再保持线性关系,出现许多新的频率分量。非线性调制是通过改变载波的频率和相位来实现的,载波的幅度保持不变。通常调频用 FM 表示,调相用 PM 表示。

角度调制优点是:①抗干扰性能比幅度调制强;②调制和解调方法不复杂。缺点是带宽

利用率低。可见，角度调制优点的获得或称性能的改善是以增加带宽为代价的，角度调制需要的传输带宽远大于幅度调制。

4.4.1 角度调制的时域特性分析

依角度调制的定义，角度调制信号的一般表示式为

$$s_m(t) = A\cos[\omega_c t + \varphi(t)] = A\cos\theta(t) \tag{4.4.1}$$

为了衡量角度调制程度，首先定义两个参数：

1) 最大相移（又称调制指数）：瞬时相位偏移的最大值，它反映角度调制在相位方面被调制的最大程度。

$$\beta = |\Delta\theta(t)|_{max} = |\theta(t) - \omega_c t|_{max} \tag{4.4.2}$$

2) 最大频偏：瞬时频率偏移的最大值，它反映角度调制在频率方面被调制的最大程度。

$$\Delta\omega = |\Delta\omega(t)|_{max} = |\omega(t) - \omega_c|_{max} \tag{4.4.3}$$

其中，$\omega(t) = \dfrac{\mathrm{d}\theta(t)}{\mathrm{d}t} = \omega_c + \dfrac{\mathrm{d}\varphi(t)}{\mathrm{d}t}$。

首先定义调相信号。所谓的调相信号是指瞬时相位偏移随调制信号呈线性关系变化的角度调制信号，即

$$\varphi(t) = K_{PM} m(t) \tag{4.4.4}$$

其中 K_{PM} 为调相系数（又称调相常数），其值是由调相电路来决定的，代表了调相器的灵敏度，因此也称之为调相灵敏度，单位为 rad/V。将式（4.4.4）代入式（4.4.1），得调相信号的时域表示式

$$s_{PM}(t) = A\cos[\omega_c t + K_{PM} m(t)] \tag{4.4.5}$$

由式（4.4.5）求得调相波的瞬时相位偏移及瞬时角频率偏移，可得调相波的两个基本性质：

1) 调相波的瞬时相位偏移随调制信号 $m(t)$ 呈线性关系变化。

2) 调相波的瞬时角频率偏移随调制信号的微分 $\mathrm{d}m(t)/\mathrm{d}t$ 呈线性关系变化。

所谓调频信号是指瞬时角频率（或瞬时频率）偏移随调制信号呈线性关系变化的角度调制信号，即

$$\Delta\omega(t) = K_{FM} m(t) \tag{4.4.6}$$

其中 K_{FM} 为调频系数（又称调频常数），其值是由调频电路来决定的，代表了调频器的灵敏度，因此也称之为调频灵敏度，单位为 rad/s·V 或 Hz/V。

将式（4.4.6）代入式（4.4.1），得到调频信号的时域表达式为

$$s_{FM}(t) = A\cos\left[\omega_c t + K_{FM}\int_{-\infty}^{t} m(\tau)\mathrm{d}\tau\right] \tag{4.4.7}$$

由式（4.4.7）求得调频波的瞬时相位偏移及瞬时角频率偏移，可得调频波的两个基本性质：

1) 调频波的瞬时频率偏移随调制信号 $m(t)$ 呈线性关系变化。

2) 调频波的瞬时相位偏移随调制信号的积分 $\int_{-\infty}^{t} m(\tau)\mathrm{d}\tau$ 呈线性关系变化。

由调相信号与调频信号的时域表达式可以看出，调相信号和调频信号的区别仅仅在于调

相信号的相位偏移是随 $m(t)$ 线性变化,而调频信号相位偏移是随 $m(t)$ 的积分呈线性关系变化。如果预先不知道 $m(t)$ 信号的形式,很难判断一个调角波是调相信号还是调频信号,下面举例说明。

【**例 4.4.1**】 当调制信号为 $m(t) = A_m\cos\omega_m t$ 时,求:(1)调相信号的时域表达式、调制指数 β_{PM}、最大频偏 $\Delta\omega_{PM}$;(2)调频信号的时域表达式、调制指数 β_{FM}、最大频偏 $\Delta\omega_{FM}$。

解:(1)首先看调相波

$$s_{PM}(t) = A\cos[\omega_c t + K_{PM}A_m\cos\omega_m t] = A\cos[\omega_c t + \beta_{PM}\cos\omega_m t] \quad (4.4.8)$$

则调制指数
$$\beta_{PM} = K_{PM}A_m \quad (4.4.9)$$

瞬时角频率
$$\omega_{PM}(t) = \omega_c - K_{PM}A_m\omega_m\sin\omega_m t \quad (4.4.10)$$

最大频偏
$$\Delta\omega_{FM} = K_{PM}A_m\omega_m \quad (4.4.11)$$

(2)对于调频波

$$s_{FM}(t) = A\cos\left[\omega_c t + \frac{K_{FM}A_m}{\omega_m}\sin\omega_m t\right] = A\cos[\omega_c t + \beta_{FM}\sin\omega_m t] \quad (4.4.12)$$

调制指数
$$\beta_{FM} = \frac{K_{FM}A_m}{\omega_m} \quad (4.4.13)$$

瞬时角频率
$$\omega_{FM}(t) = \omega_c + K_{FM}A_m\cos\omega_m t \quad (4.4.14)$$

最大频偏
$$\Delta\omega_{FM} = K_{FM}A_m \quad (4.4.15)$$

调频信号的实现有直接调频法,如图 4.4.1a 所示,也有如图 4.4.1b 所示的借助调相器实现间接调频的方法。为了借助调相器实现调频,应在调相器前对调制信号 $m(t)$ 进行积分。

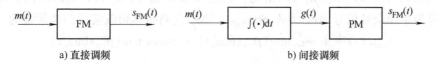

图 4.4.1 直接调频与间接调频

调相信号的实现有直接调相法,如图 4.4.2a 所示,也有如图 4.4.2b 所示的借助调频器实现间接调相的方法。为了借助调频器实现调相,应在调频器前对调制信号 $m(t)$ 进行微分。

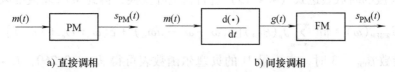

图 4.4.2 直接调相与间接调相

4.4.2 角度调制的频域特性分析

调频信号的时域表示式 $s_{FM}(t) = A\cos\left[\omega_c t + K_{FM}\int_{-\infty}^{t}m(\tau)d\tau\right]$,设 $g(t) = \int_{-\infty}^{t}m(\tau)d\tau$,

则
$$s_{\text{FM}}(t) = A\cos[\omega_c t + K_{\text{FM}} g(t)]$$
$$= A\cos\omega_c t \cos[K_{\text{FM}} g(t)] - A\sin\omega_c t \sin[K_{\text{FM}} g(t)] \quad (4.4.16)$$

通常，定义当 $K_{\text{FM}} |g(t)|_{\max} \ll 1$ 时的调频信号为窄带调频信号，相应地，当不满足上述条件时，调频信号则被称为宽带调频，由于 $K_{\text{FM}} |g(t)|_{\max} \ll 1$ 即为调频信号的调制指数，因此，也可以说，当调频指数 $\beta_{\text{FM}} \ll 1$ 时的调频信号为窄带调频，否则即为宽带调频信号。

借助数学公式 $\cos x \approx 1 (x \ll 1)$，$\sin x \approx x (x \ll 1)$，可将式 (4.4.16) 简化为

$$s_{\text{NBFM}}(t) = A\cos\omega_c t - A K_{\text{FM}} \left[\int_{-\infty}^{t} m(\tau) \mathrm{d}\tau \right] \sin\omega_c t \quad (4.4.17)$$

对式 (4.4.17) 求傅里叶变换，可得 NBFM 信号的频域表达式为

$$S_{\text{NBFM}}(\omega) = \pi[\delta(\omega - \omega_c) + \delta(\omega + \omega_c)] + \frac{A K_{\text{FM}}}{2}\left[\frac{M(\omega - \omega_c)}{\omega - \omega_c} - \frac{M(\omega + \omega_c)}{\omega + \omega_c}\right] \quad (4.4.18)$$

由于窄带调频信号的频谱与 AM 信号的频谱相似，与调制信号相比，边带分量都没有新的频率分量产生，所以，NBFM 信号可以近似看作线性调制。但要注意 AM 调幅为线性调制，是没有条件的，而 NBFM 信号为线性调制，是在 $\beta_{\text{FM}} \ll 1$ 条件下近似的。

当不满足 $K_{\text{FM}} |g(t)|_{\max} \ll 1$ 的条件时，调频信号就不能简化为窄带调频信号的时域表达式，此时调制信号对载波进行频率调制将产生较大的频偏，使已调波信号在传输时占用较宽的频带，这就变成了宽带调频，用 WBFM 表示。

下面仅就调制信号是单频信号的情况，讨论 WBFM 信号表达式、频谱结构和传输带宽。设调制信号为单频余弦信号 $m(t) = A_m \cos\omega_m t$，则用它调制单频载波后的调频波为

$$s_{\text{WBFM}}(t) = A\cos\omega_c t \cos(\beta_{\text{FM}} \sin\omega_m t) - A\sin\omega_c t \sin(\beta_{\text{FM}} \sin\omega_m t)$$
$$= A \sum_{n=-\infty}^{\infty} J_n(\beta_{\text{FM}}) \cos[(\omega_c + n\omega_m)t] \quad (4.4.19)$$

其中 $J_n(\cdot)$ 为 n 阶贝塞尔函数。式 (4.4.19) 说明，调制信号虽然是单频的，但已调信号却含有无穷多个频率分量，也就是已调波信号中含有了调制信号中不含的新的频率成分，因此，WBFM 为非线性调制。

对 WBFM 波的时域表达式 (4.4.19) 进行傅里叶变换，得到 WBFM 波的频谱为

$$S_{\text{WBFM}}(\omega) = \pi A \sum_{n=-\infty}^{\infty} J_n(\beta_{\text{FM}}) [\delta(\omega - \omega_c - n\omega_m) + \delta(\omega + \omega_c + n\omega_m)] \quad (4.4.20)$$

在调制指数 $\beta_{\text{FM}} = 3$ 时，查附录 D 的贝塞尔函数表可得 $J_0 = -0.260$，$J_1 = 0.339$，$J_2 = 0.486$，$J_3 = 0.309$，$J_4 = 0.132$，$J_5 = -0.043$，在此条件下，WBFM 频谱图如图 4.4.3 所示。在这个频谱图中，纵轴所画为 $S_{\text{WBFM}}(\omega)/\pi A$，即宽带调频信号与未调制时载波频谱幅度的比值，亦即相应阶数的贝塞尔函数值，并且，忽略掉了比值小于 10% 的边频成分。

综上所述，WBFM 信号的频谱特点为：包含由载频及无穷多次上、下边频分量，这些边频对称地分布在载频的两侧，尽管其频谱分量无限，但主要成分集中在一定的频率范围内，具有有限带宽。

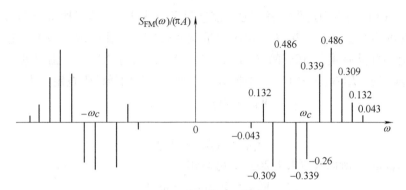

图 4.4.3 $\beta_{FM}=3$ 时 WBFM 信号的频谱图

4.4.3 角度调制的功率与带宽

调频信号的功率等于调频信号的均方值。

$$P_{FM} = \overline{s_{FM}^2(t)} = \overline{\left[A\sum_{n=-\infty}^{\infty} J_n(\beta_{FM})\cos(\omega_c + n\omega_m)t\right]^2} = A^2 \sum_{n=-\infty}^{\infty} \overline{[J_n(\beta_{FM})\cos(\omega_c + n\omega_m)t]^2}$$

$$= \frac{A^2}{2}\sum_{n=-\infty}^{\infty} J_n^2(\beta_{FM}) = \frac{A^2}{2} \tag{4.4.21}$$

式（4.4.21）表明：已调信号的总功率等于未调制时的载波的功率，其总功率与调制过程和调制指数无关。这个结果是由于调制后，已调信号的幅度仍是原来载波的幅度的缘故。当 β_{FM} 改变时，只改变载波及各次边频的功率分配情况。

设 P_s 和 P_m 分别代表载频功率和各次边频功率的总和，显然有

$$P_s = \frac{A^2}{2}J_0^2(\beta_{FM}) \tag{4.4.22}$$

$$P_m = 2 \times \frac{A^2}{2}\sum_{n=1}^{\infty} J_n^2(\beta_{FM}) \tag{4.4.23}$$

而

$$P_{FM} = P_s + P_m \tag{4.4.24}$$

例如图 4.4.3 所示的频谱（$\beta_{FM}=3$），其载波功率为 $P_s = \frac{A^2}{2}J_0^2(3) = \frac{A^2}{2} \times 0.068$，边频总功率（取 $n=4$）为 $P_m = 2 \times \frac{A^2}{2}[J_1^2(3) + J_2^2(3) + J_3^2(3) + J_4^2(3)] = \frac{A^2}{2} \times 0.928$，该调频信号的总功率（$n=4$ 时）为 $P_{FM} = \frac{A^2}{2} \times 0.996$，说明它已达到未调制载频功率的 99.6%，因此，当 $\beta_{FM}=3$ 时，取 $n=4$ 是合适的。$n>4$ 的边频成分的功率仅占总功率的 0.4%，可以忽略。

当改变 β_{FM} 值时，$J_n(\beta_{FM})$ 将随之改变，也就改变了 P_s 和 P_m，说明调频信号的功率分布与 β_{FM} 有关。由于 β_{FM} 的大小与调制信号的幅度及频率有关，这说明调制信号不提供功率给已调波调频信号，但可以控制调频信号的功率在载频与边频之间的分布。

根据失真量的大小，可有不同带宽的定义。带宽原则上根据边频幅度与未调制时载波幅度之比来定义。当该比值取 1% 时，边频的幅度等于或超过未调制载波幅度 1% 的（即

$|J_n(\beta_{FM})| > 0.01$)为有用边带，根据β_{FM}值查附录D求出n，然后按$W = 2n\omega_m$求出带宽。这种方法包含的边频数较多，因此，相应的带宽比较宽；当比值取10%时，边频的幅度等于或超过未调制载波幅度的10%的（$|J_n(\beta_{FM})|>0.1$）为有用边带。由贝塞尔函数性质可知，当$n>\beta_{FM}+1$时，$J_n(\beta_{FM}) < 0.1$。根据这个原则，调频信号的带宽定义为

$$W_{FM} = 2(\beta_{FM} + 1)\omega_m \tag{4.4.25}$$

或

$$B_{FM} = 2(\beta_{FM} + 1)f_m \tag{4.4.26}$$

因为$\beta_{FM} = \Delta\omega_{FM}/\omega_m$，所以式（4.4.26）又可写作

$$W_{FM} = 2(\Delta\omega_{FM} + \omega_m) \tag{4.4.27}$$

或

$$B_{FM} = 2(\Delta f_{FM} + f_m) \tag{4.4.28}$$

式（4.4.25）~式（4.4.28）表述的求解带宽的方法被称为卡松规则。

由此可以推出两种特殊情况。在$\beta_{FM} \ll 1$的情况下，式（4.4.25）可以简化为

$$W_{FM} = 2\omega_m \tag{4.4.29}$$

这是窄带调频的情况，说明NBFM的带宽仅受调制信号频率的影响。

在$\beta_{FM} \gg 1$的情况下，式（4.4.25）可以简化为

$$W_{FM} = 2\Delta\omega_{FM} \tag{4.4.30}$$

这是宽带调频的情况，WBFM的带宽由最大频偏决定，也就是由调制信号的幅度决定。

下面讨论带宽与调制指数的关系。在调制信号幅度不变的前提下，改变调制信号的频率ω_m，可以改变调制指数，由于$\beta_{FM} = \Delta\omega_{FM}/\omega_m$调制信号的幅度不变则$\Delta\omega_{FM}$不变，显然，减小$\omega_m$可以提高$\beta_{FM}$，由式（4.4.27）可见，此时调频信号的带宽会略有减小。当调制信号的频率不变，增加调制信号的幅度可以提高β_{FM}，由式（4.4.25）可见，调频信号的带宽会增加。由此可知，并不是随着β_{FM}的增加，FM信号的带宽就一定增加。

总之，窄带调频信号的带宽主要取决于ω_m，而宽带调频信号的带宽主要由$\Delta\omega_{FM}$所决定。在确定带宽时，β_{FM}起着重要的作用。例如，在调频广播中允许最大频偏是75kHz，调制信号的最高频率为15kHz，因此，$\beta_{FM}=5$，属于宽带调频，可以求出带宽为180kHz。又如电视中伴音最大允许频偏是25kHz，调制信号最高频率为15kHz，则$\beta_{FM} = 1.67$，调频信号的带宽为80kHz。

4.4.4 调频信号的产生与解调

调频信号的产生通常有直接调频法和间接调频法。直接调频法就是利用调制信号直接改变决定振荡器载频频率的电抗元件参数，使振荡器输出信号的瞬时频率随调制信号呈线性关系变化。具体利用一个压控振荡器就可以产生调频信号。间接调频法首先利用调相电路产生一个窄带调频波，再经过一个倍频器，从而产生宽带调频信号。这种产生宽带调频信号的方法又称阿姆斯特朗法。

宽带调频信号产生框图如图4.4.4所示。NBFM信号产生框图如图4.4.5所示。

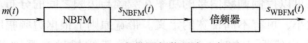

图4.4.4 宽带调频信号产生框图

由图 4.4.5 可见，该窄带调频信号产生框图是基于 NBFM 的时域表达式的。由于调制信号首先经过一个积分器，再经过相应电路形成调频信号，所以该 NBFM 信号产生方法为间接调频。由窄带调频向宽带调频过渡的过程就是放大调频信号的最大频偏的过程。通常利用倍频器实现频偏的放大。

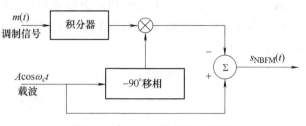

图 4.4.5　NBFM 信号产生框图

倍频器的作用是使输出信号的频率为输入信号频率的某一给定倍数。一般用非线性元件实现倍频，例如平方律电路。一个平方律电路的输入、输出关系为

$$u_o(t) = a u_i^2(t) \tag{4.4.31}$$

如果输入信号是 FM 信号，即 $u_i(t) = A\cos[\omega_c t + \beta_{FM}\sin\omega_m t]$，则输出信号

$$u_o(t) = \frac{aA^2}{2}[1 + \cos(2\omega_c t + 2\beta_{FM}\sin\omega_m t)] \tag{4.4.32}$$

式（4.4.32）滤去直流，可以得到第二项调频信号。该调频信号和输入调频器的调频信号相比，调制信号的频率没有改变，载波频率及调制指数都加倍了，从而，最大频偏也加倍。同理，用一个 n 次律的器件，再接一个滤波器可以产生 n 倍载频频率和 n 倍的调制指数。

使用倍频器提高了调频指数，但也提高了载波频率，这有可能使载波频率过高而不符合要求。为了解决这一矛盾，往往在使用倍频器的同时使用混频器，用来控制载波的频率。混频器的作用类似幅度调制器的移频作用，不过，这里是要将高频移到低频端。图 4.4.6 为阿姆斯特朗法产生 WBFM 信号框图。

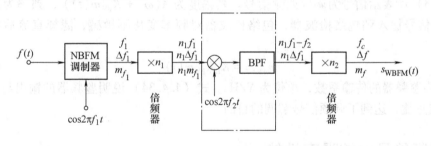

图 4.4.6　阿姆斯特朗法产生 WBFM 信号框图

解调是从调频信号中恢复调制信号的过程。调频信号的解调与幅度调制信号解调一样，有相干解调和非相干解调两种解调方法。相干解调仅适合用于属于线性调制的窄带调频信号，而非相干解调适用于窄带和宽带调频信号。解调方法很多，但共同的特点是要求得到一个幅度随输入信号频率呈比例变化的输出信号，这里主要介绍采用鉴频器解调法的非相干解调。下面对调频波的鉴频器解调方式进行分析，至于调相波的解调，只要在鉴频器之后加接一个积分器即可。

用鉴频器对调频信号进行解调，要求鉴频器的输出电压与输入信号的频偏成正比。一个

鉴频器由一个微分器和一个包络检波器级联而成,微分器将一个调频信号变为调幅调频信号,然后利用包络检波器从复合调制的调幅调频信号的幅度中,将原始信号信息提出。图4.4.7为鉴频器的模型。

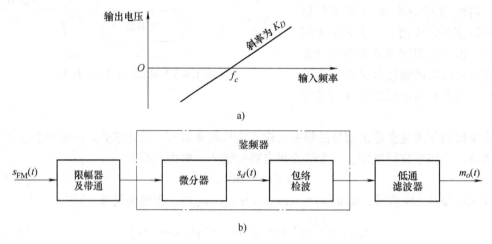

图 4.4.7 鉴频器模型

由于调频信号为 $s_{FM}(t) = A\cos[\omega_c t + K_{FM}\int_{-\infty}^{t} m(\tau)d\tau]$,对其微分后有

$$\frac{ds_{FM}(t)}{dt} = \frac{d}{dt}A[\cos(\omega_c t + K_{FM}\int_{-\infty}^{t} m(\tau)d\tau)]$$

$$= -A[\omega_c + K_{FM}m(t)]\sin[\omega_c t + K_{FM}\int_{-\infty}^{t} m(\tau)d\tau] \quad (4.4.33)$$

式(4.4.33)所表示信号为调幅调频信号。其幅度为 $A(\omega_c + K_{FM}m(t))$,频率为 $\omega_c + K_{FM}m(t)$,将该信号加入到包络检波器,包络检波器对频率变化不敏感,滤掉直流后鉴频器输出为

$$m_o(t) = K_D K_{FM} m(t) \quad (4.4.34)$$

式中,K_D 为鉴频器的传输系数,单位为 V/Hz。式(4.4.34)说明鉴频器的输出与原调制信号 $m(t)$ 成正比,达到了调频信号解调的目的。

4.5 调频信号的抗噪声性能

鉴频法对调频信号解调的解调器抗噪声性能模型如图 4.5.1 所示。

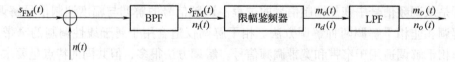

图 4.5.1 鉴频器解调抗噪声性能模型

接收已调信号为 $s_{FM}(t) = A\cos[\omega_c t + K_{FM}\int_{-\infty}^{t} m(\tau)d\tau]$,解调器输入端信号功率为

$$S_i = \overline{s_{FM}^2(t)} = \frac{1}{2}A^2 \tag{4.5.1}$$

解调器输入端噪声同线性调制系统解调相同,是窄带噪声,其功率为 $N_i = n_o B$,其中 $B = 2(\beta_{FM} + 1)f_m$ 。所以,调频系统的解调器输入端的信噪比为

$$\frac{S_i}{N_i} = \frac{A^2}{2n_o B} \tag{4.5.2}$$

为了求出解调器输出端的信噪比,需要求出鉴频器输出端的有用信号和噪声。鉴频器的输出信号正比于输入信号的频偏,所以,为了求出鉴频器输出信号,有必要研究鉴频器输入端信号的相位。

鉴频器输入端信号为调频信号与窄带噪声的叠加,设调频信号为

$$s_{FM}(t) = A\cos(\omega_c t + K_{FM}\int_{-\infty}^{t} m(\tau)d\tau) = A\cos(\omega_c t + \varphi_1(t))$$

窄带噪声为

$$n_i(t) = n_c(t)\cos\omega_c t - n_s(t)\sin\omega_c t = V(t)\cos(\omega_c t + \varphi_2(t))$$

则鉴频器输入信号为

$$\begin{aligned}s_{FM}(t) + n_i(t) &= A\cos(\omega_c t + \varphi_1(t)) + V(t)\cos(\omega_c t + \varphi_2(t))\\&= A(t)\cos\varphi(t)\end{aligned} \tag{4.5.3}$$

这是两个正弦波之和,可利用正弦波的向量分析法来求解 $\varphi(t)$,鉴频器输出信号为

$$u_0(t) = \frac{1}{2\pi}\left[\frac{d\varphi(t)}{dt}\right] - f_c \tag{4.5.4}$$

设 $A\cos(\omega_c t + \varphi_1(t)) = A\cos\phi_1(t)$, $V(t)\cos(\omega_c t + \varphi_2(t)) = V(t)\cos\phi_2(t)$,则

$$A\cos\phi_1(t) + V(t)\cos\phi_2(t) = A(t)\cos\phi(t) \tag{4.5.5}$$

图 4.5.2 为式 (4.5.5) 矢量图描述的一种情况。

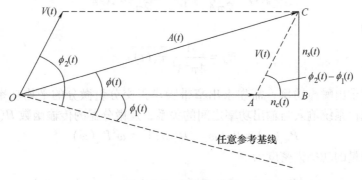

图 4.5.2 矢量合成图

在三角形 OBC 中,有

$$\tan[\phi(t) - \phi_1(t)] = \frac{CB}{OB} = \frac{n_s(t)}{A + n_c(t)} = \frac{V(t)\sin[\phi_2(t) - \phi_1(t)]}{A + V(t)\cos[\phi_2(t) - \phi_1(t)]}$$

故有

$$\phi(t) = \phi_1(t) + \arctan\frac{V(t)\sin[\phi_2(t) - \phi_1(t)]}{A + V(t)\cos[\phi_2(t) - \phi_1(t)]}$$

$$= \omega_c t + \varphi_1(t) + \arctan \frac{V(t)\sin[\phi_2(t) - \phi_1(t)]}{A + V(t)\cos[\phi_2(t) - \phi_1(t)]} \qquad (4.5.6)$$

大信噪比情况下，即 $A \gg V(t)$，再利用 $\arctan x \approx x\ (x \ll 1)$，式 (4.5.6) 可简化为

$$\phi(t) = \omega_c t + \varphi_1(t) + \frac{V(t)\sin[\phi_2(t) - \phi_1(t)]}{A}$$

$$= \omega_c t + \varphi_1(t) + \frac{n_s(t)}{A} \qquad (4.5.7)$$

式中，$\varphi_1(t)$ 是与有用信号有关的项，第三项是和噪声有关的项。将式 (4.5.7) 代入式 (4.5.4) 得

$$u_o(t) = \frac{1}{2\pi}\left[\frac{\mathrm{d}\varphi_1(t)}{\mathrm{d}t}\right] + \frac{1}{2\pi A}\frac{\mathrm{d}n_s(t)}{\mathrm{d}t} \qquad (4.5.8)$$

于是鉴频器输出的有用信号为

$$m_o(t) = \frac{1}{2\pi}\frac{\mathrm{d}\varphi_1(t)}{\mathrm{d}t} \qquad (4.5.9)$$

考虑到 $\varphi_1(t) = K_{\mathrm{FM}}\int_{-\infty}^{t}m(\tau)\mathrm{d}\tau$，故有

$$m_o(t) = \frac{K_{\mathrm{FM}}}{2\pi}m(t) \qquad (4.5.10)$$

于是在大信噪比情况下，鉴频器输出的信号功率为

$$S_o = \overline{m_o^2(t)} = \frac{K_{\mathrm{FM}}^2}{4\pi^2}\overline{m^2(t)} \qquad (4.5.11)$$

而鉴频器的输出噪声为

$$n_d(t) = \frac{1}{2\pi A}\frac{\mathrm{d}n_s(t)}{\mathrm{d}t} = \frac{1}{2\pi A}n'_s(t) \qquad (4.5.12)$$

输出噪声功率为

$$N_d = \frac{1}{4\pi^2 A^2}\overline{n'^2_s(t)} \qquad (4.5.13)$$

显然，为了求出噪声功率，需先求出窄带噪声正交分量微分的平均功率 $\overline{n'^2_s(t)}$。利用随机过程通过线性系统输入与输出功率之间的关系，及微分器的传输函数 $H(\omega) = \mathrm{j}\omega$，有

$$P_{n'_s}(\omega) = P_{n_s}(\omega)|H(\omega)|^2 = \omega^2 P_{n_s}(\omega) \qquad (4.5.14)$$

窄带噪声正交分量的功率谱密度为

$$P_{n_s}(\omega) = \begin{cases} P_{n_i}(\omega + \omega_c) + P_{n_i}(\omega - \omega_c) = n_0 & |\omega| \leq \Delta\omega_{\mathrm{FM}} \\ 0 & |\omega| \geq \Delta\omega_{\mathrm{FM}} \end{cases}$$

所以

$$P_{n'_s}(\omega) = \omega^2 P_{n_s}(\omega) = \omega^2 n_o \qquad |\omega| \leq \Delta\omega_{\mathrm{FM}} \qquad (4.5.15)$$

则

$$\overline{n'^2_s(t)} = \frac{1}{2\pi}\int_{-\Delta\omega_{\mathrm{FM}}}^{\Delta\omega_{\mathrm{FM}}}P_{n'_s}(\omega)\mathrm{d}\omega \qquad (4.5.16)$$

将式（4.5.16）积分结果代入式（4.5.13），即可求出鉴频器输出噪声功率。

现在研究在调频信号解调器抗噪声性能模型中低通滤波器的作用。由于宽带调频信号的带宽为 $2\Delta\omega_{FM}$，所以在模型中的带通滤波器的带宽为 $2\Delta\omega_{FM}$。由式（4.5.15），经过鉴频器解调后噪声的带宽为 $\Delta\omega_{FM}$，相对有用信号的带宽 ω_m 来说，$\Delta\omega_{FM} > \omega_m$。因此，加低通滤波器的目的是让信号通过，进一步抑制噪声。低通滤波器的截止频率为 ω_m，低通滤波器前后有用信号没有改变，噪声的带宽限制在 ω_m 以内。考虑到这一点，低通滤波器输出噪声为

$$N_o = \frac{1}{4\pi^2 A^2} \frac{1}{2\pi} \int_{-\omega_m}^{\omega_m} P_{n'_s}(\omega) \, d\omega = \frac{1}{4\pi^2 A^2} \int_{-f_m}^{f_m} P_{n'_s}(f) \, df$$

$$= \frac{1}{4\pi^2 A^2} \int_{-f_m}^{f_m} (2\pi f)^2 n_o \, df = \frac{2n_o}{3A^2} f_m^3 \qquad (4.5.17)$$

由式（4.5.11）及式（4.5.17）可求得解调器输出信噪比为

$$\frac{S_o}{N_o} = \frac{3A^2 K_{FM}^2 \overline{m^2(t)}}{8\pi^2 n_o f_m^3} \qquad (4.5.18)$$

当调制信号为单频信号即 $m(t) = A_m \cos\omega_m t$，此时调频信号为 $s_{FM}(t) = A\cos[\omega_c t + \beta_{FM}\sin\omega_m t]$，并且 $\beta_{FM} = \dfrac{K_{FM} A_m}{\omega_m}$，则式（4.5.18）可表示为

$$\frac{S_o}{N_o} = \frac{3A^2 K_{FM}^2 \frac{A_m^2}{2}}{8\pi^2 n_o f_m^3} = \frac{3}{2}\left(\frac{K_{FM} A_m}{2\pi f_m}\right)^2 \frac{\frac{A^2}{2}}{n_o f_m} = \frac{3}{2}\beta_{FM}^2 \frac{\frac{A^2}{2}}{n_o f_m} = \frac{3}{2}\beta_{FM}^2 \frac{S_i}{n_o f_m} \qquad (4.5.19)$$

又 $B_{FM} = 2(\beta_{FM}+1)f_m$，将式（4.5.19）分子、分母同乘 $\beta_{FM}+1$，有

$$\frac{S_o}{N_o} = 3\beta_{FM}^2(\beta_{FM}+1)\frac{S_i}{N_i} \qquad (4.5.20)$$

由此可以得到调频系统的调制制度增益 G_{FM} 为

$$G_{FM} = \frac{S_o/N_o}{S_i/N_i} = 3\beta_{FM}^2(\beta_{FM}+1) \qquad (4.5.21)$$

式（4.5.21）结果表明，在大信噪比的情况下，宽带调频解调器的调制制度增益是很高的。例如，$\beta_{FM} = 5$，则调制制度增益 $G_{FM} = 450$。

为了更清楚地了解大信噪比情况下宽带调频系统具有高的抗噪声性能这一特点，将调频系统与调幅系统做一比较。在大信噪比情况下，调幅信号包络检波器的输出信噪比为 $\left(\dfrac{S_o}{N_o}\right)_{AM} = \dfrac{\overline{m^2(t)}}{n_o B}$。设调制信号为 $m(t) = A\cos\omega_m t$，其中 A 为载波的幅度，即假设调幅信号为单频的100%调制，则 $\overline{m^2(t)} = \dfrac{1}{2}A^2$，因而

$$\left(\frac{S_o}{N_o}\right)_{AM} = \frac{A^2/2}{n_o f_m} \qquad (4.5.22)$$

由式（4.5.19），$\left(\dfrac{S_o}{N_o}\right)_{FM} = \dfrac{3}{2}\beta_{FM}^2 \dfrac{A^2/2}{n_o f_m}$，则有

$$\frac{\left(\dfrac{S_o}{N_o}\right)_{\text{FM}}}{\left(\dfrac{S_o}{N_o}\right)_{\text{AM}}} = \frac{\dfrac{3}{2}\beta_{\text{FM}}^2 \dfrac{A^2}{2 n_o f_m}}{\dfrac{A^2}{2 n_o f_m}} = 3\beta_{\text{FM}}^2 \tag{4.5.23}$$

由式（4.5.23）可见，在大信噪比的情况下，若系统接收端的输入 A 和 n_o 相同，则宽带调频系统解调器的输出信噪比是调幅系统的 $3\beta_{\text{FM}}^2$ 倍。例如，当调制指数 $\beta_{\text{FM}} = 5$ 时，宽带调频系统解调器的输出信噪比是调幅系统的 75 倍。但是由于调幅系统的 $B_{\text{AM}} = 2f_m$，而调频系统的带宽 $B_{\text{FM}} = 2(5 + 1)f_m = 12f_m$，显然，调频信号的带宽比调幅信号的带宽大 6 倍，这说明调频系统的抗噪声性能好是以牺牲带宽为代价的。一般地，$B_{\text{FM}} = 2(\beta_{\text{FM}} + 1)f_m$，调频系统与调幅系统带宽之比可近似为 $\dfrac{B_{\text{FM}}}{B_{\text{AM}}} = \beta_{\text{FM}} + 1 \approx \beta_{\text{FM}}$，则式（4.5.23）可写为

$$\frac{\left(\dfrac{S_o}{N_o}\right)_{\text{FM}}}{\left(\dfrac{S_o}{N_o}\right)_{\text{AM}}} = 3\left(\frac{B_{\text{FM}}}{B_{\text{AM}}}\right)^2 \tag{4.5.24}$$

由此可见，宽带调频与调幅系统的输出信噪比的比值与两个系统的带宽比值二次方成正比，显然，要想提高调频系统的抗噪声性能，需要增加调频信号的带宽。调频系统通过调制指数的调节，可以在有效性和可靠性之间进行折中，这是调频系统的优势；对调幅系统来说，其带宽是固定的，因而，不能利用带宽换取信噪比的改善。

在小信噪比的情况下，鉴频器的输出端没有单独存在的有用信号项，几乎完全由噪声决定。同调幅波包络检波器非相干解调相同，调频波鉴频器这种非相干解调方法同样存在"门限效应"。

图 4.5.3 为调频解调器的输出与输入信噪比性能。图中横轴为解调器输入端的信噪比，纵轴为解调器输出端的信噪比。由图可见，当输入信噪比较大时，调频系统的解调性能随输入信噪比的增加而增加，当输入信噪比减小到某一值 $S_i/N_i = a\text{dB}$ 时，FM 系统开始出现门限效应，若继续降低输入信噪比，则 FM 解调器的输出信噪比将急剧变坏。图中为了参考画出了线性调制 DSB 系统的信噪比曲线，可以看出 DSB 系统没有门限效应。实际上，所有的

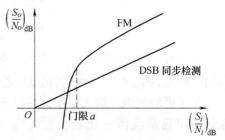

图 4.5.3 调频解调器的输出与输入信噪比性能

线性调制都可以用相干解调方法，相干解调是没有门限效应的。由图还可以看到，当输入信噪比小到一定程度时，FM 的抗噪声性能可能比调幅系统还差。

实践和理论计算表明，应用普通鉴频器解调调频信号时，其门限效应与调制指数 β_{FM} 有关。β_{FM} 越大，门限值越高。不过不同 β_{FM} 时，门限值在 8~11dB 之间变化，一般认为门限值在 $a = 10\text{dB}$ 左右处。

在实际中，改善门限效应有许多方法，目前用得较多的有锁相环路鉴频器法即调频负回

授鉴频法。另外，也可以采用"预加重"和"去加重"技术来改善解调器输出信噪比。下面介绍利用预加重/去加重技术提高调频系统的输出信噪比，改善调频系统的门限效应原理。具有预加重和去加重滤波的调频系统框图如图4.5.4所示。

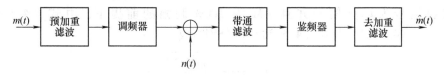

图4.5.4 具有预加重和去加重滤波的调频系统框图

如前所述，调频信号用鉴频器解调时，输出噪声功率谱密度为

$$P_{n_o}(f) \propto f^2 \quad |f| \leq f_m \tag{4.5.25}$$

输出噪声功率随着频率的增加而增加，因此，输出信噪比降低。如果在解调器输出端加一个传输特性随频率增加而衰减的线性网络，将高端的噪声衰减，则总的噪声功率可以减小。这个网络被称为去加重网络。由于在接收端加入去加重网络后会带来传输信号的失真，因此，在调制器前加入一个预加重网络来抵消其影响。为了使传输信号不失真，预加重系统和去加重系统应该是可逆系统，即若用$H_T(f)$表示预加重系统的频率特性，用$H_R(f)$表示去加重系统的频率特性，那么

$$H_T(f)H_R(f) = 1 \tag{4.5.26}$$

当式（4.5.26）条件成立后，对传输信号而言，是否加入预加重或去加重是没有差别的。因此，图4.5.4所示调频系统可以实现在输出信号不变的情况下，输出噪声功率降低，从而提高了系统的输出信噪比。

用去加重网络输出信噪比与输入信噪比的比值R来表示加重技术对调频系统信噪比的改善。由于是否采用加重技术对传输信号功率是没有影响的，因此，比值R取决于加重网络输入与输出噪声功率的比值，即

$$R = \frac{\int_{-f_m}^{f_m} P_{n_o}(f) \, df}{\int_{-f_m}^{f_m} P_{n_o}(f) \, |H_R(f)|^2 \, df} \tag{4.5.27}$$

式中，分子是未采用加重技术的输出噪声功率，分母是采用加重技术的输出噪声功率。显然，加重技术对调频系统输出信噪比的改善程度和去加重网络的传递函数有关。

最简单的去加重网络可以用一阶RC低通滤波电路来实现，相应地，预加重网络就用一阶RC高通滤波电路实现。这也是称预加重网络和去加重网络为预加重滤波和去加重滤波的原因。一阶RC低通和高通滤波电路的时间常数的选择对比值R是有影响的。通过计算可以得到，调频广播系统中，基带信号带宽为15kHz，一阶低通和高通RC滤波电路的时间常数为75μs，也就是说滤波器的3dB截止频率为2100Hz，调制指数$\beta=5$，且在基带信号的平均功率与峰值功率之比为0.5的情况下，加重技术对调频系统总的信噪比改善为13.3dB。

4.6 各种模拟调制系统的比较

为了能够更好地理解模拟调制，合理地选择各种模拟调制系统，现对AM、DSB、SSB

及 FM 系统进行比较。比较是在下述条件下进行的：①基带信号无直流，即 $\overline{m(t)} = 0$；②各种调制系统输入到解调器的输入功率 S_i 相同；③各系统考虑的噪声相同，均为零均值、高斯、单边功率谱密度为 n_o 的白噪声；④调制信号 $m(t)$ 的带宽 f_m 相同。

当调制信号为单频信号并且 AM 为 100% 调幅的前提下，由式（4.3.12）、式（4.3.14）、式（4.3.23）及式（4.5.20）可分别写成

$$\left(\frac{S_o}{N_o}\right)_{DSB} = \frac{\overline{m^2(t)}}{n_o B} = \frac{\overline{m^2(t)}}{2} \bigg/ n_o f_m = \frac{S_i}{n_o f_m} \quad (4.6.1)$$

$$\left(\frac{S_o}{N_o}\right)_{SSB} = \frac{\overline{m^2(t)}}{4n_o B} = \frac{\overline{m^2(t)}}{4} \bigg/ n_o f_m = \frac{S_i}{n_o f_m} \quad (4.6.2)$$

$$\left(\frac{S_o}{N_o}\right)_{AM} = \frac{\overline{m^2(t)}}{n_o B} = \frac{\overline{m^2(t)}}{2} \bigg/ n_o f_m = \frac{1}{3} \frac{S_i}{n_o f_m} \quad (4.6.3)$$

$$\left(\frac{S_o}{N_o}\right)_{FM} = \frac{3}{2}\beta_{FM}^2 \frac{\frac{A^2}{2}}{n_o f_m} = \frac{3}{2}\beta_{FM}^2 \frac{S_i}{n_o f_m} \quad (4.6.4)$$

比较式（4.6.1）~式（4.6.4），可见 DSB 与 SSB 系统的抗干扰性能是相同的，FM 的抗干扰性能最好，AM 相对较差。

图 4.6.1 给出了各种模拟调制系统的抗噪声性能曲线。图中，圆点表示出现门限效应时曲线拐点。门限值以下，曲线将迅速跌落；在门限值以上，DSB 与 SSB 系统的信噪比比 AM 优越 4.7dB 以上，而 FM（$\beta_{FM}=6$）的信噪比比 AM 优越 22dB。由此可见，当输入信噪比较高时，采用 FM 方式可以得到更大好处。

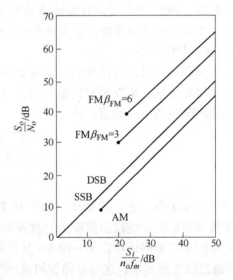

图 4.6.1　各种模拟调制系统的抗噪声性能曲线

4.7　频分复用

多路复用技术将若干路彼此无关的消息信号合并在一起，在一个信道中进行传输，而各路信号彼此互不干扰。多路复用技术可以提高信道的利用率，分为频分复用和时分复用。频分复用是按频率区分各路信号，简写作 FDM，多用于模拟通信系统中。时分复用是按时间区分各路信号，简写作 TDM，主要用于数字通信系统。下面详细介绍频分复用。

从线性调制的讨论中可以看出，线性调制能够把一个基带频谱方便地搬移到通带频谱上，而且这个通带频谱可以具有与基带频谱相同或两倍的带宽。这种频谱搬移及占用较窄带宽的概念，在要求沿某一信道同时传送多个信号的场合是特别有用的。因为在通信系统中，有的信道提供比基带信号宽得多的带宽，倘若在这种信道中仅传输一个信号，显然是太浪费了。为了提高信道的利用率，可以使用一些不同频率的载波，将不同路信号搬移到适合信道传输的不同频带上，多路信号在信道中同时传输，这就是频分复用的概念。

频分复用系统框图如图 4.7.1 所示。

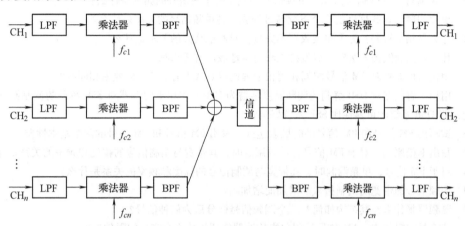

图 4.7.1 频分复用系统框图

在发送端，有用消息信号往往不是严格的限带信号，因此，在发送端各消息首先经过低通滤波器，然后进行调制（例如线性调制 SSB）。经过低通的信号，对不同的载波进行调制，为了各路信号之间不互相干扰，要适当地选择各个载波的载波频率。复用后的信号经信道传输到接收端，首先通过带通滤波器将各路频带信号分开，然后经过解调器进行解调。

图 4.7.2 为以 SSB 为例的频分复用信号的频谱结构。其中 f_g 为防护带，可以避免邻路之间的串扰。n 路单边带信号的总的频带宽度最小应等于

$$B_n = nf_m + (n-1)f_g \tag{4.7.1}$$

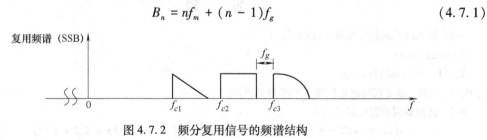

图 4.7.2 频分复用信号的频谱结构

合并后的复用信号原则上可以在信道中传输，但有时为了更好地利用信道的传输特性，也可以再进行一次调制。

思 考 题

4-1 调制的目的是什么？

4-2 根据载波的情形，模拟调制应如何分类？

4-3 根据调制器的功能，模拟调制应如何分类？
4-4 何为线性调制？线性调制有哪几种？
4-5 何为非线性调制？非线性调制有哪几种？
4-6 AM 调制和 DSB 调制有什么区别？它们的带宽相同吗？
4-7 DSB 信号的带宽是否为 SSB 信号带宽的两倍？
4-8 什么是残留边带调幅信号？对残留边带滤波器的要求是什么？
4-9 单频调制的 AM 信号由几个单频信号构成？各单频信号的频率是什么？
4-10 单频调制的 DSB 信号由几个单频信号构成？各单频信号的频率是什么？
4-11 单频调制的 SSB 信号由几个单频信号构成？各单频信号的频率是什么？
4-12 什么是相干解调？为了在接收端不失真，对本地载波的要求是什么？
4-13 什么是大载波插入法？大载波插入法对本地载波有要求吗？
4-14 用包络检波器对 AM 信号解调和用相干解调器对 AM 信号解调的效果相同吗？
4-15 用相干解调器对 DSB 解调的调制制度增益为多少？用相干解调器对 SSB 解调的调制制度增益为多少？能说明 DSB 系统的可靠性比 SSB 系统好吗？
4-16 试写出 FM 信号和 PM 信号的时域表达式。写出 FM 信号和 PM 信号的两个基本性质。
4-17 写出卡松原则。对于 FM 信号，单频调制时，其带宽与调制信号的幅度和频率的关系是什么？
4-18 对于 PM 信号，单频调制时，其带宽与调制信号的幅度和频率的关系是什么？
4-19 调频信号的带宽随调制指数的增加而增加吗？
4-20 鉴频器是什么？其结构如何？一个调频信号微分后为何种信号？
4-21 什么是门限效应？AM 信号采用包络检波器解调为什么会产生门限效应？
4-22 为什么相干解调不存在门限效应？
4-23 比较调幅系统和调频系统的抗噪声性能。
4-24 为什么调频系统可进行带宽与信噪比的互换，而调幅系统不能？
4-25 FM 系统的调制制度增益和信号带宽的关系如何？这一关系说明什么？
4-26 FM 系统产生门限效应的主要原因是什么？
4-27 FM 系统中采用加重技术的原理和目的是什么？
4-28 什么是频分复用？一个频分复用系统的带宽如何计算？

习　题

4-1 已知线性调制信号表达式如下：

1) $\cos\Omega t \cos\omega_c t$

2) $(1+0.5\cos\Omega t)\cos\omega_c t$

式中，$\omega_c = 6\Omega$。试分别画出它们的波形图和频谱图。

4-2 已知某调幅波的展开式为

$$s(t) = \cos(2\pi \times 10^4 t) + 4\cos(2\pi \times 1.1 \times 10^4 t) + \cos(2\pi \times 1.2 \times 10^4 t)$$

1) 求调幅系数和调制信号频率；

2) 写出该信号的频谱表达式，画出它的振幅频谱图；

3) 画出该信号的解调框图。

4-3 根据题图 4-3 所示的调制信号的波形，试画出 DSB 及 AM 信号的波形图，并比较它们分别通过包络检波器的波形差别。

4-4 现有一振幅调制信号 $s(t) = (1 + A\cos\omega_m t)\cos\omega_c t$。

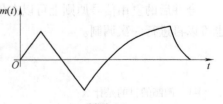

题图 4-3

其中调制信号的频率 $f_m = 5\text{kHz}$，载频 $f_c = 100\text{kHz}$，常数 $A = 15$。

1）请问此已调信号能否用包络检波器解调，并说明其理由；
2）请画出它的解调框图，并加以说明；
3）画出从该接收信号提取离散载波分量的框图，并加以简单说明。

4-5 已知一个已调信号为 $s(t) = 2\cos(2\pi f_m t)\cos(2\pi f_c t) - 2\sin(2\pi f_m t)\sin(2\pi f_c t)$，其中模拟基带信号 $m(t) = 2\cos(2\pi f_m t)$，f_c 是载波频率。

1）试写出该已调信号的傅里叶频谱式，并画出该已调信号的振幅谱；
2）写出该已调信号的调制方式；
3）请画出解调框图。

4-6 将调幅波通过残留边带滤波器产生残留边带信号。若残留边带滤波器的传输函数 $H(\omega)$ 如题图 4-6 所示（斜线段为直线），当调制信号为 $m(t) = A[\sin(100\pi t) + \sin(6000\pi t)]$ 时，试确定所得残留边带信号的表达式。

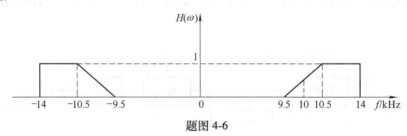

题图 4-6

4-7 某调制框图如题图 4-7b 所示。已知 $m(t)$ 的频谱如题图 4-7a 所示，载频 $\omega_1 \ll \omega_2$，$\omega_i > \omega_H$，且理想低通滤波器的截止频率为 ω_1，试求输出信号 $s(t)$，并说明 $s(t)$ 为何种已调信号。

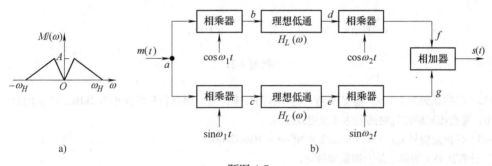

题图 4-7

4-8 频率为 f_m 的调制信号既用于 AM 系统也用于 FM 系统。假设两个系统未调制载波功率相等。当调制时，调整 FM 系统的最大频偏为 AM 系统带宽的 4 倍，两个系统中距载频 $\pm f_m$ 的那些边带幅度相等，试求：

1）FM 系统的调制指数；
2）AM 系统的调制指数。

4-9 某相移型 SSB 解调器如题图 4-9 所示。

1）若图中 A 点的输入信号是上边带信号，请写出图中各点信号表达式；
2）若图中 A 点的输入信号是下边带信号，请问图中解调器应做何修改？并请写出图中各点信号表达式。

4-10 已知某调角波为 $s(t) = A\cos(\omega_c t + 100\cos\omega_m t)$。

1）如果它是调相波，并且 $K_{PM} = 2$，试求 $m(t)$；

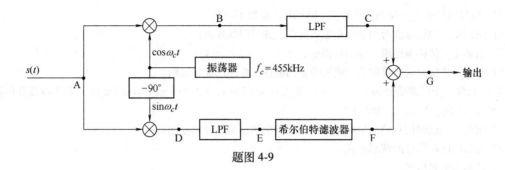

题图 4-9

2) 如果它是调频波,并且 $K_{FM}=2$,试求 $m(t)$;

3) 它们的最大频偏各为多少?

4-11 某调制系统如题图 4-11 所示。为了在输出端同时分别得到 $f_1(t)$ 及 $f_2(t)$,试确定接收端的 $c_1(t)$ 及 $c_2(t)$。

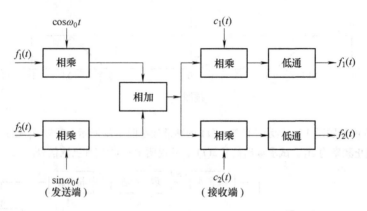

题图 4-11

4-12 已知载频为 1MHz,幅度为 3V,用单音信号来调频。调制信号的频率为 2kHz,产生的最大频偏为 4kHz。写出该调频波的时间表达式及相应频谱。

4-13 某调角信号 $s_m(t) = 10\cos[2\times10^6\pi t + 10\cos 2000\pi t]$

1) 计算其最大频偏、最大相偏和带宽;

2) 计算已调信号作用于 50Ω 电阻的功率;

3) 该信号是 FM 信号还是 PM 信号。

4-14 某调角信号 $s(t) = 100\cos[2\pi f_c t + 4\sin 2\pi f_m t]$,式中 $f_c = 10\text{MHz}$,$f_m = 1000\text{Hz}$。

1) 假设该调角信号是 FM 信号,请求出它的调制指数及发送信号带宽;

2) 若调制信号的 f_m 加倍,重新求解 1);

3) 假设该调角信号是 PM 信号,请求出它的调制指数及发送信号带宽;

4) 若调制信号的 f_m 加倍,重新求解 3)。

4-15 请指出题图 4-15 所示电路系统的输出 $s(t)$ 是何种调制信号,图中 K 为常数。

4-16 设 1kHz 的正弦信号对一个 200kHz 的载波进行调频,要求峰值频偏为 150Hz。试问:

1) 调频波的带宽为多少?

2) 上述 FM 信号加到一个 ×16 的倍频器上,其输出信号带宽增加到多少?

3) 试估计 2) 中的 FM 信号有效带宽内的边频数目。

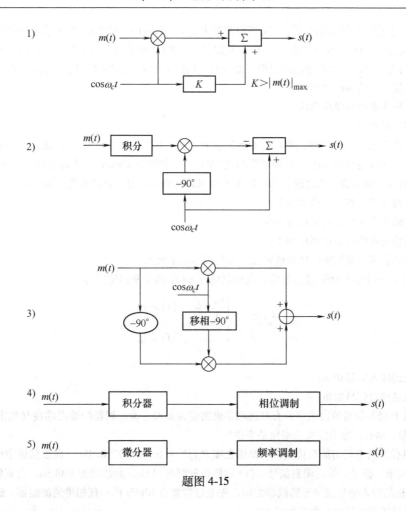

题图 4-15

4-17 已知某调相波的数学表示式为

$$s_{PM}(t) = 3\cos[5\pi \times 10^6 t + 4\sin(5\pi \times 10^3 t)]$$

1)若调相电路的常数 $K_P = 0.8\text{rad/V}$,试求相应的调制信号 $m(t)$;
2)求此调相信号的瞬时角频率 $\omega_{PM}(t)$;
3)求此调相信号的带宽;
4)如果调制信号的频率加倍,则该调相波的带宽为多大?

4-18 已知某调角波信号的时间表示式为

$$f_M(t) = 2\cos[10^7 \pi t + 5\cos(10^4 \pi t)]$$

它作用在题图 4-18 所示的鉴频器上。鉴频特性为一直线,其斜率为 $8\times 10^{-6}\text{V/Hz}$

1)求鉴频器的输出;
2)若该调角波是一个调相信号,鉴频器的输出是否反映原调制信号的变换规律?若不是,对鉴频器采用什么措施可以恢复原调制信号?

4-19 设有一双边带信号 $s_{DSB}(t) = m(t)\cos\omega_c t$。为了恢复 $m(t)$,用信号 $\cos(\omega_c t + \theta)$ 去与 $s_{DSB}(t)$ 相乘。为了使恢复出的信号是其最大可能值的 90%,相位 θ 的最大允许值为多少?

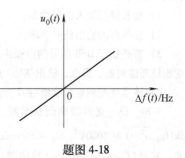

题图 4-18

4-20 设某信道具有均匀的双边噪声功率谱密度 $P_n(f) = 0.5 \times 10^{-3}$ W/Hz，在该信道中传输振幅调制信号，并设调制信号 $m(t)$ 的频带限制于 5kHz，载频是 100kHz，边带功率为 10kW，载波功率为 40kW。若接收机的输入信号先经过一个合理的理想带通滤波器，然后再加至包络检波器进行解调。试求：

1) 解调器输入端的信噪功率比；
2) 解调器输出端的信噪功率比；
3) 调制制度增益 G。

4-21 设某信道具有均匀的双边噪声功率谱密度 $P_n(f) = 0.5 \times 10^{-3}$ W/Hz，在该信道中传输抑制载波的双边带信号，并设调制信号 $m(t)$ 的频带限制在 5kHz，而载波为 100kHz，已调信号的功率为 10kW。若接收机的输入信号在加至解调器之前，先经过带宽为 10kHz 的一理想带通滤波器，试问：

1) 该理想带通滤波器中心频率为多大？
2) 解调器输入端的信噪功率比为多少？
3) 解调器输出端的信噪功率比为多少？
4) 求出解调器输出端的噪声功率谱密度，并用图形表示出来。

4-22 若对某一信号用 DSB 进行传输，设调制信号 $m(t)$ 的功率谱密度为

$$P_m(f) = \begin{cases} \dfrac{n_m}{2} \dfrac{|f|}{f_m} & |f| \le f_m \\ 0 & |f| < f_m \end{cases}$$

试求：

1) 接收机的输入信号功率；
2) 接收机的输出信号功率；
3) 若叠加于 DSB 信号的白噪声具有双边功率谱密度为 $n_o/2$，设解调器的输出端接有截止频率为 f_m 的理想低通滤波器，那么，输出信噪功率比是多少？

4-23 设某信道具有均匀的双边噪声功率谱密度 $P_n(f) = 0.5 \times 10^{-3}$ W/Hz，在该信道中传输抑制载波的单边带（上边带）信号，并设调制信号 $m(t)$ 的频带限制在 5kHz，而载波为 100kHz，已调信号的功率为 10kW。若接收机的输入信号在加至解调器之前，先经过带宽为 10kHz 的一理想带通滤波器，试问：

1) 该理想带通滤波器中心频率为多大？
2) 解调器输入端的信噪功率比为多少？
3) 解调器输出端的信噪功率比为多少？

4-24 某线性调制系统的输出信噪比为 20dB，输出噪声功率为 10^{-9}W，由发射机输出到解调器输入端之间总的传输损耗为 100dB，试求：

1) DSB/SC 时的发射机输出功率；
2) SSB/SC 时的发射机输出功率。

4-25 设调制信号 $m(t)$ 的功率谱密度与题 4-22 相同，若用 SSB 调试方式进行传输（忽略信道的影响），试求：

1) 接收机的输入信号功率；
2) 接收机的输出信号功率；
3) 若叠加于 DSB 信号的白噪声具有双边功率谱密度为 $n_o/2$，设解调器的输出端接有截止频率为 f_m 的理想低通滤波器，那么，输出信噪功率比是多少？
4) 该系统的调制制度增益 G 为多少？

4-26 设一宽带频率调制系统，载波振幅为 100V，频率为 100MHz，调制信号 $m(t)$ 的频带限制于 5kHz，$\overline{m^2(t)} = 5000V^2$，$k_{FM} = 500\pi \text{rad}/(s \cdot V)$，最大频偏 $\Delta f = 75$kHz，并设信道中噪声功率谱密度是均匀的，其 $P_n(f) = 10^{-3}$W/Hz（单边谱），试求：

1) 接收机输入端理想带通滤波器的传输特性 $H(\omega)$；
2) 解调器输入端的信噪功率比；
3) 解调器输出端的信噪功率比；
4) 若 $m(t)$ 以振幅调制方法传输，并以包络检波器检波，试比较在输出信噪比和所需带宽方面与频率调制系统有何不同。

4-27 一广播通信系统，发送信号的平均功率为 40kW，信道衰减 80dB，加性噪声的双边功率谱密度 $N_o/2$ 为 10^{-10} W/Hz，基带信号的带宽 $W = 10^4$ Hz，接收框图如题图 4-27 所示。

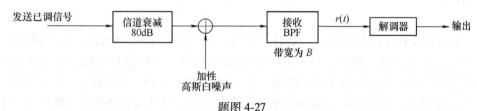

题图 4-27

1) 若该已调信号为 SSB 信号，接收带通滤波器带宽 $B = W$，求解调输入端的信号平均功率及噪声平均功率，解调输出信噪比（W 为模拟基带信号带宽）；
2) 若该已调信号为具有离散大载波的 AM 信号，调幅系数为 0.85，归一化基带信号功率 $P_{M_n} = 0.2$W，接收带通滤波器带宽 $B = 2W$，试求出解调输入信号功率、噪声平均功率及解调输出信噪比（注：归一化基带信号定义为 $m_n(t) = \dfrac{m(t)}{|m(t)|_{max}}$）。

4-28 设有一个频分多路复用系统，副载波用 SSB 调制，主载波用 FM 调制。如果有 60 路等幅的音频输入通路，每路频带限制在 3.3kHz 以下，防护频带为 0.7kHz。
1) 如果最大频偏为 800kHz，试求传输信号的带宽；
2) 试分析与第 1 路相比，第 60 路输出信噪比降低的程度（假定鉴频器输入的噪声是白噪声，且解调器中无去加重电路）。

4-29 设有一个频分多路复用系统，副载波用 DSB 调制，主载波用 FM 调制。如果有 60 路等幅的音频输入通路，每路频带限制在 3.3kHz 以下，防护频带为 0.7kHz。
1) 如果最大频偏为 800kHz，试求传输信号的带宽；
2) 试分析与第 1 路相比，第 60 路输出信噪比降低的程度（假定鉴频器输入的噪声是白噪声，且解调器中无去加重电路）。

第5章 数字基带传输系统

5.1 引言

来自数据终端的原始数据信号,如计算机输出的二进制序列、电传机输出的代码或者是来自模拟信号经数字化处理后的 PCM 码等都是数字信号。这些信号往往包含丰富的低频分量,甚至直流分量,被称为数字基带信号。在某些有线信道中,如同轴电缆和双绞线均属于基带信道,特别是传输距离不太远的情况下,数字基带信号可以直接传输。将数字基带信号通过基带信道传输称为数字基带传输。而大多数信道,如各种无线信道和光信道,数字基带信号必须经过正弦型载波调制,把低通型频谱搬移到载频处才能在信道中传输,这种包含频带调制器和解调器的数字通信系统称为数字调制系统或数字频带传输系统。

在实际数字通信系统中,数字基带传输在应用上不如频带传输广泛,但仍有相当多的应用范围。因此,研究基带传输系统仍然具有十分重要的意义。数字基带传输的基本理论不仅适用于基带传输,而且还适用于频带传输,因为所有窄的带通信号、线性带通系统及其对带通信号的响应均可用其等效低通信号、等效低通系统及其对等效低通信号的响应来表示。频带传输系统可以通过它的等效低通(或等效基带)传输系统的理论分析及计算机仿真来研究其性能,因此掌握数字基带传输的基本理论是研究数字通信系统的前提。本章介绍数字基带传输,关于数字频带传输将在第 6 章中介绍。

5.2 数字基带信号

数字基带信号是指消息代码的电波形,它是用不同的电平或脉冲来表示相应的消息代码。下面就以矩形脉冲为例介绍几种最常见的基带信号波形。

5.2.1 二元码

幅度取值只有两种电平的码型称为二元码。图 5.2.1 给出了常用的几种二元码的波形图。

1. 单极性不归零码

在这种二元码中用高电平和低电平(常为零电平)分别表示二进制代码的"1"和"0",在整个码元期间电平保持不变,一般记作 NRZ(L)。其波形如图 5.2.1a 所示。

2. 双极性不归零码

在这种二元码中用正电平和负电平分别表示"1"和"0",与单极性不归零码相同的是在整个码元期间电平保持不变,因而这种码型中不存在零电平。其波形如图 5.2.1b 所示。

3. 单极性归零码

与单极性不归零码不同,单极性归零码发送"1"时在整个码元期间高电平只持续一段

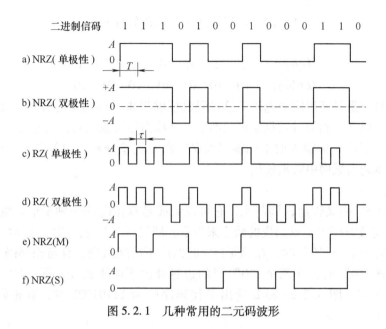

图 5.2.1　几种常用的二元码波形

时间,在码元的其余时间则返回到零电平,一般记作 RZ(L)。其波形如图 5.2.1c 所示。

有电脉冲宽度 τ 小于码元宽度 T,τ/T 称作占空比,一般使用半占空码,即 $\tau/T = 0.5$。

4. 双极性归零码

双极性归零码是用正极性的归零码表示"1",用负极性的归零码表示"0"。虽然它存在三种取值,但它用脉冲的正负极性表示两种码的信息,因此仍属于二元码。其波形如图 5.2.1d 所示。

5. 差分码

差分码不是用码元本身的电平表示消息代码,而是用相邻码元的电平的跳变和不变来表示"1"和"0"。若用电平跳变表示"1",称为传号差分码,一般记作 NRZ(M);若用电平跳变表示"0",则称为空号差分码,一般记作 NRZ(S)。图 5.2.1e 和 f 分别为传号差分码和空号差分码。

差分码电平与"1"和"0"之间不存在绝对的对应关系,而是用电平的相对变化来传输信息,因此,它可以用来解决相移键控同步解调时因接收端本地载波相位倒置而引起的信息"1"和"0"的倒换问题,所以得到广泛应用。由于差分码中电平只具有相对意义,因而又称为相对码。

5.2.2　1B2B 码

原始的二元信息在编码后都用一组两位的二进制码来表示,通常将这类码称为 1B2B 码。

1. 双相码（Biphase Code）

双相码又称曼彻斯特（Manchester）码,它是对每个二进制代码分别利用两个具有不同相位的二进制新码去取代的码。编码规则之一是:

$$0 \to 01 \text{（零相位的一个周期的方波）}$$

1→10（π相位的一个周期的方波）

例如：

    代码： 1 1 0 0 1 0 1

    双相码：10 10 01 01 10 01 10

双相码的特点是只使用两个电平。这种码既能够提供足够的定时分量，又无直流漂移，编码过程简单。但这种码的带宽是原码的两倍，又称为绝对双相码。与它对应的另一种双相码称为差分双相码。先把输入的不归零（NRZ）码变成差分码，用差分码实行绝对双相码编码。该码在本地局域网中常被使用。

2. 密勒码

密勒（Miller）码又称延迟调制码，它可以看成是双相码的一种变形。编码规则如下："1"码用码元持续时间中心点出现的跃变来表示，即用"10"或"01"表示。"0"码分两种情况处理：对于单个"0"时，在码元持续时间内不出现跃变，且与相邻码元的边界处也不跃变；对于连"0"时，在两个"0"码的边界处出现电平跃变，即"00"与"11"交替。为了便于理解，图5.2.2a和b给出了代码序列为11101001时，双相码和密勒码的波形。

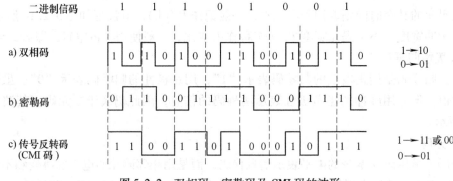

图 5.2.2 双相码、密勒码及 CMI 码的波形

3. 编号传号反转码

编号传号反转（CMI）码的编码规则为："1"码交替用"11"和"00"表示；"0"码用"01"表示，波形如图5.2.2c所示。这种码型有较多的电平跃变，因此含有丰富的定时信息。该码已被国际电话电报咨询委员会（International Telephone and Telegraph Consultative Committee，简称CCITT）推荐为脉冲编码调制（PCM）四次群的接口码型，在光缆传输系统中有时也用作线路传输码型。

5.2.3 传号反转码和三阶高密度双极性码

传号反转（AMI）码和三阶高密度双极性（HDB_3）码是目前常用的数字基带传输码型，它们与二进制信码的对应关系即波形如图5.2.3所示。

AMI码的编码比较简单，将二进制信码的"1"交替地变为"1"码和"-1"码即可。AMI码中的"1"码和"-1"码分别对应正脉冲和负脉冲，且脉冲占空比为0.5，"0"码对应0电平。

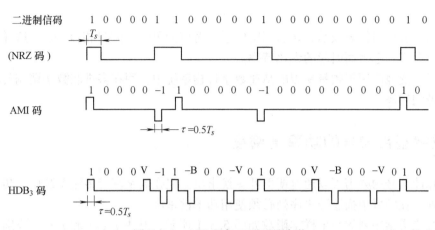

图 5.2.3　AMI 码与 HDB$_3$ 码波形

HDB$_3$ 码的编码规律比较复杂，初学者可以按下述步骤将二进制代码变为 HDB$_3$ 码，并画出 HDB$_3$ 码的波形。

1）取代变换：若两个相邻的 V 码中间有奇数个"1"码时，用"000V"代替 4 个连"0"码；有偶数个"1"码时，用"B00V"代替 4 个连"0"码。信号中的其他码保持不变。

2）加符号：对步骤 1）中得到的"1"码、破坏码"V"及平衡码"B"加符号。原则是："V"码的符号与前面第一个非"0"码的符号相同，"1"码及"B"码的符号与前面第一个非"0"码的符号相反。加符号后得到 HDB$_3$ 码。

3）画波形：HDB$_3$ 码中的"1"码、"B"码及"V"码对应于正脉冲，"-1"码、"-B"码及"-V"码对应于负脉冲。"0"码对应 0 电平，脉冲占空比为 0.5。

应特别说明的是 HDB$_3$ 码中只有三种符号，即"1""-1"和"0"。也就是说，图 5.2.3 中的"V"和"B"实际上都是"1"。

虽然 HDB$_3$ 码的编码规则比较复杂，但译码却比较简单。从上述原理看出，每一个破坏符号 V 总是与前一非 0 符号的极性相同（包括 B 在内）。这就是说，从收到的符号序列中可以容易地找到破坏点 V，于是也断定 V 符号和前面的三个符号必是连 0 符号，从而恢复 4 个连 0 码，再将所有 -1 变成 +1 后便得到原消息代码。

AMI 码和 HDB$_3$ 码波形都无直流成分，且低频分量微弱，比较适合于基带信道传输。AMI 码信号的正负极性交替出现，HDB$_3$ 码中的连"0"数最多为 3，若接收信号破坏了上述规则，说明传输过程中出现错码，因此这两种码型都具有自检错能力。

四次群以下的 A 律 PCM 终端设备的接口码型均为 HDB$_3$ 码，四次群以下的 μ 律 PCM 终端设备的接口码型使用扰码处理后的 AMI 码。

5.2.4　多元码

数字信息中有多种符号时，称为多元码。比如 M 元码的数字信息中有 M 种符号，相应的必须有 M 种电平才能表示 M 元码。一般认为多元码的 $M>2$。

在多元码中，用一个符号表示一个二进制码组，则 n 位二进制码组要用 $M=2^n$ 元码来传输。在码元速率相同，即其传输带宽相同的情况下，多元码比二元码的信息传输速率提高了

$\log_2 M$ 倍。

多元码一般用格雷码表示，相邻幅度电平所对应的码组之间只相差 1bit，这样就减小了接收时因错误判定电平而引起的误比特率。

多元码广泛地应用于频带受限的高速数字传输系统中。用在多进制数字调制传输时，可以提高频带利用率。

5.3 数字基带信号的功率谱密度

单个脉冲信号的频谱可以通过傅里叶变换求出。但在数字基带传输系统中，传输的是一个随机序列。在频域中描述随机序列必须使用功率谱密度。

设随机二进制序列的一个样本函数如图 5.3.1 所示，其中 $g_1(t)$ 和 $g_2(t)$ 分别表示符号 "1" 和 "0"（或相反），T_s 为每一码元的宽度。虽然图中把 $g_1(t)$ 和 $g_2(t)$ 画成幅度不同的三角形，实际上可以是任意形状的脉冲。

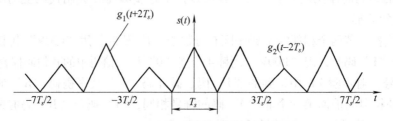

图 5.3.1 随机二进制序列的一个样本函数

由于是二进制序列，所以只有 "1" 和 "0" 两种状态。令 $g_1(t)$ 为 "1" 信号，$g_2(t)$ 为 "0" 信号（或相反），实际上 $g_1(t)$ 和 $g_2(t)$ 可以是任意脉冲。

随机序列 $s(t)$ 的表达式为

$$s(t) = \sum_{n=-\infty}^{\infty} s_n(t) \tag{5.3.1}$$

其中

$$s_n(t) = \begin{cases} g_1(t - nT_s) & \text{概率为 } P \\ g_2(t - nT_s) & \text{概率为 }(1 - P) \end{cases} \tag{5.3.2}$$

$s(t)$ 是随机二进制脉冲序列，一般随机信号的功率谱密度

$$P_s(f) = \lim_{T \to \infty} \frac{E[\mid S_T(f) \mid^2]}{T} \tag{5.3.3}$$

取截短时间 T 为

$$T = (2N + 1)T_s \tag{5.3.4}$$

式中，N 为一个足够大的数值。

则 $s_T(t)$ 可以表示成

$$s_T(t) = \sum_{n=-N}^{N} s_n(t) \tag{5.3.5}$$

式 (5.3.3) 变成

$$P_s(f) = \lim_{N \to \infty} \frac{E[|S_T(f)|^2]}{(2N+1)T_s} \tag{5.3.6}$$

为了使功率谱密度公式更加直观，可以把截短信号 $s_T(t)$ 分离成稳态波 $v_T(t)$ 和交变波 $u_T(t)$。

$$s_T(t) = \sum_{n=-N}^{N} s_n(t) = v_T(t) + u_T(t) \tag{5.3.7}$$

这里的稳态波是随机信号 $s_T(t)$ 的平均分量，实际上就是 $s_T(t)$ 的统计平均值，可以看成一个周期信号，即

$$\begin{aligned} v_T(t) &= P\sum_{n=-N}^{N} g_1(t-nT_s) + (1-P)\sum_{n=-N}^{N} g_2(t-nT_s) \\ &= \sum_{n=-N}^{N} [Pg_1(t-nT_s) + (1-P)g_2(t-nT_s)] \end{aligned} \tag{5.3.8}$$

交变波则为

$$u_T(t) = s_T(t) - v_T(t) \tag{5.3.9}$$

于是，得到

$$u_T(t) = \sum_{n=-N}^{N} u_n(t) \tag{5.3.10}$$

式中

$$u_n(t) = \begin{cases} g_1(t-nT_s) - v_T(t) = (1-P)[g_1(t-nT_s) - g_2(t-nT_s)] & \text{概率为 } P \\ g_2(t-nT_s) - v_T(t) = -P[g_1(t-nT_s) - g_2(t-nT_s)] & \text{概率为 }(1-P) \end{cases}$$

或者写成

$$u_n(t) = b_n[g_1(t-nT_s) - g_2(t-nT_s)] \tag{5.3.11}$$

式中

$$b_n = \begin{cases} 1-P & \text{概率为 } P \\ -P & \text{概率为 }(1-P) \end{cases} \tag{5.3.12}$$

1. 稳态波 $v_T(t)$ 的功率谱密度 $P_v(f)$

由式 (5.3.8) 看出 $T \to \infty$ 时，$v_T(t)$ 变成 $v(t)$，且有

$$v_T(t) = \sum_{n=-\infty}^{\infty} [Pg_1(t-nT_s) + (1-P)g_2(t-nT_s)] \tag{5.3.13}$$

此时，$v(t+T_s) = v(t)$，故 $v(t)$ 是周期为 T_s 的周期性信号。于是，$v(t)$ 的功率谱密度

$$P_v(f) = \sum_{m=-\infty}^{\infty} |C_m|^2 \delta(f-mf_s) \tag{5.3.14}$$

式中，C_m 为指数型傅里叶级数的系数。

$$\begin{aligned} C_m &= \frac{1}{T_s}\int_{-T_s/2}^{T_s/2} v(t) e^{-j2\pi m f_s t} dt \\ &= f_s[PG_1(mf_s) + (1-P)G_2(mf_s)] \end{aligned} \tag{5.3.15}$$

式中

$$G_1(mf_s) = \int_{-\infty}^{\infty} g_1(t) e^{-j2\pi m f_s t} dt$$

$$G_2(mf_s) = \int_{-\infty}^{\infty} g_2(t) e^{-j2\pi mf_s t} dt$$

于是，$v_T(t)$ 的功率谱密度为

$$P_v(f) = \sum_{m=-\infty}^{\infty} |f_s[PG_1(mf_s) + (1-P)G_2(mf_s)]|^2 \delta(f - mf_s) \quad (5.3.16)$$

可见稳态波的功率谱 $P_v(f)$ 是冲激强度取决于 $|C_m|^2$ 的离散线谱，根据离散谱可以确定随机序列是否包含直流分量（$m=0$）和定时分量（$m=1$）。

2. 交变波 $u_T(t)$ 的功率谱密度 $P_u(f)$

$$P_u(f) = \lim_{T \to \infty} \frac{E[|U_T(f)|^2]}{T}$$

由式（5.3.11）得

$$U_T(f) = \int_{-\infty}^{\infty} u_T(t) e^{-j\omega t} dt = \int_{-\infty}^{\infty} \sum_{n=-N}^{N} u_n(t) e^{-j\omega t} dt$$

$$= \sum_{n=-N}^{N} b_n e^{-jn\omega T_s} [G_1(f) - G_2(f)] \quad (5.3.17)$$

$$|U_T(f)|^2 = U_T(f) U_T(f)^*$$

$$= \sum_{m=-N}^{N} \sum_{n=-N}^{N} b_m b_n e^{j(n-m)2\pi f T_s} \times |G_1(f) - G_2(f)|^2 \quad (5.3.18)$$

其统计平均为

$$E[|U_T(f)|^2] = \sum_{m=-N}^{N} \sum_{n=-N}^{N} E[b_m b_n] e^{j(n-m)2\pi f T_s} \times |G_1(f) - G_2(f)|^2 \quad (5.3.19)$$

当 $n = m$ 时，有

$$b_m b_n = b_n^2 = \begin{cases} (1-P)^2 & \text{概率为 } P \\ P^2 & \text{概率为 } (1-P) \end{cases}$$

$$E[b_n^2] = P(1-P)^2 + P^2(1-P) = P(1-P) \quad (5.3.20)$$

当 $n \neq m$ 时，有

$$b_m b_n = \begin{cases} (1-P)^2 & \text{概率为 } P^2 \\ P^2 & \text{概率为 } (1-P)^2 \\ -P(1-P) & \text{概率为 } 2P(1-P) \end{cases}$$

所以

$$E[b_m b_n] = P^2(1-P)^2 + P^2(1-P)^2 - P(1-P) \times 2P(1-P) = 0 \quad (5.3.21)$$

可得，交变波 $u_T(t)$ 功率谱密度为

$$P_u(f) = \lim_{N \to \infty} \frac{|G_1(f) - G_2(f)|^2 \sum_{n=-N}^{N} P(1-P)}{(2N+1)T_s}$$

$$= \lim_{N \to \infty} \frac{|G_1(f) - G_2(f)|^2 (2N+1) P(1-P)}{(2N+1) T_s}$$

$$= P(1-P) |G_1(f) - G_2(f)|^2 \frac{1}{T_s} \quad (5.3.22)$$

可见，交变波的功率谱 $P_u(f)$ 是连续谱，它与 $g_1(t)$ 和 $g_2(t)$ 的频谱以及出现概率 P 有关。根据连续谱可以确定随机序列的带宽。

3. 总功率谱密度

显然，随机二元信号序列功率谱密度由离散谱和连续谱两部分组成。$s(t)$ 的双边功率谱密度为

$$P_s(f) = P_u(f) + P_v(f)$$

$$= f_s P(1-P) |G_1(f) - G_2(f)|^2 + \sum_{m=-\infty}^{\infty} |f_s[PG_1(mf_s) + (1-P)G_2(mf_s)]|^2 \delta(f - mf_s) \tag{5.3.23}$$

式中，$f_s = \dfrac{1}{T_s}$ 是码元速率；$\delta(f)$ 为 δ 函数；P 和 $(1-P)$ 分别表示随机序列中出现 $g_1(t)$ 和 $g_2(t)$ 的概率；$G_1(f)$ 和 $G_2(f)$ 分别是 $g_1(t)$ 和 $g_2(t)$ 的傅里叶变换。

从式（5.3.23）可以看出，随机二进制序列的功率谱密度可以分成两部分：连续谱和离散谱。因为代表数字信息的 $g_1(t)$ 和 $g_2(t)$ 不可能完全相同，所以对应的频谱 $G_1(f) \neq G_2(f)$，因而连续谱部分总是存在的。对于离散谱部分则与信号码元"1""0"的概率和信号的脉冲宽度有关，在某些情况下可能没有离散谱分量。

1) 对于单极性波形 $g_1(t) = 0$、$g_2(t) = g(t)$ 随机脉冲序列的功率谱密度为

$$P_s(f) = f_s P(1-P)|G(f)|^2 + \sum_{m=-\infty}^{\infty} |f_s(1-P)G(mf_s)|^2 \delta(f - mf_s) \tag{5.3.24}$$

式中，$G(f)$ 是 $g(t)$ 的频谱函数。

2) 对于双极性波形 $g_1(t) = -g_2(t) = g(t)$，则有

$$P_s(f) = 4f_s P(1-P)|G(f)|^2 + \sum_{m=-\infty}^{\infty} |f_s[(2P-1)]G(mf_s)|^2 \delta(f - mf_s) \tag{5.3.25}$$

当 $P = 1/2$，则式（5.3.25）可变为

$$P_s(f) = f_s |G(f)|^2 \tag{5.3.26}$$

【例 5.3.1】 试求单极性不归零码的功率谱密度，设"1"码概率 $P = \dfrac{1}{2}$，且 $g(t)$ 为矩形脉冲，

$$g(t) = \begin{cases} 1, & |t| \leq T_s/2 \\ 0, & \text{其他 } t \end{cases}$$

解：$g(t)$ 的傅里叶变换为

$$G(f) = T_s \left[\frac{\sin \pi f T_s}{\pi f T_s} \right]$$

由此，式（5.3.25）将变成

$$P_s(f) = \frac{1}{4} f_s T_s^2 \left[\frac{\sin \pi f T_s}{\pi f T_s} \right]^2 + \frac{1}{4}\delta(f) = \frac{T_s}{4}\text{Sa}^2(\pi f T_s) + \frac{1}{4}\delta(f) \tag{5.3.27}$$

【例 5.3.2】 试求双极性不归零码的功率谱密度，设"1"码概率 $P = \dfrac{1}{2}$，幅度为 ± 1。

解：由于双极性码中 $g_1(t) = -g_2(t) = g(t)$，$G(f) = T_s \left[\dfrac{\sin \pi f T_s}{\pi f T_s} \right]$，则有

$$P_s(f) = T_s \left[\dfrac{\sin \pi f T_s}{\pi f T_s} \right]^2 = T_s \mathrm{Sa}^2(\pi f T_s) \tag{5.3.28}$$

按照式（5.3.24）和式（5.3.25）还可以求出单极性归零码和双极性归零码的功率谱密度。图 5.3.2 画出了各种不同二进制码的功率谱密度。

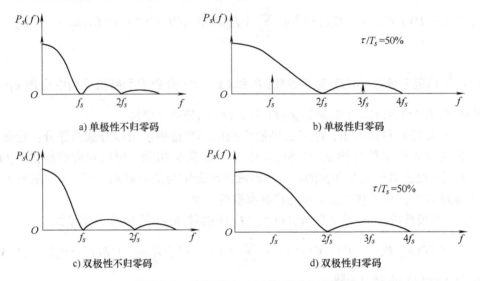

图 5.3.2　各种不同二进制码的功率谱密度

分析二进制的随机脉冲序列的功率谱密度有两个意义：①确定传输随机二进制脉冲序列所需要的带宽；②确定能否从序列中提取接收端所需的码元定时信息。

对于其他系列的功率谱密度也可用类似方法求得。如差分码，若对应的绝对码是统计独立，且"0""1"出现的概率相同，则差分码仍是统计独立且"0""1"等概率出现，所以它的功率谱密度与绝对码相同。

5.4　无码间干扰的数字基带系统

5.4.1　数字基带传输系统的模型

基带传输系统的一般组成如图 5.4.1 所示，主要由四部分组成：发送滤波器、信道、接收滤波器和抽样判决器。为了保证系统可靠有序的工作，还应有同步系统。

图 5.4.1 中各部分功能和信号的传输过程如下：

1) 信道信号形成器：也称为发送滤波器，它的功能是用来产生适合于信道传输的基带信号，一般情况下基带传输系统输入的基本波形是矩形脉冲，其频谱较宽，不利于传输。因此发送滤波器用于压缩输入信号的频带，把原始基带信号变换成适合于信道传输的基带信号。

2) 信道：基带传输系统的信道通常是有线信道，如双绞线、同轴电缆等。一般不满足

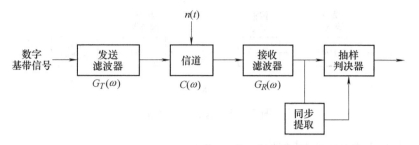

图 5.4.1 数字基带传输系统方框图

无失真传输的条件,因此会引起波形失真。另外信道中还要引入均值为 0 的加性高斯白噪声。

3) 接收滤波器:发送滤波器输出的信号经过信道,由于信道特性的不理想引起波形失真,再叠加上噪声,因此接收滤波器的输入波形与发送波形的差别较大,若立即进行抽样判决,则可能产生较多的错码,如果在抽样判决前先经过一个接收滤波器,该接收滤波器一方面滤除大量的带外噪声,另一方面又对失真的波形进行均衡,这样可大大提高系统的可靠性。

4) 抽样判决器:在规定时刻(由位定时脉冲控制)对接收滤波器的输出波形进行抽样判决,以恢复或再生基带信号。

5) 定时脉冲和同步提取:用来抽样的位定时脉冲依靠同步提取电路从接收到的信号中提取,位定时的准确与否直接影响判决效果和系统的误码率。

5.4.2 数字基带信号的传输过程

数字基带信号通过基带传输系统时,由于系统(主要是信道)传输特性不理想,会使信号波形发生畸变,或者由于信道中加性噪声的影响,也会造成信号波形的随机畸变,这些信号畸变会导致在接收端出现如图 5.4.2 所示的现象,这种现象称为码间干扰。

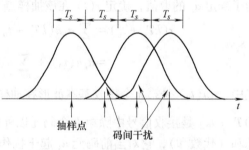

图 5.4.2 基带传输中的码间干扰

下面对数字基带信号的传输过程进行数学分析,用定量的关系式来表述基带信号的传输过程,目的是为了从数学上引出码间干扰的概念并得出减小或消除码间干扰的方法。

基带系统模型如图 5.4.3 所示,图中,$G_T(\omega)$、$C(\omega)$、$G_R(\omega)$ 分别为发送滤波器、信道及接收滤波器的传递函数,且令 $H(\omega)$ 为基带系统的传递函数。

$$H(\omega) = G_T(\omega) C(\omega) G_R(\omega) \tag{5.4.1}$$

其冲激响应为

$$h(t) = \frac{1}{2\pi} \int_{-\infty}^{\infty} H(\omega) e^{j\omega t} d\omega \tag{5.4.2}$$

设输入信号为 $d(t)$,为分析问题方便,设该信号为时间间隔为 T_s 的一系列冲激 $\delta(t)$ 所组成,$\{a_n\}$ 为发送滤波器的输入符号序列。在二进制的情况下,符号 a_n 取值为 0、1 或 -1、+1。

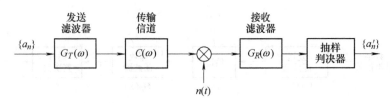

图 5.4.3 基带系统模型

为分析方便，把这个序列对应的基带信号表示成

$$d(t) = \sum_{n=-\infty}^{\infty} a_n \delta(t - nT_s) \tag{5.4.3}$$

该信号是由一系列时间间隔为 T_s 的 $\delta(t)$ 所组成，而每个 $\delta(t)$ 的强度由 a_n 决定。

信号通过信道时会产生波形畸变，同时还要叠加噪声。因此接收滤波器的输出信号可表示成

$$r(t) = d(t) * h(t) + n_R(t) = \sum_{n=-\infty}^{\infty} a_n \delta(t - nT_s) * h(t) + n_R(t)$$

$$= \sum_{n=-\infty}^{\infty} a_n h(t - nT_s) + n_R(t) \tag{5.4.4}$$

式中，$n_R(t)$ 为加性噪声，是 $n(t)$ 经过接收滤波器后输出的噪声。

然后，对 $r(t)$ 进行抽样判决就可确定所传输的数字序列 $\{a_n\}$，为了确定第 k 个码元 a_k 的取值，抽样时刻一般选取在 $t = kT_s + t_0$，t_0 是信号通过信道和接收滤波器产生的延迟时间。为了确定 a_k 的取值，确定 $r(t)$ 在该抽样点上的值。由式（5.4.4）可得

$$r(kT_s + t_0) = \sum_n a_n h(kT_s + t_0 - nT_s) + n_R(kT_s + t_0)$$

$$= a_k h(t_0) + \sum_{n \neq k} a_n h[(k-n)T_s + t_0] + n_R(kT_s + t_0) \tag{5.4.5}$$

式中，$a_k h(t_0)$ 是第 k 个接收基本波形在抽样时刻的取值，它是确定 a_k 的依据；$\sum_{n \neq k} a_n h[(k-n)T_s + t_0]$ 是接收信号中除第 k 个码元以外的其他所有码元基本波形在第 k 个抽样时刻上的总和（代数和），它对当前码元 a_k 起干扰作用，所以称为码间干扰，由于 a_n 是以概率出现的，所以码间干扰通常也是一个随机变量；$n_R(kT_s + t_0)$ 是输出噪声在抽样时刻的值，显然是一种随机干扰。

由于码间干扰和随机干扰的存在，故当 $r(kT_s + t_0)$ 加到判决电路时，对 a_k 的判决可能判对也可能判错。例如在传输二进制数字信号时，a_k 的可能取值为 "0" 和 "1"，若判决电路的判决门限为 V_d，这时的判决规则为：当 $r(kT_s + t_0) > V_d$ 时，判 a_k 为 "1"；当 $r(kT_s + t_0) < V_d$ 时，判 a_k 为 "0"。

显然，只有当码间干扰和随机干扰都很小时，才能保证上述判决的正确；当干扰及噪声严重时，则判错的可能性就很大。

由以上分析可见，影响基带脉冲可靠传输的有害因素有两个：码间干扰和信道噪声，而且二者都依赖于基带传输系统的传输函数 $H(\omega)$。但由于码间干扰和信道噪声产生的机理不同，为了简化分析，突出主要问题，重点讨论 $H(\omega)$ 应具有什么样的传输特性才能消除码间干扰。

5.4.3 无码间干扰的条件

由式（5.4.5）可知，要想消除码间干扰，应使式中第二项为0，即

$$\sum_{n \neq k} a_n h[(k-n)T_s + t_0] = 0 \quad (5.4.6)$$

由于式中的 a_k 是随机的，因而不能通过各项的相互抵消使码间干扰为0，而需要对 $h(t)$ 的波形提出要求。如果相邻码元的前一个码元的波形到达后一个码元的抽样判决时刻已经衰减为0，如图5.4.4a 所示，就能满足要求。但这样的波形不易实现，因为实际中 $h(t)$ 的波形有很长的"拖尾"，也正是由于每个码元的"拖尾"造成了对邻近码元的码间干扰，但只要让这种"拖尾"在 $T_s + t_0$、$2T_s + t_0$ 等后面码元的抽样判决时刻上恰好为0，就能消除码间干扰，如图5.4.4b 所示。这就是消除码间干扰的基本思想。

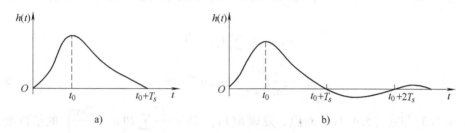

图 5.4.4　消除码间干扰的基本思想

根据前面的讨论，只要基带传输系统的冲激响应波形 $h(t)$ 仅在本码元的抽样时刻上有最大值，并在其他码元的抽样时刻上均为0，则可消除码间干扰。也就是说，若对 $h(t)$ 在 $t = kT_s$（这里假设信道和接收滤波器所造成的延迟 $t_0 = 0$）抽样，则应有下式成立

$$h(kT_s) = \begin{cases} 1 & k = 0 \\ 0 & k \text{ 为其他整数} \end{cases} \quad (5.4.7)$$

式（5.4.7）称为无码间干扰的时域条件。也就是说，若 $h(t)$ 的抽样值除了在 $t = 0$ 时不为0外，在其他所有抽样点上均为0，就不存在码间干扰。

$h(t)$ 是由基带系统 $H(\omega)$ 形成的传输波形。因此，如何形成无码间干扰的传输波形 $h(t)$ 实际是如何设计基带传输总特性 $H(\omega)$ 的问题。下面来寻找满足式（5.4.7）的 $H(\omega)$。

因为

$$h(t) = \frac{1}{2\pi} \int_{-\infty}^{\infty} H(\omega) e^{j\omega t} d\omega \quad (5.4.8)$$

所以在 $t = kT_s$ 时，有

$$h(kT_s) = \frac{1}{2\pi} \int_{-\infty}^{\infty} H(\omega) e^{j\omega kT_s} d\omega \quad (5.4.9)$$

现把式（5.4.9）的积分区间用分段积分求和代替，每段长为 $2\pi/T_s$，则可得

$$h(kT_s) = \frac{1}{2\pi} \sum_i \int_{(2i-1)\pi/T_s}^{(2i+1)\pi/T_s} H(\omega) e^{j\omega kT_s} d\omega \quad (5.4.10)$$

作变量代换：令 $\omega' = \omega - \dfrac{2i\pi}{T_s}$，则有 $d\omega' = d\omega$，$\omega = \omega' + \dfrac{2i\pi}{T_s}$。且当 $\omega = \dfrac{(2i \pm 1)\pi}{T_s}$ 时，

$\omega' = \pm \dfrac{\pi}{T_s}$，于是

$$h(kT_s) = \dfrac{1}{2\pi}\sum_i \int_{-\pi/T_s}^{\pi/T_s} H\left(\omega' + \dfrac{2i\pi}{T_s}\right) e^{j\omega' kT_s} e^{j2\pi ik} d\omega'$$

$$= \dfrac{1}{2\pi}\sum_i \int_{-\pi/T_s}^{\pi/T_s} H\left(\omega' + \dfrac{2i\pi}{T_s}\right) e^{j\omega' kT_s} d\omega'$$

当上式右边一致收敛时，求和与积分的顺序可以互换，于是上式可写成

$$h(kT_s) = \dfrac{1}{2\pi}\int_{-\pi/T_s}^{\pi/T_s} \sum_i H\left(\omega + \dfrac{2i\pi}{T_s}\right) e^{j\omega kT_s} d\omega \tag{5.4.11}$$

这里，已把变量 ω' 重新换为 ω。

由傅里叶级数可知，若 $F(\omega)$ 是周期为 $2\pi/T_s$ 的频率函数，则可用指数型傅里叶级数表示

$$F(\omega) = \sum_n f_n e^{-jn\omega T_s}$$

$$f_n = \dfrac{T_s}{2\pi}\int_{-\pi/T_s}^{\pi/T_s} F(\omega) e^{j\omega n T_s} d\omega \tag{5.4.12}$$

将式（5.4.12）与式（5.4.11）对照，发现 $h(kT_s)$ 就是 $\dfrac{1}{T_s}\sum_i H\left(\omega + \dfrac{2i\pi}{T_s}\right)$ 的指数型傅里叶级数的系数，即有

$$\dfrac{1}{T_s}\sum_i H\left(\omega + \dfrac{2i\pi}{T_s}\right) = \sum_k h(kT_s) e^{-j\omega kT_s} \tag{5.4.13}$$

在式（5.4.7）无码间干扰时域条件的要求下，得到无码间干扰时的基带传输特性应满足

$$\dfrac{1}{T_s}\sum_i H\left(\omega + \dfrac{2i\pi}{T_s}\right) = 1 \quad |\omega| \leq \dfrac{\pi}{T_s} \tag{5.4.14}$$

或写成

$$\sum_i H\left(\omega + \dfrac{2i\pi}{T_s}\right) = T_s \quad |\omega| \leq \dfrac{\pi}{T_s} \tag{5.4.15}$$

即无码间干扰的基带传输特性应满足

$$H_{eq}(\omega) = \begin{cases} \sum_i H\left(\omega + \dfrac{2i\pi}{T_s}\right) = T_s & |\omega| \leq \dfrac{\pi}{T_s} \\ 0 & |\omega| > \dfrac{\pi}{T_s} \end{cases} \tag{5.4.16}$$

凡是基带系统的总特性 $H(\omega)$ 能符合 $H_{eq}(\omega)$ 要求的，均能消除码间干扰。该条件称为奈奎斯特（Nyquist）第一准则。它提供了检验一个给定的基带传输系统特性 $H(\omega)$ 是否存在码间干扰的方法。

式（5.4.16）的物理意义是：将 $H(\omega)$ 在 ω 轴上以 $2\pi/T_s$ 为间隔断开，然后分段沿 ω 轴平移到 $\left(-\dfrac{\pi}{T_s}, \dfrac{\pi}{T_s}\right)$ 区间内，将它们进行叠加，叠加后为一常数（不一定是 T_s），一般称为等效低通特性。这个过程可归述为：一个实际的 $H(\omega)$ 特性若能等效成一个理想（矩形）低通传输特性，则可实现无码间干扰传输。

例如，图 5.4.5 中的 $H(\omega)$ 是关于 $\omega = \pm\pi/T_s$ 呈奇对称的低通滤波器特性，经过切割、平移、叠加，可得

$$H_{eq}(\omega) = \sum_i H\left(\omega + \frac{2i\pi}{T_s}\right) = H\left(\omega - \frac{2\pi}{T_s}\right) + H(\omega) + H\left(\omega + \frac{2\pi}{T_s}\right) = T_s \quad |\omega| \leq \frac{\pi}{T_s}$$

故该 $H(\omega)$ 满足式（5.4.16）的要求，具有等效理想低通特性，所以它是无码间干扰的 $H(\omega)$。

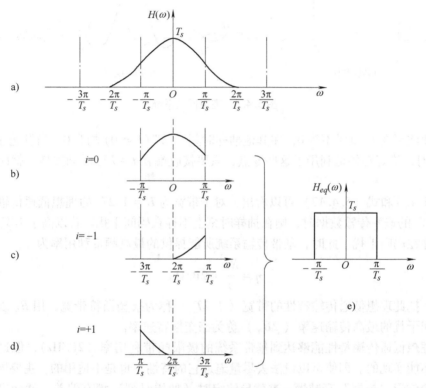

图 5.4.5 等效理想低通特性的构成

满足等效理想低通特性的传递函数有无数多种。通过分析可知，只要传递函数在 $\pm\pi/T_s$ 处满足奇对称的要求，不管 $H(\omega)$ 的形式如何，都可以消除码间干扰。

5.4.4 无码间干扰的传输特性设计

1. 理想低通传输特性

满足奈奎斯特第一准则的 $H(\omega)$ 有很多种，容易想到的极限情况是理想低通传输特性，即传递函数直接满足式（5.4.16）的要求。

$$H(\omega) = \begin{cases} T_s & |\omega| \leq \dfrac{\pi}{T_s} \\ 0 & |\omega| > \dfrac{\pi}{T_s} \end{cases} \quad (5.4.17)$$

如图 5.4.6a 所示。它的冲激响应为

$$h(t) = \frac{1}{2\pi}\int_{-\infty}^{\infty} H(\omega)\mathrm{e}^{\mathrm{j}\omega t}\mathrm{d}\omega = \mathrm{Sa}\left(\frac{\pi t}{T_s}\right) \qquad (5.4.18)$$

如图 5.4.6b 所示（为简单起见设网络时延 $t_0 = 0$）。

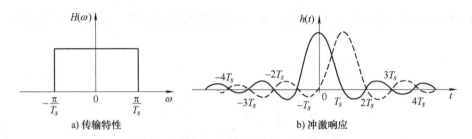

a) 传输特性　　　　　　　　　b) 冲激响应

图 5.4.6　理想低通系统

可见此波形在 $t=0$ 时不为 0，在其他抽样时刻 $t=kT_s(k\neq 0)$ 均为 0。当发送序列的时间间隔为 T_s 时，恰好巧妙地利用了这些零点，只要接收端在 $t=kT_s$ 时刻抽样，就能实现无码间干扰。

由图 5.4.6 和式 (5.4.17) 可以看出，对于带宽为 $B=1/2T_s$ 的理想低通传输特性，若以 $R_B=1/T_s$ 的速率传输数据时，则在抽样时刻上不存在码间干扰。若以高于 $1/T_s$ 的速率传输时，将存在码间干扰。此时，基带传输系统所能提供的最高频带利用率为

$$\eta = \frac{R_B}{B} = 2\mathrm{B/Hz} \qquad (5.4.19)$$

通常，把此理想低通传输特性的带宽（$1/2T_s$）称为奈奎斯特带宽，用 B_N 表示；将该系统无码间干扰的最高传输速率（$2B_N$）称为奈奎斯特速率。

虽然理想低通传输特性能够达到基带系统的极限频带利用率（2B/Hz），但这种特性在工程上是不能实现的。即使可以设法去尽量逼近它的特性，也是不适用的。主要原因是由于这种特性的波形"拖尾"衰减慢，这就导致定时（抽样时刻）稍有偏差，就会出现严重的码间干扰。

理想低通传输特性虽然不能实现，但在理论上它不但能实现无码间干扰且具有最高的频带利用率。这种理论具有指导意义，它能启发人们去寻找物理可实现的无码间干扰的基带传输系统。

2. 余弦滚降特性

理想低通传输特性是人们所追求的网络特性，它不仅能够消除码间干扰，而且能够达到性能极限，然而它却是非物理可实现的。由现代滤波理论可知，若对理想低通的锐截止特性进行适当的"圆滑"，也常称为滚降，即把锐截止变成缓慢截止，这样的传输特性是物理可实现的。

基带传输特性的"圆滑"程度一般用滚降系数来衡量。定义滚降系数为

$$\alpha = \frac{\omega_\Delta}{\omega_N} \qquad (5.4.20)$$

式中，$\omega_N = 2\pi B_N$ 为奈奎斯特带宽（单位为 rad/s）；ω_Δ 是超出奈奎斯特带宽的扩展量。奇对称的余弦滚降特性如图 5.4.7 所示。显然，$0 \leq \alpha \leq 1$。不同的 α 有不同的滚降特性。

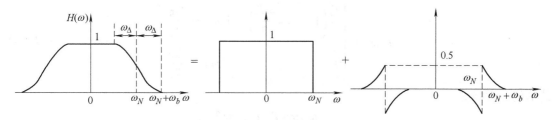

图 5.4.7 奇对称的余弦滚降特性

一种常用的滚降特性是余弦滚降特性,如图 5.4.7 所示,只要 $H(\omega)$ 在滚降段中心频率处(与奈奎斯特带宽 ω_N 相对应)成奇对称的振幅特性,就必然满足奈奎斯特第一准则,从而实现无码间干扰传输。这种设计也可以看成是理想低通特性以奈奎斯特带宽 ω_N 为中心,按奇对称条件进行滚降的结果。按余弦特性滚降的传输函数 $H(\omega)$ 可表示为

$$H(\omega) = \begin{cases} T_s & 0 \leq |\omega| < \dfrac{(1-\alpha)\pi}{T_s} \\ \dfrac{T_s}{2}\left[1 + \sin\dfrac{T_s}{2\alpha}\left(\dfrac{\pi}{T_s} - \omega\right)\right] & \dfrac{(1-\alpha)\pi}{T_s} \leq |\omega| < \dfrac{(1+\alpha)\pi}{T_s} \\ 0 & |\omega| \geq \dfrac{(1+\alpha)\pi}{T_s} \end{cases} \quad (5.4.21)$$

其相应的 $h(t)$ 为

$$h(t) = \dfrac{\sin\pi t/T_s}{\pi t/T_s} \dfrac{\cos\alpha\pi t/T_s}{1 - 4\alpha^2 t^2/T_s^2} \quad (5.4.22)$$

图 5.4.8 画出了滚降系数 α 分别为 0、0.5、0.75、1 时的几种滚降特性和冲激响应。可见 α 越大,$h(t)$ 的拖尾衰减越快,对定时精度要求越低。但是,所需的带宽越大,频带利用率越低,因此,余弦滚降系统的最高频带利用率为

$$\eta = \dfrac{R_B}{B} = \dfrac{2B_N}{(1+\alpha)B_N} = \dfrac{2}{1+\alpha} \quad (5.4.23)$$

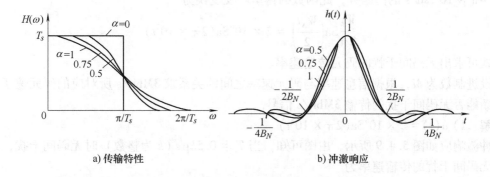

a) 传输特性　　　b) 冲激响应

图 5.4.8 余弦滚降系统

由图 5.4.8 可见,当 $\alpha = 0$ 时,即为前面所讨论的理想低通传输特性;当 $\alpha = 1$ 时,就是在图 5.4.5 中所示的升余弦频谱特性,这时 $H(\omega)$ 可以表示为

$$H(\omega) = \begin{cases} \dfrac{T_s}{2}\left(1 + \cos\dfrac{\omega T_s}{2}\right) & |\omega| \leq \dfrac{2\pi}{T_s} \\ 0 & |\omega| > \dfrac{2\pi}{T_s} \end{cases} \quad (5.4.24)$$

其单位冲激响应为

$$h(t) = \frac{\sin\pi t/T_s}{\pi t/T_s} \frac{\cos\pi t/T_s}{1 - 4t^2/T_s^2} \quad (5.4.25)$$

由图 5.4.8 和式（5.4.25）可知，$\alpha = 1$ 的升余弦滚降特性的 $h(t)$ 满足抽样点上无码间干扰的传输条件，且各抽样值之间又增加了一个零点，而且它的"拖尾"衰减较快（与 t^2 成反比），这有利于减小码间干扰和定时误差的影响。但这种系统所占的频带最宽，是理想低通系统的两倍，因而频带利用率为 1B/Hz，是基带系统最高利用率的一半。

【例 5.4.1】 已知二元码的数据传输速率为 56kbit/s 且采用基带信道传输，若按以下几种滚降系数设计实际余弦信道，求其相应的信道带宽。

1) $\alpha = 0.25$；2) $\alpha = 0.5$；3) $\alpha = 0.75$；4) $\alpha = 1$。

解： 因为二进制码元的传输速率

$$R_b = 56\text{kbit/s}$$

则采用理想信道时的奈奎斯特带宽为

$$B_N = R_b/2 = 28\text{kHz}$$

而对于升余弦的实际信道可根据公式

$$B = (\alpha + 1)B_N$$

分别求出四种情况下相对应的信道带宽为

1) 35kHz；2) 42kHz；3) 49kHz；4) 56kHz。

【例 5.4.2】 某基带系统的传输特性是截止频率为 1MHz、幅度为 1 的理想低通滤波器。

1) 试根据无码间干扰的时域条件求此基带系统无码间干扰的码元速率。

2) 设此系统的信息速率为 3Mbit/s，能否实现无码间干扰传输？

思路： 此题需求解系统的冲激响应。由于此系统的传输特性是一个幅度为 1、宽度为 $W_N = 4\pi \times 10^6$ rad/s 的门函数，此函数的傅里叶反变换为

$$\frac{W_N}{2\pi}\text{Sa}\left(\frac{W_N t}{2}\right) = 2 \times 10^6 \text{Sa}(2\pi \times 10^6 t)$$

由上式可求出无码间干扰的码元传输速率。

设进制数为 M，根据信息速率与码元速率之间的关系求 3Mbit/s 所对应的码元速率，从而判断能否无码间干扰的传输 3Mbit/s 信号。

解： 1) $h(t) = 2 \times 10^6 \text{Sa}(2\pi \times 10^6 t)$

冲激响应如图 5.4.9 所示，由图可知，当 $T_s = 0.5k\mu s$（k 为整数）时无码间干扰，即此系统无码间干扰的传输速率为

$$R_B = \frac{1}{T_s} = \frac{2}{k}$$

无码间干扰的最大传输速率为 2MBaud。

2) 设传输独立等概率的 M 进制信号，则

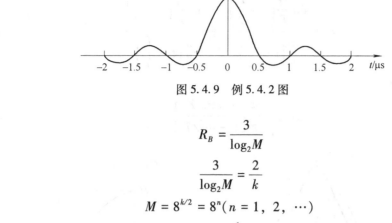

图 5.4.9 例 5.4.2 图

$$R_B = \frac{3}{\log_2 M}$$

令
$$\frac{3}{\log_2 M} = \frac{2}{k}$$

得
$$M = 8^{k/2} = 8^n (n = 1, 2, \cdots)$$

即当传输 8^n 进制符号时，码元速率 $R_B = \frac{1}{n}$，可以满足无码间干扰条件。

由例 5.4.2 可知，若基带系统是带宽为 B_N 的理想低通滤波器，则无码间干扰的最高码元速率为 $2B_N$，系统的频带利用率为 $2B_N$，常称 $2B_N$ 为奈奎斯特速率。当实际的码元速率等于无码间干扰最高速率的 $1/k$（k 为整数）时，系统无码间干扰。若实际码元速率虽然小于无码间干扰的最大传输速率，但不是其 $1/k$ 倍，则系统仍然存在码间干扰。

5.5 部分响应系统

通过前面的讨论可知，要想消除码间干扰，可将基带传输系统总特性 $H(\omega)$ 设计成理想低通特性或等效理想低通特性。对于理想低通特性，若以 $H(\omega)$ 带宽 B_N 的两倍作为码元传输速率，不仅能消除码间干扰，还能实现 2Baud/Hz 的极限频带利用率。但理想低通传输特性实际上是无法实现的，即使能实现，它的冲激响应"拖尾"振荡幅度大、衰减收敛慢，因而对抽样判决使用的定时脉冲要求十分严格，稍有偏差就会造成严重的码间干扰。于是又提出升余弦特性，这种特性的冲激响应虽然"拖尾"振荡幅度减小，对定时脉冲也可放松要求，又是物理可实现，然而频带利用率却下降了，达不到 2Baud/Hz 的频带利用率。

那么，能否找到一种频带利用率高、"拖尾"衰减大、收敛快且物理可实现的传输波形呢？下面将给出这种波形，通常把这种波形称为部分响应波形，形成部分响应波形的技术称为部分响应技术，利用这类波形进行传送的基带传输系统称为部分响应系统。

部分响应系统的基本思想是，人为地在一个以上的码元宽度内引入一定数量的码间干扰，这种干扰是有规律的。这样做能够改变数字脉冲序列的频谱分布，因而达到压缩传输频带，提高频带利用率的目的。近年来在高速、大容量传输系统中，部分响应基带传输系统得到推广与应用，又与频移键控（FSK）或相移键控（PSK）相结合，可以获得良好的性能。

5.5.1 第 I 类部分响应系统

为说明部分响应波形的一般特性，先从一个实例谈起。由于 $\sin x/x$ 波形具有理想矩形的频谱，现在让两个时间上相隔一个码元时间 T_s 的 $\sin x/x$ 波形相加，如图 5.5.1a 所示，则相

加后的时间波形 $g(t)$ 为

$$g(t) = \frac{\sin\frac{\pi}{T_s}\left(t+\frac{T_s}{2}\right)}{\frac{\pi}{T_s}\left(t+\frac{T_s}{2}\right)} + \frac{\sin\frac{\pi}{T_s}\left(t-\frac{T_s}{2}\right)}{\frac{\pi}{T_s}\left(t-\frac{T_s}{2}\right)} \tag{5.5.1}$$

经简化后，可得

$$g(t) = \frac{4}{\pi}\left[\frac{\cos\pi t/T_s}{1-4t^2/T_s^2}\right] \tag{5.5.2}$$

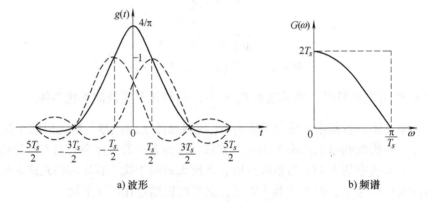

a) 波形 b) 频谱

图 5.5.1 第 I 类部分响应信号

可见

$$\begin{cases} g(0) = 4/\pi \\ g\left(\pm\dfrac{T}{2}\right) = 1 \\ g\left(\dfrac{kT_s}{2}\right) = 0 \quad k = \pm 3, \pm 5, \cdots \end{cases} \tag{5.5.3}$$

显然，它的频谱 $G(\omega)$ 是余弦型的，如图 5.5.1b 所示（只画正频率部分）。

$$G(\omega) = \begin{cases} 2T_s\cos\dfrac{\omega T_s}{2} & |\omega| \leq \dfrac{\pi}{T_s} \\ 0 & |\omega| > \dfrac{\pi}{T_s} \end{cases} \tag{5.5.4}$$

$g(t)$ 的频谱仍限制在 $(-\pi/T_s, \pi/T_s)$ 内，因为它的每一个相加波形均限制在这个范围内。下面来看 $g(t)$ 的波形特点。

由式（5.5.2）可知，$g(t)$ 的"拖尾"幅度随 t 按 $1/t^2$ 变化，即 $g(t)$ 的"拖尾"幅度与 t^2 成反比，这说明它比 $\sin t/t$ 波形收敛快、衰减也大；若用 $g(t)$ 作为传送波形，且传输码元间隔为 T_s，则在抽样时刻上仅发送码元与其前码元相互干扰，而与其他码元不发生干扰，如图 5.5.2 所示。表面看来，由于前后码元的干扰很大，故似乎无法按 $1/T_s$ 的速率进行传送。但进一步分析表明，由于这时的"干扰"是确定的，故仍然可以每秒传送 $1/T_s$ 个码元，频带利用率仍为 2B/Hz。

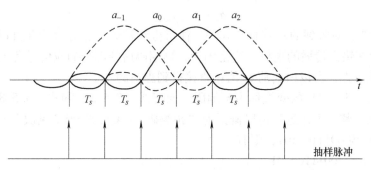

图 5.5.2 码元发生干扰的示意图

设输入的二进制码元序列为 $\{a_k\}$，并设 a_k 的取值为 +1 和 0，这样，当发送码元为 a_k 时，接收波形 $g(t)$ 在相应抽样时刻上获得的值 c_k 可由下式确定

$$c_k = a_k + a_{k-1} \tag{5.5.5}$$

或有

$$a_k = c_k - a_{k-1} \tag{5.5.6}$$

式中，a_{k-1} 表示 a_k 的前一码元在第 k 个时刻的抽样值。不难验证，c_k 将可能取 0、1、2 这三个数值。如果前一码元 a_{k-1} 码元已经判定，则借助式（5.5.6）在接收端根据收到的 c_k 再减去 a_{k-1}，便可得到 a_k 的取值。这种判决方法虽然在理论上可行，但在传输过程中，只要一个码元发生错误，这种错误就会相继影响到以后的码元，这种现象称为错码传播。

从上面的例子可以看到，实际中确实还能找到频带利用率高（达到 2B/Hz）、"拖尾"衰减大且收敛也快的传送波形。而且在上述例子中，码间干扰却受到利用（或者说受到控制）。这说明，利用存在一定码间干扰的波形，有可能达到充分利用频带效率和使"拖尾"振荡衰减加快的目的。

现在仍然以上面的例子来介绍一种比较实用的部分响应系统。在这种系统里，接收端无须预先已知前一码元的判定值，而且也不存在错码传播现象。通常，在这种系统中对输入原始信息序列进行预编码，使要传输数据序列即绝对码 a_k 变成相对码 b_k，然后再进行部分响应编码，这种方式不但可以消除错码传播，还可使接收系统变得简单。

首先，让发送端的 a_k 变成 b_k，即预编码规则是

$$b_k = a_k \oplus b_{k-1} \tag{5.5.7}$$

式中，$\oplus$ 代表模 2 加。

由此例可看出，$\{a_k\}$ 是独立的随机序列，利用式（5.5.7）的变换所得到的 $\{b_k\}$ 是一个新的随机序列，这种作为预编码的变换就是相对码变换。因为，当 a_k 为 "0" 时，b_k 和 b_{k-1} 相同；当 a_k 为 "1" 时，b_k 和 b_{k-1} 相异。通过这样的变换，b_k 不仅取决于对应的 a_k，而且与 b_{k-1} 有关，也就是有了相关性。然后把 $\{b_k\}$ 作为发送滤波器的输入码元序列，形成由式（5.5.7）决定的 $g(t)$ 波形序列，于是参照式（5.5.5）可得到

$$c_k = b_k + b_{k-1} \tag{5.5.8}$$

这样就形成一个新的数字信号序列 $\{c_k\}$。显然，对式（5.5.8）进行模 2 处理，则有

$$[c_k]_{\mathrm{mod}2} = [b_k + b_{k-1}]_{\mathrm{mod}2} = b_k \oplus b_{k-1} = a_k$$

即

$$a_k = [c_k]_{\text{mod}2} \tag{5.5.9}$$

式（5.5.9）表明，对收到的 c_k 作模2处理后便可得到发送端的 a_k，由于此时不需预先知道 a_{k-1}，因而不存在错码传播的现象。这是因为，预编码后的部分响应信号各抽样值之间解除了码元之间的相关性，所以由当前 c_k 值可直接得到当前的 a_k。

通常，把式（5.5.7）的变换称为预编码，而把式（5.5.5）和式（5.5.8）的关系称为相关编码。因此，整个上述过程可以概括为"预编码-相关编码-模2判决"过程。

例如，设 a_k 为 0011100101，则有

发　a_k　　0011100101
　　b_{k-1}　0001011100
　　b_k　　0010111001
　　c_k　　0011122101
收　a_k'　　0011100101

此时的判决规则为

$$c_k = 0 \text{ 或 } 2 \text{ 时，判 } a_k = 0$$
$$c_k = 1 \text{ 时，判 } a_k = 1$$

从形式上看 c_k 有三种电平取值，但从本质上说它仍然是二进制码元，因此又把 $\{c_k\}$ 称为伪三进制序列。

上面讨论的属于第Ⅰ类部分响应波形，其系统原理框图如图5.5.3a所示，实际系统方框图如图5.5.3b所示，其中除增加发送和接收低通滤波器（截止频率均为 B_N）外，还将图5.5.3a中两个时延电路合为一个简化电路。

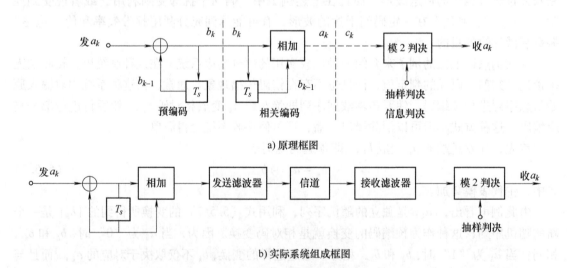

图5.5.3　第Ⅰ类部分响应系统组成框图

因为在这个系统里频带利用率达到了2B/Hz，与滚降系数 $a = 1$ 的传输系统（升余弦频谱的低通信号）比较，频带利用率提高了一倍，故习惯上称这种二进制传输系统为双二进制系统。上述码变换的结果还可以使传输序列在一定程度上具有检测误码的能力。检测方法是：当 $\{a_k\}$ 中相邻两个"0"之间"1"的个数是奇数时，则此两个"0"的码元 a_k 经码变

换后所对应的 c_k 一定是取不同的电平，一个为"0"时，另一个则为"2"，如

$$\{a_k\}: \cdots 010 \cdots$$
$$\{c_k\}: \cdots 012 \cdots$$

而当相邻的两个"0"之间"1"的个数是偶数时，经码变换后所对应的 c_k 电平状态一定相同，要么都对应为"0"，要么都是"2"，如

$$\{a_k\}: \cdots 0110 \cdots$$
$$\{c_k\}: \cdots 0110 \cdots$$
$$\text{或} \quad \cdots 2112 \cdots$$

由于经过了码变换造成双二进制码元间的相关性，因而使序列 $\{c_k\}$ 的码型具有了一定的规律，这就使双二进制传输序列具备了一定的检错能力。

5.5.2 第Ⅳ类部分响应系统

第Ⅰ类部分响应信号的频谱是余弦形的，因此，其对应的随机码功率谱密度也是这样的形状。其频率越低，功率谱密度越大。这对于某些低频特性不好的信道来说，传输这样的信号会带来失真。另外，如果基带信号还要经过单边带调制，则要求基带信号的低频分量越小越好。因此，希望得到一个正弦形的频谱信号。要想达到这一目的，需采用第Ⅳ类部分响应编码技术，其响应信号如图 5.5.4 所示。将时间间隔为 $2T_s$ 的两个 $\sin x/x$ 波形相减作为基本传输信号 $g(t)$，即

$$g(t) = \frac{\sin \dfrac{\pi}{T_s} t}{\dfrac{\pi}{T_s} t} - \frac{\sin \dfrac{\pi}{T_s}(t-2T_s)}{\dfrac{\pi}{T_s}(t-2T_s)} \tag{5.5.10}$$

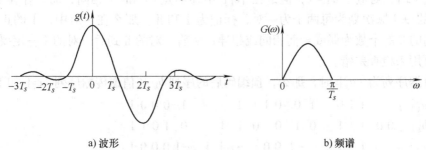

a) 波形   b) 频谱

图 5.5.4 第Ⅳ类部分响应信号

由此可得

$$\begin{cases} g(0) = 1 \\ g(2T_s) = -1 \\ g(kT_s) = 0 \quad k \neq 0, 2; \ k = \pm 1, -2, \pm 3, \cdots \end{cases} \tag{5.5.11}$$

这里相关性联系前后三个码元，不涉及更广范围，当发送端发出一个"1"时，接收端的响应将是"1 0 -1"。从式（5.5.10）可以看出，当 t 相当大时，波形的"尾巴"按 t^2 的规律衰减。

此系统传递函数为

$$G(\omega) = \begin{cases} 2T_s \sin\omega T_s & |\omega| \leq \dfrac{\pi}{T_s} \\ 0 & |\omega| > \dfrac{\pi}{T_s} \end{cases} \quad (5.5.12)$$

可见 $g(t)$ 的低频部分幅度较小，满足实用上的需要。第Ⅳ类部分响应技术的预编码规则为

$$b_k = a_k \oplus b_{k-2} \quad (5.5.13)$$

a_k 与 b_k 有 0、1 两种状态，用 0、1 两种电平表示。相关编码规则是

$$c_k = b_k - b_{k-2} \quad (5.5.14)$$

c_k 有三种电平：+1, 0, -1。

从式 (5.5.13) 可见，当 $a_k = 0$，b_k 与 b_{k-2} 相同；当 $a_k = 1$，b_k 与 b_{k-2} 不同。由此可得判决规则

$$c_k = \begin{cases} 1 \text{ 或} -1 & \text{判 } a_k' = 1 \\ 0 & \text{判 } a_k' = 0 \end{cases} \quad (5.5.15)$$

可由 c_k 恢复 a_k。下面举例说明。设 a_k 为 0011100101，则有

发 a_k 0 0 1 1 1 0 0 1 0 1
       b_{k-2} 0 0 0 1 1 0 1 0 0 0 0 0
       b_k 0 0 1 1 0 1 0 0 0 1
       c_k 0 0 1 1 -1 0 0 -1 0 1
收 a_k' 0 0 1 1 1 0 0 1 0 1

这种第Ⅳ类部分响应编码又称改进的双二进制编码。与延迟一个 T_s 的双二进制比较，接收方法和判决规则类似，只要在这里需以 b_{k-2} 代替 b_{k-1}，用减法器代替加法器即可实现。

虽然 $c_k = \pm 1$，对应于 $a_k' = 1$，但是在 $\{c_k\}$ 中却不是 +1 和 -1 相间，而是存在下列规律：把 $\{c_k\}$ 中的 ± 1 顺次划为每两个为一对，标记为Ⅰ和Ⅱ，那么在一对中，Ⅰ的正负号视这两个 1 中间的 0 的个数为偶或奇而相同或相异；从前一对的Ⅱ到后一对的Ⅰ一定要变号，这个规律也可用来检查差错。

例如数据序列为 $\{a_k\}$ 时，那么，预编码后的序列 b_k 和信道传输序列 $\{c_k\}$ 如下

$\{a_k\}$:   1 1 0   1 0   0 1 1 1   1 0 0 0 1
$\{b_k\}$: 0 0 1 1 1   0 1 0   0 1 1   0 1 0 1 1
$\{c_k\}$:   1   1 0   -1 0 0   -1 1 1   -1 0 0 0 1
（配对）   Ⅰ   Ⅱ   Ⅰ   Ⅱ Ⅲ   Ⅰ   Ⅱ

从前面的讨论可以看出：信道频带被限制于奈氏频带 B_N，而信号速率是 $\dfrac{1}{T_s} = 2B_N$，的确达到了极限，并且克服了理想低通传输系统的缺陷。但是，从在信道上传输的序列 $\{c_k\}$ 可以看出，这里的改进双极制，存在着 +1 至 -1 或相反的电平跃变，因而眼图的水平张开度将比普通的二进制或双二进制的小。同时，在正负峰值电平相同的情况下比较，判决电平比普通二进制小，所以为获得相同的误码率，信噪比要提高。

值得指出的是，第Ⅳ类部分响应系统的信号频谱的两个零点（见图 5.5.4b）$\omega = 0$ 和 $\omega_N = \pi/T_s$，将为实际采用这种形成系统的单边带传输提供了传输相干载波和定时信息的位置。由于信号在这些零点附近的功率很小，可以使信号和导频之间的干扰被减到很小。图

5.5.5 给出第Ⅳ类部分响应系统组成框图。

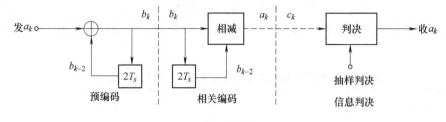

a) 原理框图

b) 实际系统组成框图

图 5.5.5　第Ⅳ类部分响应系统组成框图

5.5.3　部分响应关系的推广

一般情况下，部分响应波形是式（5.5.1）形式的推广，即

$$g(t) = R_1 \frac{\sin\frac{\pi}{T_s}t}{\frac{\pi}{T_s}t} + R_2 \frac{\sin\frac{\pi}{T_s}(t-T_s)}{\frac{\pi}{T_s}(t-T_s)} + \cdots + R_N \frac{\sin\frac{\pi}{T_s}[t-(N-1)T_s]}{\frac{\pi}{T_s}[t-(N-1)T_s]} \quad (5.5.16)$$

这是 N 个时间间隔为 T_s 的 $\sin x/x$ 波形之和，其中 R_1，R_2，…，R_N 为 N 个 $\sin x/x$ 波形的加权系数，其取值为包括 0 在内的正、负整数。由式（5.5.16）可得 $g(t)$ 的频谱函数 $G(\omega)$ 为

$$G(\omega) = \begin{cases} T_s \sum_{m=1}^{N} R_m e^{-j\omega(m-1)T_s} & |\omega| \leq \frac{\pi}{T_s} \\ 0 & |\omega| > \frac{\pi}{T_s} \end{cases} \quad (5.5.17)$$

显然，$G(\omega)$ 的频谱在 $(-\pi/T_s, \pi/T_s)$ 内才有非 0 值。

根据加权系数 $R_m(m=1, 2, \cdots, N)$ 的取值不同，可形成不同类别的部分响应系统。目前，常见的部分响应系统有五类，其定义及各类波形，频谱见表 5.5.1，为了便于比较，将 $\sin x/x$ 的理想取样函数也列入表内，并称其为第 0 类部分响应波形。

无论是哪一类部分响应系统，都需经过"预编码-相关编码-判决"过程。但 R_m 的取值不同，将会有不同的预编码和相关编码形式。在目前情况下，预编码是完成下述运算

$$a_k = R_1 b_k + R_2 b_{k-1} + \cdots + R_N b_{k-(N-1)} \quad (5.5.18)$$

注意，这里的"+"指"模 L 相加"，因为 a_k 和 b_k 已假设为 L 进制。

然后，将 b_k 进行相关编码

$$c_k = R_1 b_k + R_2 b_{k-1} + \cdots + R_N b_{k-(N-1)} \quad \text{（算术加）} \quad (5.5.19)$$

在对 c_k 作模 $L(\mathrm{mod}L)$ 处理,则有

$$[c_k]_{\mathrm{mod}L} = [R_1 b_k + R_2 b_{k-1} + \cdots + R_N b_{k-(N-1)}]_{\mathrm{mod}L} = a_k \qquad (5.5.20)$$

此时不存在错码传播的问题,而且接收端的译码也十分简单,只需对 c_k 按模 L 判决即可得到 a_k。

表 5.5.1 各类部分响应波形的比较(二进制输入的情况)

类别	R_1	R_2	R_3	R_4	R_5	$g(t)$	$\lvert G(\omega)\rvert,\ \lvert\omega\rvert\leq\dfrac{\pi}{T_s}$	二进输入时 c_k 的电平数
0	1							2
I	1	1					$2T_s\cos\dfrac{\omega T_s}{2}$	3
II	1	2	1				$4T_s\cos^2\dfrac{\omega T_s}{2}$	5
III	2	1	-1				$2T_s\cos\dfrac{\omega T_s}{2}\sqrt{5-4\cos\omega T_s}$	5
IV	1	0	-1				$2T_s\sin\omega T_s$	3
V	-1	0	2	0	-1		$4T_s\sin^2\omega T_s$	5

从表中看出,各类 $g(t)$ 的频谱 $G(\omega)$ 在 π/T_s 处为零,并且有的 $G(\omega)$ 在零频处也出现零点(见 IV、V 类)。通过相关编码技术实现的频谱结构的变化,对实际系统提供了有用的条件。在实际应用中,第 IV 类部分响应应用的最广。

采用部分响应波形,能实现 2Baud/Hz 的频带利用率,而且通常它的"拖尾"衰减大、收敛快,还可实现简单频谱结构的变化。

最后需要指出,由于当输入数据为 L 进制时,部分响应波形的相关编码电平数要超过 L

个。因此，在同样输入信噪比条件下，部分响应系统的抗噪声性能将比零类响应系统的要差。这表明，为获得部分响应系统的优点，就需要花费一定的代价（可靠性下降）。

5.6 数字基带传输系统的抗噪声性能

前面讨论了在不考虑信道噪声的情况下基带传输系统无码间干扰的传输条件，下面讨论在无码间干扰的情况下，信道噪声对基带传输系统的影响，假设信道噪声是均值为 0 的加性高斯白噪声。

5.6.1 数字基带信号的接收

如果基带传输系统既无码间干扰又无信道噪声，则抽样判决器就能无差错地恢复出原发送的数字基带信号。但如果信道中存在加性噪声时，即使无码间干扰，抽样判决电路的输出也很难做到"无差错"恢复。图 5.6.1 分别画出了无噪声和有噪声时抽样判决电路的输入波形。其中图 5.6.1a 是既无码间干扰又无噪声影响时的信号波形，而图 5.6.1b 则是图 5.6.1a 波形叠加上噪声后的混合波形。这时判决门限选在 0 电平，判决规则是：若抽样值大于 0 电平，判为"1"码；若抽样值小于 0 电平，则判为"0"码。不难看出，对图 5.6.1a 所示波形能够无差错地恢复原基带信号，但对图 5.6.1b 所示波形就可能出现错误（图中带"×"的码元是错码）。

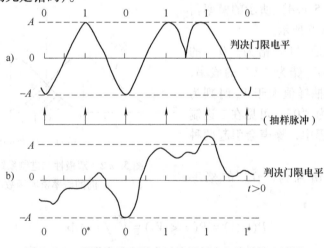

图 5.6.1 无噪声及有噪声时抽样判决电路的输入波形

5.6.2 高斯白噪声对二电平数字基带传输系统的影响

为了计算图 5.6.1b 所示波形在抽样判决时所造成的误码率，先讨论接收滤波器的输出噪声的概率密度函数。因为信道噪声通常认为是平稳的均值为 0 的高斯白噪声，而接收滤波器又是一个线性网络，所以接收滤波器的输出噪声 $n_R(t)$ 也是平稳的均值为 0 的高斯随机噪声，其功率谱密度为

$$P_n(\omega) = \frac{n_0}{2} | G_R(\omega) |^2$$

式中，$n_0/2$ 为信道噪声的双边功率谱密度；$G_R(\omega)$ 为接收滤波器的传输特性。

由于 $n_R(t)$ 的均值为 0，其方差为

$$\sigma_n^2 = \frac{1}{2\pi}\int_{-\infty}^{\infty} P_n(\omega)\mathrm{d}\omega = \frac{n_0}{4\pi}\int_{-\infty}^{\infty} |G_R(\omega)|^2 \mathrm{d}\omega$$

所以抽样判决电路前噪声的瞬时值 V 的统计特性可描述为

$$f(V) = \frac{1}{\sqrt{2\pi}\sigma_n}\mathrm{e}^{-V^2/2\sigma_n^2} \tag{5.6.1}$$

设基带系统中传输的是双极性信号，在一个码元时间内，抽样判决器输入端得到的波形可表示为

$$x(t) = \begin{cases} A + n_R(t) & \text{发送"1"时} \\ -A + n_R(t) & \text{发送"0"时} \end{cases} \tag{5.6.2}$$

由于 $n_R(t)$ 是高斯过程，故发送"1"时，抽样判决器前的概率密度函数为

$$f_1(x) = \frac{1}{\sqrt{2\pi}\sigma_n}\exp\left[-\frac{(x-A)^2}{2\sigma_n^2}\right] \tag{5.6.3}$$

发送"0"时，抽样判决器前的概率密度函数为

$$f_0(x) = \frac{1}{\sqrt{2\pi}\sigma_n}\exp\left[-\frac{(x+A)^2}{2\sigma_n^2}\right] \tag{5.6.4}$$

式（5.6.3）和式（5.6.4）所示的概率密度函数曲线如图 5.6.2 所示。

图中，$P(0/1)$ 是"1"错为"0"的概率，$P(1/0)$ 是"0"错为"1"的概率，V_d 为判决门限。当抽样值大于 V_d 时判为"1"；小于 V_d 时判为"0"。可见在二进制基带信号的传输过程中，噪声会引起两种误码率。

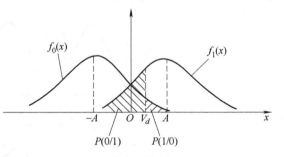

图 5.6.2 双极性二进制系统抽样判决器前的概率密度函数曲线

(1) 发"1"错判为"0"的概率 $P(0/1)$

$$P(0/1) = P(x < V_d) = \int_{-\infty}^{V_d} f_1(x)\mathrm{d}x$$

$$= \int_{-\infty}^{V_d} \frac{1}{\sqrt{2\pi}\sigma_n}\exp\left[-\frac{(x-A)^2}{2\sigma_n^2}\right]\mathrm{d}x$$

$$= \frac{1}{2} + \frac{1}{2}\mathrm{erf}\left(\frac{V_d - A}{\sqrt{2}\sigma_n}\right) \tag{5.6.5}$$

(2) 发"0"错判为"1"的概率 $P(1/0)$

$$P(1/0) = P(x > V_d) = \int_{V_d}^{\infty} f_0(x)\mathrm{d}x$$

$$= \int_{V_d}^{\infty} \frac{1}{\sqrt{2\pi}\sigma_n}\exp\left[-\frac{(x+A)^2}{2\sigma_n^2}\right]\mathrm{d}x = \frac{1}{2} - \frac{1}{2}\mathrm{erf}\left(\frac{V_d + A}{\sqrt{2}\sigma_n}\right) \tag{5.6.6}$$

显然，系统的总误码率为

$$P_e = P(1)P(0/1) + P(0)P(1/0)$$
$$= P(1)\int_{-\infty}^{V_d} f_1(x)\,\mathrm{d}x + P(0)\int_{V_d}^{\infty} f_0(x)\,\mathrm{d}x \tag{5.6.7}$$

通过以上分析可见，误码率与判决门限 V_d 有关，选择不同的 V_d 可获得不同的误码率。但真正感兴趣的是能够使误码率最小的判决门限，称为最佳判决门限。令

$$\frac{\mathrm{d}P_e}{\mathrm{d}V_d} = 0 \tag{5.6.8}$$

即

$$\frac{\mathrm{d}P_e}{\mathrm{d}V_d} = \frac{\mathrm{d}}{\mathrm{d}V_d}\Big[P(1)\int_{-\infty}^{V_d} f_1(x)\,\mathrm{d}x + P(0)\int_{V_d}^{\infty} f_0(x)\,\mathrm{d}x\Big]$$
$$= \frac{\mathrm{d}}{\mathrm{d}V_d}\Big\{P(1)\int_{-\infty}^{V_d} f_1(x)\,\mathrm{d}x + P(0)\Big[1 - \int_{-\infty}^{V_d} f_0(x)\,\mathrm{d}x\Big]\Big\}$$
$$= P(1)f_1(V_d) - P(0)f_0(V_d)$$

由式 (5.6.8) 得

$$\frac{f_1(V_d^*)}{f_0(V_d^*)} = \frac{P(0)}{P(1)} \tag{5.6.9}$$

可求得最佳判决门限 V_d^* 时的误码率 P_e 为

$$P_e = P(1)\int_{-\infty}^{V_d^*} f_1(x)\,\mathrm{d}x + P(0)\int_{V_d^*}^{\infty} f_0(x)\,\mathrm{d}x$$

对于双极性信号，将式 (5.6.5) 及式 (5.6.6) 代入式 (5.6.9) 得

$$P(1)\frac{1}{\sqrt{2\pi}\sigma_n}\exp\Big[-\frac{(V_d^* - A)^2}{2\sigma_n^2}\Big] = P(0)\frac{1}{\sqrt{2\pi}\sigma_n}\exp\Big[-\frac{(V_d^* + A)^2}{2\sigma_n^2}\Big]$$

可求得

$$V_d^* = \frac{\sigma_n^2}{2A}\ln\frac{P(0)}{P(1)} \tag{5.6.10}$$

当 $P(1) = P(0) = 1/2$ 时，则 $V_d^* = 0$，此时和直观得出的结果相同，即 $f_0(x)$ 和 $f_1(x)$ 交点所对应的 x 值。这时基带系统的总误码率（即最小误码率）为

$$P_e = \frac{1}{2}P(0/1) + \frac{1}{2}P(1/0) = \frac{1}{2}\Big[1 - \mathrm{erf}\Big(\frac{A}{\sqrt{2}\sigma_n}\Big)\Big]$$
$$= \frac{1}{2}\mathrm{erfc}\Big(\frac{A}{\sqrt{2}\sigma_n}\Big) = Q\Big(\frac{A}{\sigma_n}\Big) \tag{5.6.11}$$

若基带系统传输的是单极性信号，传输"1"码时有用信号的幅度为 A，传输"0"码时的幅度为 0，则当 $P(1) = P(0) = 1/2$ 时，用相同的方法可以证明最佳判决门限 V_d^* 为

$$V_d^* = \frac{A}{2} + \frac{\sigma_n^2}{A}\ln\frac{P(0)}{P(1)} \tag{5.6.12}$$

当 $P(1) = P(0) = 1/2$ 时，则 $V_d^* = A/2$

误码率公式为

$$P_e = \frac{1}{2}\left[1 - \mathrm{erf}\left(\frac{A}{2\sqrt{2}\,\sigma_n}\right)\right]$$

$$= \frac{1}{2}\mathrm{erfc}\left(\frac{A}{2\sqrt{2}\,\sigma_n}\right) = Q\left(\frac{A}{2\sigma_n}\right) \qquad (5.6.13)$$

可见，单极性的误码率数值比双极性的高，所以单极性的抗噪声性能不如双极性的好。

5.6.3 高斯白噪声对多电平数字基带传输系统的影响

基带系统中传输的是多电平信号，M 个电平的取值为 $\pm A$，$\pm 3A$，$\cdots$，$\pm(2M-1)A$，它们都是相互独立的，且等概率出现。在一个码元时间内，抽样判决器输入端得到的波形可表示为

$$x(t) = \begin{cases} \pm A + n_R(t) \\ \pm 3A + n_R(t) \\ \vdots \\ \pm(M-1)A + n_R(t) \end{cases} \qquad (5.6.14)$$

式中，$n_R(t)$ 是高斯过程。在理想情况下，接收端判决门限应为 0，$\pm 2A$，$\pm 4A$，$\cdots$，$\pm 2(M-1)A$，如图 5.6.3 所示。

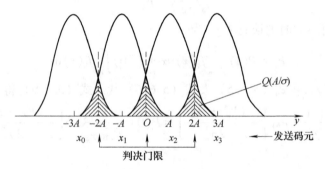

图 5.6.3 双极性多电平系统抽样判决器前的概率密度函数曲线

对于电平为 $\pm(2M-1)A$ 的两个外层电平码元，噪声幅度仅在一个方向超过 A 时产生错误判决，对于其他电平的码元，噪声幅度在两个方向超过 A 时都会产生错误判决，因此误码率为

$$P_e = \frac{M-2}{M}P(|n_R|>A) + \frac{2}{M}\frac{1}{2}P(|n_R|>A)$$

$$= \frac{M-1}{M}P(|n_R|>A)$$

考虑到 $n_R(t)$ 的概率密度函数如式 (5.6.1)，误码率为

$$P_e = \frac{2(M-1)}{M}\frac{1}{\sqrt{2\pi}\,\sigma_n}\int_A^\infty \exp\left[-\frac{x^2}{2\sigma_n^2}\right]\mathrm{d}x = \frac{(M-1)}{M}\mathrm{erfc}\left(\frac{A}{\sqrt{2}\,\sigma_n}\right)$$

$$= \frac{2(M-1)}{M}Q\left(\frac{A}{\sigma_n}\right) \qquad (5.6.15)$$

在 M 进制通信系统中，一般用格雷码传输消息。所谓格雷码，是指信号的相邻电平对应的 $\log_2 M$ 个二进制符号仅有一个不相同。例如 $M=4$ 时，四个代码对应的电平可以表示为

-3、-1、1、3,若这四个电平分别用二进制码 01、00、10、11 表示,则这个四进制码即为格雷码。由于 $P_e \ll 1$,故误码一般发生在相邻电平之间,错一个 M 进制符号时仅发生 1bit 信息错误,所以误比特率与误码率之间的关系为

$$P_b = P_e / \log_2 M \tag{5.6.16}$$

式 (5.6.16) 不但适用于基带系统,而且也适用于采用格雷码的 M 进制线性调制系统。

5.7 眼图

从理论上讲,一个基带传输系统,在信道特性已知的情况下,经过精心设计的传输特性应该能达到消除码间干扰的目的。但实际的基带系统中,由于难免出现滤波器的实现误差和信道特性的变化,所以无法实现理想的传输特性,使得抽样时刻上存在码间干扰,因而计算由这些因素引起的误码率就非常困难,尤其是在信道特性不能完全确知的情况下,甚至得不到一种合适的定量分析方法。当码间干扰和噪声同时存在的情况下,系统性能的分析就更为困难。为此,用实验的手段——眼图来估计系统的性能。

眼图是指用示波器观察接收信号波形以判决系统的传输质量,其方法是把示波器跨接在接收滤波器的输出端,然后调整示波器的水平扫描周期,当示波器的水平扫描周期调整到码元间隔的整数倍时,示波器就会显示一个稳定的波形。因为在传输二进制信号波形时,示波器显示的图形类似于人的眼睛,故称为"眼图"。

为了便于理解,首先不考虑噪声及码间干扰的影响,此时一个二进制的基带系统将在接收滤波器输出端得到一个基带脉冲序列,如图 5.7.1a 所示。如果基带传输是有码间干扰的,则得到的基带脉冲序列如图 5.7.1c 所示。

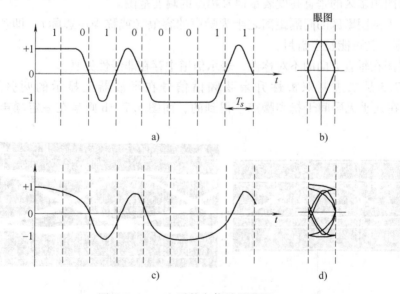

图 5.7.1 二电平数字信号及眼图

用示波器观察图 5.7.1a 所示波形时,将示波器扫描周期调整到码元的周期 T_s,这时图中的每一个码元将重叠在一起。尽管波形并不是周期的,但由于荧光屏余晖的作用,将若干

码元重叠并显示图形。显然，由于无码间干扰，因而重叠的图形都完全重合，故示波器上的迹线又细又清晰，"眼睛"完全张开，如图 5.7.1b 所示。用示波器观察图 5.7.1c 所示波形时，由于存在码间干扰，示波器的扫描迹线就不能完全重合，于是形成的迹线杂乱，同时由于示波器的余晖作用，显示出的迹线将加宽，从而使"眼睛"部分闭合，如图 5.7.1d 所示。对比图 5.7.1b 和图 5.7.1d 可以看到，眼图的"眼睛"张开越大，形状越端正，表示码间干扰越小；反之，表示码间干扰越大。

当存在噪声时，噪声叠加在信号上，使眼图的迹线变粗，且不清晰，于是眼睛的张开度就更小，说明传输质量更差。不过，应该注意到这样的问题，从图形上并不能观察到随机噪声的全部形态，例如出现机会少的大幅度噪声，由于它在示波器上一晃而过，因而用人眼是观察不到的。所以，在示波器上只能大致估计噪声的强弱。

通过眼图可以了解数字基带传输系统的很多性能。为了说明眼图和系统性能之间的关系，将眼图模式化，如图 5.7.2 所示。

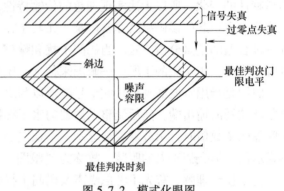

根据眼图可以了解以下情况：

1) 最佳抽样时应选在"眼睛"的最大张开时刻。

2) 眼图斜边的斜率表示系统对定时误差的灵敏度。斜边越陡，对定时误差越灵敏。

图 5.7.2 模式化眼图

3) 眼图中央的横轴位置对应于判决门限电平。

4) 眼图阴影区的垂直高度表示信号幅度的畸变范围。

5) 上下两阴影区的间隔距离之半为噪声的容限（或称噪声边际），即若噪声瞬时值超过这个容限，就可能发生错判。

6) 眼图在垂直方向的不对称性，表示信道中存在非线性失真。

图 5.7.3 是二进制双极性升余弦频谱信号在示波器上显示的两张眼图照片，图 5.7.3a 是在几乎无码间干扰和噪声下得到的，而图 5.7.3b 则是在一定噪声和码间干扰下得到的。

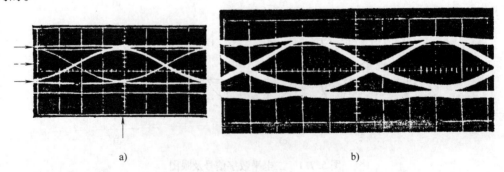

a)   b)

图 5.7.3 眼图照片

对于多电平数字信号，其眼图将是若干排平行的眼孔。

5.8 时域均衡

在基带传输中,除噪声外,码间干扰是影响传输质量的主要因素。通过精心设计的发送滤波器和接收滤波器就可以达到消除码间干扰的目的。但实际通信时,总的传输特性将会偏离理想特性,这样就会产生码间干扰。要想克服这些偏离就需要采用均衡的手段。

理论和实践都表明,在数字基带系统的接收滤波器和抽样判决器之间或在数字调制系统的解调器和抽样判决器之间插入一个均衡器,可以消除或减小通信系统参数变化引起的码间干扰。

均衡器又分为频域均衡器和时域均衡器两种。频域均衡器的基本思想是利用幅度均衡器和相位均衡器来补偿传输系统的幅频特性和相频特性的不理想,以达到所要求的理想形成波形,从而消除码间干扰。因此它的出发点是保持形成波形的不失真。时域均衡器的基本思想是建立在消除取样点的码间干扰的基础上,并不要求传输波形的所有细节都与奈氏准则所要求的理想波形一致。因此它们利用接收波形本身来进行补偿,消除抽样点的码间干扰,提高判决的可靠性。所以时域均衡是对信号在时域上进行处理,比频域均衡更为直观。

5.8.1 时域均衡器的基本原理

时域均衡器主要是由横向滤波器构成,它是由无限多的横向排列的迟延单元 T_s 和抽头加权系数 C_i 组成的线性系统,如图 5.8.1 所示。它的功能是利用它产生的无限多个响应之和,将接收滤波器输出端抽样时刻上有码间干扰的响应波形变换成无码间干扰的响应波形。

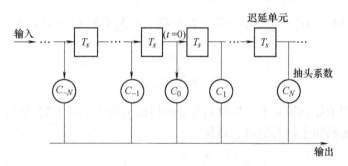

图 5.8.1 横向滤波器

不难看出,横向滤波器的特性将取决于各抽头系数 C_i。如果 C_i 是可调整的,则图 5.8.1 所示的滤波器是通用的;特别当 C_i 可自动调整时,则它能够适应信道特性的变化,可以动态校正系统的时间响应。

理论上,无限长的横向滤波器可以完全消除抽样时刻上的码间干扰,但实际中是不可实现的。因为不仅均衡器的长度受限制,系数 C_i 的调整准确度也受到限制。如果 C_i 的调整准确度得不到保证,即使增加长度也不会获得显著的效果。因此,有必要进一步讨论有限长横向滤波器的抽头增益问题。

设一个具有 $(2N + 1)$ 个抽头的横向滤波器,如图 5.8.2a 所示,其传递函数为

$$E(\omega) = \sum_{i=-N}^{N} C_i \mathrm{e}^{-j\omega i T_s} \tag{5.8.1}$$

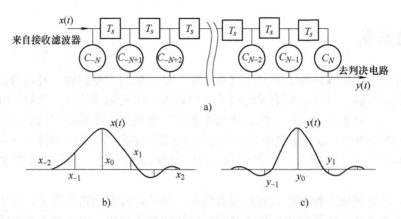

图 5.8.2 有限长横向滤波器及其输入输出波形

单位冲激响应为

$$e(t) = \sum_{i=-N}^{N} C_i \delta(t - iT_s) \tag{5.8.2}$$

又设它的输入为 $x(t)$，是被均衡的对象，且没有附加噪声，如图 5.8.2b 所示。则均衡后的输出波形 $y(t)$ 为

$$y(t) = x(t) * e(t) = \sum_{i=-N}^{N} C_i x(t - iT_s) \tag{5.8.3}$$

在抽样时刻 $kT_s + t_0$，有

$$y(kT_s + t_0) = \sum_{i=-N}^{N} C_i x(kT_s + t_0 - iT_s) = \sum_{i=-N}^{N} C_i x[(k-i)T_s + t_0]$$

或者简写为

$$y_k = \sum_{i=-N}^{N} C_i x_{k-i} \tag{5.8.4}$$

也就是说，均衡器在第 k 个抽样时刻得到的样值 y_k 将由 $(2N+1)$ 个 C_i 与 x_{k-i} 的乘积之和来确定。根据消除码间干扰的要求，可得

$$y_k = \begin{cases} 1 & n = 0 \\ 0 & n = \pm 1, \pm 2, \cdots, \pm N \end{cases} \tag{5.8.5}$$

将式 (5.8.4) 展开

$$y_k = C_{-N} x_{k+N} + C_{-N+1} x_{k+N-1} + \cdots + C_0 x_k + \cdots + C_{N-1} x_{k-N+1} + C_N x_{k-N} \tag{5.8.6}$$

令 n 等于 $-N \sim +N$，并考虑式 (5.8.5)，得 $(2N+1)$ 个独立线性方程为

$$\begin{cases} y_{-N} = C_{-N} x_0 + C_{-N+1} x_{-1} + \cdots + C_0 x_{-N} + \cdots + C_{N-1} x_{-2N+1} + C_N x_{-2N} = 0 \\ y_{-N+1} = C_{-N} x_1 + C_{-N+1} x_0 + \cdots + C_0 x_{-N+1} + \cdots + C_{N-1} x_{-2N+2} + C_N x_{-2N+1} = 0 \\ \quad\vdots \\ y_0 = C_{-N} x_N + C_{-N+1} x_{N-1} + \cdots + C_0 x_0 + \cdots + C_{N-1} x_{-N+1} + C_N x_{-N} = 1 \\ \quad\vdots \\ y_{N-1} = C_{-N} x_{2N-1} + C_{-N+1} x_{2N-2} + \cdots + C_0 x_{N-1} + \cdots + C_{N-1} x_0 + C_N x_{-1} = 0 \\ y_N = C_{-N} x_{2N} + C_{-N+1} x_{2N-1} + \cdots + C_0 x_N + \cdots + C_{N-1} x_1 + C_N x_0 = 0 \end{cases} \tag{5.8.7}$$

写成矩阵形式，有

$$\begin{bmatrix} x_0 & x_{-1} & \cdots & x_{-2N} \\ x_1 & x_0 & \cdots & x_{-2N+1} \\ x_2 & x_1 & \cdots & \cdots \\ \vdots & \vdots & & \vdots \\ x_{2N} & x_{2N-1} & \cdots & x_0 \end{bmatrix} \begin{bmatrix} C_{-N} \\ C_{-N+1} \\ \vdots \\ C_0 \\ \vdots \\ C_{N+1} \\ C_N \end{bmatrix} = \begin{bmatrix} 0 \\ \vdots \\ 0 \\ 1 \\ 0 \\ \vdots \\ 0 \end{bmatrix} \begin{matrix} \} N \text{个} 0 \\ \\ \\ \} N \text{个} 0 \end{matrix} \tag{5.8.8}$$

解 $(2N+1)$ 个独立线性方程，可求得 $(2N+1)$ 个 C_i，下面举例说明。

【例 5.8.1】 设计一个三抽头迫零均衡器的抽头增益加权系数，输入波形 $x(t)$ 的样值为 $x_{-2}=0$，$x_{-1}=0.2$，$x_0=1$，$x_1=-0.3$，$x_2=0.1$，其余 $x_k=0$。

解：利用式 (5.8.8)，得

$$\begin{bmatrix} 1.0 & 0.2 & 0.0 \\ -0.3 & 1.0 & 0.2 \\ 0.1 & -0.3 & 1.0 \end{bmatrix} \begin{bmatrix} C_{-1} \\ C_0 \\ C_1 \end{bmatrix} = \begin{bmatrix} 0 \\ 1 \\ 0 \end{bmatrix}$$

解得

$$C_{-1} = -0.1779$$
$$C_0 = 0.8897$$
$$C_1 = 0.2847$$

再用求得的 C_{-1}、C_0、C_1 核对已均衡波的 y_k，即将这三个系数代入式 (5.8.6)，得

$y_{-3}=0.0$　　$y_{-2}=-0.0356$　　$y_{-1}=0.0$　　$y_0=1$
$y_1=0.0$　　$y_2=0.0153$　　$y_3=0.0285$　　$y_4=0.0$

可见，它能保证在 $-1\sim+1$ 范围内消除码间干扰，但是超出这个范围还存在码间干扰。所以，当 N 有限时，不能完全消除码间干扰。然而，当 $N\to\infty$ 时，可完全消除码间干扰。

5.8.2 时域均衡器的结构

横向滤波器的特性完全取决于各抽头系数，而抽头系数的确定则依据均衡效果的评价标准。均衡效果通常用最小峰值畸变准则和最小均方误差畸变准则来衡量，根据这两种准则构成的均衡器分别为预置式自动均衡器和自适应均衡器。

1. 预置式自动均衡器

预置式自动均衡器采用最小峰值畸变准则。若时域均衡器的输入信号为 $x(t)$，输出信号为 $y(t)$，则它们的峰值畸变分别为

$$D_x = \frac{1}{x_0}\sum_{k\neq 0}|x_k|$$

$$= \frac{\text{所有抽样时刻上得到的码间干扰}}{k=0\text{ 时刻的样值}} \tag{5.8.9}$$

$$D_y = \frac{1}{y_0}\sum_{k\neq 0}|y_k| \tag{5.8.10}$$

理论分析表明：当均衡器输入峰值畸变 $D_x < 1$（即眼图不闭合）时，调整除 C_0 外的 $2N$ 个抽头增益并迫使均衡器单脉冲输出的抽样值 $y_k = 0$，$1 \leq |k| \leq N$，而 $y_0 \neq 0$，就可以获得最佳的均衡效果，即 D_y 最小。常称这种方法为"迫零调整"。

图 5.8.3 为预置式自动均衡器的原理框图。在系统的发送端，每隔一段时间向发送滤波器输入一个单脉冲波形。当该波形每个 T_s 秒依次输入时，在输出端就将获得各样值为 y_k 的波形。根据迫零调整原理，若得到的某一 y_k 为正极性时，则相应的抽头增益 C_k 应下降一个适当的增量 Δ；若 y_k 为负极性时，则相应的 C_k 应增加一个增量 Δ。为了实现这个调整，在输出端将每个 y_k 依次进行抽样并进行极性判决，这个过程由图中抽样与峰值极性判决器完成，判决的两种可能结果以"有、无脉冲"表示并将其输入到控制电路。控制电路将在同一规定时刻将所有"极性脉冲"分别作用到相应的增益头上。让它们做增加 Δ 或下降 Δ 的改变。经过多次调整，就能达到均衡的目的。可见这种自动均衡器的精度与增量 Δ 的选择和允许调整的时间有关。Δ 越小，精度就越高，但调整时间就越长。

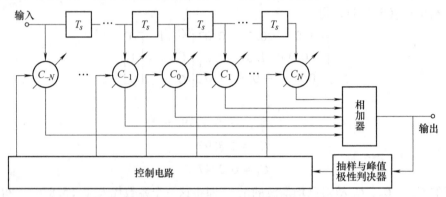

图 5.8.3 预置式自动均衡器的原理框图

2. 自适应均衡器

自适应均衡器与预置式均衡器一样，都是借助调整横向滤波器的抽头增益达到均衡的目的。但自适应均衡器采用最小均方误差畸变准则，不再利用专门的单脉冲波形来调整抽头增益，而是在传输数据期间借助信号本身来自动均衡的。下面讨论自适应均衡器的这个特点。

设第 k 个码元的数据为 a_k，均衡器输出 $y(t)$ 在第 k 个码元的抽样值为 y_k，当然希望对于任意的 k 均方误差最小。均方误差为

$$\sigma^2 = E[(y_k - a_k)^2] \tag{5.8.11}$$

因为若 σ^2 最小，则表明均衡的效果最好。将式（5.8.4）代入式（5.8.11），有

$$\sigma^2 = E\left[\left(\sum_{i=-N}^{N} C_i x_{k-i} - a_k\right)^2\right] \tag{5.8.12}$$

可见，σ^2 是各抽头增益的函数。

设系统传输的是无记忆序列，则 σ^2 对各个 C_i 的偏导数为

$$\frac{\partial \sigma^2}{\partial C_i} = 2E[e_k x_{k-i}] \tag{5.8.13}$$

其中

$$e_k = y_k - a_k = \sum_{i=-N}^{N} C_i x_{k-i} - a_k \tag{5.8.14}$$

若式 (5.8.13) 为零，则均方误差 σ^2 最小，即获得最小均方误差的条件是

$$E[e_k x_{k-i}] = 0 \tag{5.8.15}$$

式 (5.8.15) 表明，当误差 e_k 与均衡器的输入抽样值 x_{k-i} 应互不相关。这说明，抽头增益的调整可以借助对误差 e_k 和抽样值 x_{k-i} 的统计平均值。若这个平均值不等于零，则应通过增益调整使其向零值变化，直至使其等于零为止。

图 5.8.4 为三抽头的自适应均衡器的原理框图。图中的统计平均器可以是一个算术平均器，它完成下述运算

$$\frac{1}{m}\sum_{k=1}^{m} e_k x_{k-i} \tag{5.8.16}$$

式中，m 是一次平均估算所用的码元数。这个运算结果就是调整抽头增益的控制电压，在次电压控制下改变抽头增益，最终使误差电压为零。

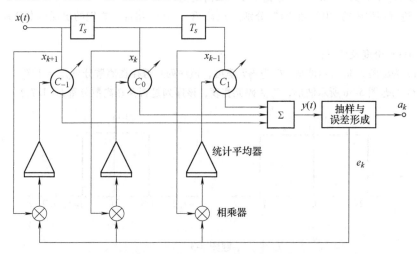

图 5.8.4 自适应均衡器的原理框图

理论分析和实践表明，最小均方算法比迫零算法的收敛性好，但在恶劣信道环境下，它的初始收敛性能变坏。为克服初始均衡的困难，在开始传输信息数据之前可以传输一段接收机已知的随机序列，用以对均衡器进行训练。这一段随机序列为训练序列。当然带有预置式自动均衡器的基带系统传输信息数据之前所传输的单脉冲训练也是训练序列，但其周期远大于码元周期。

自适应均衡器种类很多，其原理基本相同。

思 考 题

5-1 数字基带传输系统的基本结构如何？
5-2 数字基带信号的功率谱密度有什么特点？它的带宽主要取决于什么？
5-3 什么是码间干扰？它是如何产生的？对通信质量有什么影响？
5-4 无码间干扰的条件是什么？说明其物理意义。
5-5 能满足无码间干扰条件的传输特性冲激响应 $h(t)$ 是怎样的？为什么说能满足无码间干扰条件的 $h(t)$ 不是唯一的？
5-6 部分响应系统实现频带利用率为 2B/Hz 的原理是什么？

5-7 采用部分响应系统传输信息有什么优点？付出了什么代价？

5-8 码间干扰随眼图的张开度有什么影响？

5-9 时域均衡怎样改善系统的码间干扰？

习 题

5-1 设二进制符号序列为 110010001110，试以矩形脉冲为例，分别画出相应的单极性码波形、双极性码波形、单极性归零码波形、双极性归零码波形、二进制差分码波形及八电平码波形。

5-2 设双极性归零码的基本信号是一个占空比为 0.5、幅度为 100mV 的矩形脉冲，信息速率为 100kbit/s。

1) 求功率谱密度；

2) 在什么条件下有频率等于 100kHz 的离散谱？

3) 当信息速率增加到 1Mbit/s，功率谱密度将如何变化？

5-3 设二进制序列中的"0"和"1"分别由 $g(t)$ 和 $-g(t)$ 组成，它们的出现概率分别为 P 及 $(1-P)$。

1) 求其功率谱密度及功率；

2) 若 $g(t)$ 为题图 5-3a 所示波形，T_s 为码元宽度，该序列是否存在离散分量 $f_s = 1/T_s$？

3) 若 $g(t)$ 为题图 5-3b 所示波形，T_s 为码元宽度，该序列是否存在离散分量 $f_s = 1/T_s$？

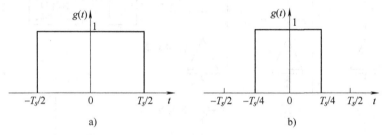

题图 5-3

5-4 设某二进制数字基带信号的基本脉冲为三角形脉冲，如题图 5-4 所示。图中 T_s 为码元间隔，数字信息"1"和"0"分别用 $g(t)$ 的有无表示，且"1"和"0"出现的概率相等。

1) 求该数字基带信号的功率谱密度，并画出功率谱密度图形；

2) 能否从该数字基带信号中提取码元同步所需的频率 $f_s = 1/T_s$ 的分量？若能，试计算该分量的功率。

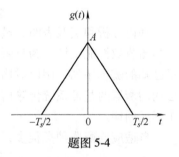

题图 5-4

5-5 已知信息代码为 1010000011000011，试确定相应的 AMI 码及 HDB_3 码，并分别画出它们的波形图。

5-6 某基带传输系统接收滤波器输出信号的基本脉冲为如题图 5-6 所示的三角形脉冲。

1) 求该基带传输系统的传输函数 $H(\omega)$；

2) 假设信道的传输函数 $C(\omega) = 1$，发送滤波器和接收滤波器具有相同的传输函数，即 $G_T(\omega) = G_R(\omega)$，试求这时 $G_T(\omega)$ 或 $G_R(\omega)$ 的表示式。

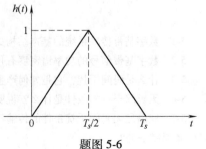

题图 5-6

5-7 设基带传输系统的发送滤波器、信道及接收滤波器组成总特性为 $H(\omega)$，若要求以 $2/T_s$ 的速率进行数据传输，试检验题图 5-7 各种 $H(\omega)$ 能否满足消除抽样点上码间干扰的条件。

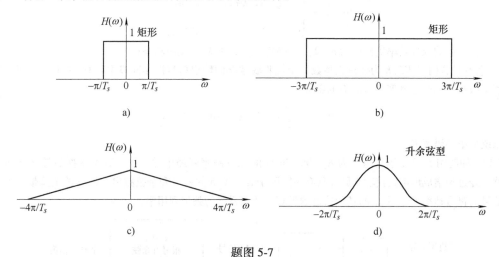

题图 5-7

5-8 速率为 64kbit/s 的 PCM 信号，利用升余弦频谱传输特性的信道，设滚降系数分别为 $\alpha = 0.25$、0.5、0.75 和 1.0，计算各传输带宽和频带利用率。

5-9 为了传送码元速率 $R_B = 10^3 B$ 的数字基带信号，试问系统采用题图 5-9 中所画的哪一种传输特性较好？并简要说明其理由。

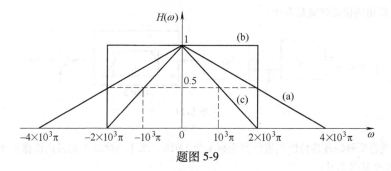

题图 5-9

5-10 设二进制基带系统的分析模型如题图 5-10 所示，现已知

$$H(\omega) = \begin{cases} \tau_0(1 + \cos\omega\tau_0) & |\omega| \leqslant \dfrac{\pi}{\tau_0} \\ 0 & \text{其他 } \omega \end{cases}$$

试确定该系统最高的码元传输速率 R_B 及相应码元间隔 T_s。

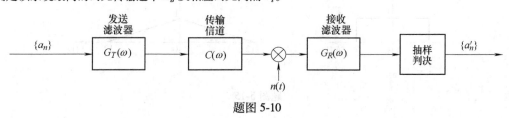

题图 5-10

5-11 设二进制基带系统如题图 5-10 所示，并设 $C(\omega) = 1$，$G_T(\omega) = G_R(\omega) = \sqrt{H(\omega)}$。现已知

$$H(\omega) = \begin{cases} \tau_0(1+\cos\omega\tau_0) & |\omega| \leq \dfrac{\pi}{\tau_0} \\ 0 & \text{其他 } \omega \end{cases}$$

1）若 $n(t)$ 的双边功率谱密度为 $n_0/2$，试确定 $G_R(\omega)$ 的输出噪声功率；

2）若在抽样时刻 KT（K 为任意正整数）上接收滤波器的输出信号以相同概率取 0、A 电平，而输出噪声取值 V 服从下述概率密度分布的随机变量

$$f(V) = \dfrac{1}{2\lambda} e^{-\dfrac{|V|}{\lambda}} \quad \lambda > 0 \text{（常数）}$$

试求系统最小误码率 P_e。

5-12 如题图 5-12 所示。速率为 $R_b = 9600\text{bit/s}$ 的二进制序列经串并变换、D/A 变换后输出 8PAM 信号，然后经过频谱成形电路使输出脉冲具有滚降因子 $\alpha = 0.5$ 的根号升余弦频谱，再发送至基带信道。求发送信号的符号速率 R_s、要求的基带信道的带宽以及该系统的频带利用率。

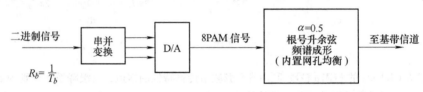

题图 5-12

5-13 如题图 5-13 所示系统，考虑到利用 $\alpha = 0.5$ 的滚降滤波器，且经过 1800Hz 的载频调制，问传送 4800bit/s 数据时需用的信道带宽是多少？

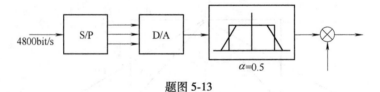

题图 5-13

5-14 一个理想低通滤波器特性信道的截止频率为 1MHz，求下列情况下的最高传输速率。

1）采用 2 电平基带信号；

2）采用 8 电平基带信号；

3）采用 2 电平 $\alpha = 0.5$ 升余弦滚降频谱信号；

4）采用 7 电平第一类部分响应信号。

5-15 某系统如题图 5-15 所示。

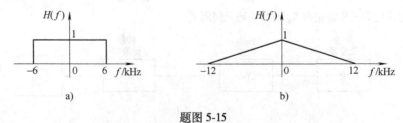

题图 5-15

1）若传送码元速率为 12000B 的数字基带信号，试问题图 5-15 所示的系统能否实现无码间干扰的传输，并说明理由。

2）采用图 5-15a 所示传输特性。若发送信号采用 $\alpha = 0.5$ 的升余弦滚降频谱信号，请问在此信道上如

何实现 24bit/s 的无码间干扰的信息传输速率？请画出最佳基带通信系统的框图。

5-16 某基带传输系统采用 $\alpha = 0.2$ 升余弦滚降频谱信号。

1）若采用四进制，求单位频带信息传输速率。

2）若输入信号由冲激脉冲改为宽度为 T_s 的不归零矩形脉冲，为保持输出波形不变，基带系统的总传递函数应如何变化？写出表达式。

5-17 二进制序列 $\{b_n\}$ 通过加有预编码器的第一类部分响应系统，如题图 5-17 所示。

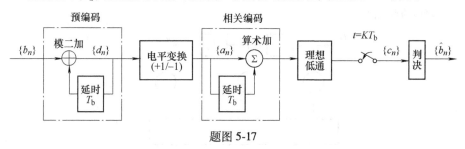

题图 5-17

请写出以下的编码及相应电平、判决结果。

输入数据　　$\{b_n\}$　1 0 0 1 0 1 1 0 0 1 …

预编码输出　$\{d_n\}$

二电平序列　$\{a_n\}$

抽样序列　　$\{c_n\}$

判决输出　　$\{\hat{b}_n\}$

5-18 设有如题图 5-18 所示的传输系统，其中的"单双变换"是将序列 1、0 分别用 +1V 和 −1V 表示，T_s 是码元宽度，输入二元序列为 0010110。

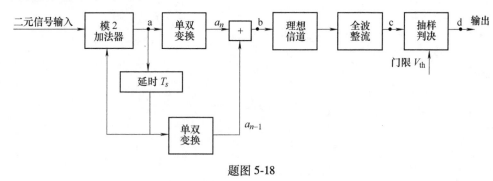

题图 5-18

1）写出 a、b、c 点的序列；

2）确定门限值 V_d；

3）求 d 序列。

5-19 某二进制数字基带传输系统所传送的是单极性基带信号，且数字信息"1"和"0"出现概率相等。

1）若数字信息为"1"时，接收滤波器输出信号在抽样判决时刻的值 $A=1V$，且接收滤波器输出噪声是均值为 0、均方根值为 0.2V 的高斯噪声，试求这时的误码率 P_e。

2）若要求误码率 P_e 不大于 10^{-5}，试确定 A 至少应该是多少？

5-20 若将上题中的单极性基带信号改为双极性基带信号，而其他条件不变，重新求解上题。

5-21 一随机二进制序列为 10110001…，符号"1"对应的基带波形为升余弦波形，持续时间为 T_s；

符号"0"对应的基带波形恰好与"1"相反。

1) 当示波器扫描周期 $T_0 = T_s$ 时,试画出眼图;

2) 当 $T_0 = 2T_s$ 时,试重画眼图;

3) 比较以上两种眼图的下述指标:最佳抽样判决时刻、判决门限电平及噪声容限值。

5-22 设有一个三抽头的时域均衡器,如题图 5-22 所示。$x(t)$ 在各抽样点的值依次为 $x_{-2} = 1/8$,$x_{-1} = 1/3$,$x_0 = 1$,$x_1 = 1/4$,$x_2 = 1/16$(在其他抽样点均为零)。试求输入波形 $x(t)$ 峰值的畸变值及时域均衡器输出波形 $y(t)$ 峰值的畸变值。

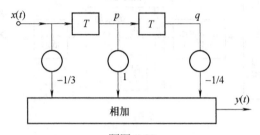

题图 5-22

5-23 设有三抽头的迫零均衡器,输入信号 $x(t)$ 在各抽样点上的值依次为 $x_{-2} = 0.1$,$x_{-1} = 0.2$,$x_0 = 1$,$x_1 = -0.3$,$x_2 = 0.1$。对于 $k > 2$ 的 $x_k = 0$,求三抽头的最佳增益值。

第6章 数字调制系统

在卫星通信、移动通信、数字微波通信、光纤通信等现代通信系统中,信道中传输的都是数字已调信号,称它们为数字调制系统。1.3节中的图1.3.2为一个功能完善的数字通信系统模型。本章重点研究数字调制、数字解调以及数字调制系统的有效性和可靠性等。由调制器、解调器及调制信道构成的数字调制系统原理框图如图6.0.1所示。

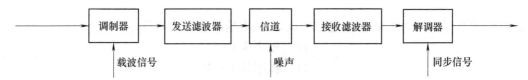

图6.0.1 数字调制系统原理框图

现代通信中,调制器的载波信号几乎都是正弦载波,数字基带信号通过调制器改变正弦载波信号的幅度、频率或相位,产生幅移键控(ASK)、频移键控(FSK)或相移键控(PSK)信号,或同时改变正弦载波的几个参数,产生复合调制信号,如振幅与相位复合调制信号等。

发送滤波器和接收滤波器都是带通滤波器。发送滤波器用来限制进入信道的信号带宽,以提高信道的频带利用率。接收滤波器用来滤除带外噪声,提高信噪比,并且与发送滤波器及信道的频率特性相配合,使系统无码间干扰。

本章重点介绍二进制数字调制系统的原理及抗噪声性能,简要介绍多进制数字调制原理及派生出来的几种数字调制方式,并将数字基带传输系统中的无码间干扰结论应用到数字调制系统中。

6.1 二进制幅移键控

幅移键控(也称振幅键控),记作ASK,也称通断键控或开关键控,记作OOK(On-Off Keying)。二进制幅移键控是一种古老的调制方式,也是各种数字调制的基础,通常记作2ASK。

6.1.1 2ASK信号时域与频域分析

1. 基本原理

二进制幅移键控就是用代表二进制数字信号的基带矩形脉冲去键控一个连续的载波。有载波输出时表示发送"1",无载波输出时表示发送"0",由此可得2ASK信号时间波形如图6.1.1所示。根据线性调制原理,一个2ASK信号可以表示成一个单极性不归零序列和一个正弦载波相乘,即2ASK信号的一般表达式为

$$s_{2\text{ASK}}(t) = \left[\sum_n a_n g(t - nT_s)\right] \cos\omega_c t \tag{6.1.1}$$

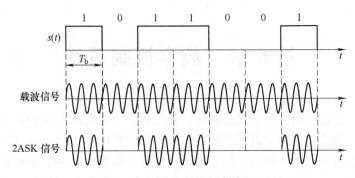

图 6.1.1　2ASK 信号的时间波形

其中 $g(t)$ 是持续时间为 T_s 的矩形脉冲，而 a_n 的取值服从下述关系

$$a_n = \begin{cases} 0 & \text{概率为 } P \\ 1 & \text{概率为 } 1-P \end{cases} \tag{6.1.2}$$

现令

$$s(t) = \sum_n a_n g(t - nT_s) \tag{6.1.3}$$

则式（6.1.1）变为

$$s_{2ASK}(t) = s(t)\cos\omega_c t \tag{6.1.4}$$

二进制幅移键控信号有两种产生方法，即键控法和模拟调制法，相应的调制器如图 6.1.2 所示。在键控法中，当 $s(t)$ 为"1"码时电子开关的输出端与载波信号接通，$s(t)$ 为"0"码时电子开关的输出接地，与载波信号断开；而模拟调制法则直接将单极性基带脉冲序列 $s(t)$ 与载波相乘。

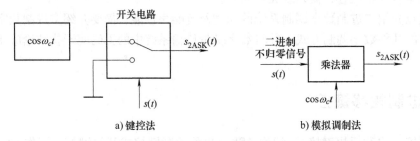

a) 键控法　　　　　　　　　　b) 模拟调制法

图 6.1.2　2ASK 信号的产生

2. 功率谱密度和带宽

由于二进制的随机脉冲序列 $s(t)$ 是随机的，所以调制后的 2ASK 信号也是随机信号，故在频率域中应该讨论它的功率谱密度。

由于 2ASK 信号可以表示成

$$s_{2ASK}(t) = s(t)\cos\omega_c t \tag{6.1.5}$$

若设 $s(t)$ 的功率谱密度为 $P_s(f)$，2ASK 信号的功率谱密度为 $P_{2ASK}(f)$。由式（6.1.5）可得

$$P_{2ASK}(f) = \frac{1}{4}[P_s(f-f_c) + P_s(f+f_c)] \tag{6.1.6}$$

因为 $s(t)$ 是单极性不归零码,码元波形为矩形脉冲,并考虑等概率即 $P = 1/2$ 的情形下,可直接使用例 5.3.1 中的结论

$$P_s(f) = \frac{T_s}{4}\text{Sa}^2(\pi f T_s) + \frac{1}{4}\delta(f) \tag{6.1.7}$$

将式 (6.1.7) 代入式 (6.1.6),得

$$P_{2\text{ASK}}(f) = \frac{T_s}{16}\{\text{Sa}^2[\pi(f-f_c)T_s] + \text{Sa}^2[\pi(f+f_c)T_s]\} + \frac{1}{16}[\delta(f-f_c) + \delta(f+f_c)] \tag{6.1.8}$$

2ASK 信号的功率谱密度示意图如图 6.1.3 所示。由图可见:

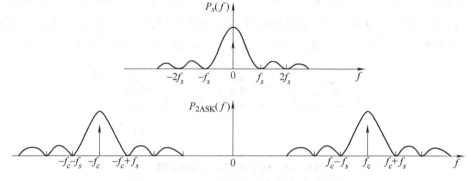

图 6.1.3　2ASK 信号的功率谱密度示意图

1) 因为 2ASK 信号的功率谱密度 $P_{2\text{ASK}}(f)$ 是相应的单极性数字基带信号功率谱密度 $P_s(f)$ 形状不变地平移至 $\pm f_c$ 处形成的,所以 2ASK 信号的功率谱密度由连续谱和离散谱两部分组成。它的连续谱取决于数字基带信号基本脉冲的频谱 $G(f)$;它的离散谱是位于 $\pm f_c$ 处的一对频域冲激函数,这意味着 2ASK 信号中存在着可作载频同步的载波频率 f_c 的成分。

2) 由图 6.1.3 可以看出,2ASK 信号实际上相当于双边带调幅(DSB)信号。其带宽 $B_{2\text{ASK}}$ 是单极性数字基带信号 $s(t)$ 带宽 f_s 的 2 倍。当 $s(t)$ 的基本脉冲是不归零脉冲时,$f_s = 1/T_s$,于是 2ASK 信号的带宽为

$$B_{2\text{ASK}} = 2f_s = \frac{2}{T_s} \tag{6.1.9}$$

因为 2ASK 系统的传码率为 $R_B = 1/T_s$(B),其频带利用率为

$$\eta = \frac{R_B}{2f_s} = \frac{1/T_s}{2/T_s} = \frac{1}{2}\text{B/Hz} \tag{6.1.10}$$

这意味着用 2ASK 方式传送码元速率为 R_B(Baud) 的数字信号时,要求该系统的带宽至少为 $2R_B$(Hz)。

由此可见,2ASK 的频带利用率低,即在给定的信道带宽的条件下,它的单位频带内所能传送的数码率较低。为了提高频带利用率,可以使用单边带调幅。理论上,单边带的频带利用率可以比双边带的频带利用率提高一倍,可达 1B/Hz。由于技术原因,要实现理想的单边带调幅是极为困难的。因此,实际上广泛应用的是残留边带调制,其频带利用率略低于 1B/Hz。

数字信号的单边带调制和残留边带调制的原理与模拟信号的调制原理相同，故不再赘述。

2ASK 信号的主要优点是易于实现，其缺点是抗干扰能力较差，主要应用在低速数据传输中。

6.1.2　2ASK 信号抗噪声性能分析

2ASK 信号的常用解调方法有非相干解调（包络检波）法和相干解调（同步检测）法，采用不同的解调方法具有不同的抗噪声性能。

1. 非相干接收时系统的误码率

包络检波法的原理框图如图 6.1.4 所示。带通滤波器恰好使 2ASK 信号完整地通过，经包络检波器后，输出其包络。低通滤波器的作用是滤除高频成分，使基带包络信号通过。抽样判决器包括抽样、判决和码形成三部分，这对于提高数字信号的接收性能是必要的。

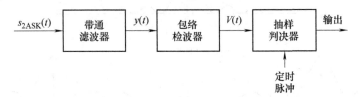

图 6.1.4　包络检波法的原理框图

由图 6.1.4 可见，在 2ASK 信号的非相干接收中，包络检波器、低通滤波器的输出送到抽样判决器。根据判决门限电平，在抽样时刻判决脉冲的有无。因此，计算非相干 ASK 系统的误码率，就需要确定抽样判决器前传送"1"信号时信号加噪声合成包络的概率密度函数，以及传"0"信号时噪声包络的概率密度函数，然后再根据判决门限，确定非相干系统的误码率。

当接收"1"信号时，带通滤波器输出的信号与噪声的混合波形 $y(t)$ 为余弦信号加窄带高斯噪声形式；而接收"0"信号时，接收带通滤波器的输出只存在窄带高斯噪声。即

$$y(t) = \begin{cases} a\cos\omega_c t + n_c(t)\cos\omega_c t - n_s(t)\sin\omega_c t & 发送"1"时 \\ n_c(t)\cos\omega_c t - n_s(t)\sin\omega_c t & 发送"0"时 \end{cases}$$

即

$$y(t) = \begin{cases} [a + n_c(t)]\cos\omega_c t - n_s(t)\sin\omega_c t & 发送"1"时 \\ n_c(t)\cos\omega_c t - n_s(t)\sin\omega_c t & 发送"0"时 \end{cases} \quad (6.1.11)$$

由式（6.1.11）可知，若发送"1"码，在 $(0, T_s)$ 内，包络检波器的输出为

$$V(t) = \sqrt{[a + n_c(t)]^2 + n_s^2(t)} \quad (6.1.12)$$

若发送"0"码，则包络检波器的输出为

$$V(t) = \sqrt{n_c^2(t) + n_s^2(t)} \quad (6.1.13)$$

根据第 3 章 3.6 节和 3.7 节的讨论可知，由式（6.1.12）给出的包络相当于余弦信号加窄带高斯噪声的包络，其一维概率密度函数服从莱斯分布；而由式（6.1.13）给出的包络相当于窄带高斯噪声的包络，其一维概率密度函数服从瑞利分布。可分别表示为

$$f_1(V) = \frac{V}{\sigma_n^2}\exp\left[-\frac{1}{2\sigma_n^2}(V^2+a^2)\right]I_0\left(\frac{aV}{\sigma_n^2}\right), \quad V \geq 0 \quad (6.1.14)$$

$$f_0(V) = \frac{V}{\sigma_n^2}\exp\left(-\frac{V^2}{2\sigma_n^2}\right), \quad V \geq 0 \quad (6.1.15)$$

式中，σ_n^2 为噪声 $n_i(t)$ 的方差。

$f_1(V)$ 和 $f_0(V)$ 随 V 变化的曲线如图 6.1.5 所示，其中 V_T 是判决门限值。可规定，若 $V(t)$ 的抽样值 $V > V_T$，则判为 "1" 码；若 $V \leq V_T$，则判为 "0" 码。

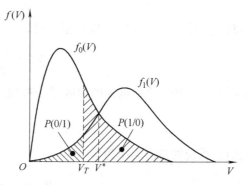

图 6.1.5 $f_1(V)$ 和 $f_0(V)$ 随 V 变化的曲线

1) 当发送的码元为 "1" 时，错误接收的概率即是包络值 V 小于或等于 V_T 的概率，因此 "1" 错判为 "0" 的概率为

$$P(0/1) = P(V \leq V_T) = \int_0^{V_T} f_1(V)\,dV$$

$$= 1 - \int_{V_T}^{\infty} f_1(V)\,dV$$

$$= 1 - \int_{V_T}^{\infty} \frac{V}{\sigma_n^2}\exp\left[-\frac{1}{2\sigma_n^2}(V^2+a^2)\right]I_0\left(\frac{aV}{\sigma_n^2}\right)dV \quad (6.1.16)$$

式 (6.1.16) 中的积分值引入 Marcum Q 函数计算，Marcum Q 函数的定义是

$$Q(\alpha, \beta) = \int_{\beta}^{\infty} t\exp\left[-\frac{(t^2+\alpha^2)}{2}\right]I_0(\alpha t)\,dt \quad (6.1.17)$$

令式 (6.1.17) 中

$$\alpha = \frac{a}{\sigma_n},\ \beta = \frac{V_T}{\sigma_n},\ t = \frac{V}{\sigma_n}$$

则式 (6.1.16) 可借助 Marcum Q 函数表示为

$$P(0/1) = 1 - Q\left(\frac{a}{\sigma_n}, \frac{V_T}{\sigma_n}\right) = 1 - Q(\sqrt{2r}, b_0) \quad (6.1.18)$$

式中，$r = \frac{a^2}{2\sigma_n^2}$ 为解调器输入的信号噪声功率比；$b_0 = \frac{V_T}{\sigma_n}$ 为归一化门限值。

2) 当发送 "0" 时，错误接收概率为噪声电压的包络抽样值超过门限 V_T 的概率，因此 "0" 错判为 "1" 的概率为

$$P(1/0) = P(V > V_T) = \int_{V_T}^{\infty} f_0(V)\,dV$$

$$= \int_{V_T}^{\infty} \frac{V}{\sigma_n^2}e^{-V^2/2\sigma_n^2}\,dV = e^{-\frac{V_T^2}{2\sigma_n^2}} = e^{-\frac{b_0^2}{2}} \quad (6.1.19)$$

假设发送 "1" 码的概率为 $P(1)$，发送 "0" 码的概率为 $P(0)$，则系统的总误码率为

$$P_e = P(1)P(0/1) + P(0)P(1/0)$$

假如 $P(1) = P(0) = 1/2$，则有

$$P_e = \frac{1}{2}[1 - Q(\sqrt{2r}, b_0)] + \frac{1}{2}e^{-\frac{b_0^2}{2}} \quad (6.1.20)$$

3) 最佳判决门限的确定。包络检波法的误码率取决于解调器的输入信噪比和判决门限值。可见，式 (6.1.20) 决定的误码率 P_e 即为图 6.1.6 所示阴影面积。而阴影面积随判决门限 V_T 变化。因此，当 $V_T = V^*$ 时，阴影面积最小。这就意味着当门限值选择等于 V^* 时，系统将有最小的误码率，这个门限就称为最佳门限。

最佳门限值 V^* 可以由下列方程式确定

$$f_1(V^*) = f_0(V^*) \tag{6.1.21}$$

显然，直接求解式 (6.1.21) 很困难，一个较好的近似解为

$$V^* = \frac{a}{2}\left(1 + \frac{8\sigma_n^2}{a^2}\right)^{1/2} \tag{6.1.22}$$

实际上，采用包络检波法的接收系统都应用在大信噪比的情况下，此时有

$$V^* = \frac{a}{2} \tag{6.1.23}$$

此时，系统的总误码率为

$$P_e = \frac{1}{4}\mathrm{erfc}\left(\frac{\sqrt{r}}{2}\right) + \frac{1}{2}\mathrm{e}^{-r/4} \tag{6.1.24}$$

又因为当 $x \to \infty$ 时，$\mathrm{erfc}(x) \to 0$，故当 $r \to \infty$ 时，上式的下界为

$$P_e = \frac{1}{2}\mathrm{e}^{-r/4} \tag{6.1.25}$$

值得提醒的是，以上讨论结果是在 $P(1) = P(0) = 1/2$ 条件下得出的。若 $P(1) \neq P(0)$，则最佳门限可通过求误码率 P_e 关于判决门限 V_T 的最小值的方法得到，令

$$\frac{\partial P_e}{\partial V_T} = 0$$

可得

$$P(1)f_1(V^*) = P(0)f_0(V^*)$$

从中可解出最佳判决门限 V^*。

2. 相干接收时 2ASK 系统的误码率

相干解调的原理框图如图 6.1.6 所示。相干解调时接收机要产生一个与发送载波同频同相的本地载波信号，称其为同步载波或相干载波。利用此载波与收到的已调信号相乘，乘法器的输出为

$$z(t) = y(t)\cos\omega_c t = s(t)\cos^2\omega_c t$$

$$= s(t)\frac{1}{2}[1 + \cos 2\omega_c t]$$

$$= \frac{1}{2}s(t) + \frac{1}{2}s(t)\cos 2\omega_c t$$

式中，第一项是基带信号，第二项为高频成分，经低通滤波器后，可输出 $s(t)/2$ 信号。由于噪声及传输特性的不理想，低通滤波器输出的波形会有失真，经抽样判决、整形后即可再生出基带脉冲。

图 6.1.6 的解调过程如下，当式 (6.1.11) 波形经过相干解调器（即乘法器和低通滤波器）后，抽样判决器输入的波形 $x(t)$ 为

$$x(t) = \begin{cases} a + n_c(t) & \text{发送 "1" 时} \\ n_c(t) & \text{发送 "0" 时} \end{cases} \quad (6.1.26)$$

由于 $n_c(t)$ 是高斯过程，因此发送信号 "1" 时，$x(t)$ 的一维概率密度函数为

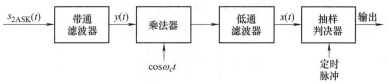

图 6.1.6 2ASK 信号的相干解调

$$f_1(x) = \frac{1}{\sqrt{2\pi}\sigma_n}\exp\left[-\frac{(x-a)^2}{2\sigma_n^2}\right] \quad (6.1.27)$$

当发送信号 "0" 时，$x(t)$ 的一维概率密度函数为

$$f_0(x) = \frac{1}{\sqrt{2\pi}\sigma_n}\exp\left[-\frac{x^2}{2\sigma_n^2}\right] \quad (6.1.28)$$

曲线如图 6.1.7 所示。

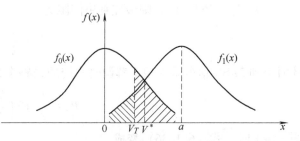

图 6.1.7 相干解调时误码率的几何表示

若仍令判决门限为 V_T，则将 "1" 错判为 "0" 的概率 $P(0/1)$ 及将 "0" 错判为 "1" 的概率 $P(1/0)$ 可以分别求得

$$P(0/1) = P(x \leqslant V_T) = \int_{-\infty}^{V_T} f_1(x)\mathrm{d}x = 1 - \frac{1}{2}\mathrm{erfc}\left(\frac{V_T - a}{\sqrt{2}\sigma_n}\right) \quad (6.1.29)$$

$$P(1/0) = P(x > V_T) = \int_{V_T}^{\infty} f_0(x)\mathrm{d}x = \frac{1}{2}\mathrm{erfc}\left(\frac{V_T}{\sqrt{2}\sigma_n}\right) \quad (6.1.30)$$

其中

$$\mathrm{erfc}(x) = \frac{2}{\sqrt{\pi}}\int_x^{\infty} \mathrm{e}^{-u^2}\mathrm{d}u$$

假设发送 "1" 码的概率为 $P(1)$，发送 "0" 码的概率为 $P(0)$，则系统的总误码率为

$$P_e = P(1)P(0/1) + P(0)P(1/0)$$

$$= P(1)\int_{-\infty}^{V_T} f_1(x)\mathrm{d}x + P(0)\int_{V_T}^{\infty} f_0(x)\mathrm{d}x \quad (6.1.31)$$

由式 (6.1.31) 可知，当 $P(1)$、$P(0)$ 及 $f_1(x)$、$f_0(x)$ 一定时，系统的误码率 P_e 与判决门限 V_T 有关，其几何表示如图 6.1.7 阴影部分所示。若改变判决门限 V_T，则阴影的面积将随之改变，即误码率的数值将随判决门限 V_T 而变。通过分析可知，当判决门限 V_T 取 $P(1)f_1(x)$ 与 $P(0)f_0(x)$ 两条曲线的交点 V^* 时，阴影的面积最小。即判决门限取为 V^* 时，系统的误码率最小，这个门限 V^* 称为最佳判决门限。

最佳判决门限也可通过求误码率 P_e 关于判决门限 V_T 的最小值的方法得到，令

$$\frac{\partial P_e}{\partial V_T} = 0 \quad (6.1.32)$$

可得
$$P(1)f_1(V^*) - P(0)f_0(V^*) = 0$$
即
$$P(1)f_1(V^*) = P(0)f_0(V^*) \tag{6.1.33}$$

将式（6.1.27）和式（6.1.28）代入式（6.1.33），经化简后可得
$$V^* = \frac{a}{2} + \frac{\sigma_n^2}{a}\ln\frac{P(0)}{P(1)} \tag{6.1.34}$$

式（6.1.34）就是所需的最佳门限。

若 $P(1) = P(0)$ 时，则最佳判决门限为
$$V^* = \frac{a}{2} \tag{6.1.35}$$

此时得到 2ASK 信号采用相干解调时系统的误码率为
$$P_e = \frac{1}{2}\text{erfc}\left(\frac{\sqrt{r}}{2}\right) \tag{6.1.36}$$

当 $r \gg 1$ 时，式（6.1.36）变成
$$P_e = \frac{1}{\sqrt{\pi r}}e^{-r/4} \tag{6.1.37}$$

比较式（6.1.25）和式（6.1.37）可以看出，在相同的高信噪比条件下，2ASK 信号相干解调时的误码率总是低于包络检波时的误码率，但两者性能的差别并不大。然而，包络检波时不需要稳定的本地相干载波信号，故电路实现比相干解调简单。

一般而言，大信噪比条件下使用包络检波；而小信噪比条件下使用相干解调。

总的来说，2ASK 是以控制载波幅度或是否发送载波来传输消息，对于较高速率的无线信道已不再使用，它的抗干扰能力远不如其他很多类型的调制方式，这里仅是作为一种类型进行介绍，但提供的性能分析方法却有理论意义。

【例 6.1.1】 设某 2ASK 信号的码元速率 $R_B = 4.8 \times 10^6$ Baud，采用包络检波法和相干解调法解调。已知接收端输入信号的幅度 $a = 1$mV，信道中加性高斯白噪声的单边功率谱密度 $n_0 = 2 \times 10^{-15}$ W/Hz。试求：

1）包络检波法解调时系统的误码率；
2）相干解调法解调时系统的误码率。

解： 1）因为 2ASK 信号的码元速率 $R_B = 4.8 \times 10^6$ Baud，所以接收端带通滤波器的带宽近似为
$$B = 2R_B = 9.6 \times 10^6 \text{Hz}$$

带通滤波器输出噪声的平均功率为
$$\sigma_n^2 = n_0 B = 1.92 \times 10^{-8} \text{W}$$

解调器输入信噪比为
$$r = \frac{a^2}{2\sigma_n^2} = \frac{10^{-6}}{2 \times 1.92 \times 10^{-8}} \approx 26 \gg 1$$

此时，可得包络检波法解调时系统的误码率为

$$P_e = \frac{1}{2}e^{-r/4} = \frac{1}{2}e^{-26/4} = \frac{1}{2}e^{-6.5} = 7.5 \times 10^{-4}$$

2）相干解调时系统的误码率为

$$P_e = \frac{1}{\sqrt{\pi r}}e^{-r/4} = \frac{1}{\sqrt{\pi \times 26}}e^{-26/4} = 1.67 \times 10^{-4}$$

6.2 二进制频移键控

6.2.1 2FSK 信号时域与频域分析

1. 基本原理

二进制频移键控（2FSK）就是用代表二进制数字信号的基带脉冲序列去键控两个不同的独立载波源。即传输"1"信号时，输出频率为 f_1 的载波；传输"0"信号时，输出频率为 f_2 的载波。可见，2FSK 是用不同频率的载波来传递数字消息的。图 6.2.1 是 2FSK 信号的时间波形图。

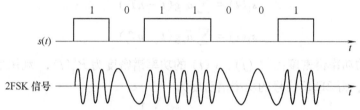

图 6.2.1 2FSK 信号的时间波形图

根据 2FSK 的概念，已调信号的数学表达式为

$$s_{\text{FSK}}(t) = \left[\sum_n a_n g(t - nT_s)\right]\cos(\omega_1 t + \varphi_n) + \left[\sum_n \bar{a}_n g(t - nT_s)\right]\cos(\omega_2 t + \theta_n) \tag{6.2.1}$$

式中，$g(t)$ 为单个矩形脉冲，脉宽为 T_s。

$$a_n = \begin{cases} 0 & \text{概率为 } P \\ 1 & \text{概率为 } 1-P \end{cases} \tag{6.2.2}$$

$\bar{a}_n$ 是 a_n 的反码，若 $a_n = 0$，则 $\bar{a}_n = 1$；$a_n = 1$，则 $\bar{a}_n = 0$，于是

$$\bar{a}_n = \begin{cases} 0 & \text{概率为 } 1-P \\ 1 & \text{概率为 } P \end{cases} \tag{6.2.3}$$

φ_n 和 θ_n 是第 n 个信号码元的初相位。

一般说来，键控法得到的 φ_n、θ_n 是与序列 n 无关的，这里仅表示当载波频率 f_1 与 f_2 改变时，其相位是不连续的。由于在频移键控中 φ_n 和 θ_n 不携带信息，通常可令其为零。

二进制频移键控信号有两种实现方法，键控法和模拟调制法，相应的调制器如图 6.2.2 所示。在键控法中，当 $s(t)$ 为"1"码或"0"码时分别将电子开关的输出端接通两个独立的载波信号，所以产生的 2FSK 信号相位不连续。而模拟调制法在产生 2FSK 信号时由于电路中的被控器件（如变容二极管）的参数不能突变，所以为相位连续的。

2. 2FSK 信号的功率谱密度和带宽

这里先介绍一种常用的近似方法，由表达式（6.2.1）可见，相位不连续的 2FSK 信号

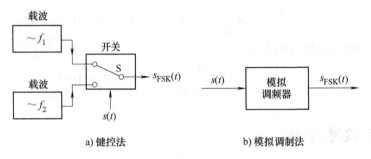

a) 键控法　　　　　　b) 模拟调制法

图 6.2.2　2FSK 信号的产生

可以由两个 2ASK 信号相加而成，其时域表达式为

$$s_{\text{FSK}}(t) = \left[\sum_n a_n g(t-nT_s)\right]\cos(\omega_1 t+\varphi_n) + \left[\sum_n \bar{a}_n g(t-nT_s)\right]\cos(\omega_2 t+\theta_n)$$
$$= s_1(t)\cos(\omega_1 t+\varphi_n) + s_2(t)\cos(\omega_2 t+\theta_n) \quad (6.2.4)$$

式中

$$s_1(t) = \sum_n a_n g(t-nT_s)$$
$$s_2(t) = \sum_n \bar{a}_n g(t-nT_s)$$

如果 $s_1(t)$ 的功率谱密度为 $P_{s_1}(f)$，$s_2(t)$ 的功率谱密度为 $P_{s_2}(f)$，利用平稳随机过程经过乘法器的结论，得 2FSK 信号的功率谱密度为

$$P_{\text{FSK}}(f) = \frac{1}{4}[P_{s_1}(f-f_1) + P_{s_1}(f+f_1)] + \frac{1}{4}[P_{s_2}(f-f_2) + P_{s_2}(f+f_2)] \quad (6.2.5)$$

式中，$s_1(t)$ 与 $s_2(t)$ 是单极性不归零码，码元波形为矩形脉冲，并考虑等概率即 $P=1/2$ 的情形下，两个基带信号的功率谱密度可由例 5.3.1 得出，即

$$P_{s_1}(f) = P_{s_2}(f) = \frac{T_s}{4}\text{Sa}^2(\pi f T_s) + \frac{1}{4}\delta(f) \quad (6.2.6)$$

将式（6.2.6）代入到式（6.2.5），得

$$P_{\text{2FSK}}(f) = \frac{T_s}{16}\{\text{Sa}^2[\pi(f-f_1)T_s] + \text{Sa}^2[\pi(f+f_1)T_s]\} + \frac{T_s}{16}\{\text{Sa}^2[\pi(f-f_2)T_s] + \text{Sa}^2[\pi(f+f_2)T_s]\}$$
$$+ \frac{1}{16}[\delta(f-f_1) + \delta(f+f_1)] + \frac{1}{16}[\delta(f-f_2) + \delta(f+f_2)] \quad (6.2.7)$$

式中，利用 $f_s = 1/T_s$ 的关系。此功率谱密度示意图如图 6.2.3 所示。

1) 相位不连续的 2FSK 信号的功率谱密度与 2ASK 的相似，同样由离散谱和连续谱两部分组成。离散谱位于两个载频 f_1 和 f_2 处，连续谱由两个中心位于 f_1 和 f_2 处的双边谱叠加形成。若两个载波频差小于 f_s，则连续谱在 f_c 处出现单峰，如图 6.2.4 所示；若载频差大于 f_s，则连续谱出现双峰，如图 6.2.3 所示。

2) 若仅计算 2FSK 信号功率谱第一个零点之间的频率间隔，该 2FSK 信号的频带宽度则为

$$B_{\text{2FSK}} = |f_2 - f_1| + 2f_s \quad (6.2.8)$$

为了便于接收端解调，要求 2FSK 信号的两个频率 f_1、f_2 要有足够的间隔。对于采用带

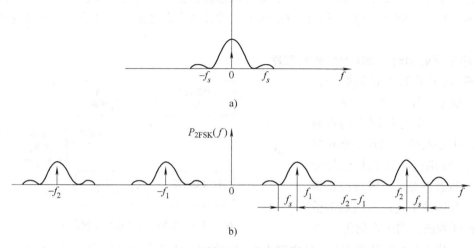

图 6.2.3 相位不连续 2FSK 信号功率谱密度示意图

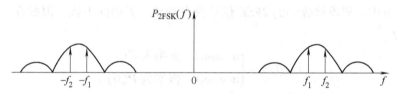

图 6.2.4 相位不连续且 $|f_2 - f_1| < f_s$ 时的 2FSK 信号功率谱密度示意图

通滤波器来分路的解调方法，通常取 $|f_2 - f_1| = (3 \sim 5)f_s$。相应地，2FSK 系统的频带利用率为

$$\eta = \frac{f_s}{B_{2FSK}} = \frac{f_s}{|f_2 - f_1| + 2f_s} \text{B/Hz} \quad (6.2.9)$$

对于相位连续的 2FSK 信号，由于前后码元是相关的，所以功率谱密度分析比较复杂。图 6.2.5 给出了几种不同调制指数下相位连续的 2FSK 信号的功率谱密度。图中，$f_c = (f_1 + f_2)/2$ 称为频偏，$h = |f_2 - f_1|/f_s$ 称为偏移率（或频移指数或调制指数），$R_s = f_s$ 是基带信号的带宽。可以得到的结论是：如果频移指数 h 不是整数，则功率谱密度中无离散谱，且当 $h < 0.7$ 时，大部分功率位于 $2f_s$ 频带内；当 h 较大时，大部分功率位于 $(2 + h)f_s$ 频带内；如 h 为整数，则出现离散谱。当 $h = 0.5$ 时，频带利用率较优，如 MSK 信号。

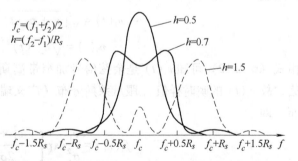

图 6.2.5 相位连续的 2FSK 信号的功率谱密度

6.2.2 2FSK 信号抗噪声性能分析

2FSK 信号的解调方案有很多，这里只讨论相干解调和非相干解调的误码率，并比较其

特点。分析思路是，根据接收端的框图求出带通滤波器输出端的时域表达式，再求出抽样判决电路两个输入端的信号与噪声混合波形的表达式及概率密度函数，最后根据判决规则求出误码率。

1. 非相干解调时 2FSK 系统的误码率

2FSK 信号非相干解调框图如图 6.2.6 所示，先经过一对中心频率为 f_1 和 f_2 且带宽为 $2/T_s$ 的带通滤波器，中心频率 f_1 和 f_2 分别对准传号和空号的频率。对已调信号分路接收，然后再经过包络检波器解调，最后对这两个包络检波器的输出进行抽样判决。判决规则为 $v_1 >$

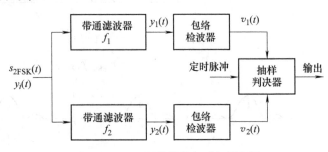

图 6.2.6　2FSK 信号非相干解调框图

v_2，判为 f_1 代表的数字基带信号；反之判为 f_2 代表的数字基带信号。因此，不需要像 2ASK 那样设置一个判决门限。

在图 6.2.6 中，假设接收到的 2FSK 信号只有衰减，无码间干扰。因此在一个码元期间 T_s 内可表示为

$$s_{2FSK}(t) = \begin{cases} a\cos\omega_1 t & \text{概率为 } P(1) \\ a\cos\omega_2 t & \text{概率为 } P(0) \end{cases}$$

用非相干接收法接收频移键控信号，在接收时产生的漏报的误码率与接收空号时产生虚报的误码率情况完全相同，因此只分析其中的一种情况。以"1"错判为"0"为例（漏报），当发送端发"1"信号时

$$y_1(t) = [a + n_{1c}(t)]\cos\omega_1 t - n_{1s}(t)\sin\omega_1 t \tag{6.2.10}$$

$$y_2(t) = n_{2c}(t)\cos\omega_2 t - n_{2s}(t)\sin\omega_2 t \tag{6.2.11}$$

两路包络检波器的输出分别为

$$v_1(t) = \sqrt{[a + n_{1c}(t)]^2 + n_{1s}^2(t)} \tag{6.2.12}$$

$$v_2(t) = \sqrt{n_{2c}(t)^2 + n_{2s}^2(t)} \tag{6.2.13}$$

由式（6.2.12）可知 $v_1(t)$ 是余弦信号加窄带高斯过程的包络，$v_2(t)$ 是窄带高斯过程的包络，故 $v_1(t)$ 的瞬时样值 v_1 服从莱斯分布（广义瑞利分布），$v_2(t)$ 的瞬时样值 v_2 服从瑞利分布，即

$$f_1(v_1) = \frac{v_1}{\sigma_n^2}\exp\left[-\frac{v_1^2 + a^2}{2\sigma_n^2}\right]I_0\left(\frac{av_1}{\sigma_n^2}\right) \tag{6.2.14}$$

$$f_1(v_2) = \frac{v_2}{\sigma_n^2}\exp\left[-\frac{v_2^2}{2\sigma_n^2}\right] \tag{6.2.15}$$

式（6.2.14）和式（6.2.15）中的 σ_n^2 是接收机中带通滤波器输出噪声的功率，当带通滤波器的带宽为 $B = 2f_s$ 时，$\sigma_n^2 = n_0 B$。这里的带宽不是 2FSK 信号的带宽而是带通滤波器的带宽。

下面讨论"1"错判为"0"的概率 $P(0/1)$。当发送端发"1"码时，根据 $v_1 > v_2$ 判为"1"码、$v_1 < v_2$ 判为"0"码的判决规则，$P(0/1)$ 是发"1"而有 $v_1 < v_2$ 的概率，即

$$P(0/1) = P(v_1 < v_2) = \int_0^\infty f_1(v_1) \left[\int_{v_1}^\infty f_1(v_2) \mathrm{d}v_2 \right] \mathrm{d}v_1 \tag{6.2.16}$$

式 (6.2.16) 可以理解为：$\int_{v_1}^\infty f_1(v_2) \mathrm{d}v_2$ 是包络幅度 $v_1 < v_2$ 的概率。这就是当 v_1 为某一特定值的误码率，但 v_1 不是一个固定值，它的取值范围为 $(0, \infty)$。但是不管它取何值，只要满足 $v_1 < v_2$，就会产生误码，因此概率要再次求和。

将式 (6.2.14) 及式 (6.2.15) 代入式 (6.2.18) 得

$$P(0/1) = \int_0^\infty \frac{v_1}{\sigma_n^2} \exp\left[-\frac{v_1^2 + a^2}{2\sigma_n^2}\right] I_0\left(\frac{av_1}{\sigma_n^2}\right) \left[\int_{v_1}^\infty \frac{v_2}{\sigma_n^2} \exp\left(-\frac{v_2^2}{2\sigma_n^2}\right) \mathrm{d}v_2\right] \mathrm{d}v_1$$

$$= \int_0^\infty \frac{v_1}{\sigma_n^2} I_0\left(\frac{av_1}{\sigma_n^2}\right) \exp\left(-\frac{2v_1^2 + a^2}{2\sigma_n^2}\right) \mathrm{d}v_1 \tag{6.2.17}$$

令 $t = \frac{\sqrt{2} v_1}{\sigma_n}$，$z = \frac{a}{\sqrt{2} \sigma_n}$，则上式可以改写为

$$P(0/1) = \int_0^\infty \frac{1}{\sqrt{2}\sigma_n}\left(\frac{\sqrt{2}v_1}{\sigma_n}\right) I_0\left(\frac{a}{\sqrt{2}\sigma_n} \frac{\sqrt{2}v_1}{\sigma_n}\right) \exp\left(-\frac{v_1^2}{\sigma_n^2}\right) \exp\left(-\frac{a^2}{2\sigma_n^2}\right) \times \left(\frac{\sigma_n}{\sqrt{2}}\right) \mathrm{d}\left(\frac{\sqrt{2}v_1}{\sigma_n}\right)$$

$$= \frac{1}{2} \int_0^\infty t I_0(zt) \exp\left(-\frac{t^2}{2}\right) \exp(-z^2) \mathrm{d}t$$

$$= \frac{1}{2} \exp\left(-\frac{z^2}{2}\right) \int_0^\infty t I_0(zt) \exp\left(-\frac{t^2 + z^2}{2}\right) \mathrm{d}t$$

因为 $t I_0(zt) \exp[-(t^2 + z^2)/2]$ 为 $\sigma_n^2 = 1$ 的莱斯分布，故其积分值为 1，所以

$$P(0/1) = \frac{1}{2} \exp\left(-\frac{z^2}{2}\right) = \frac{1}{2} \mathrm{e}^{-r/2} \tag{6.2.18}$$

式中，$r = \frac{a^2}{2\sigma_n^2}$ 为接收机中解调器的输入信噪比。

同理，可以求得发 "0" 错判为 "1" 的概率为

$$P(1/0) = \frac{1}{2} \mathrm{e}^{-r/2} \tag{6.2.19}$$

故 2FSK 非相干解调系统的误码率为

$$P_e = P(0)P(1/0) + P(1)P(0/1) = \frac{1}{2} \mathrm{e}^{-r/2} [P(0) + P(1)]$$

$$= \frac{1}{2} \mathrm{e}^{-r/2} \tag{6.2.20}$$

此公式表明，系统的误码率随输入信噪比的增大呈负指数规律下降。

2. 相干接收时的 2FSK 系统的误码率

若收端能产生与接收的 2FSK 信号的频率和相位一致的载频，就能实现 2FSK 信号的相干解调。图 6.2.7 给出了 2FSK 信号相干解调的框图。图中两个带通滤波器的作用与非相干解调框图的相同。$y_1(t)$、$y_2(t)$ 分别与相应的相干载波相乘后，其低频成分经低通滤波器输出，分别是，发 "1" 码时

$$\begin{cases} x_1(t) = a + n_{1c}(t) \\ x_2(t) = n_{2c}(t) \end{cases} \tag{6.2.21}$$

发"0"码时

$$\begin{cases} x_1(t) = n_{1c}(t) \\ x_2(t) = a + n_{2c}(t) \end{cases} \tag{6.2.22}$$

然后进行抽样判决,若抽样值 $x_1 > x_2$,判为 f_1 代表的数字基带信号;反之判为 f_2 代表的数字基带信号。

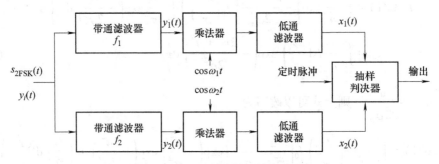

图 6.2.7 2FSK 信号相干解调框图

下面分别计算发"1"错判为"0"的概率 $P(0/1)$ 和发"0"错判为"1"的概率 $P(1/0)$。当发送端发"1"码时,若 $x_1 < x_2$,就错判为"0",且 $x_1(t)$、$x_2(t)$ 的抽样值 x_1、x_2 均服从高斯分布,只是均值不同。

$$P(0/1) = P(x_1 < x_2) = P(a + n_{1c} < n_{2c}) = P(a + n_{1c} - n_{2c} < 0) \tag{6.2.23}$$

令 $z = a + n_{c1} - n_{c2}$,则 z 也是高斯变量,且均值为 a,方差为 σ_z^2。该 σ_z^2 为

$$\sigma_z^2 = D(a + n_{1c} - n_{2c}) = D(a) + D(n_{1c}) + D(n_{2c}) = 2\sigma_n^2$$

故 z 的概率密度函数为

$$f(z) = \frac{1}{\sqrt{2\pi}\sigma_z} \exp\left[-\frac{(z-a)^2}{2\sigma_z^2}\right] \tag{6.2.24}$$

利用式(6.2.24)对式(6.2.25)进行计算,有

$$P(0/1) = P(z < 0) = \int_{-\infty}^{0} f(z)\,dz = \int_{-\infty}^{0} \frac{1}{\sqrt{2\pi}\sigma_z} \exp\left[-\frac{(z-a)^2}{2\sigma_z^2}\right] dz$$

$$= \frac{1}{2}\mathrm{erfc}\left(\sqrt{\frac{r}{2}}\right) \tag{6.2.25}$$

式中,$r = \dfrac{a^2}{2\sigma_n^2}$ 是解调器的输入信噪比。

同理,可得发"0"错判为"1"的概率为

$$P(1/0) = \frac{1}{2}\mathrm{erfc}\left(\sqrt{\frac{r}{2}}\right) \tag{6.2.26}$$

相干解调 2FSK 系统的误码率为

$$P_e = P(0)P(1/0) + P(1)P(0/1) = \frac{1}{2}\mathrm{erfc}\left(\sqrt{\frac{r}{2}}\right)[P(0) + P(1)]$$

$$= \frac{1}{2}\text{erfc}\left(\sqrt{\frac{r}{2}}\right) \quad (6.2.27)$$

在高信噪比 $r \gg 1$ 情况下,式(6.2.27)可写成

$$P_e = \frac{1}{\sqrt{2\pi r}} e^{-r/2} \quad (6.2.28)$$

比较式(6.2.28)和式(6.2.20)可以看出,在大信噪比条件下,频移键控的包络检波和相干解调相比,在性能上相差很小,但采用相干解调设备却要复杂得多。因此,在能够满足输入信噪比要求的场合,包络检波比相干解调更为常用。

相干解调和非相干解调不适合 f_1 与 f_2 相距较近的 2FSK 信号,此时带通滤波器的分路作用不好,判决会有失误。

3. 过零检测解调

应该指出,2FSK 信号的解调方法有很多,可以分为分离滤波法和线性鉴频法两大类。分离滤波法又包括相干解调法和非相干解调法以及动态滤波法等;线性鉴频法有模拟鉴频法、过零检测法、差分检测法。这里只介绍过零检测法的基本原理。

图 6.2.8 给出了过零检测法的框图及各点波形,由于频率是每秒内的振荡次数,所以,单位时间内信号经过零点的次数可以用来测量频率的高低。图中画出一个相位连续的 2FSK 信号 a,经限幅呈矩形波 b,微分、整流后的单极性归零尖脉冲 d,再经宽脉冲发生器,得到宽脉冲序列 e,由于脉冲序列 e 的密度反映 2FSK 信号的频率的高低,因此,经低通滤波器后得到基带数据信号 f。

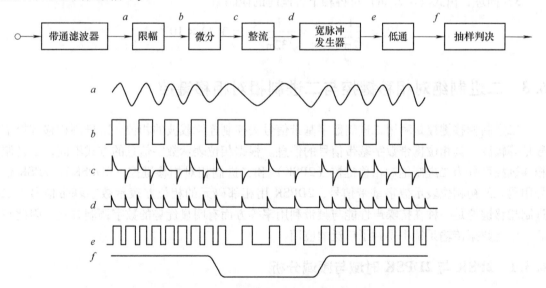

图 6.2.8 过零检测法的框图及各点波形

对于过零检测法来说,2FSK 信号的两个载波频差越大,抽样判决器输入信号的电平差越大,因而噪声容限越大。所以此解调器的误码率不但与信噪比有关,而且与载波频差有关。频差越大,误码率越小,但它们之间的定量关系很难分析,本书不再深入探讨。

【例 6.2.1】 采用 2FSK 方式在有效带宽为 2400Hz 的信道上传送二进制数字。已知 2FSK 信号的频率分别为 $f_1 = 980\text{Hz}$,$f_2 = 1580\text{Hz}$,码元速率 $R_B = 300\text{B}$。接收端输入(即信道输出端)的信噪比为 6dB。试求:

1) 2FSK 信号的带宽；
2) 采用包络检波法解调时系统的误码率；
3) 采用同步检波法解调时系统的误码率。

解：1) 根据式（6.2.8），该 2FSK 信号的带宽为
$$B_{2FSK} = |f_2 - f_1| + 2f_s = |1580 - 980| + 2 \times 300 = 1200\text{Hz}$$

2) 误码率取决于解调器的输入信噪比 r。因为 $10\log r' = 6\text{dB}$，得接收端输入信噪比 $r' = 4$，即
$$r' = \frac{a^2/2}{n_o B} = 4$$

式中，$B = 2400\text{Hz}$ 是信道有效带宽。又因为
$$r = \frac{a^2/2}{n_o B_{BPF}}$$

式中，$B_{BPF} = 2f_s = 2R_B = 600\text{Hz}$ 是带通滤波器的带宽。由此可得解调器的输入信噪比
$$r = 4 \cdot \frac{a^2/2}{n_o B} = 4r' = 16 \gg 1$$

将此信噪比代入式（6.2.20），可得用包络检波时的误码率
$$P_e = \frac{1}{2}e^{-r/2} = \frac{1}{2}e^{-8} = 1.68 \times 10^{-4}$$

3) 同理，由式（6.2.28）可得相干解调时的误码率
$$P_e = \frac{1}{\sqrt{2\pi r}}e^{-r/2} = \frac{1}{\sqrt{32\pi}}e^{-8} = 3.39 \times 10^{-5}$$

6.3 二进制绝对相移键控与二进制相对相移键控

二进制相移键控是利用二进制数字基带信号去控制连续载波的相位，二进制相移键控信号是等幅波，其相位携带数字基带信号的信息。根据相位表示数字信息的方式不同，二进制相移键控可分为二进制绝对相移键控（2PSK）和二进制相对相移键控（2DPSK）。2PSK 信号用码元的初相位表示数字基带信号，2DPSK 用相邻码元的相位差表示数字基带信号。二进制相移键控是一种在抗噪声性能与频带利用率等方面有明显优势的数字调制方式，因此在高、中速数据传输系统中得到了广泛的应用。

6.3.1 2PSK 与 2DPSK 时域与频域分析

1. 二进制绝对相移键控

2PSK 是利用二进制数字基带信号控制高频载波的相位而实现的调制方式。这两个相位通常相差 π，例如用相位 0 和 π 分别表示二进制信号 "0" 和 "1"。当然也可以取相反的形式。2PSK 信号的时间波形如图 6.3.1 所示。

可见，2PSK 信号的时间表达式为
$$s_{2PSK}(t) = \sum_n a_n g(t - nT_s)\cos\omega_c t \quad (6.3.1)$$

式中

$$a_n = \begin{cases} 1 & \text{概率为 } P \\ -1 & \text{概率为 } 1-P \end{cases}$$

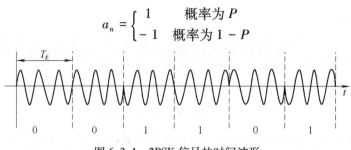

图 6.3.1　2PSK 信号的时间波形

若在某一码元持续时间 T_s 内观察时，式 (6.3.1) 可以简写为

$$s_{2\text{PSK}}(t) = \begin{cases} \cos\omega_c t & \text{概率为 } P \\ -\cos\omega_c t & \text{概率为}(1-P) \end{cases} \quad (6.3.2)$$

或以相反的形式。

从图中可以看出，2PSK 信号相当于用矩形双极性不归零数字基带信号与载波相乘，故也可表示成

$$s_{2\text{PSK}}(t) = s(t)\cos\omega_c t \quad (6.3.3)$$

2PSK 信号的产生方式如图 6.3.2 所示，

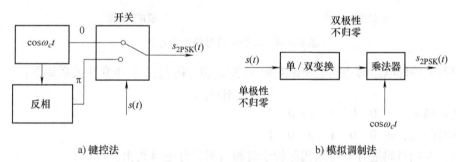

图 6.3.2　2PSK 信号的产生方式

2PSK 信号的解调通常都是采用相干解调，而且在相干解调过程中需要用到与接收的 2PSK 信号同频同相的相干载波，由于本地载波的载波相位是不确定的，因此，解调后所得的数字信号的符号也容易发生颠倒，这种现象称为相位模糊，是采用绝对相移键控的主要缺点，因此这种方式在实际中已很少采用，在实际应用中使用较多的是二进制相对（差分）相移键控（2DPSK）。

2. 二进制相对相移键控

2DPSK 调制是利用前后相邻码元载波相位的相对变化来表示数字信息。相对相位 $\Delta\varphi$ 定义为本码元初相与前一码元初相的差，符合CCITT国际标准的 $\Delta\varphi$ 与数字信息的关系有

$$\Delta\theta = \begin{cases} 0 & \text{表示数字信息 "0"} \\ \pi & \text{表示数字信息 "1"} \end{cases} \quad (6.3.4)$$

或

$$\Delta\theta = \begin{cases} -\pi/2 & \text{表示数字信息 "0"} \\ \pi/2 & \text{表示数字信息 "1"} \end{cases} \quad (6.3.5)$$

由式（6.3.4）可画出数字信息为 001101 的 2DPSK 信号的时间波形如图 6.3.3 所示。

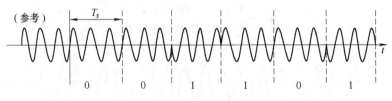

图 6.3.3 2DPSK 信号的时间波形

由上面的分析可知，2DPSK 信号可以看作是数字基带信号 $s(t)$ 先进行差分编码，再进行 2PSK 调制的结果，因此在 2PSK 调制器前加一个差分编码器就产生了 2DPSK 信号，其原理框图如图 6.3.4 所示。

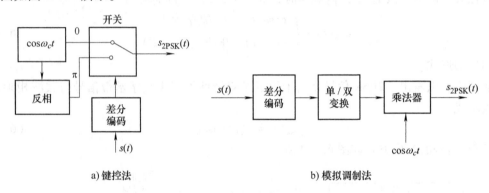

图 6.3.4 2DPSK 信号的产生方式

其中差分编码电路的功能是将绝对码 a_k 变成相对码 b_k，具体变换关系如下：
$$b_k = a_k \oplus b_{k-1}$$

例如：绝对码 a_k：　0　0　1　1　0　1
　　　相对码 b_k：0　0　0　1　0　0　1

可见，对绝对码进行相对调相等价于对相对码进行绝对调相。

通过分析 2PSK 可知，在解调 2DPSK 信号时，只要前后码元的相对相位关系不被破坏，则鉴别这个相位关系就可正确恢复数字信息，这就避免了 2PSK 方式中的相位模糊现象的发生。另外，相对相移键控使接收设备简单化，因此，相对相移键控得到广泛的应用。

3. 相移键控信号的矢量表示

还可以用图 6.3.5 所示的矢量图表示相移键控信号。图中，虚线矢量位置称为基准相位或参考相位。在 2PSK 中，参考相位是未调载波的相位；在 2DPSK 中，参考相位是前一码元载波的相位。国际电报电话咨询委员会（CCITT）将图 6.3.5a 的定义方式称为 A 方式，在这种方式中，每个码元的载波相位相对于基准相位

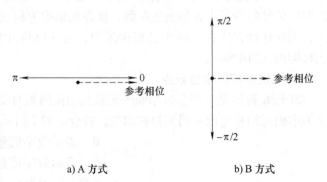

图 6.3.5 二进制相移键控信号的矢量图

可取 0 和 π。因此，在 2DPSK 中，若后一码元的载波相位相对于基准相位为 0，则前后两码元载波的相位是连续的；否则，载波相位在两码元之间发生突跳。图 6.3.5b 定义的方式称为 B 方式，在这种方式中，每个码元的载波相位相对于基准相位可取 ±π/2。因此，在 2DPSK 中，相邻码元之间必然发生载波相位的跳变。这样在接收该信号时，如果利用检测此相位变化以确定每个码元的起止时刻，即可提供码元定时信息。这就是 B 方式被广泛采用的原因之一。

4. 2PSK 与 2DPSK 信号的功率谱密度

从 2PSK 与 2DPSK 信号的时间波形可以看出，虽然它们的定义方式不同，但已调信号的波形是一样的，即说明它们的频率成分是相同的，因此 2PSK 与 2DPSK 信号具有相同的功率谱密度。由 2PSK 的表达式（6.3.1）可见，$s_{2PSK}(t)$ 相当于一个双极性随机矩形脉冲序列 $s(t)$ 与载波相乘构成双边带幅度调制信号。$s_{2PSK}(t)$ 的功率谱密度为

$$P_{2PSK}(f) = \frac{1}{4}[P_s(f-f_c) + P_s(f+f_c)] \tag{6.3.6}$$

式中，基带信号 $s(t)$ 是双极性、不归零、矩形脉冲，当考虑 $P = \frac{1}{2}$ 时，其功率谱密度可由例 5.3.2 得

$$P_s(f) = T_s \text{Sa}^2(\pi f T_s) \tag{6.3.7}$$

将式（6.3.7）代入式（6.3.6），得

$$P_{2PSK}(f) = \frac{T_s}{4}\{\text{Sa}^2[\pi(f-f_c)T_s] + \text{Sa}^2[\pi(f+f_c)T_s]\} \tag{6.3.8}$$

根据公式（6.3.8）得到的 2PSK 信号的功率谱密度如图 6.3.6 所示。

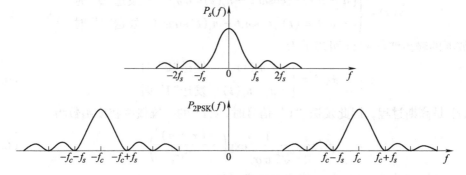

图 6.3.6　2PSK 信号的功率谱密度

可见，二进制相移键控信号的功率谱密度与 2ASK 信号相同。当 $P = \frac{1}{2}$ 时，无离散谱，此时二进制相移键控信号相当于抑制载波的双边带信号。信号带宽为

$$B_{2PSK(2DPSK)} = 2f_s \tag{6.3.9}$$

与 2ASK 系统相同，是码元速率的 2 倍。

因为 2PSK 系统的传码率为 $R_b = f_s = 1/T_s$，其频带利用率为

$$\eta = \frac{R_b}{2f_s} = \frac{1/T_s}{2/T_s} = \frac{1}{2} \tag{6.3.10}$$

以上分析表明,在数字调制中,2PSK、2DPSK 的功率谱密度与 2ASK 的十分相似,相位调制和频率调制在本质上是非线性调制。但在数字调相中,由于表征信息的相位变化只有有限种,因此可以把相位变化归结为幅度的变化。这样,就将数字调相与数字调幅联系起来,为此可以把数字调相信号当作线性调制信号处理,但不能推广到所有的数字调相信号中去。

6.3.2 2PSK 与 2DPSK 信号抗噪声性能分析

1. 相干解调时 2PSK 系统的误码率

2PSK 信号是抑制载波的双边带调制信号,必须使用相干解调。2PSK 信号的相干解调框图如图 6.3.7 所示。此解调框图与 2ASK 相干解调的框图相同,需要注意的是二者的判决门限值不同,当 $P = 1/2$ 时,2ASK 的判决门限为 $a/2$,而 2PSK 的判决门限为 0。

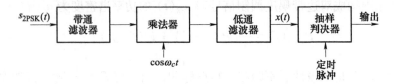

图 6.3.7 2PSK 信号的相干解调框图

从图 6.3.7 所示的相干解调的框图可以看出,在一个信号码元的持续时间内,

$$s_{2PSK}(t) = \begin{cases} \cos\omega_c t & \text{发送"0"时} \\ -\cos\omega_c t & \text{发送"1"时} \end{cases}$$

接收端带通滤波器的输出波形为

$$y(t) = \begin{cases} [a + n_c(t)]\cos\omega_c t - n_s(t)\sin\omega_c t & \text{发送"0"时} \\ [-a + n_c(t)]\cos\omega_c t - n_s(t)\sin\omega_c t & \text{发送"1"时} \end{cases}$$

低通滤波器的输出波形 $x(t)$ 可表示为

$$x(t) = \begin{cases} a + n_c(t) & \text{发送"0"时} \\ -a + n_c(t) & \text{发送"1"时} \end{cases} \quad (6.3.11)$$

由于 $n_c(t)$ 是高斯过程,因此发送"1"信号时,$x(t)$ 的一维概率密度函数为

$$f_1(x) = \frac{1}{\sqrt{2\pi}\sigma_n}\exp\left(-\frac{(x+a)^2}{2\sigma_n^2}\right) \quad (6.3.12)$$

因此发送"0"信号时,$x(t)$ 的一维概率密度函数为

$$f_0(x) = \frac{1}{\sqrt{2\pi}\sigma_n}\exp\left(-\frac{(x-a)^2}{2\sigma_n^2}\right) \quad (6.3.13)$$

由判决规则可知,当发送"1"时,只有由于噪声 $n_c(t)$ 叠加结果使 $x(t)$ 在抽样判决时刻变为大于 0 值时,才发生将"1"错判为"0"的错误,于是"1"错判为"0"的概率为

$$P(0/1) = P(x > 0) = \int_0^\infty f_1(x)\mathrm{d}x$$

$$= \int_0^\infty \frac{1}{\sqrt{2\pi}\sigma_n}\exp\left(-\frac{(x+a)^2}{2\sigma_n^2}\right)\mathrm{d}x = \frac{1}{2}\mathrm{erfc}(\sqrt{r}) \quad (6.3.14)$$

同理,将"0"错判为"1"的概率为

$$P(1/0) = P(x < 0) = \int_{-\infty}^{0} f_0(x)\,dx$$

$$= \int_{-\infty}^{0} \frac{1}{\sqrt{2\pi}\,\sigma_n} \exp\left(-\frac{(x-a)^2}{2\sigma_n^2}\right) dx = \frac{1}{2}\mathrm{erfc}(\sqrt{r})$$

式中, $r = a^2/2\sigma_n^2$ 为解调器的输入信噪比。

若 $P(0) = P(1) = 1/2$, 则 2PSK 信号采用相干解调法时的系统误码率为

$$P_e = P(1)P(0/1) + P(0)P(1/0) = \frac{1}{2}\mathrm{erfc}(\sqrt{r}) \tag{6.3.15}$$

在大信噪比情况下, 上式成为

$$P_e = \frac{1}{2\sqrt{\pi r}} e^{-r} \tag{6.3.16}$$

2. 相干解调时 2DPSK 系统的误码率

2DPSK 信号可以采用相干解调加码反变换器方式解调, 框图如图 6.3.8 所示。实际上是用相干解调器将 2DPSK 信号解调成相对码, 再用码反变换器将相对码变换成绝对码。码反变换器输入端的误码率就是 2PSK 信号采用相干解调时的误码率, 因此, 此时只需要再分析码反变换器对误码率的影响即可得出采用相干解调时的 2DPSK 系统的误码率。

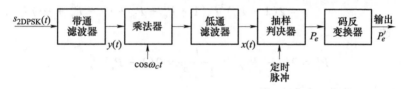

图 6.3.8 相干解调加码反变换器方式解调 2DPSK 信号框图

这时由抽样判决器输出数字信号（相对码）的误码率与相干接收 2PSK 信号的误码率相同, 即

$$P_e = \frac{1}{2}\mathrm{erfc}(\sqrt{r})$$

此时只需要再分析码反变换器对误码率的影响即可, 即找出 P_e' 与 P_e 的关系, P_e' 就是系统的误码率。

抽样判决器输出的码为相对码 b_k, 而码反变换器的输出为绝对码 a_k, 二者关系为

$$b_k = a_k \oplus b_{k-1}$$
$$a_k = b_k \oplus b_{k-1} \tag{6.3.17}$$

下面分析码反变换器的影响。

由式 (6.3.17) 可知, 当码反变换器输入的两相邻码元相同时, 则输出为 "0"; 若两个相邻码元不同时, 输出为 "1"。例如:

相干解调器的输出: 0 0 1 1 0 1 1 0 1 0
码反变换器的输出: 0 1 0 1 1 1 0 1 1 1

为了说明码反变换器造成误码的情况, 现进行如下分析。

1) 在相干解调器中, 如果有一个码元发生错误, 则会引起两个相邻的码元错误, 即
相干解调器的输出: 0 0 1 0* 0 1 1 0 1 0

码反变换器的输出： 0 1 1* 0* 1 0 1 1 1

2）如果相干解调器的输出相邻两个码元均发生错误，则码反变换器的输出也错两码元，即

相干解调器的输出： 0 0 1 0* 1* 1 1 0 1 0
码反变换器的输出： 0 1 1* 1 0* 0 1 1 1

3）如果相干解调器的输出出现一长串错码，则码变换的输出仍错两码元，即

相干解调器的输出： 0 0 1 0* 1* 0* 0* 1* 1 0
码反变换器的输出： 0 1 1* 1 1 0 1 0* 1

若码反变换之前所产生的误码率为 P_e，则码反变换所产生的误码率为 P'_e，即

$$P'_e = 2P_1 + 2P_2 + \cdots + 2P_n \tag{6.3.18}$$

式中，P_n 表示 n 个码元连续错误的概率。在一个很长的序列中，出现一串 n 个码元连续错误这一事件，必然是"n 个码元同时出错与在该一串错码两端都有一个码元不错"同时发生的事件。因此有

$$P_n = (1 - P_e)^2 P_e^n \quad n = 1, 2, \cdots \tag{6.3.19}$$

将式（6.3.19）代入式（6.3.16）得

$$P'_e = 2(1 - P_e)^2 (P_e^1 + P_e^2 + \cdots + P_e^n)$$

$$= 2(1 - P_e)^2 P_e (1 + P_e^1 + P_e^2 + \cdots + P_e^k + \cdots) \tag{6.3.20}$$

由于 $P_e < 1$，故

$$P'_e = 2(1 - P_e)^2 P_e \frac{1}{1 - P_e} = 2(1 - P_e) P_e \tag{6.3.21}$$

将式（6.3.15）代入式（6.3.21）得

$$P'_e \approx 2\left(1 - \frac{1}{2}\mathrm{erfc}\sqrt{r}\right) \frac{1}{2}\mathrm{erfc}\sqrt{r} = \frac{1}{2}\left[2\mathrm{erfc}\sqrt{r} - (\mathrm{erfc}\sqrt{r})^2\right]$$

$$\approx \left(1 - \frac{1}{2} + \frac{1}{2}\mathrm{erf}\sqrt{r}\right)(1 - \mathrm{erf}\sqrt{r})$$

$$= \frac{1}{2}\left[1 - (\mathrm{erf}\sqrt{r})^2\right] \tag{6.3.22}$$

当 r 很大时，P_e 很小，由式（6.3.21）得 P'_e 的近似表示式为

$$P'_e \approx 2P_e = \mathrm{erfc}\sqrt{r} \tag{6.3.23}$$

由式（6.3.21）可知，P'_e 与 P_e 之比为

$$\frac{P'_e}{P_e} = 2(1 - P_e) \tag{6.3.24}$$

式（6.3.24）说明，码反变换器的出现使误码率增加。

3. 差分相干解调时 2DPSK 系统的误码率

2DPSK 信号的差分相干解调的框图如图 6.3.9 所示。它是基于 2DPSK 信号的概念建立起来的，2DPSK 信号是利用前后相邻码元的相位差 $\Delta\varphi$ 来表示数字基带信号的。因此，在接收端应设法找到 2DPSK 信号前后相邻码元的相对相位差 $\Delta\varphi$。再由相对相位所对应的信号来判决恢复原数字基带信号即可。下面通过数学分析来说明 2DPSK 信号的差分相干解调的工作原理。

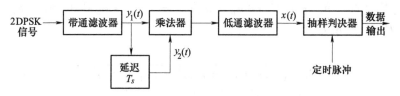

图 6.3.9 2DPSK 信号的差分相干解调框图

若不考虑噪声，设接收到的 2DPSK 信号为 $a\cos(\omega_c t + \theta_k)$，其中 θ_k 为第 k 个码元的初始相位，图 6.3.9 的解调过程如下：

$$y_1(t) = a\cos(\omega_c t + \theta_k)$$
$$y_2(t) = a\cos(\omega_c t + \theta_{k-1})$$

式中，θ_{k-1} 为前一码元（即 $k-1$ 码元）的相位，乘法器的输出为

$$x_i(t) = \frac{a^2}{2}[\cos(\theta_k - \theta_{k-1}) + \cos(2\omega_c t + \theta_k + \theta_{k-1})]$$

经低通滤波器滤去 $2\omega_c$ 频率分量信号，得

$$x(t) = \frac{a^2}{2}\cos(\theta_k - \theta_{k-1}) = \frac{a^2}{2}\cos\Delta\theta \quad (6.3.25)$$

根据发送端调制时所确定的 $\Delta\theta$ 与数字信息的关系，可以对 $x(t)$ 进行抽样判决。依照式 (6.3.4) 的关系可知，当 θ_k 与 θ_{k-1} 相同时，抽样值 $x = a^2/2 > 0$，判为"0"码；当 θ_k 与 θ_{k-1} 相差 π 时，则抽样值 $x = -a^2/2 < 0$，判为"1"码。

通过以上分析可知，分析误码率就需要同时考虑两个相邻的码元。这里主要分析发"0"错判为"1"的概率 $P(1/0)$。

设在一个码元时间内收到的是 $a\cos\omega_c t$，且令前一个收到的码元也是 $a\cos\omega_c t$，根据式 (6.3.4) 的规则可知，此时发送端发出的基带信号应是"0"码，假设信道中存在均值为 0，方差为 σ_n^2 的高斯白噪声，则进入乘法器的两路信号为

$$y_1(t) = [a + n_{1c}(t)]\cos\omega_c t - n_{1s}(t)\sin\omega_c t$$
$$y_2(t) = [a + n_{2c}(t)]\cos\omega_c t - n_{2s}(t)\sin\omega_c t$$

式中，$n_{1c}(t)$、$n_{1s}(t)$ 和 $n_{2c}(t)$、$n_{2s}(t)$ 分别为无延迟支路和有延迟 T_s 支路噪声的同相分量和正交分量，通过乘法器和低通滤波器的输出 $x(t)$ 为

$$x(t) = \frac{1}{2}\{[a + n_{1c}(t)][a + n_{2c}(t)] + n_{1s}(t)n_{2s}(t)\} \quad (6.3.26)$$

根据式 (6.3.4) 和式 (6.3.26) 可知，对于 $x(t)$ 的抽样值 x，判决规则是

$$\begin{cases} x > 0 & \text{判为"0"} \\ x < 0 & \text{判为"1"} \end{cases} \quad (6.3.27)$$

故发送"0"码错判为"1"码的概率 $P(1/0)$ 就是 $x(t)$ 的抽样值 $x < 0$ 的概率，即

$$P(1/0) = P(x < 0) = P[(a + n_{1c})(a + n_{2c}) + n_{1s}n_{2s} < 0] \quad (6.3.28)$$

利用恒等式

$$x_1 x_2 + y_1 y_2 = \frac{1}{4}\{(x_1 + x_2)^2 + (y_1 + y_2)^2 - (x_1 - x_2)^2 - (y_1 - y_2)^2\}$$

式 (6.3.28) 变为

$$P(1/0) = P\{[(2a + n_{1c} + n_{2c})^2 + (n_{1s} + n_{2s})^2] - [(n_{1c} - n_{2c})^2 + (n_{1s} - n_{2s})^2] < 0\}$$
$$= P(R_1 < R_2) \tag{6.3.29}$$

式中

$$R_1 = \sqrt{(2a + n_{1c} + n_{2c})^2 + (n_{1s} + n_{2s})^2} \tag{6.3.30}$$

$$R_2 = \sqrt{(n_{1c} - n_{2c})^2 + (n_{1s} - n_{2s})^2} \tag{6.3.31}$$

在这里，R_1 可以看成余弦信号 $2a\cos\omega_c t$ 加窄带高斯变量的包络，窄带高斯变量的同相分量为 $n_{1c} + n_{2c}$，正交分量为 $n_{1s} + n_{2s}$，所以随机变量 R_1 服从莱斯分布；R_2 可以看成是一窄带高斯变量的包络，同相分量为 $n_{1c} - n_{2c}$，正交分量为 $n_{1s} - n_{2s}$，所以 R_2 服从瑞利分布。

由于 n_{1c}、n_{2c}、n_{1s} 和 n_{2s} 是相互独立的高斯随机变量，且均值均为 0，方差均为 σ_n^2，故 $n_{1c} + n_{2c}$、$n_{1c} - n_{2c}$、$n_{1s} + n_{2s}$、$n_{1s} - n_{2s}$ 是均值为 0，方差为 $2\sigma_n^2$ 的高斯随机变量。参照式 (6.1.10)、式 (6.1.13) 及式 (6.1.14) 可知，随机变量 R_1 服从莱斯分布，R_2 服从瑞利分布，它们的概率密度函数分别为

$$f(R_1) = \frac{R_1}{2\sigma_n^2} I_0\left(\frac{aR_1}{\sigma_n^2}\right) e^{-(R_1^2 + 4a^2)/4\sigma_n^2} \tag{6.3.32}$$

$$f(R_2) = \frac{R_2}{2\sigma_n^2} e^{-R_2^2/4\sigma_n^2} \tag{6.3.33}$$

将式 (6.3.32) 和式 (6.3.33) 代入式 (6.3.29)，得

$$P(1/0) = P(R_1 < R_2) = \int_0^\infty f(R_1) \left[\int_{R_1}^\infty f(R_2) dR_2\right] dR_1$$
$$= \int_0^\infty \frac{R_1}{2\sigma_n^2} I_0\left(\frac{aR_1}{\sigma_n^2}\right) e^{-(2R_1^2 + 4a^2)/4\sigma_n^2} dR_1$$

仿造求解式 (6.2.18) 的方法，不难得出上式的结果为

$$P(1/0) = \frac{1}{2} e^{-r} \tag{6.3.34}$$

式中，$r = a^2/2\sigma_n^2$。

同理可求得将"1"错判为"0"的概率 $P(0/1) = P(1/0)$。因此，2DPSK 差分相干解调系统的总误码率为

$$P_e = P(1) P(0/1) + P(0) P(1/0) = \frac{1}{2} e^{-r} \tag{6.3.35}$$

式 (6.3.35) 表明，差分相干解调 2DPSK 信号时的误码率随输入信噪比的增大呈指数规律下降。2DPSK 系统的抗噪声性能不如 2PSK 系统，但 r 很大时二者的相对差别不明显。

【例 6.3.1】 采用 2DPSK 信号在微波线路上传送二进制消息，已知码元传输速率 $R_B = 10^6$ Baud，接收机输入端的高斯白噪声的单边功率谱密度 $n_0 = 2 \times 10^{-10}$ W/Hz，要求 P_e 不大于 10^{-4}，试求：

1) 采用差分相干解调时，接收机输入端所需的信号功率；
2) 采用相干解调—码变换时，接收机输入端所需的信号功率。

解： 1) 接收端带通滤波器输出的噪声功率为

$$\sigma_n^2 = n_0 B = 2n_0 R_B = 2 \times 2 \times 10^{-10} \times 10^6 = 4 \times 10^{-4} \text{W}$$

这里，带宽 B 为第一零点带宽，即

$$B = 2R_B$$

对于差分相干解调的 2DPSK 系统,误码率与信噪比的关系为

$$P_e = \frac{1}{2}e^{-r} \leqslant 10^{-4}$$

解出

$$r = \frac{a^2}{2\sigma_n^2} \geqslant 8.52$$

故接收机输入端所需的信号功率为

$$P_s = \frac{a^2}{2} \geqslant 8.52 \times \sigma_n^2$$

$$= 8.52 \times 4 \times 10^{-4} \text{W} = 3.4 \times 10^{-3} \text{W} = 5.32 \text{dBm}$$

2)采用相干解调—码变换时

$$P_e' \approx 2P_e = 1 - \text{erf}\sqrt{r} \leqslant 10^{-4}$$

即

$$\text{erf}\sqrt{r} \geqslant 0.9999$$

查误差函数表,可得

$$\sqrt{r} \geqslant 2.76$$
$$r \geqslant 7.62$$
$$r = \frac{a^2}{2\sigma_n^2} = 7.62$$

故接收机输入端所需的信号功率为

$$P_s = \frac{a^2}{2} = r\sigma_n^2 = 7.62 \times 4 \times 10^{-4} \text{W} = 3.048 \times 10^{-3} \text{W} = 4.84 \text{dBm}$$

该例题说明,差分相干解调所需输入信号的功率比相干解调大,但只差约 0.5dB。由于解调电路简单得多,所以大都采用差分相干解调。

6.4 各种二进制数字调制系统的比较

在 6.1~6.3 节中分别讨论了三种二进制数字调制系统的几种主要性能,比如系统的传输带宽、频带利用率、调制解调方式及误码率等。下面针对这几个方面的性能做一个简单的比较。

6.4.1 传输带宽和频带利用率

在码元速率 $R_B = 1/T_s$ 相同的情况下,2ASK、2PSK 和 2DPSK 占据的频带比 2FSK 窄,均为 $2/T_s$,而 2FSK 的带宽为 $|f_2 - f_1| + 2/T_s$,因此如果信道带宽紧张就不应考虑使用 2FSK 方式。

频带利用率是数字传输系统的有效性指标,它被定义为

$$\eta = \frac{R_B}{B} \text{B/Hz}$$

式中，传码率 R_B 在数值上与 f_s 相同；B 表示传输带宽。频带利用率 η 越高，说明系统的有效性越好，三种键控方式的频带利用率为

$$\eta = \frac{f_s}{2f_s} = \frac{1}{2} \text{B/Hz}$$

当收、发基带滤波器合成响应为升余弦滚降特性时，有

$$\eta = \frac{1}{1+\alpha} \text{B/Hz}$$

对于相位离散的 2FSK，有

$$\eta = \frac{f_s}{|f_2 - f_1| + f_s} \text{B/Hz}$$

可见 2PSK 和 2ASK 的频带利用率高，系统有效性好；相位离散的 2FSK 的频带利用率比其他的低。故系统有效性低。

6.4.2 误码率

二进制数字调制方式在不同接收情况下的误码率见表 6.4.1。从表中可见，在每一对采用相干解调和非相干解调的键控系统中，相干解调方式略优于非相干解调方式。它们基本上是 $\text{erfc}\sqrt{r}$ 和 e^{-r} 之间的关系，而且随着 $r \to \infty$ 它们将趋于同一极限值。另外，三种相干（或非相干）方式之间，在相同的误码率条件下，在信噪比要求上，2PSK 比 2FSK 小 3dB，2FSK 比 2ASK 小 3dB。由此看来，在抗加性高斯白噪声方面，相干解调 2PSK 最好，2FSK 次之，2ASK 最差。图 6.4.1 是按表 6.4.1 画出的误码率曲线。

表 6.4.1 二进制数字调制系统误码率公式

调制方式		误码率公式
2ASK	相干解调	$P_e = \frac{1}{2}\text{erfc}\sqrt{\frac{r}{4}}$
	非相干解调	$P_e = \frac{1}{2}e^{-r/4}$
2FSK	相干解调	$P_e = \frac{1}{2}\text{erfc}\sqrt{\frac{r}{2}}$
	非相干解调	$P_e = \frac{1}{2}e^{-r/2}$
2PSK	相干解调	$P_e = \frac{1}{2}\text{erfc}\sqrt{r}$
2DPSK	相干解调	$P_e = \text{erfc}\sqrt{r}$
	差分相干解调	$P_e = \frac{1}{2}e^{-r}$

6.4.3 对信道特性变化的敏感性

在选择数字调制方式时，还应考虑判决门限对信道特性的敏感性，希望判决门限不随信道变化而变化。在 2FSK 系统中，判决器是根据上下两个支路解调输出样值的大小来做出判决，不需要人为地设置判决门限。在 2PSK 系统中，当发送符号概率相等时，判决器的最佳

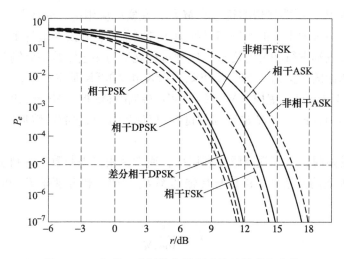

图 6.4.1 各种二进制数字调制系统的误码率曲线

判决门限为零,与接收机输入信号的幅度无关,判决门限不随信道特性的变化而变化。在 2ASK 系统中,判决器的最佳判决门限为 $a/2$[当 $P(1)=P(0)$ 时],它与接收机输入信号的幅度有关。当信道特性发生变化时,接收机输入信号的幅度 a 将随着发生变化,从而导致判决门限也随之变化。这时,接收机不容易保持在最佳判决门限状态,从而导致误码率增大。因此,对信道特性变化的敏感性而言,2ASK 性能最差。

当信道存在严重的衰落时,由于在接收端难以得到与发送端同频同相的本地载波,通常采用非相干解调。但是,在远距离通信中,当发射机有着严格的功率限制时,则选择相干解调,因为在保证同样误码率的条件下,相干解调所需的信噪比比非相干解调小。

6.4.4 设备的复杂程度与成本

设备越复杂,成本越高。2ASK、2FSK 和 2PSK 的发送设备的复杂程度不相上下,所以主要取决于接收设备。总的来说,相干解调比非相干解调复杂,而在非相干解调中,复杂程度最高的是 2DPSK,其次是 2FSK 和 2ASK。

以上从四个方面对二进制数字调制系统进行了比较。可以看出,在选择调制和解调方式时,要考虑的因素比较多。要对系统的要求进行全面的考虑,根据最主要的要求做出比较恰当的选择。如果抗噪声性能是主要的,则应考虑相干解调 2PSK 和 2DPSK,而 2ASK 不可取;如果带宽是主要要求,则应考虑相干解调 2PSK、2DPSK 和 2ASK,而 2FSK 不可取;如果设备复杂性是必须考虑的重要因素,则非相干方式比相干方式更为适宜。总的来看,2ASK 系统的结构最简单,但抗噪声能力最差。2FSK 系统的频带利用率和抗噪声性能都不如 2PSK,但非相干解调 2FSK 的设备简单,在中、低速的数据传输中常被选用。因此得到广泛应用的数字调制方式是 2PSK、2DPSK 和非相干解调的 2FSK。

6.5 多进制数字调制系统

多进制数字调制是用多进制数字基带信号改变高频载波的参数而实现的频谱搬移过程。

在每个符号间隔 T_s 内，可能发送的符号有 M 种，在实际应用中，通常取 $M = 2^n$，n 为大于 1 的正整数。这种状态数大于 2 的调制信号称为多进制信号。在发送端将多进制数字信号对载波进行调制，在接收端进行相反的变换，这种过程就称为多进制数字调制与解调。

多进制数字调制的定义与 2ASK、2FSK、2PSK 和 2DPSK 基本一致，可分为多进制振幅键控（MASK）、多进制频移键控（MFSK）和多进制相移键控（MPSK 和 MDPSK）。当然还有其他的多进制调制方式，如 M 进制幅相键控（MAPK）或它的特殊形式 M 进制正交幅度调制（MQAM）。

在信道频带受限时，为了提高频带利用率，通常采用多进制数字调制系统，其代价是增加信号功率和实现上的复杂性。由信息传输速率 R_b、码元传输速率 R_B 和进制数 M 之间的关系

$$R_B = \frac{R_b}{\log_2 M}$$

在信息传输速率不变的情况下，通过增加进制数 M，可以降低码元传输速率，从而减小信号带宽，节约频带资源，提高系统频带利用率。由关系式 $R_b = R_B \log_2 M$ 可以看出，在码元传输速率不变的情况下，通过增加进制数 M，可以增大信息传输速率，从而在相同的带宽中传输更多的信息量。正是由于这个优点，使多进制数字调制方式得到了广泛的应用。下面介绍多进制数字调制原理及抗噪声性能。

6.5.1 多进制幅度调制原理及抗噪声性能

M 进制数字振幅键控信号的载波幅度有 M 种取值，在每个符号时间间隔 T_s' 内发送 M 个幅度中的一种幅度的载波信号。M 电平调制信号的时间表达式为

$$s_{\text{MASK}}(t) = \left[\sum_n b_n g(t - nT_s') \right] \cos\omega_c t \tag{6.5.1}$$

式中

$$b_n = \begin{cases} 0 & \text{概率为 } P_1 \\ 1 & \text{概率为 } P_2 \\ 2 & \text{概率为 } P_3 \\ \vdots & \vdots \\ M-1 & \text{概率为 } P_M \end{cases} \tag{6.5.2}$$

且有 $\sum_{i=1}^{M} P_i = 1$。

由式（6.5.1）可知，MASK 信号相当于 M 电平的基带信号对载频进行双边带调幅。为了了解 MASK 信号与 2ASK 信号之间的关系，图 6.5.1 示意性画出了 2ASK 信号和 4ASK 信号的波形。图 6.5.1a 为四电平基带信号 $B(t)$ 的波形，图 6.5.1.b 为 4ASK 信号的波形，其可以等效成图 6.5.1c 中四种波形之和，其中三种波形都分别是一个 2ASK 信号。这就是说，MASK 信号可以看成是由振幅互不相等、时间上互不相容的 $M-1$ 个 2ASK 信号相加而成。

由此可知，MASK 信号的功率谱密度是由 $M-1$ 个 2ASK 信号的功率谱密度相加而成。尽管 $M-1$ 个 2ASK 信号叠加后的频谱结构是复杂的，但就信号的带宽而言，MASK 信号与分解的任何一个 2ASK 信号的带宽是相同的。MASK 信号的带宽可表示为

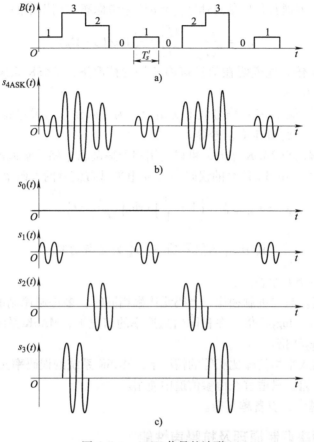

图 6.5.1 4ASK 信号的波形

$$B_{\text{MASK}} = 2f'_s \tag{6.5.3}$$

式中，$f'_s = 1/T'_s$ 是多进制码元速率。

与二进制 ASK 信号相比较，二进制码元速率为 f_s。当二者码元速率相等时，即 $f'_s = f_s$，则两者带宽相等，即

$$B_{\text{MASK}} = B_{\text{2ASK}} \tag{6.5.4}$$

当两者的信息速率相等时，则码元速率的关系为

$$f'_s = \frac{f_s}{n} \tag{6.5.5}$$

其中

$$n = \log_2 M \tag{6.5.6}$$

由式（6.5.3）和式（6.5.5）可得

$$B_{\text{MASK}} = \frac{1}{n} B_{\text{2ASK}} \qquad B_{\text{2ASK}} = 2f_s \tag{6.5.7}$$

可见，当信息速率相等时 MASK 信号的带宽只是 2ASK 信号带宽的 $1/n$。

当以码元速率考虑频带利用率 η_B 时，有

$$\eta_B = \frac{f'_s}{B_{\text{MASK}}} = \frac{f'_s}{2f'_s} = \frac{1}{2} \text{B/Hz} \tag{6.5.8}$$

与 2ASK 系统相同。但通常是以信息速率 $f_s = nf'_s$ 来考虑频带利用率的,因此有

$$\eta_b = \frac{f_s}{B_{\text{MASK}}} = \frac{nf'_s}{2f'_s} = \frac{n}{2} \text{bit}/(\text{s} \cdot \text{Hz}) \tag{6.5.9}$$

它是 2ASK 系统的 n 倍。这说明在信息速率相等的情况下,MASK 系统的频带利用率高于 2ASK 系统的频带利用率。

MASK 调制中最简单的基带信号波形是矩形。为了限制信号频谱也可以采用其他波形,如升余弦滚降信号,或部分响应信号等。

MASK 信号的解调与 2ASK 相同,可以使用相干解调和非相干解调的方法来恢复基带信号。采用相干解调时,MASK 信号的误码率与 M 电平基带信号的误码率相同,即

$$P_{e,\text{MASK}} = \left(1 - \frac{1}{M}\right) \text{erfc}\left(\frac{3}{M^2 - 1} r\right)^{1/2} \tag{6.5.10}$$

式中,r 为信噪比,$r = \dfrac{P_s}{\sigma_n^2}$。其中 P_s 为信号功率;σ_n^2 为噪声功率。

MASK 信号有以下几个特点:

1)传输效率高。与二进制相比,当码元速率相同时,多进制调制的信息速率比二进制的高,是二进制的 $n = \log_2 M$ 倍。在相同信息速率的情况下,MASK 系统的频带利用率也是 2ASK 系统的 $n = \log_2 M$ 倍。

2)在接收机输入平均信噪比相等的情况下,MASK 系统的误码率比 2ASK 系统要高。

3)抗衰减能力差,只适宜在恒参信道中使用。

4)进制数 M 越大,设备越复杂。

6.5.2　多进制频率调制原理及抗噪声性能

多进制数字频率调制(MFSK)基本上是 2FSK 方式的推广。它是用多个频率的载波分别代表不同的数字信息。

MFSK 通信系统原理框图如图 6.5.2 所示。图中的串/并变换器将一组 n 位二进制码变为 M 路具有 M 个状态的并行码,$M = 2^n$。这 M 个状态分别对应 M 种频率。当某种组合的二进制码到来时,逻辑电路的输出一方面打开对应的门电路,让与该门电路对应的载波发送出去;另一方面,却同时关闭其余所有的门电路。于是,当一组组二进制码输入时,经相加器组合输出便是一个 MFSK 的波形。解调部分则是由 M 个带通滤波器、包络检波器及一个抽样判决器、逻辑电路、并/串变换器组成。各带通滤波器的中心频率就是各载波的频率。因而,当某一频率到来时,只有一个带通滤波器有信号及噪声通过,其他带通滤波器只有噪声通过。抽样判决器的任务就是在给定时刻上比较各包络检波器的输出电压,并选出最大者作为输出,这个输出相当于多进制的某一码元。逻辑电路把这个输出译成用 n 位二进制并行码表示的 M 进制数,再经并/串变换器还原成串行的二进制输出信号。

与 2ASK 信号相同,可将 MFSK 信号等效为 M 个 2ASK 信号相加,它的相邻载波频率间隔应大于 M 进制码元速率的两倍,否则接收端的带通滤波器无法将各个 2ASK 信号分离开。MFSK 信号的功率谱密度示意图如图 6.5.3 所示。

由图可知,MFSK 信号的带宽为

$$B_{\text{MFSK}} = (f_M - f_1) + 2f'_s \tag{6.5.11}$$

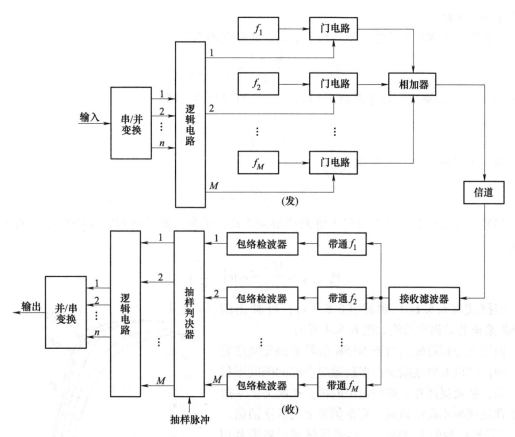

图 6.5.2 MFSK 通信系统原理框图

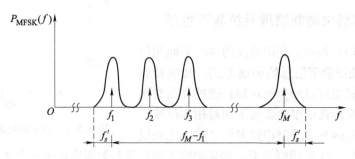

图 6.5.3 MFSK 信号的功率谱密度

式中,f_M 为最高频率,f_1 为最低频率。

若相邻载频之差等于 $2f'_s$,即相邻频率的功率谱主瓣互不重叠,这时 MFSK 信号的带宽为

$$B_{\text{MFSK}} = 2Mf'_s \tag{6.5.12}$$

频带利用率为

$$\eta_{\text{MFSK}} = \frac{nf'_s}{B_{\text{MFSK}}} = \frac{n}{2M} = \frac{\log_2 M}{2M} \tag{6.5.13}$$

式中,$M = 2^n$,$n = 2,3,\cdots$。可见,MFSK 信号的带宽随频率数 M 的增大而线性增宽,频带

利用率明显下降。

一般情况下 MFSK 信号采用非相干解调，此时误码率为

$$P_{e,\text{MFSK}} = \frac{M-1}{2}\exp\left(-\frac{r}{2}\right) \quad (6.5.14)$$

式中，r 为接收信噪比。若考虑到 $n = \log_2 M$，则可得出误比特率为

$$P_b = \frac{2^{n-1}}{2^n - 1} P_{e,\text{MFSK}} \quad (6.5.15)$$

当 M 很大时可进一步近似为

$$P_b \approx \frac{1}{2} P_{e,\text{MFSK}} \quad (6.5.16)$$

当然，在理论上也可以用相干解调法解调 MFSK 信号，相干解调时 MFSK 系统的误码率为

$$P_{e,\text{MFSK}} = \frac{M-1}{2}\text{erfc}\left(\sqrt{\frac{r}{2}}\right)$$

根据式（6.5.14）和式（6.5.16），可画出的 MFSK 系统的误码率曲线如图 6.5.4 所示。

由以上分析可知，由于 MFSK 信号的码元宽度较宽，因而可以有效地减少由多径效应引起的码间干扰的影响，从而提高在衰落信道中的抗干扰能力。一般用于调制速率不高的短波、衰落信道上的数字通信。

MFSK 信号的主要缺点是信号频带宽，频带利用率低。

6.5.3 多进制相位调制原理及抗噪声性能

多进制数字相位调制是利用载波的多种不同相位（或相位差）来表征数字信息的调制方式。和两相调相一样，多相调相也可以分为绝对相移键控和相对相移键控两种。在实际通信中大多使用相对相移键控。

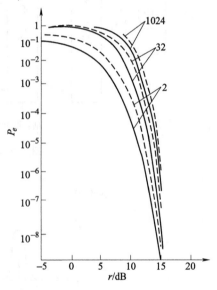

图 6.5.4 多频调制的误码率曲线

在深入讨论这两种多进制相移键控之前，先来说明如何表示 $M(M>2)$ 相调制波形。如果把输入的二进制数据序列每 n 个比特编为一组，则构成 n 比特码元，每一个 n 比特码元都有 2^n 种不同状态，因而必须用 $M = 2^n$ 种不同相位或相位差来表示，称为 M 相调相。可表示为

$$s_{\text{MPSK}}(t) = \sum_k g(t - kT'_s)\cos(\omega_c t + \varphi_k)$$

$$= \sum_k a_k g(t - kT'_s)\cos\omega_c t - \sum_k b_k g(t - kT'_s)\sin\omega_c t \quad (6.5.17)$$

式中，φ_k 为受控相位，可以有 M 种不同取值；$a_k = \cos\varphi_k$；$b_k = \sin\varphi_k$。

由式（6.5.17）可见，多相调相信号可以看作是对两个正交载波进行多电平双边带调制之和。因此，多相调相信号的带宽与多电平双边带调制时的一样。

在多相调相时，M 越大，信号之间的相位差就越小，收端在噪声的干扰下越容易错判，

使可靠性下降。可以证明 16PSK 的抗噪声性能比 16QAM 的差。因此实际中不使用 16PSK，一般采用四相或八相调相，即 $M = 4$ 或 8。因此，下面以四相制为例来说明多进制数字调相原理。

由于四种不同的相位可以代表四种不同的数字信息，因此，对于输入的二进制数字序列先进行分组，将每两个比特编为一组（称为双比特码元），然后用四种不同的载波相位去表征它们。如输入的二进制序列为 10110100……，则可将它们分成 10、11、01、00 等，然后用四种不同相位来分别代表它们。由于数字调相可分为绝对调相和相对调相，下面分别讨论这两种调制方式。

(1) 四相绝对相移键控（QPSK）

四相绝对相移键控是利用载波的四种不同相位来表征数字信息的。由于每一种载波相位代表两个比特信息，故每个四进制码元又被称为双比特码元。把组成双比特码元的前一信息比特用 a 表示，后一信息比特用 b 表示。双比特码元中的两个信息比特 ab 通常是按格雷码（即反射码）排列的，它与载波相位的关系见表 6.5.1，矢量图如图 6.5.5 所示。图 6.5.5a 表示 A 方式时 QPSK 信号的矢量图，图 6.5.5b 表示 B 方式时 QPSK 信号的矢量图。四相调相信号在用式 (6.5.17) 表示时，相位 φ_k 在 $(0, 2\pi)$ 内等间隔地取四种可能相位。由于正弦和余弦函数的互补特性，对应于 φ_k 的四种取值，如 45°、135°、225°、315°，其幅度 a_k 与 b_k 只有两种取值，即 $\pm\dfrac{\sqrt{2}}{2}$。此时，式 (6.5.17) 恰好表示两个正交的二相调相信号的合成。

表 6.5.1 双比特码元与载波相位的关系

双比特码元		载波相位 φ_k	
a	b	A 方式	B 方式
0	0	180°	225°
0	1	270°	135°
1	1	0°	45°
1	0	90°	315°

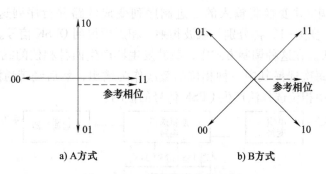

图 6.5.5 QPSK 信号的矢量图

由于 QPSK 信号可以看成是对两个正交载波进行双边带调制后所得两路 2ASK 信号的叠加，因此功率谱取决于两路基带信号的功率谱。图 6.5.6 中给出了信息速率 R_b 相同时 2PSK、QPSK 和 8PSK 信号的单边功率谱密度。由图可见，QPSK 信号带宽等于四进制信号传码率的两倍，即若四进制信号的码元宽度为 T'_s，则 QPSK 信号的带宽为 $2/T'_s$，也即基带信号带宽的两倍。

一般 MPSK 信号的带宽是基带信号带宽的两倍,与 MASK 信号的带宽相同。

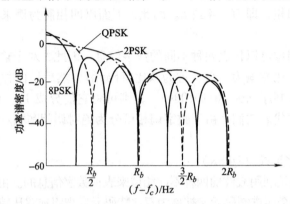

图 6.5.6　信息速率 R_b 相同时 2PSK、QPSK 和 8PSK 信号的单边功率谱密度

QPSK 信号常用的产生方法有三种:正交调制法、相位选择法及脉冲插入法。

1) 正交调制法。发送端采用正交调制法的系统框图如图 6.5.7 所示,

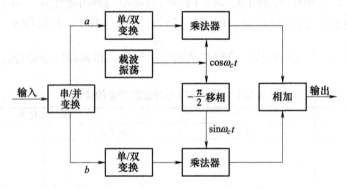

图 6.5.7　发送端采用正交调制法的系统框图

图中,输入端串/并变换将输入的二进制序列变成两路并行序列送出,单/双变换将"1"变为+1、"0"变为−1,再分别与载波相乘,相加后得到 QPSK 信号。

2) 相位选择法。在这种调制方式中,载波发生器产生四种相位的载波,经逻辑选相电路,根据输入信息每次选择其中一种相位的载波作为输出,然后经带通滤波器滤除高频分量。图 6.5.8 给出用相位选择法产生 QPSK 信号的框图。

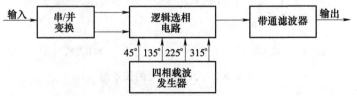

图 6.5.8　相位选择法产生 QPSK 信号的框图

3) 脉冲插入法。图 6.5.9 是插入脉冲法产生 QPSK 信号的框图,主振产生的是频率为 4 倍载频的定时信号,经两级二分频输出。输入二进制信号经串/并变换逻辑控制电路,产生

π/2 推动脉冲和 π 推动脉冲，在 π/2 推动脉冲作用下第一级二分频一次，相当分频链输出提前 π/2 相位；在 π 推动脉冲作用下第二级二分频一次，相当于提前 π 相位。因此可以用控制两种推动脉冲的办法得到不同相位的载波。

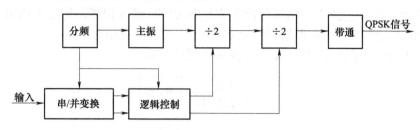

图 6.5.9　插入脉冲法产生 QPSK 信号的框图

QPSK 信号可以看作是两个正交的 2PSK 信号的合成，可用与 2PSK 信号类似的解调方法进行解调，即相干解调。用两个正交的相干载波分别对两路 2PSK 信号进行相干解调，如图 6.5.10 所示，然后经并/串变换器将解调后的并行数据恢复成串行数据。

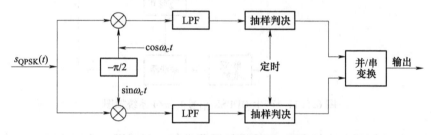

图 6.5.10　QPSK 信号的相干解调框图

同 2PSK 一样，QPSK 信号在接收机解调时，由于相干载波相位的不确定性，使得解调后的输出信号不确定。为了克服这种缺点，在实际通信中通常采用 DPSK 系统。

（2）四相相对相移键控（QDPSK）

四相相对相移键控是利用前后相邻码元的载波相位的相对变化来表示数字信息的。若以前一双比特码元相位作为参考，并令 $\Delta\varphi_k$ 为本双比特码元与前一双比特码元的初相差，则信息码元与载波相位变化的关系可用表 6.5.2 表示；它们之间的矢量关系也可以用图 6.5.5 表示，不过此时图 6.5.5 中的参考相位是前一码元的相位。四相相对相移键控仍可使用式（6.5.17）表示，不过这时它并不表示原数字序列的调相信号波形。而是表示绝对码变换成相对码后的数字序列的调相信号波形。另外，当相对相位变化等概率出现时，相对调相信号的功率谱密度与绝对调相信号的功率谱密度相同。

表 6.5.2　双比特码元与载波相位差 $\Delta\varphi_k$ 的关系

双比特码元		载波相位变化 $\Delta\varphi_k$	
a	b	A 方式	B 方式
0	0	180°	225°
0	1	270°	135°
1	1	0°	45°
1	0	90°	315°

下面讨论 QDPSK 信号的产生方法和解调方法。在讨论 2DPSK 信号的产生时，先将绝对码经码变换电路变成相对码，然后用相对码对载波进行绝对调相。QDPSK 也可先将输入的双比特码经码变换器后变为相对码，用双比特的相对码再进行四相绝对调相，所得到的输出信号就是 QDPSK 信号。QDPSK 信号的产生方法与 QPSK 基本相同，仍可采用正交调制法、相位选择法和插入脉冲法，只是需将输入信号由绝对码转换成相对码。

图 6.5.11 给出的是产生 QDPSK 信号的 π/4 系统框图。

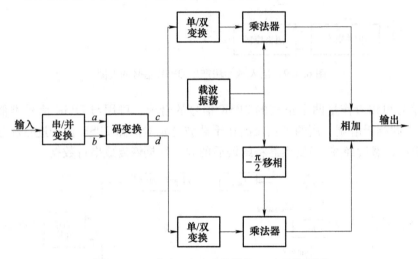

图 6.5.11 产生 QDPSK 信号的 π/4 系统框图

QDPSK 信号的解调方法与 2DPSK 信号的解调类似。可采用相干解调法和差分相干解调法。图 6.5.12 为 QDPSK 信号的相干解调原理框图。相干解调法的输出时相对码，需将相对码经码反变换器变为绝对码，再经并/串变换，变为二进制数字信息输出。

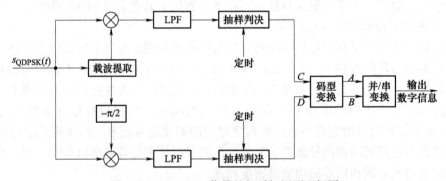

图 6.5.12 QDPSK 信号的相干解调原理框图

图 6.5.13 所示为 QDPSK 信号的差分相干解调原理框图，通过比较前后码元的载波相位，分别检测出 A 和 B 两个分量。然后经并/串变换后，恢复二进制数字信息。

当输入信号为

$$s_i(t) = \cos(\omega_c t + \varphi_n) \tag{6.5.18}$$

那么，前一码元的载波为

$$s_i(t - T_s) = \cos(\omega_c t + \varphi_{n-1}) \tag{6.5.19}$$

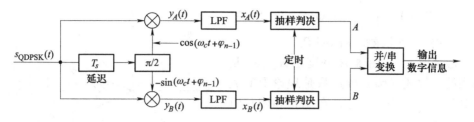

图 6.5.13　QDPSK 信号的差分解调原理框图

式中，φ_n 和 φ_{n-1} 分别为本码元载波的初始相位和前一码元载波的初始相位。两路乘法器的输出分别为

$$y_A(t) = \frac{1}{2}\cos(\varphi_n - \varphi_{n-1}) + \frac{1}{2}\cos(2\omega_c t + \varphi_n + \varphi_{n-1}) \qquad (6.5.20)$$

$$y_B(t) = \frac{1}{2}\sin(\varphi_n - \varphi_{n-1}) - \frac{1}{2}\sin(2\omega_c t + \varphi_n + \varphi_{n-1}) \qquad (6.5.21)$$

经过低通滤波器后两路的输出分别为

$$x_A(t) = \frac{1}{2}\cos(\varphi_n - \varphi_{n-1}) = \frac{1}{2}\cos\Delta\phi \qquad (6.5.22)$$

$$x_B(t) = \frac{1}{2}\sin(\varphi_n - \varphi_{n-1}) = \frac{1}{2}\sin\Delta\phi \qquad (6.5.23)$$

根据 π/4 相移系统的 QDPSK 信号中双比特码元与 $\Delta\phi$ 的对应关系，表 6.5.3 列出抽样判决器的判决准则。抽样值 x>1，判为"1"；x<1，判为"0"。两路判决器的输出为 A 和 B，在经并/串变换器就可恢复二进制数字信息。

表 6.5.3　抽样判决规则

$\Delta\phi$	$\cos\Delta\phi$ 的极性	$\sin\Delta\phi$ 的极性	判决器输出 A	判决器输出 B
45°	+	+	1	1
135°	−	+	0	1
225°	−	−	0	0
315°	+	−	1	0

关于多进制数字调相系统的抗噪声性能可做如下分析。

在 M 相的数字调相系统中，可以认为这 M 个信号矢量把相位平面划分成 M 等分，每一等分的相位间隔代表一个传输符号。

在没有噪声时，每一信号相位都有相应的确定值。例如，M = 8 时，每一信号间隔为 π/4，如图 6.5.14 所示。在有噪声叠加时，信号和噪声的合成波形的相位将按一定的统计规律随机变化。这时，若发送信号的基准相位为零相位，M = 8，则合成相位 θ 在 −π/8 < θ < π/8 范围内变化时（见图中阴影区），就不会产生错误判决；如果在这个范围之外，将造成判决错误。因此，假设发送每一信号的概率是相等的，且合成波形的相位的一维概率密度函数为 f(θ)，则系统的误码率为

$$P_e = 1 - \int_{-\pi/M}^{\pi/M} f(\theta) d\theta \quad (6.5.24)$$

只要给定 $f(\theta)$，则可求得误码率 P_e。

在一般情况下，一维概率密度函数 $f(\theta)$ 是不易得到的，故式（6.5.24）只是理论上的表述，很难计算出结果。不过，在二相和四相时可得结果如下：

对于二相，有

$$P_e = \frac{1}{2}\text{erfc}\sqrt{r} \quad (6.5.25)$$

对于四相，有

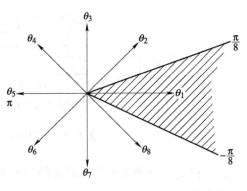

图 6.5.14　$M=8$ 的矢量表示关系

$$P_e = 1 - \left[1 - \frac{1}{2}\text{erfc}\sqrt{r/2}\right]^2 \quad (6.5.26)$$

其曲线如图 6.5.15 所示。可以指出，对于 M 相方式，当 r 足够大时，对于绝对相移键控，其误码率 P_e 可近似为

$$P_e = \exp[-r\sin^2(\pi/M)] \quad (6.5.27)$$

对于 M 相相对相移键控，也可按上述原理导出。这里，由于前一码元的相位是受扰的，故合成波形相位 θ 在

$$\varphi_0 - \frac{\pi}{M} < \theta < \varphi_0 + \frac{\pi}{M}$$

范围内才不发生错判，其中，φ_0 为参考信号（即前一码元信号）之相位。这时错判的概率应为

$$P_e(\varphi_0) = 1 - \int_{\varphi_0-(\pi/M)}^{\varphi_0+(\pi/M)} f(\theta) d\theta$$

若考虑到 φ_0 也是随机的，故其概率密度函数为 $q(\varphi_0)$，则系统的总误码率 P_e 为

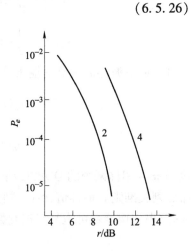

图 6.5.15　相干解调时相移键控的误码率

$$P_e = \int_{-\pi}^{\pi} q(\varphi_0) P_e(\varphi_0) d\varphi_0$$

在大信噪比情况下，可得

$$P_e = \exp\left[-2r\sin^2\left(\frac{\pi}{2M}\right)\right] \quad (6.5.28)$$

比较式（6.5.27）和式（6.5.28）可见，在同样误码率下，当 M 值很大时，相对相移键控和绝对相移键控相比约损失 3dB 的功率。

6.6　无码间干扰的数字调制系统

在 6.1~6.3 节中，均假设接收滤波器的输出信号是无失真的数字已调信号，但这种信号所占用的信道带宽至少等于已调信号频谱的主瓣带宽。在实际工程中，为了提高频带利用率，常用发送滤波器限制进入信道的信号带宽，接收滤波器带宽也应尽量小，以消除更多的噪声。这样解调器的输入信号与调制器的输出信号相比就存在一定的失真，但当这种失真满足无码间干扰条件时，不会影响信息的正常传输。

本节将数字基带系统无码间干扰条件用于数字调制系统，并讨论余弦滚降数字调制系统的有关问题。

6.6.1 数字调制系统的无码间干扰条件

与模拟调制系统相同，数字调制系统也可分为线性调制和非线性调制两类。ASK、PSK、QAM 等属于线性已调信号，FSK 等属于非线性已调信号，但 FSK 信号可以看成是由若干个 2ASK 信号相加而构成，因此，只分析线性调制系统的无码间干扰条件即可。

可用图 6.6.1 来分析线性数字调制系统的无码间干扰条件。图中 $s(t)$ 是数字基带信号的基本波形，$s_m(t)$ 是已调数字信号的波形，$H(f)$ 为数字基带系统的频率特性，$H_c(f)$ 为数字调制系统的频率特性，$G'_{Tc}(f)$、$C_c(f)$ 和 $G_{Rc}(f)$ 分别为发送滤波器、信道及接收滤波器的传递函数。

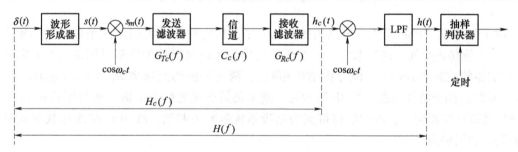

图 6.6.1 线性数字调制系统模型

根据第 5 章的分析结论，当 $H(f)$ 的冲激响应满足式（5.4.7）或 $H(f)$ 满足式（5.4.16）时，则解调器的输出信号 $h(t)$ 无码间干扰，即数字调制系统无码间干扰。此时，图 6.6.1 的各点波形如图 6.6.2 所示。

当 LPF 的频率特性在 $H(f)$ 频率范围内为常数时（在实际工程中应满足此条件），$H(f)$ 与 $H_c(f)$ 的关系为

$$H_c(f) = H(f+f_c) + H(f-f_c) \quad (6.6.1)$$

由图 6.6.1 可见，将 $H_c(f)$ 表示为

$$H_c(f) = G_{Tc}(f) C_c(f) G_{Rc}(f) \quad (6.6.2)$$

式中，$G_{Tc}(f) = S_m(f) G'_{Tc}(f)$，$S_m(f)$ 为 $s_m(t)$ 的傅里叶变换。一般称 $G_{Tc}(f)$ 为发送滤波器的频率特性，它包含了实际发送滤波器的频率特性和数字已调信号的频谱特性。

由式（6.6.1）可见，将无码间干扰的数字基带系统的频率特性线性平移至载频两侧。就是无码间干扰的线性数字调制系统的频率特性。

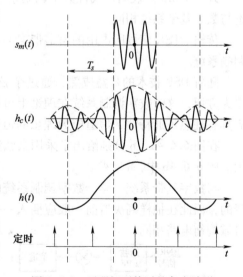

图 6.6.2 无码间干扰时的各点波形

6.6.2 余弦滚降特性

工程上最常用的是余弦滚降频率特性，图 6.6.3a、b 分别给出了余弦滚降基带系统和余

弦滚降线性数字调制系统的频谱特性示意图。

由第 5 章可知，图 6.6.3a 所示的基带系统占用的信道带宽为 $(1+\alpha)f_N$，无码间干扰的最高传输速率为 $2f_N$ 波特，频带利用率为 $\dfrac{2\log_2 M}{1+\alpha}$。

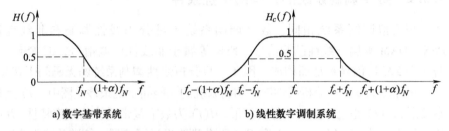

a) 数字基带系统　　　　　　b) 线性数字调制系统

图 6.6.3　无码间干扰余弦滚降频率特性

对于 MASK、2PSK 系统，可以用图 6.6.1 来分析它们的无码间干扰条件。MQAM（含 QPSK）系统是正交线性调制系统，上下两个支路的无码间干扰条件都可用图 6.6.1 来分析（正交支路的载波为 $\sin\omega_c t$，但分析结论相同），两支路的码元速率 $R_B = R_b / \log_2 M$，当图 6.6.1 系统的频率特性如图 6.6.3b 所示时，则无码间干扰的最高传输速率与图 6.6.3a 所示的数字基带系统相同，但占用信道带宽为基带系统带宽的两倍，故 M 进制线性数字调制系统的频带利用率为

$$\eta_B = \frac{1}{1+\alpha} \text{B/Hz} \tag{6.6.3}$$

$$\eta_b = \frac{\log_2 M}{1+\alpha} \text{bit/(s·Hz)} \tag{6.6.4}$$

式 (6.6.4) 表明，线性数字调制系统的频带利用率 η_b 随进制数的增大而增大，这一结论与数字基带系统相同。

传输 MFSK 信号所占用的信道带宽与载频间隔有关，其频带利用率远小于 M 进制线性调制系统。

随着 DSP 技术的日益成熟，通过余弦滚降低通滤波器实现如图 6.6.3 所示的频率特性更为方便，这时数字调制系统在理论上可以取消发送滤波器，接收滤波器在传输信号带宽内应具有理想带通特性，信道应为理想的恒参信道。

在图 6.6.4a、b 分别给出了采用余弦滚降低通滤波器的 2PSK 和 MQAM 通信系统原理框图。图 6.6.4b 中，$M = 4^n$。

与数字基带系统一样，数字调制系统的信道不可能是理想的，且信道参数也不是恒定不变的，因此在抽样判决器前一般应插入一个时域均衡网络，设计方法与数字基带系统使用的时域均衡电路相同。

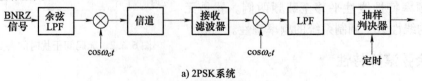

a) 2PSK 系统

图 6.6.4　采用余弦滚降低通滤波器的 2PSK 和 MQAM 通信系统原理框图

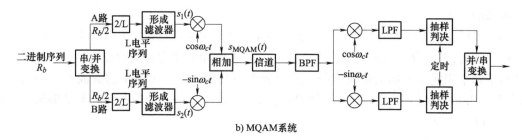

b) MQAM系统

图 6.6.4　采用余弦滚降低通滤波器的 2PSK 和 MQAM 通信系统原理框图（续）

6.7　常用的现代调制技术

6.7.1　正交调幅

正交调幅（QAM）是一种幅度和相位联合调制方式，是用两个独立的基带波形对两个相互正交的同频载波进行抑制载波的双边带调制。在这种调制中，已调制载波的幅度和相位都随两个独立的基带信号变化。对于多进制正交幅度调制（MQAM），增大 M 可提高频带利用率，即提高传输有效性，与 MPSK 相比，在进制数相同、平均发射功率也相同的条件下，MQAM 的误码率更低，即可靠性比 MPSK 更好。

这种调制方式是一种节省频带的数字调幅方法，常在 2400bit/s 以上的中、高速率调制解调器中采用。它对话带调制解调器的发展也起了重要作用。

1. 基本原理

正交调幅的调制解调框图如图 6.7.1 所示，是由两路在频谱上成正交的抑制载波的双边带调幅组成的。其中 A 路的基带信号 $s_1(t)$ 与载波 $\cos\omega_c t$ 相乘，形成抑制载波的双边带调幅信号。B 路的 $s_2(t)$ 与载波 $-\sin\omega_c t$ 相乘，形成另一路抑制载波的双边带调幅信号。于是整个调制器的输出信号为

$$s_{\text{MQAM}}(t) = s_1(t)\cos\omega_c t - s_2(t)\sin\omega_c t \tag{6.7.1}$$

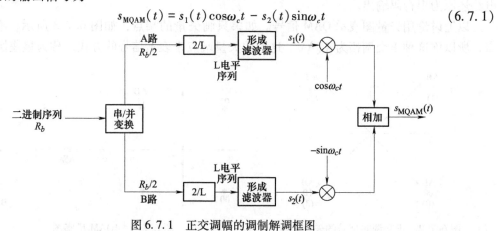

图 6.7.1　正交调幅的调制解调框图

由于 A 路调制的载波与 B 路调制的载波相差 90°，所以称为正交调幅。这种调制方法 A、B 两路都是双边带抑制载波调制，但两路信号处在同一频段，因此，虽然双边带比单边带增加一倍带宽，但可以传送两路信号。于是频带利用率与单边带相同，而对发送滤波器却

没有特殊的要求。

为了说明正交调幅信号的特点，首先讨论 4QAM，即可将图 6.7.1 中的 2/L 电平转换电路去掉。然后把式（6.7.1）写成一个合成波。当 A 路和 B 路都送入双极性不归零码时，假定两路的每个码元在时间上是对准的，并设频带不受限，即去掉图中的滤波器，相当于式（6.7.1）中基带信号幅度取±1，或简单写为 $S_1 = \pm 1$，$S_2 = \pm 1$，取+1 和−1 是随机的。这样，$s_{QAM}(t)$ 可写成

$$s_{QAM}(t) = S\cos(\omega_c t + \theta)$$

式中

$$S = \sqrt{S_1^2 + S_2^2} \tag{6.7.2}$$

$$\theta = \arctan\frac{S_2}{S_1} \tag{6.7.3}$$

因此正交调幅信号可以用矢量表示。例如，A 路送"1"码（$S_1 = 1$）时，A 路调制器输出为 $\cos\omega_c t$；B 路为"1"码时，$S_2 = 1$，B 路调制器输出为 $\cos\left(\omega_c t + \frac{\pi}{2}\right)$，其合成信号为 $\sqrt{2}\cos\left(\omega_c t + \frac{\pi}{4}\right)$，在图 6.7.2 中用一矢量表示。若 A 路送"0"码，$S_1 = -1$，送出 $-\cos\omega_c t$；B 路送"1"码，$S_2 = 1$，送出 $\cos\left(\omega_c t + \frac{\pi}{2}\right)$，则合成信号为 $\sqrt{2}\cos\left(\omega_c t + \frac{3\pi}{4}\right)$，在图 6.7.2 中用另一矢量表示。图中还表示出另外两种 AB 码的组合矢量。由图可见，输出信号有四种不同的相位，每种相位代表一对二元码（AB），一对二元码有四种不同的组合，可以看出二元码 00、01、11、10 按照旋转次序分别用 0、1、2、3 表示（见图中括号内的数字），这种对应关系符合格雷码规则。

图 6.7.1 中还表示出，如果正交调幅用于传输一路数据码流，可以在发送端设串/并变换电路，将奇数位数据码送入 A 路，偶数位送入 B 路。收端在抽样判决电路后设并/串变换电路还原为串行码输出。

以上讨论用矢量图表示 QAM 信号。如果只画矢量的端点，如图 6.7.3 所示，有四个端点，所以称这种正交调幅为 4QAM。这种用矢量端点来表示信号的方式，称为星座图。

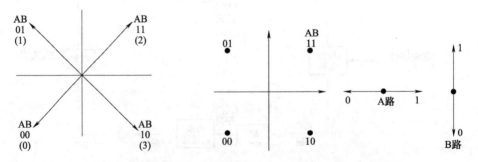

图 6.7.2　正交调幅信号的矢量表示　　　图 6.7.3　4QAM 星座图

从星座上可以看出：A 路的"1"码位于星座图的右侧。"0"码在左则；而 B 路的"1"码在上侧，而"0"码在下侧。星座图上信号点之间的距离越大抗噪声能力越强。

以上讨论的是 A、B 两路都传送二电平码的情况。如果采用两路四电平码送到 A、B 的

调制器就能更进一步提高频带利用率。由于采用四电平基带信号，所以，每路在星座图上有四个点，于是可组成由 16 个点的星座图，如图 6.7.4 所示，这种正交调幅称为 16QAM。同样，将两路 8 电平码送到 A、B 调制器，可得 64 点星座图，称为 64QAM，更进一步还有 128QAM 等。正如前面所说，星座图上的点数越多，频带利用率越高，但抗干扰能力越差。这就要根据通信的要求、信道的噪声特性做具体的设计。

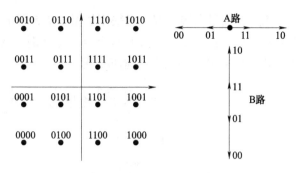

图 6.7.4　16QAM 星座图

2. 正交调幅信号的功率谱密度和频带利用率

正交调幅是将两路双边带信号合在一起。因而它的功率谱密度就是 A 路与 B 路的相加，而且处于相同的频段之中。

现在讨论 MQAM 的频带利用率，设输入数据的比特率，即 A 和 B 两路的总比特率为 R_b，在发送端调制器中经串/并变换后分成两个速率为 $R_b/2$ 的两电平序列，$2/L$ 电平变换器将每个速率为 $R_b/2$ 的两电平序列变换成速率为 $R_b/2\log_2 L$ 的 L 电平信号，其中 $L = \sqrt{M}$。根据 6.6 节无码间干扰频带传输系统的讨论方法可知，当此 L 电平信号经过滚降系数为 α 的形成滤波器后，则基带带宽为

$$B_{b\alpha} = \frac{R_b}{2\log_2 L} \times \frac{1}{2}(1 + \alpha) \tag{6.7.4}$$

由于正交调幅是双边带传输，所以 MQAM 信号的带宽为基带带宽的二倍，即

$$B_{\mathrm{MQAM}} = 2B_{b\alpha} = \frac{R_b}{2\log_2 L} \times (1 + \alpha) = \frac{R_b}{\log_2 M} \times (1 + \alpha) \tag{6.7.5}$$

由于正交调幅信号的频带利用率为

$$\eta = \frac{R_b}{B_{\mathrm{MQAM}}} \mathrm{bit}/(\mathrm{s} \cdot \mathrm{Hz}) \tag{6.7.6}$$

将式（6.7.5）代入式（6.7.6）得

$$\eta = \frac{\log_2 M}{1 + \alpha} \mathrm{bit}/(\mathrm{s} \cdot \mathrm{Hz}) \tag{6.7.7}$$

表 6.7.1 给出了几种 QAM 的频带利用率。

表 6.7.1　几种 QAM 的频带利用率

类别 \ η \ α	0.0	0.5	1.0
4QAM	2	1.33	1
16QAM	4	2.67	2
64QAM	6	4	3

从表 6.7.1 可见，如话路（300～3400Hz）中利用信道特性较好的 600～3000Hz 来传输 16QAM 信号，$\alpha = 0$，则最高传输能力为 $4 \times (3000 - 600) \mathrm{bit/s} = 9600 \mathrm{bit/s}$。

MQAM 信号在接收端可以采用如图 6.7.5 所示的正交相干解调方法。接收到的信号分两路进入两个正交的载波的相干解调器，再分别送入判决器形成 L 电平信号并输出二电平信号，最后经并/串变换后得到基带信号。

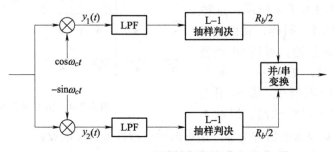

图 6.7.5　MQAM 的正交相干解调

3. 正交调幅中的差分编码

正交调幅在接收端采用相干解调，因此在接收端需要和输入载波同频同相的相干载波。如果 A 路的解调载波变为 $\cos\left(\omega_c t + \dfrac{\pi}{2}\right)$，B 路的解调载波变为 $\cos(\omega_c t + \pi) = -\cos\omega_c t$，即 A、B 各路的解调载波相位都增加了 $\dfrac{\pi}{2}$。这样 A 路和 B 路的解调输出为

$$y_1(t) = s_{\text{MQAM}}(t)\cos\left(\omega_c t + \frac{\pi}{2}\right)$$
$$= [s_1(t)\cos\omega_c t - s_2(t)\sin\omega_c t](-\sin\omega_c t)$$
$$= -\frac{1}{2}s_1(t)\sin2\omega_c t + \frac{1}{2}s_2(t) - \frac{1}{2}s_2(t)\cos2\omega_c t \quad (6.7.8)$$

$$y_2(t) = s_{\text{MQAM}}(t)\cos(\omega_c t + \pi)$$
$$= [s_1(t)\cos\omega_c t - s_2(t)\sin\omega_c t](-\cos\omega_c t)$$
$$= -\frac{1}{2}s_1(t) - \frac{1}{2}s_1(t)\cos2\omega_c t + \frac{1}{2}s_2(t)\sin2\omega_c t \quad (6.7.9)$$

经低通滤波器滤除 $2\omega_c$ 的调制产物，A 路的输出为 $\dfrac{1}{2}s_2(t)$，B 路的输出为 $-\dfrac{1}{2}s_1(t)$。可见，A 路收到的是 B 路的发码，B 路收到的是 A 路发码的反码（有负号表示极性相反）。这种错误在 QAM 中是可能发生的，因为在 QAM 系统中，收端的相干载波是从收到信号的本身取得的，其相干载波有 4 种可能的相位。图 6.7.6 给出了一种相干载波的产生方法。

从图 6.7.2 可以看到 4QAM 信号可以写成 $\sqrt{2}\cos\left(\omega_c t + \dfrac{\pi}{4} + n\dfrac{\pi}{2}\right)$，$n$ 的可能值是 0、1、2、3。。该信号经过图 6.7.6a 所示的 4 倍频电路后得到 $\cos(4\omega_c t + \pi + 2n\pi) = -\cos4\omega_c t$，是相位恒定的 $4\omega_c$ 分量，再经两级 2 分频就可得到接收所需的载频 ω_c。由图 6.7.6 可知，因为分频器 D_1 和 D_2 的初始相位不同，所以传输载波存在 4 种可能相位，即 0°、90°、180°和 270°。如果需要正确的是 0°相位，则出现其他 3 种相位时就造成接收错误。把接收相干载波的 4 种可能值对收码的影响列于表 6.7.2 中，其中 θ 表示相干载波相位；a_k、b_k 表示 A 路和 B 路的发码；$\overline{a_k}$、$\overline{b_k}$ 为 a_k、b_k 的反码。

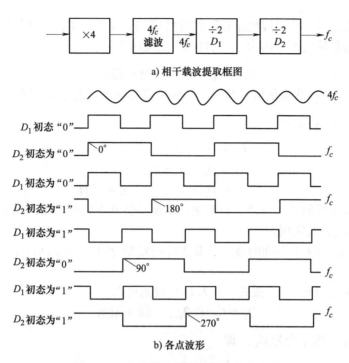

图 6.7.6 相干载波提取框图及各点波形

表 6.7.2 相干载波相位对收码的影响

		A 路 B 路	A 路 B 路	A 路 B 路	A 路 B 路	A 路 B 路	
发 码		a_k b_k	0 0	0 1	1 1	1 0	
收码	$\theta = 0°$	a_k b_k	0 0	0 1	1 1	1 0	正确
	$\theta = 90°$	a_k $\bar{a}_k$	0 1	1 1	1 0	0 1	错误
	$\theta = 180°$	$\bar{a}_k$ $\bar{b}_k$	1 1	1 0	0 0	0 1	错误
	$\theta = 270°$	$\bar{b}_k$ a_k	1 0	0 0	0 1	1 1	错误

可见,只有 $\theta=0°$ 时才能正确接收,其余三种相位都使接收错误,如果我们能从这些错误接收中找出一定的规律性就能消除它的影响。前面提到多电平码采用格雷码。为此,将一个双比特码按格雷码写成四元码,如表 6.7.3 所示。四元码 0、1、2、3 分别与双比特码元的 00、01、11、10 对应。从表看到,$\theta=90°$ 时,收码=发码⊕1,表中还给出了 θ 为其他值时,收码与发码的关系,而且 θ 一旦固定后,收码与发码的关系不再变化。

表 6.7.3 用四元码表示表 6.7.2 中的双比特码

	发 码	0	1	2	3	
收码	$\theta=0°$	0	1	2	3	收码=发码
	$\theta=90°$	1	1	3	0	收码=发码⊕1
	$\theta=180°$	2	3	0	1	收码=发码⊕2
	$\theta=270°$	3	0	1	2	收码=发码⊕3

根据以上特点，采用差分编码来消除接收的错误。设 D_k、$\hat{D}_k$ 分别为发端和收端的差分码，如果正交调幅是传送差分码 D_k，则根据表的规律有

$$\hat{D}_k = D_k + n \qquad \text{模 4 相加} \qquad (6.7.10)$$

其中 $n=0$，1，2，3，而 0 表示没有错误，如果将要传输的信息包含在差分码的前后码相差之中，则收到的信息码 $\hat{C}_k$ 为

$$\begin{aligned}\hat{C}_k &= \hat{D}_k - \hat{D}_{k-1} \\ &= D_k + n - D_{k-1} - n \\ &= D_k - D_{k-1} \qquad \text{模 4 运算}\end{aligned} \qquad (6.7.11)$$

可见上述接收错误被抵消了。于是，只要采取下面步骤就能完全消除因相干载波相位的模糊（不固定）而引起的接收错误。

1）将输入数据 $\{a_k b_k\}$ 序列的每一个双比特码元变为四电平码 $\{C_k\}$（符合格雷码对应关系）。

2）将 C_k 变为差分码 D_k，按式（6.7.11）规则可得

$$D_k = C_k \oplus D_{k-1} \qquad \text{模 4 相加} \qquad (6.7.12)$$

3）收端将 $\hat{D}_k - \hat{D}_{k-1}$ 变为 $\hat{C}_k$，即

$$\begin{aligned}\hat{C}_k &= \hat{D}_k - \hat{D}_{k-1} \\ &= D_k - D_{k-1}\end{aligned} \qquad (6.7.13)$$

4）将四电平码 $\hat{C}_k$ 变换为原来的数据 $\{a_k b_k\}$ 序列。

按以上原则构成的差分编码正交调幅系统框图如图 6.7.7 所示。图中输入数据按奇偶次序经串/并变换电路组成 a_k 和 b_k 的双比特码组，再经码变换电路，按格雷码规则构成四电平码 C_k，最后按式（6.7.12）变为差分码 D_k，D_k 再以图 6.7.2 的规则将四电平的 D_k 分为 A、B 两路的双比特码，经正交调幅后输出，收端作相反的处理和变换。

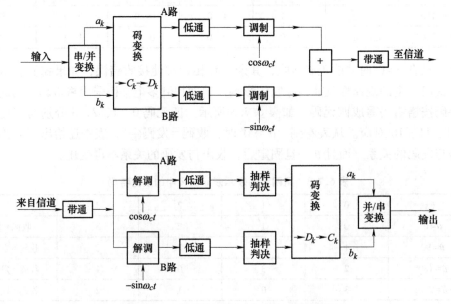

图 6.7.7　差分编码的正交调幅系统框图

6.7.2 最小频移键控

最小频移键控（MSK）是一种特殊的 2FSK 信号。6.2 节讨论的 2FSK 信号通常是由两个独立的振荡源产生的，一般说来在频率转换处相位不连续，因此会造成功率谱产生很大的旁瓣分量，若通过带限系统后会产生信号包络的起伏变化。

为了克服以上缺点，需控制在频率转换处相位变化的连续性，这种形式的数字频率调制称为相位连续的频移键控（CPFSK），MSK 属于 CPFSK，但因其调制指数最小，在每个码元持续时间 T_s 内，频移恰好引起 $\pi/2$ 相移变化，所以称这种调制方式为最小频移键控（MSK）。

MSK 信号可表示为

$$S_{\text{MSK}}(t) = \cos\left(\omega_c t + \frac{\pi a_k}{2T_s}t + \varphi_k\right) \qquad kT_s \leq t \leq (k+1)T_s \tag{6.7.14}$$

式中，ω_c 表示载频；$\frac{\pi a_k}{2T_s}$ 表示频偏；φ_k 为第 k 个码元的起始相位；$a_k = \pm 1$ 是传输的数据。

当 $a_k = +1$ 时，信号的频率为 $\quad f_2 = \dfrac{1}{2\pi}\left(\omega_c + \dfrac{\pi}{2T_s}\right)$ \hfill (6.7.15)

当 $a_k = -1$ 时，信号的频率为 $\quad f_1 = \dfrac{1}{2\pi}\left(\omega_c - \dfrac{\pi}{2T_s}\right)$ \hfill (6.7.16)

其最小频差为

$$\Delta f = f_2 - f_1 = \frac{1}{2T_s} = \frac{f_s}{2} \tag{6.7.17}$$

即最小频差 Δf 等于码元速率的一半。

其调制指数为

$$h = \Delta f T_s = \Delta f / f_s = \frac{1}{2T_s} T_s = \frac{1}{2} \tag{6.7.18}$$

图 6.7.8a 所示为 MSK 的频率间隔图。MSK 信号与 2FSK 信号的差别在于：选择两个传信频率 f_1 和 f_2，使这两个频率的信号在一个码元期间的相位累积严格地相差 π。由图 6.7.8b 中的波形可看出，"+"信号与"-"信号在一个码元期间所对应的波形恰好相差 1/2 周期，而使相位连续变化。

下面讨论第 k 个码元间隔相位变化情况（即除载波相位之外的附加相位）

$$\theta_k(t) = a_k \frac{\pi t}{2T_s} + \varphi_k \qquad kT_s \leq t < (k+1)T_s \tag{6.7.19}$$

根据相位连续条件，要求在 $t = kT$ 时满足

$$\theta_{k-1}(kT_s) = \theta_k(kT_s) \tag{6.7.20}$$

即

$$a_{k-1} \frac{\pi k T_s}{2T_s} + \varphi_{k-1} = a_k \frac{\pi k T_s}{2T_s} + \varphi_k \tag{6.7.21}$$

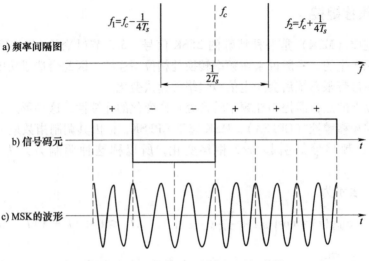

图 6.7.8　MSK 信号的频率间隔与波形

可得

$$\varphi_k = \varphi_{k-1} + (a_{k-1} - a_k)\frac{\pi k}{2} \tag{6.7.22}$$

在式（6.7.14）中设 $\varphi(0) = 0$

$$S_{\text{MSK}}(t) = \cos\left[\omega_c t + \frac{\pi a_k}{2T_s}t + \varphi(0)\right] \tag{6.7.23}$$

式中，$a_k = \pm 1$。

由式（6.7.23）可知：每个信息比特间隔 T_s 内载波相位将变化 $+\pi/2$ 或 $-\pi/2$。而 $\varphi(t) - \varphi(0)$ 随 t 的变化规律如图 6.7.9 所示。图中正斜率直线表示传"1"码时的相位轨迹，负斜率直线表示传"0"码时的相位轨迹，这种由相位轨迹构成的图形称为相位网络图。在每一码元时间内，相对于前一码元载波相位不是增加 $\pi/2$，就是减少 $\pi/2$。在 T_s 的奇数倍上取 $\pm(\pi/2)$ 两个值，偶数倍上取 0、π 两个值。

将式（6.7.19）代入式（6.7.14），得

$$S_{\text{MSK}}(t) = \cos[\omega_c t + \theta(t)] \tag{6.7.24}$$

式中，$\theta(t) = a_k \dfrac{\pi t}{2T_s} + \varphi_k$；$a_k = \pm 1$；$\varphi_k = 0$ 或 π。

利用三角函数将式（6.7.24）展开

$$S_{\text{MSK}}(t) = \cos\theta(t)\cos\omega_c t - \sin\theta(t)\sin\omega_c t \tag{6.7.25}$$

式中

$$\cos\theta(t) = \cos\left(\frac{\pi t}{2T_s}\right)\cos\varphi_k \tag{6.7.26}$$

$$-\sin\theta(t) = -a_k\sin\left(\frac{\pi t}{2T_s}\right)\cos\varphi_k \tag{6.7.27}$$

将式（6.7.26）和式（6.7.27）代入式（6.7.25），有

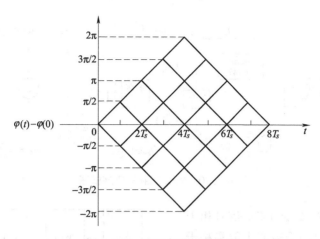

图 6.7.9 MSK 相位变化曲线

$$S_{\text{MSK}}(t) = \cos\varphi_k \cos\left(\frac{\pi t}{2T_s}\right) \cos\omega_c t - a_k \cos\varphi_k \sin\left(\frac{\pi t}{2T_s}\right) \sin\omega_c t$$

$$kT_s < t < (k+1)T_s \tag{6.7.28}$$

其中，等号后面第一项是同相分量，也称 I 分量；第二项是正交分量，也称 Q 分量。$\cos\left(\frac{\pi t}{2T_s}\right)$ 和 $\sin\left(\frac{\pi t}{2T_s}\right)$ 成为加权函数（或称调制函数）。$\cos\varphi_k$ 是同相分量的等效数据，$-a_k\cos\varphi_k$ 是正交分量的等效数据，它们都与原始输入数据有确定的关系。令

$$\begin{cases} I_k = \cos\varphi_k \\ Q_k = a_k\cos\varphi_k \end{cases} \tag{6.7.29}$$

代入式（6.7.28）可得

$$S_{\text{MSK}}(t) = I_k\cos\left(\frac{\pi t}{2T_s}\right)\cos\omega_c t - Q_k\sin\left(\frac{\pi t}{2T_s}\right)\sin\omega_c t$$

$$kT_s < t < (k+1)T_s \tag{6.7.30}$$

根据以上分析，可采用正交调幅方式产生 MSK 信号，如图 6.7.10 所示。首先将输入的二进制信号进行差分编码。经过串/并变换，将一路延迟 T_s，得到相互交错一个码元宽度的两路信号 I_k 和 Q_k，然后用加权函数 $\cos(\pi t/2T_s)$ 和 $\sin(\pi t/2T_s)$ 分别对两路数据信号 I_k 和 Q_k 进行加权，加权后的两路信号再分别对正交载波 $\cos\omega_c t$ 和 $\sin\omega_c t$ 进行调制，调制后的信号相加后通过带通滤波器，就得到 MSK 信号。

应该指出，产生 MSK 信号有各种不同方式，但都要满足 MSK 信号的基本要求：

1) 已调信号包络恒定。
2) 频偏严格等于 $\pm 1/4T_s$，相应调制指数 $h = 0.5$。
3) 附加相位在一个码元期间线性变化 $\pm \pi/2$，在码元转换时刻信号的相位连续。
4) 在一个码元期间 T_s 内，信号应是 1/4 载波周期的整数倍。

MSK 信号属于数字频率调制信号，因此可以采用一般鉴频器方式进行解调，其原理框图如图 6.7.11 所示。鉴频器解调方式结构简单，容易实现。由于 MSK 信号调制指数较小，采用一般鉴频器方式进行解调误码率性能不太好，因此在对误码率有较高要求时大多采用相

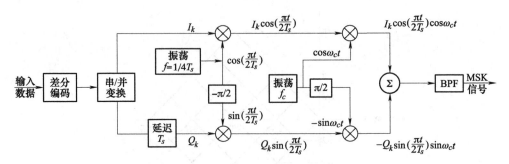

图 6.7.10 MSK 调制器原理框图

干解调方式。图 6.7.12 是 MSK 信号相干解调器原理框图,由相干载波提取和相干解调两部分组成。

MSK 信号经带通滤波器滤除带外噪声,然后借助正交的相干载波 f_I 和 f_Q 与输

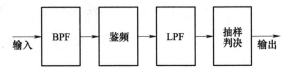

图 6.7.11 MSK 鉴频器解调原理框图

入信号相乘,将 I_K 和 Q_K 两路信号区分开,再经低通滤波器输出,分别为 αI_K 和 αQ_K(α 为比例常数)。同相支路在 $2kT_s$ 时刻抽样,正交支路在 $(2k+1)T_s$ 时刻抽样,判决器根据抽样后的信号极性进行判决,大于零判为"1",小于零判为"0",经并/串变换,变为串行数据,与调制器相对应,因在发送端经差分编码,故接收输出需经差分译码,经差分译码后,即可恢复原始数据。

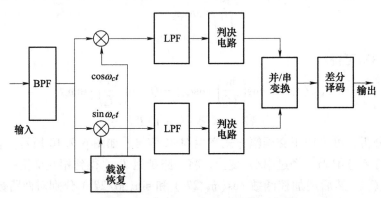

图 6.7.12 MSK 信号的相干解调器原理框图

最后,简要讨论一下 MSK 信号的功率谱密度,MSK 信号的单边功率谱密度可写为

$$P_{\text{MSK}}(f) = \frac{8T_s}{\pi^2} \frac{\cos^2[2\pi(f-f_c)T_s]}{[1-16(f-f_c)^2 T_s^2]^2} \tag{6.7.31}$$

如图 6.7.13 所示,将它与 2PSK 信号的功率谱密度相比后可以看出,MSK 信号的功率谱更加紧凑,而且它的第一个零点出现在 $0.75/T_s$ 处,而 2PSK 的第一个零点则出现在 $1/T_s$ 处。这表明 MSK 信号功率谱的主瓣所占的频带宽度比 2PSK 信号的窄;在主瓣带宽之外,功率谱旁瓣的下降更为迅速。这说明 MSK 信号的功率主要包含在主瓣之内。因此,MSK 信号比较适合在窄带信道中传输,对邻道的干扰也较小。另外,由于占用的带宽窄,故 MSK 的抗

干扰性要优于 2PSK。这就是目前广泛采用 MSK 调制的原因。

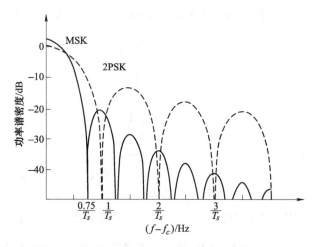

图 6.7.13　MSK 与 2PSK 信号的功率谱密度

6.7.3　高斯最小频移键控

MSK 信号虽然具有频谱特性和误码性能较好的特点，然而，在某些通信场合，例如在移动通信中，MSK 所占带宽仍较宽。此外，其频谱的带外衰减仍不够快，以至于在 25kHz 信道间隔内传输 16kbit/s 的数字信号时，不可避免地将会产生邻道干扰。为此，人们设法对 MSK 的调制方式进行改进。高斯最小频移键控（GMSK）就是以 MSK 为基础，在其前面引入一个预调制滤波器——高斯低通滤波器，它具有高斯特性的圆滑相位转移特性，GMSK 在保持恒定包络的同时，通过改变高斯滤波器的 3dB 带宽 B_b，对已调信号的频谱进行控制。用这种方法可以做到在 25kHz 的信道间隔中传输 16kbit/s 的数字信号时，邻道辐射功率在 -70～60dB 之间，并保持较好的误码性能。

为了获得窄带输出信号的频谱，预调滤波器必须满足以下条件：

1）带宽窄，且应具有良好的截止特性。

2）为防止 FM 调制器的瞬间频偏过大，滤波器应具有较低的过冲脉冲响应。

3）为了便于进行相干解调，要求保持滤波器输出脉冲面积不变。

要满足这些特性，选择高斯型滤波器是合适的。高斯型滤波器的传输函数为

$$H(f) = e^{-\alpha^2 f^2} \tag{6.7.32}$$

式中，α 是一个待定的常数，选择不同的 α，滤波器的特性随之变化，令 $|H(f)| = 1/\sqrt{2}$，即可得到高斯滤波器的 3dB 带宽为

$$B_b = \frac{\sqrt{\ln 2}}{\sqrt{2}\alpha} \tag{6.7.33}$$

$$\alpha B_b = 0.5887 \tag{6.7.34}$$

根据传输函数可求出滤波器的冲激响应

$$h(t) = \frac{\sqrt{\pi}}{\alpha} \exp\left(-\frac{\pi^2 t^2}{\alpha^2}\right) \tag{6.7.35}$$

$H(f)$ 和 $h(t)$ 的曲线分别如图 6.7.14 和图 6.7.15 所示，由图可见，当 $B_b T_s$（归一化带

宽）增大时，滤波器的传输函数随之变宽，而冲激响应却随之变窄。当输入宽度等于 T_s 的矩形脉冲时，不同的 B_bT_s 条件下的滤波器输出响应 $g(t)$ 如图 6.7.16 所示。

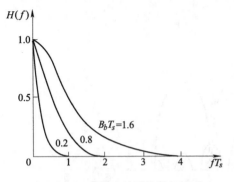

图 6.7.14　高斯滤波器的传输函数

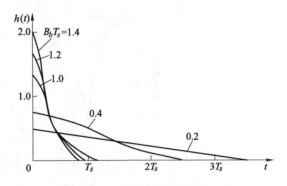

图 6.7.15　高斯滤波器的冲激响应

由图 6.7.16 可见，$g(t)$ 的波形随 B_b 的减小而越来越宽，同时幅度越来越小。可见带宽越窄，输出响应被展得越宽。这样，一个宽度等于 T_s 的输入脉冲，其输出将影响前后各一个码元的响应；同样，它也要受到前后两个相邻码元的影响。也就是说，输入原始数据在通过高斯型滤波器之后，已不可避免地引入码间串扰，如图 6.7.17 所示。

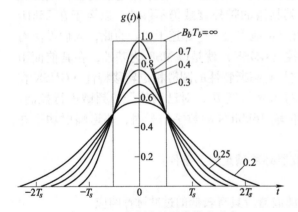

图 6.7.16　高斯滤波器的输出响应

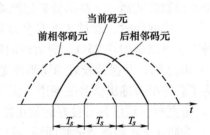

图 6.7.17　高斯滤波器的输出响应的码间干扰

有意引入可控制的码间串扰，以压缩调制信号的频谱，解调判决时利用前后码元的相关性，仍可以准确地进行解调判决，这就是所谓的部分响应技术。

GMSK 信号可以采用与 MSK 调制器相同的正交调制方式来产生，只要在调制前先对原始数据信号用高斯滤波器进行过滤即可。另外，在原始数据信号经高斯滤波器之后，直接对压控振荡器（VCO）进行调频也可生成 GMSK 信号，这是一种最简单的方法。但是，这种调制器也有缺点，它要求 VCO 的频率稳定度很高，频偏的准确度很好，这是难以实现的。为克服这个缺点，采用精心制作的锁相环路（PLL）调制器，如图 6.7.18 所示。它是由 $\pi/2$ 相移的两相相移键控（BPSK）调制，后面接一个锁相环组成。其中 $\pi/2$ 相移的 BPSK 是保证每个码元的相位变化为 $\pm\pi/2$，而锁相环对 BPSK 在码元转换时刻的相位突跳进行平滑处理，最终 VCO 输出信号的相位既保持连续又平滑，由于 VCO 的频率被锁定在 BPSK 调制器参考振荡源的频率上，输出信号的频率稳定度是可以保证的。因此，最重要的是要精心设计 PLL 的传输函数，使其满足高斯滤波器的要求，以获得良好的信号频谱特性。

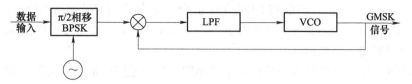

图 6.7.18　锁相环路（PLL）调制器

GMSK 信号的解调与 MSK 信号解调相同，可采用正交相干解调，也可采用鉴相器和差分检测器。

图 6.7.19 给出了 GMSK 信号功率谱密度曲线。纵坐标是以分贝表示的归一化功率谱密度，横坐标是归一化频率 $(f-f_c)T_s$，参变量 B_bT_s 越小，GMSK 功率谱的衰减滚降越快，主瓣也越窄。$B_bT_s=\infty$ 的曲线即为 MSK 信号的功率谱密度。

需要指出，GMSK 信号频谱特性的改善是通过降低误比特率性能换来的，前置滤波器的带宽越窄，输出功率谱就越紧凑，误比特率性能就变得越差。不过，当 $B_bT_s=0.25$ 时，误比特率性能下降并不严重。

GMSK 方式具有恒定包络，功率谱集中，可根据需要选取 B_bT_s。GMSK 具有解调效率高，误码率性能良好等特点，是一种适用于

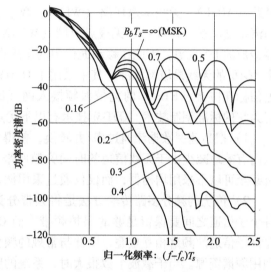

图 6.7.19　GMSK 的功率谱密度

数字移动通信的窄带调制方式，例如泛欧 GSM 系统就采用此种调制方式。

6.7.4　正交频分复用

1. 概述

如前所述的各种调制系统都是采用一个正弦波作为载波，这样的系统被称为单载波调制系统。单载波系统在数据传输速率不太高、多径干扰不是特别严重时，通过使用合适的均衡算法可使系统正常工作。但是对于宽带数据业务来说，由于数据传输速率较高，时延扩展造成数据符号间的相互重叠，从而产生符号间干扰（ISI），这对均衡提出了更高的要求，需要引入非常复杂的均衡算法，实现比较困难。

多载波调制（Multicarrier Modulation）采用多个载波信号。它把数据流分解为若干个子数据流，从而使子数据流具有低得多的传输比特速率，利用这些数据分别去调制若干个载波。所以，在多载波调制信道中，数据传输速率相对较低，码元周期加长，只要时延扩展与码元周期相比小于一定的比值，就不会造成码间干扰。

多载波技术本质上是一种频分复用技术。传统的频分复用将频带分为若干个不相重叠的子频带来传输并行的数据流，在接收端用一组滤波器来分离各个子信道。这种方法的优点是简单、直接，但是频谱的利用率低，子信道之间要留有保护频带，而且在频分路数 N 较大

时多个滤波器的实现使系统复杂化。多载波调制可以通过多种技术途径来实现，如多音实现（Multitone Realization）、正交多载波调制或称正交频分复用（Orthogonal Frequency Division Multiplexing，OFDM）、MC-CDMA 和编码 MCM（Coded MCM）。其中，OFDM 可以抵抗多径干扰，是当前研究的一个热点。

OFDM 调制，可以追溯到 20 世纪 60 年代中期。20 世纪 70 年代，人们提出用离散傅里叶变换（DFT）实现多载波调制，简化了系统结构，才使得 OFDM 技术实用化。20 世纪 80 年代，人们研究如何将 OFDM 技术应用于高速 MODEM。20 世纪 90 年代以来，OFDM 技术的研究深入到在无线调频信道上的宽带数据传输。在高速无线环境下，OFDM 技术的优势突出，现已被广泛应用于民用通信系统中。目前，OFDM 技术已经成功应用于非对称数字用户环路（ADSL）、无线本地环路（WLL）、数字音频广播（DAB）和数字视频广播（DVB）、高清晰度电视（HDTV）、无线局域网（WLAN）等系统中，它可以有效地消除信号多径传播造成的 ISI 现象，因此在移动通信中的运用也是大势所趋。1999 年 IEEE802.11a 通过了一个 5GHz 的无线局域网标准，其中采用了 OFDM 调制技术并将其作为它的物理层标准。欧洲电信标准协会（ETSI）的宽带射频接入网（BRAN）的局域网标准 Hyperlan/2 也把 OFDM 定为它的标准调制技术。OFDM 技术有以下优点：

1）把高速率数据流通过串/并转换，使得每个子载波上的数据符号持续长度相对增加，从而有效地减少由于无线信道的时间弥散所带来的 ISI，减小了接收机内均衡的复杂度，有时甚至可以不采用均衡器，而仅仅通过采用插入循环前缀的方法消除 ISI 的不利影响。

2）传统的频分多路传输方法是将频带分为若干各不相交的子频带来并行传输数据流，各个子信道之间要保留足够的保护频带。而 OFDM 系统由于各个子载波之间存在正交性，允许子信道的频谱相互重叠，因此与常规的频分复用系统相比，OFDM 系统可以最大限度地利用频谱资源。当子载波个数很大时，系统的频谱利用率趋于 2Baud/Hz。

3）各个子信道的正交调制和解调可以通过采用离散傅里叶反变换（IDFT）和离散傅里叶变换（DFT）的方法实现。在子载波数很大的系统中，可以通过采用快速傅里叶变换（FFT）来实现。而随着大规模集成电路技术与 DSP 技术的发展，快速傅里叶反变换（IFFT）与 FFT 都是非常容易实现的。

4）无线数据业务一般存在非对称性，即下行链路的数据传输量要大于上行链路中的数据传输量，这就要求物理层支持非对称高速率数据传输，OFDM 系统可以通过使用不同数量的子信道来实现上行和下行链路中不同的传输速率。

5）OFDM 易于和其他多种接入方法结合使用，构成 OFDMA 系统，其中包括多载波码分多址 MC-CDMA、跳频 OFDM 以及 OFDM-TDMA 等，使得多个用户可以同时利用 OFDM 技术进行信息的传输。

6）在变化相对较慢的信道上，OFDM 系统可以根据每个子载波的信噪比来优化分配每个子载波上传送的信息比特，从而大大提高系统传输信息的容量。

7）OFDM 可以有效地对抗窄带干扰，因为这种干扰仅仅影响系统的一小部分子载波。

OFDM 系统由于存在多个正交的子载波，而且其输出信号是多个子信道的叠加，因此与单载波系统相比，存在如下缺点：

1）易受频率偏差的影响。由于子信道的频谱相互覆盖，这就对它们之间的正交性提出了严格的要求。由于无线信道的时变性，在传输过程中出现的无线信号频谱偏移或发射机与接收机本地振荡器之间存在的频率偏差,都会使 OFDM 系统子载波之间的正交性遭到破坏,导致子信道间干扰(ICI),这种对频率偏差的敏感性是 OFDM 系统的主要缺点之一。

2)存在较高的峰值平均功率比。多载波系统的输出是多个子信道信号的叠加,因此如果多个信号的相位一致时,所得到的叠加信号的瞬时功率就会远远高于信号的平均功率,导致较大的峰值平均功率比(PAPR)。这就对发射机内放大器的线性提出了很高的要求,因此可能带来信号畸变,使信号的频谱发生变化,从而导致各个子信道间的正交性遭到破坏,产生干扰,使系统的性能恶化。

2. OFDM 调制和解调原理

OFDM 是一种特殊的多载波传输方案,它可以被看作是一种调制技术,也可以被看作一种复用技术。OFDM 系统基本模型框图如图 6.7.20 所示。

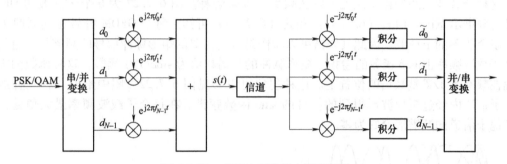

图 6.7.20　OFDM 系统基本模型框图

图中,串/并变换将串行传输的数据变为并行传输的数据。当子载波数为 N 时,将串行数据变为 N 个一组的并行数据。d_0, d_1, $\cdots$, d_{N-1} 即为经过相移键控(PSK)或者正交幅度调制(QAM)星座映射后的一组并行数据,它对载频为 f_0, f_1, $\cdots$, f_{N-1} 的 N 个子载波进行调制,得到一个 OFDM 符号 $s(t)$。假设一个 OFDM 符号的持续时间(也称为 OFDM 符号周期)为 T,且 $f_i = f_c + i/T$,$i = 0, 1, \cdots, N-1$,f_c 为载波频率。

当 f_c 不为零时,一个频带 OFDM 符号时间表示式为

$$s(t) = \begin{cases} \sum_{i=0}^{N-1} d_i \exp(j2\pi f_i(t-t_s)) & t_s \leq t \leq t_s + T \\ 0 & t < t_s \text{ 且 } t > t_s + T \end{cases} \quad (6.7.36)$$

其中 t_s 为一个 OFDM 符号的时间起点,在图 6.7.20 中假设 $t_s = 0$。d_i 为分配给每个子信道的数据符号。

式(6.7.36)也可以写为

$$s(t) = \left[\sum_{i=0}^{N-1} d_i \exp(j2\pi f_i(t-t_s))\right] \text{rect}(t - t_s - T/2) \quad (6.7.37)$$

当 f_c 为零时,一个基带 OFDM 符号时间表示式为

$$s(t) = \begin{cases} \sum_{i=0}^{N-1} d_i \exp\left(j2\pi \frac{i}{T}(t-t_s)\right) & t_s \leq t \leq t_s + T \\ 0 & t < t_s \text{ 且 } t > t_s + T \end{cases} \quad (6.7.38)$$

式(6.7.38)也可以写为

$$s(t) = \left[\sum_{i=0}^{N-1} d_i \exp\left(j2\pi \frac{i}{T}(t - t_s) \right) \right] \mathrm{rect}(t - t_s - T/2) \tag{6.7.39}$$

其中 $s(t)$ 的实部和虚部分别对应于 OFDM 符号的同相（In-phase）分量和正交（Quadrature-phase）分量。在实际系统中可以分别与相应子载波的 cos 分量和 sin 分量相乘，构成最终的子信道信号和合成的 OFDM 信号。在接收端，将接收到的同相分量和正交分量合成数据信息，完成子载波的解调。

如图 6.7.21 所示为在一个 OFDM 符号内包含 4 个子载波的实例。图中，所有的子载波的幅值和相位都是相同的。但在实际应用中，被数据符号调制后，每个子载波的幅度和相位未必是相同的。正交频分复用要求，每个子载波在一个 OFDM 符号周期内都包含整数倍个周期，而且各个相邻的子载波之间相差 1 个周期。这样就可以满足子载波之间的正交性。

这种子载波之间的正交性也可以从频域角度来解释。图 6.7.22 为 6 个子载波的 OFDM 符号的频谱示意图。由式（6.7.37）和式（6.7.39）可知，每个 OFDM 符号在其周期 T 内包括多个非零的子载波。因此其频谱可以看作是宽度为 T 的矩形脉冲信号的频谱与一组位于各个子载波频率上的 δ 函数的卷积。矩形脉冲的频谱幅值为 $\mathrm{sinc}(fT)$ 函数，这种函数的零点出现在频率为 $1/T$ 整数倍的位置上。这种现象可以参见图 6.7.22，图中给出了相互叠加的各个子信道内经过矩形波形得到的符号的 sinc 函数频谱。在每个子载波频率最大值处，所有其他子信道的频谱值恰好为零。

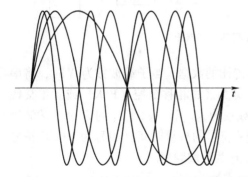
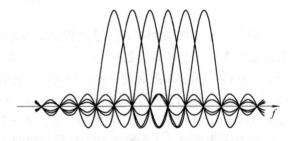

图 6.7.21　OFDM 符号内包括 4 个子载波的实例　　图 6.7.22　6 个子载波的 OFDM 符号的频谱示意图

由图 6.7.22 可见，一个 OFDM 信号的频谱，对于各个子载波是相互重叠的，和传统的 FDM 相比，OFDM 的频带利用率要高得多。图 6.7.23 为传统 FDM 频谱与 OFDM 频谱带宽比较示意图，由图可以看出 OFDM 带宽的节省情况。

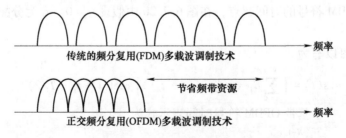

图 6.7.23　传统 FDM 频谱与 OFDM 频谱带宽比较示意图

要求 OFDM 信号各个子载波之间正交的目的是为了在接收端能够正确恢复发送数据信号。例如对式（6.7.39）中的第 k 个子载波进行解调，在接收端一个 OFDM 符号 $s(t)$ 先与

第 k 个子载波的本地载波进行相乘后,再在时间长度 T 内进行积分,即

$$\hat{d}_k = \frac{1}{T}\int_{t_s}^{t_s+T} \exp\left(-j2\pi \frac{k}{T}(t-t_s)\right) \sum_{i=0}^{N-1} d_i \exp\left(j2\pi \frac{i}{T}(t-t_s)\right) dt$$

$$= \frac{1}{T}\sum_{i=0}^{N-1} d_i \int_{t_s}^{t_s+T} \exp\left(j2\pi \frac{i-k}{T}(t-t_s)\right) dt \tag{6.7.40}$$

当 OFDM 信号各个子载波之间满足正交时,即有

$$\frac{1}{T}\int_0^T \exp(j\omega_n t)\exp(j\omega_m t) dt = \begin{cases} 1, & m=n \\ 0, & m\neq n \end{cases} \tag{6.7.41}$$

将式(6.7.41)带入式(6.7.40),得

$$\hat{d}_k = d_k \tag{6.7.42}$$

由式(6.7.42)可以看出,依赖 OFDM 符号子载波之间的正交性,对第 k 个子载波进行解调可以恢复出期望信号。

实际上,在 OFDM 系统的发送端,调制是通过离散傅里叶变换反变换(IDFT)来实现的,解调是通过离散傅里叶变换(DFT)来实现的。发送端通过 N 点的 IFDT 运算,把频域数据符号 d_i 变换为时域数据符号 $s(k)$,经过载波调制后发送到信道中。在接收端,将接收信号进行相干解调,然后将基带信号进行 N 点 DFT 运算,即可获得发送的数据符号。当数据量较大时,采用 IFFT/FFT 来实现调制和解调,可以大大减少运算量。

3. OFDM 系统的保护间隔、循环前缀

OFDM 系统把输入的数据流串到 N 个并行的子信道中,使得每一个调制子载波的数据周期可以扩大为原始数据符号周期的 N 倍,因此,可以有效地对抗多径时延扩展。但多径也会带来 OFDM 符号之间的干扰,为了解决这个问题,最大限度地消除 OFDM 符号之间的干扰,在相邻两个 OFDM 符号之间插入保护间隔(Guard Interval,GI),保护间隔的长度 T_g 要大于无线信道中的最大时延扩展,这样一个符号的多径分量就不会对下一个符号造成干扰。图 6.7.24 为加入保护间隔对 ISI 的影响。由图 6.7.24a 可见,在发送端将一个 OFDM 符号串行发送后,在接收端,接收的 OFDM 符号是发送 OFDM 符号和多径信道时域冲激响应的卷积,因此,在接收端 OFDM 的符号时间较发送端略长一点,增加的时间长度和多径信道的最大时延有关。如图 6.7.24a 所示,由于多径传输带来了 OFDM 符号间干扰。为了解决这个问题,图 6.7.24b 在发送端将 OFDM 符号加长,加长部分用斜线阴影表示,此时,经多径信道后,尽管加长的 OFDM 符号也有相互的干扰,但有用的数据符号不再出错。显然为了保

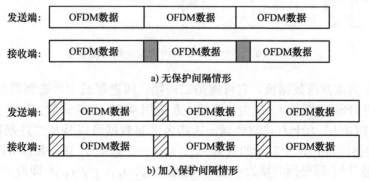

图 6.7.24 加入保护间隔对 ISI 的影响

证不出现 ISI，要求保护间隔大于等于多径信道的最大时延扩展。这样 ISI 可以消除，但速码率将有一定的损失。

保护间隔时间内可以不插入任何信号，即是一段空白的传输时段。但这样会破坏子载波之间的正交性，带来子载波之间的干扰（ICI）。为此，通常解决方法是将每个 OFDM 符号的后 T_g 时间中的样值复制到 OFDM 符号的前面，形成前缀。图 6.7.25 显示了用循环前缀作为保护间隔的情况。

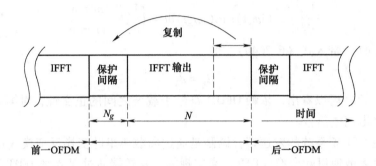

图 6.7.25　加入循环前缀作为保护间隔的 OFDM 符号

加入循环前缀后的一个 OFDM 系统的较完整实现框图如图 6.7.26 所示。

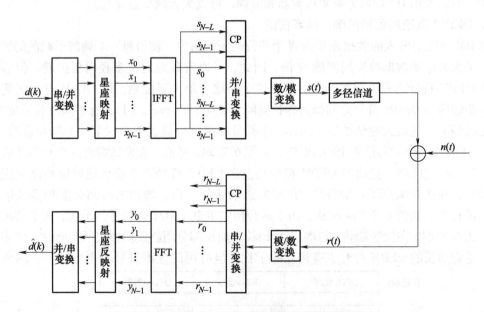

图 6.7.26　一个 OFDM 系统的较完整实现框图

图中，$d(k)$ 为欲发送数据流，它可能是二进制、四进制或十六进制数据，根据星座映射方式，如采用 2PSK，则 $d(k)$ 应为二进制，若采用 4PSK 星座映射，$d(k)$ 为四进制数据，若采用 16QAM 则 $d(k)$ 为十六进制数据。这些多进制数据可以是从二进制数据转换而来。$d(k)$ 经串/并变换后得到 N 个并行的数据 $\{x_0, x_1, \cdots, x_{N-1}\}$，这些数据可以看作是频域内的 N 个数据，经 IFFT 后得到时域的一组时域数据 $\{s_0, s_1, \cdots, s_{N-1}\}$ 即为一个 OFDM 符号，在一个 OFDM 符号上加入循环前缀后得到带循环前缀的 OFDM 符号，这个带循环前缀的

OFDM 符号经并/串及数/模转换后在无线多径信道上传输。在接收端，进行相反的工作，模/数变换、并/串变换、去循环前缀、FFT、星座反映射，最终再把并行码转换为串行码得到还原后的数据。

4. OFDM 系统基本参数选择

在 OFDM 系统中，需要确定的参数有：符号周期、保护间隔、子载波的数量。这些参数的选择取决于给定信道的带宽、时延扩展及对系统提出的信息传输速率指标。一般按照以下步骤来确定 OFDM 系统的各参数：

1）确定保护间隔：根据经验，一般选择保护间隔的时间长度为时延扩展均方根值的 2~4 倍。

2）选择符号周期：一个 OFDM 符号总的时间长度由保护间隔和有用符号持续时间（简称符号周期）构成。考虑到加入保护间隔所带来的速码率的损失及信噪比的损失，希望 OFDM 符号长度要远远大于保护间隔的长度。但是符号周期又不可能任意大，否则 OFDM 系统中要包括更多的子载波数，从而导致子载波间隔相应减小，系统的实现复杂度增加，而且还加大了系统的峰值平均功率比，同时使系统对频率偏差更加敏感。因此在实际系统中，对上述各项要求进行折中考虑，一般选择符号周期长度至少是保护间隔长度的 5 倍。可以计算在符号周期为保护间隔 5 倍的情况下，因插入保护比特所造成的信噪比损失有 1dB 左右。

3）确定子载波的数量：子载波的数量可以直接利用 -3dB 带宽除以子载波间隔（即去掉保护间隔之后的符号周期的倒数）得到。或者，可以利用所要求的比特速率除以每个子信道中的比特速率来确定子载波的数量。每个子信道中传输的比特速率由调制类型、编码速率以及符号速率来确定。

下面通过一个实例，来说明如何确定 OFDM 系统的参数，要求设计系统满足如下条件：①比特率为 25Mbit/s；②可容忍的时延扩展为 200ns；③带宽小于 18MHz。

200ns 的时延扩展就意味着保护间隔的有效取值应该为 800ns。选择 OFDM 符号周期长度为保护间隔的 6 倍，即 $6 \times 800\text{ns} = 4.8\mu\text{s}$。子载波间隔取 $4.8 - 0.8\mu\text{s} = 4\mu\text{s}$ 的倒数，即 250kHz。为了判断所需的子载波个数，需要观察所要求的比特速率与 OFDM 符号速率的比值，即每个符号需要传送 $\dfrac{25\text{Mbit/s}}{1/4.8\mu\text{s}} = 120\text{bit}$。为了完成这一点，可以做如下选择：一是利用 16QAM 和码率为 1/2 的编码方法，这样每个子载波可以携带 2bit 的有用信息，因此，需要 60 个子载波来满足每个符号 120bit 的传输速率。另一种选择是利用 QPSK 和码率为 3/4 的编码方法，这样每个子载波可以携带 1.5bit 的有用信息，因此需要 80 个子载波来传输。然而 80 子载波就意味着带宽为 $80 \times 250\text{kHz} = 20\text{MHz}$，大于给定的带宽要求。因此，为了满足带宽的要求，子载波数量不能大于 72，因此第一种采用 16QAM 和 60 个子载波的方法可以满足上述要求。而且还可以利用 64 点的 FFT/IFFT 来实现，剩余 4 个子载波补零，用于 FFT/IFFT 的过采样。

6.7.5 新型多载波——滤波器组技术

OFDM 是对传统 FDM 技术的正交化改进，其子载波之间相互正交，使子载波频谱可以处于混叠状态，能有效利用宝贵的频谱资源。但 OFDM 存在如下问题：①OFDM 等效于使用矩形窗进行脉冲成形，因此，旁瓣功率谱泄漏较大；②OFDM 对同步要求严格。这些问题的存在，导致 OFDM 不能直接应用于 5G 中。

当前主流的 OFDM 的改进技术主要包括基于优化滤波器设计的滤波器组多载波（Filter Band Multicarrier，FBMC）、通用滤波器多载波（Universal Filtered Multicarrier，UFMC）、广义频分复用（Generalized Frequency Division Multiplexing，GFDM）和基于子带滤波的正交频分复用（Filtered OFDM，F-OFDM）等。这些改进技术的共同特点在于它们都使用了滤波器组技术。基于滤波器组的新型多载波技术是指在发射端经由一个综合滤波器组实现多载波调制，相应地，在接收端也需要经过一个分析滤波器组来完成信号的解调。

FBMC 区别于传统 OFDM 的典型特点为：使用滤波器组对每个子载波进行单独滤波、使用偏移正交幅度调制（Offset Quadrature Amplitude Modulation，OQAM）符号代替 OFDM 中的 QAM，不再使用 CP。

OFDM 系统与 FBMC 系统实现框图如图 6.7.27 所示。

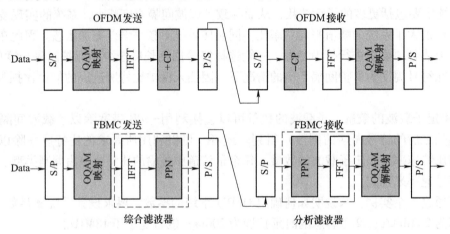

图 6.7.27　OFDM 系统与 FBMC 系统实现框图

在发送端，OFDM 是用 IFFT 来实现，FBMC 是用 IFFT 加 PPN 构成的综合滤波器来实现。PPN 为多相网络。FBMC 通过综合滤波器改变了子载波频谱，从而改变了 FBMC 的带外辐射。由图 6.7.22 可见，OFDM 每个子载波的频谱是抽样函数。抽样函数的收敛速度较慢，因此，OFDM 的带外辐射较大。OFDM 子载波频谱与 OFDM 信号功率谱图如图 6.7.28 所示。发送端，FBMC 信号子载波的频谱表达式为

$$H(f) = \sum_{k=-(K-1)}^{K-1} H_k \frac{\sin[\pi(f-k/MK)MK]}{MK\sin[\pi(f-k/MK)]} \tag{6.7.43}$$

式（6.7.43）中，K 为滤波器抽头系数个数。通过选择系数 H_k 以及抽头系数个数，可以控制子载波频谱波形。适当选择 H_k 以及抽头系数个数，可以使得子载波频谱旁瓣震荡幅度收敛速度快，从而减小 FBMC 信号的带外辐射。图 6.7.29 为 FBMC 子载波频谱与 FBMC 频谱。仿真中，滤波器系数 H_k 采用欧洲 PHYDYAS 项目提出的滤波器组系数。由图 6.7.29a 可以看出，随着 K 的增加，子载波频谱的旁瓣震荡收敛速度加快，当 $K=4$ 时，子载波频谱在一个子载波间隔内，可以近似收敛到 0。图 6.7.29b 为 $K=4$ 是的 FBMC 信号的频谱。比较图 6.7.28b 与图 6.7.29b，OFDM 所有子载波频谱有重叠，所以，所有子载波必须严

格正交，FBMC 每个子载波只与相邻的子载波有重叠，也就是所有的奇数子载波或者偶数子载波是不重叠的。因此，FBMC 只需要考虑如何保证某个子载波与相邻两个子载波是正交的即可。

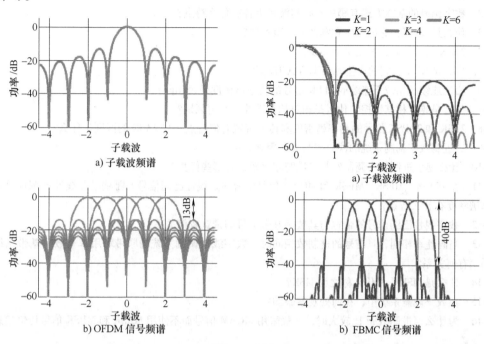

图 6.7.28　OFDM 子载波频谱与 OFDM 频谱　　图 6.7.29　FBMC 子载波频谱与 FBMC 频谱

如果只使用 FBMC 带内的奇数子载波或偶数子载波来传输数据，可以保证使用的子载波都是正交的，在接收端就可以正确恢复原信号。显然，这样会严重降低频谱使用效率和传输速率，对于追求高频谱效率和高传输速率的 5G 来说是不可接受的。

在发送端采用 OQAM 星座映射，可以实现 FBMC 奇数子载波与偶数子载波的全利用，实现全速率传输。

图 6.7.30 为 QAM 与 OQAM 星座图。在 OQAM 调制方式下，每个符号的实部和虚部不会同时传输，而是会延后半个符号周期。对于各个子载波，交错对实部和虚部延后半个符号周期 $T/2$，这样既可以保证任何一个子载波与相邻子载波正交，又可以实现全速率传输。

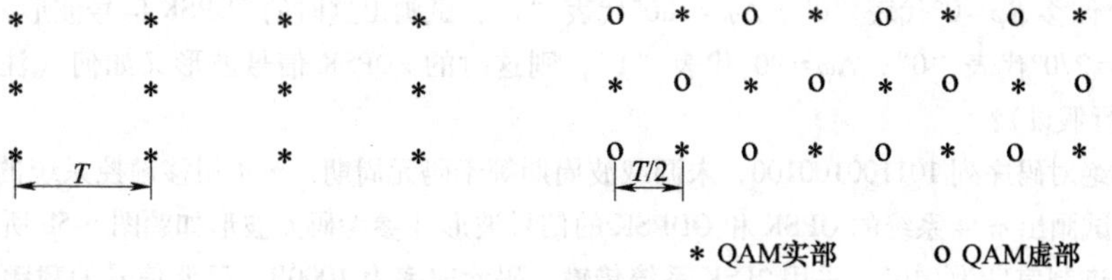

图 6.7.30　QAM 与 OQAM 星座图

思 考 题

6-1 什么是数字调制？与模拟调制相比有哪些异同点？

6-2 数字调制的基本方式有哪些？时间波形上各有什么特点？

6-3 什么是 2ASK？它的产生和解调方式有哪些？

6-4 2ASK 信号的频带利用率为多少？

6-5 什么是 2FSK？它的产生和解调方式有哪些？

6-6 相位连续和相位不连续的 2FSK 信号的功率谱密度是否相同？

6-7 什么是绝对相移键控？什么是相对相移键控？有何区别？

6-8 2PSK 和 2DPSK 信号的功率谱密度和传输带宽有何特点？与 2ASK 的区别是什么？

6-9 二进制数字调制系统的误码率与哪些因素有关？

6-10 什么是多进制数字调制？与二进制相比较，有哪些优势？

6-11 在 MASK、MFSK、MPSK 和 MQAM 信号中哪些是线性已调信号？哪些是非线性已调信号？它们的功率谱密度有什么特点？

6-12 数字线性已调信号的带宽与其数字基带信号的带宽有何关系？

6-13 当码速率相同，且信号的进制数相同时，数字线性调制系统的频带利用率与数字基带系统的频带利用率有何关系？

6-14 什么是 MSK？为什么称之为 MSK？

6-15 在数字调制系统中，在何处观察眼图？

6-16 为什么当进制数 M 比较大时，一般采用 MQAM 信号而不使用 MASK 和 MPSK 信号传输信息？

习 题

6-1 设发送数字信息为 011011100010，分别画出以下情况的 2ASK、2PSK 和 2DPSK 信号的波形。

1）码元宽度与载波周期相同；

2）码元宽度是载波周期的两倍。

6-2 设某 2FSK 调制系统的码元传输速率为 1000B，已调信号的载频为 1000Hz 或 2000Hz：

1）若发送数字信息为 011010，试画出相应的 2FSK 信号波形；

2）试讨论这时的 2FSK 信号应选择怎样的解调器？

3）若发送数字信息是等可能的，试画出它的功率谱密度草图。

6-3 假设在某 2DPSK 系统中，载波频率为 2400Hz，码元速率为 1200B，已知相对码序列为 1100010111：

1）试画出 2DPSK 信号（注：相对偏移 $\Delta\varphi$ 可自行假设）；

2）若采用差分相干解调法接收该信号时，试画出解调系统的各点波形；

3）若发送信息符号 0 和 1 的概率分别为 0.6 和 0.4，试求 2DPSK 信号的功率谱密度。

6-4 设载频为 1800Hz，码元速率为 1200B，发送数字信息为 011010：

1）若相位偏移 $\Delta\varphi=0°$ 代表"0"，$\Delta\varphi=180°$ 代表"1"，试画出这时的 2DPSK 信号波形；

2）若 $\Delta\varphi=270°$ 代表"0"，$\Delta\varphi=90°$ 代表"1"，则这时的 2DPSK 信号波形又如何（注：画以上波形时，幅度可自行假设）？

6-5 已知绝对码序列 101100100100，未调载波周期等于码元周期，$\pi/4$ 相移键控系统的相位配置如题图 6-5a 所示，试画出 $\pi/4$ 系统的 QPSK 和 QDPSK 的信号波形［参考码元波形如题图 6-5b 所示］。

6-6 设二进制信息为 0101，采用 2FSK 系统传输。码元速率为 1000B，已调信号的载频分别为 3000Hz（对应"1"码）和 1000Hz（对应"0"码）。

1）若采用包络检波方式进行解调，试画出各点时间波形；

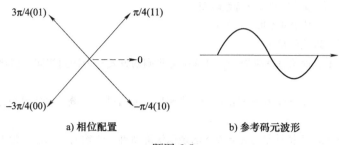

a) 相位配置　　　　　　b) 参考码元波形

题图 6-5

2）若采用相干解调方式进行解调，试画出各点时间波形；

3）求 2FSK 信号的第一零点带宽。

6-7 若采用 2ASK 方式传输二进制数字信息，已知码元传输速率 $R_B = 2 \times 10^6 B$，接收端解调器输入信号的振幅 $a = 40\mu V$，信道加性噪声为高斯白噪声，且其单边功率谱密度 $n_0 = 6 \times 10^{-18} W/Hz$。试求：

1）非相干接收时，系统的误码率；

2）相干接收时，系统的误码率。

6-8 若采用 2ASK 方式传输二进制数字信息。已知发送端发出的信号振幅为 5V，输入接收端解调器的高斯噪声功率 $\sigma_n^2 = 3 \times 10^{-12} W$，今要求误码率 $P_e = 10^{-4}$。试求：

1）非相干接收时，由发送端到解调器输入端的衰减应为多少？

2）相干接收时，由发送端到解调器输入端的衰减应为多少？

6-9 对 2ASK 信号进行相干接收，已知发送"1"（有信号）的概率为 P，发送"0"（无信号）的概率为 $1-P$；已知发送信号的峰值振幅为 5V，带通滤波器输出端的正态噪声功率为 $3 \times 10^{-12} W$：

1）若 $P = 1/2$，$P_e = 10^{-4}$，则发送信号传输到解调器输入端时共衰减多少分贝？这时的最佳门限值为多大？

2）试说明 $P > 1/2$ 时的最佳门限比 $P = 1/2$ 时的大还是小？

3）若 $P = 1/2$，$r = 10dB$，求 P_e。

6-10 若某 2FSK 系统的码元传输速率为 $2 \times 10^6 B$，数字信息为"1"时的频率 f_1 为 10MHz，数字信息为"0"时的频率 f_2 为 10.4MHz，输入接收端解调器的信号峰值振幅 $a = 40\mu V$。信道加性噪声为高斯白噪声，且其单边功率谱密度 $n_0 = 6 \times 10^{-18} W/Hz$。试求：

1）2FSK 信号的第一零点带宽；

2）非相干接收时，系统的误码率；

3）相干接收时，系统的误码率。

6-11 若采用 2FSK 方式传送二进制数字信息，其他条件与题 6-8 相同。试求：

1）非相干接收时，由发送端到解调器输入端的衰减应为多少？

2）相干接收时，由发送端到解调器输入端的衰减应为多少？

6-12 在二进制移相键控系统中，已知解调器输入端的信噪比 $r = 10dB$，试分别求出相干解调 2PSK、极性比较法解调和差分相干解调 2DPSK 信号时的系统误码率。

6-13 已知码元传输速率 $R_B = 10^3 B$，接收机输入噪声的双边功率谱密度 $n_0/2 = 10^{-10} W/Hz$，今要求误码率 $P_e = 10^{-5}$。试分别计算出相干 2ASK、非相干 2FSK、差分相干 2DPSK 以及 2PSK 等系统所要求的输入信号功率。

6-14 已知电话信道可用的传输频带为 600~3000Hz，取载频为 1800Hz，试说明：

1）采用 $\alpha = 1$ 余弦滚降基带信号时，QPSK 系统可以传输 2400bit/s 数据；

2）采用 $\alpha = 0.5$ 余弦滚降基带信号时，16QAM 系统可以传输 6400bit/s 数据；

3) 画出 1) 和 2) 传输系统的频率特性略图。

6-15 采用 8PSK 系统传输 4800bit/s 数据。

1) 信道带宽的最小理论值是多少？

2) 若信道带宽不变，而信息速率加倍，可选用哪些调制方式？为达到相同的误比特率，发送功率应增大还是减小？

6-16 设 8 进制 FSK 系统的频率配置使得功率谱密度主瓣恰好不重叠，求传码率为 200 波特时系统的传输带宽及信息速率。

6-17 设通信系统的频率特性是为 $\alpha = 0.5$ 的余弦滚降特性，传输的信息速率为 120kbit/s，要求无码间干扰。

1) 采用 2PSK 调制，求占用信道带宽和频带利用率 η_b；

2) 将调制方式改为 QPSK，求占用信道带宽和频带利用率 η_b；

3) 将调制方式改为 16QAM，求占用信道带宽和频带利用率 η_b。

6-18 一个正交调幅系统采用 16QAM 调制，带宽为 2400Hz，滚降系数 $\alpha = 1$，试求每路有几个电平？总的比特率、传码率、频带利用率各为多少？

6-19 QPSK 调制框图如题图 6-19 所示，其中 $a_n = +1$ 或 -1，且 +1、-1 等概率出现，$g(t)$ 为不归零方波，T_s 为二进制码元宽度，$R_b = \dfrac{1}{T_s} = 2\text{Mbit/s}$，载波频率 $f_c = 70\text{MHz}$，请画出各点功率谱密度的大致图形，并在横轴上标出各频率值。

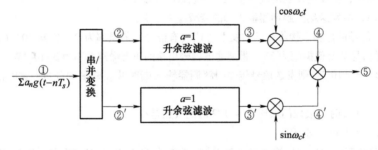

题图 6-19

6-20 在 MSK 数字调制系统中，发送码元速率为 4800 波特，载波频率 f_c 为 9600Hz。已知发送二进制数字信息序列为 01001110：

1) 试求 f_1 和 f_2，并画出 MSK 信号波形图；

2) 试画出 MSK 信号的相位变化图（设初始相位为 0）；

3) 简要说明 MSK 信号的特点。

第 7 章　模拟信号的数字化传输

7.1　引言

第 4 章系统地介绍了模拟信号连续波调制，载波为高频正弦信号，其特点是已调波的幅度、频率或相位线性地受控于待传输的基带模拟信号。因此，不但正弦载波为模拟波，而且已调波也是模拟的，它们被称为模拟信号的模拟传输。第 6 章则用数字信号去控制正弦载波幅度、频率或相位，因为它们仍利用模拟信道来实施数字信号的传输，所以，此种传输方式被称为数字信号的模拟传输。

本章讨论的模拟信号数字化，也就是模/数（A/D）变换，着重在于模拟信号的信源编码。模拟信号数字化传输的系统框图如图 7.1.1 所示。

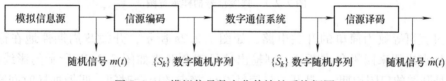

图 7.1.1　模拟信号数字化传输的系统框图

图 7.1.1 中，模拟信源输出模拟随机信号 $m(t)$，对该信源进行编码，即信源编码后变成了 M 进制的数字随机序列 $\{S_k\}$。M 进制序列 $\{S_k\}$ 利用数字通信系统进行传输，在接收端对收到的数字随机序列进行译码，便可恢复模拟随机信号。

模拟信息源输出的消息在数学上是统计相关的，即具有冗余度。去除冗余度，进行数据压缩是信源编码的目的，在保证较好的语音和图像质量的情况下，提高通信的有效性。信源压缩编码包括预测编码、矢量量化、匹配编码和变换编码等。

本章主要介绍波形编码中的脉冲编码调制技术，它首先对模拟信源信号进行时间离散，然后根据所需的精度，对离散后的样值进行幅度离散，最后对每个样值进行二进制代码表示。PCM 所包含的"调制"，不同于前面提到的载波调制，体现的是模拟信号的数字化过程。

本章的重点内容为抽样定理和量化理论、脉冲编码调制 PCM 编码方法、矢量量化、差值脉冲编码调制 DPCM、增量调制、哈夫曼编码，并对目前数字语音和图像压缩编码的方法和时分复用原理，以及准同步数字体系 PDH、同步数字体系 SDH 和光传送网 OTN 等数字传输技术进行简单介绍。

7.2　模拟信号的抽样

7.2.1　低通信号抽样定理

抽样是模拟信号数字化的第一步，它要将时间连续的信号处理成时间离散的信号。抽样定理讨论的是用时间离散的抽样序列来描述原来时间连续的模拟信号，因其能够完全表示原信号的全部信息，所以可由离散的抽样序列无失真地恢复出原模拟信号。

1. 抽样模型及其描述

对时间连续信号离散化处理的过程称为抽样，具体地说，就是对一时间连续信号 $f(t)$，经时间离散成为 $f(t_0)$，$f(t_1)$，$f(t_2)$，$\cdots$，$f(t_n)$ 等各点瞬时幅度值的集合，即为样值序列 $f_s(t)$，这一过程就叫抽样，如图 7.2.1 所示。

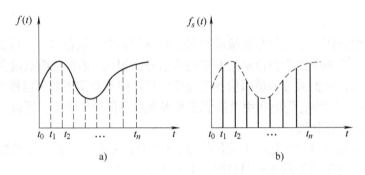

图 7.2.1 连续信号抽样示意图

抽样过程可等效为简单的开关电路，如图 7.2.2a 所示，开关 S 周期性地在输入信号 $f(t)$ 和接地点之间来回闭合或断开，则输出信号就会形成如图 7.2.2b 所示的影线条波形。图中，T_s 是开关的启闭周期；τ 是开关与信号 $f(t)$ 接点的闭合时间，叫做抽样时间宽度。为便于分析，引入一个开关函数 $S_T(t)$，它是周期为 T_s 的单位幅度抽样脉冲序列，其脉冲宽度为 τ。

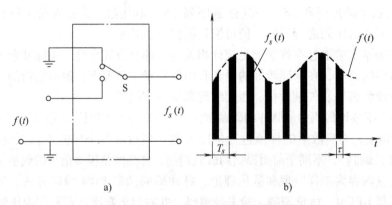

图 7.2.2 抽样等效电路及抽样波形示意

图 7.2.2a 中开关的作用在数学分析上可等效为乘法器，其数学模型如图 7.2.3 所示，实现输入信号 $f(t)$ 和开关函数相乘，即

$$f_s(t) = f(t) S_T(t) \tag{7.2.1}$$

式 (7.2.1) 中开关函数 $S_T(t)$ 的波形如图 7.2.4 所示。

2. 抽样定理

抽样定理也称为奈奎斯特定理，它是模拟信号数字化的理论基础。定理内容为设时间连

续信号 $f(t)$，其最高截止频率 f_m，如果用时间间隔 $T_s \leq \dfrac{1}{2f_m}$ 的开关信号对 $f(t)$ 进行抽样，则 $f(t)$ 就可被抽样后的样值信号 $f_s(t)$ 来唯一表示。

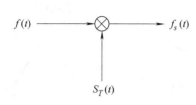

图 7.2.3　抽样的数学模型

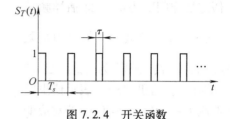

图 7.2.4　开关函数

抽样定理的数学表达式为

$$f(t) = \sum_{n=-\infty}^{\infty} f(nT_s) \mathrm{Sa}[(t-nT_s)\omega_m] \tag{7.2.2}$$

其中
$$\omega_m = 2\pi f_m \tag{7.2.3}$$

抽样定理的内容表明，任何一个模拟信号 $f(t)$，其最高截止频率为 f_m，当抽样频率为 $f_s \geq 2f_m$ 或均匀抽样间隔为 $T_s \leq \dfrac{1}{2f_m}$ 时，可得到的样值序列，再经过一个截止频率为 f_m 的理想低通滤波器，就可以从样值序列中无失真地恢复出原始信号。

3. 抽样信号的频谱

（1）理想抽样

所谓理想抽样，就是式（7.2.1）中的开关函数 $S_T(t)$ 应为单位冲激脉冲序列，以 $\delta_T(t)$ 表示，其波形如图 7.2.5 所示。其序列周期为 T_s，即

$$\delta_T(t) = \sum_{n=-\infty}^{\infty} \delta(t - nT_s) \tag{7.2.4}$$

因此，式（7.2.1）应表示为

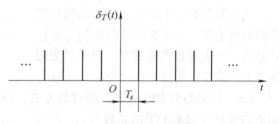

图 7.2.5　单位冲激序列

$$f_s(t) = f(t)\delta_T(t) \tag{7.2.5}$$

将周期序列 $\delta_T(t)$ 展开成指数形式的傅里叶级数

$$\delta_T(t) = \sum_{n=-\infty}^{\infty} C_n \mathrm{e}^{jn\omega_s t} \tag{7.2.6}$$

其中
$$C_n = \frac{1}{T_s} \int_{-T_s/2}^{T_s/2} \delta_T(t) \mathrm{e}^{-jn\omega_s t} \mathrm{d}t \tag{7.2.7}$$

因为在 $|t| \leq \dfrac{T_s}{2}$ 范围内 $\delta_T(t) = \delta(t)$，故式（7.2.7）可整理为

$$C_n = \frac{1}{T_s} \int_{-T_s/2}^{T_s/2} \delta_T(t) \mathrm{e}^{-jn\omega_s t} \mathrm{d}t = \frac{1}{T_s}(\mathrm{e}^{-jn\omega_s t})\bigg|_{t=0}$$

$$= \frac{1}{T_s} \tag{7.2.8}$$

将式 (7.2.8) 及式 (7.2.6) 代入式 (7.2.5) 则有

$$f_s(t) = f(t)\delta_T(t) = \frac{1}{T_s}\sum_{n=-\infty}^{\infty} f(t)e^{jn\omega_s t} \tag{7.2.9}$$

假定抽样间隔为 T_s，即抽样频率为 $f_s = \frac{1}{T_s}$，并假定被抽样信号为带限信号，其最高频率为 f_m。已知 $f(t) \leftrightarrow F(\omega)$，这里 "↔" 表示傅里叶变换对应关系。$f(t)$ 和 $F(\omega)$ 的对应变换关系如图 7.2.6 所示。

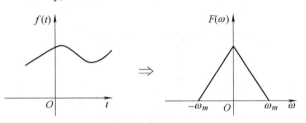

图 7.2.6　$f(t)$ 和 $F(\omega)$ 的对应变换关系

根据傅里叶变换的频移性质可知

$$f_s(t) \leftrightarrow \frac{1}{T_s}\sum_{n=-\infty}^{\infty} F(\omega - n\omega_s)$$

即

$$F_s(\omega) = \frac{1}{T_s}\sum_{n=-\infty}^{\infty} F(\omega - n\omega_s) \tag{7.2.10}$$

式 (7.2.10) 就是模拟信号抽样之后，样值序列的频谱 $F_s(\omega)$ 的表示式。与图 7.2.6 相对应，$F_s(\omega)$ 的频谱图如图 7.2.7 所示。

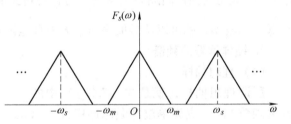

图 7.2.7　样值序列的频谱

式 (7.2.10) 和图 7.2.7 所示的样值序列频谱表明，一个频带受限的信号经抽样之后，它的频谱将会展宽，产生了无限多个上下边带，均分布在以 $\pm\omega_s$，$\pm 2\omega_s$，…，$\pm n\omega_s$ 为中心频率的 ω_s 各次谐波的左右，而其中位于 $n=0$ 的基带频谱就是抽样前原信号频谱的本身（只差 $1/T_s$ 的系数）。

如何由样值序列恢复出原始基带信号呢？由抽样频谱图 7.2.7 可知，样值序列通过一适当的低通滤波器即可恢复原始信号。恢复模型如图 7.2.8 所示。

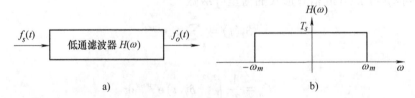

图 7.2.8　信号恢复模型

显然，要无失真地恢复原始信号，抽样频率必须满足抽样定理，即满足 $\omega_s \geq 2\omega_m$。

从频域的角度分析，问题比较简单，输出

$$F_o(\omega) = F_s(\omega)H(\omega) = F(\omega) \tag{7.2.11}$$

从时域的角度分析，则比较复杂

$$\therefore h(t) = F^{-1}[H(\omega)] = T_s \frac{\omega_m}{\pi} \text{Sa}(\omega_m t)$$

$$\therefore f_o(t) = f_s(t) * h(h) = \left[\sum_{n=-\infty}^{\infty} f(nT_s)\delta(t-nT_s)\right] * T_s \frac{\omega_m}{\pi} \text{Sa}(\omega_m t)$$

当 $H(\omega)$ 的增益 $T_s = \frac{1}{f_s}$ 时，$\omega_s = 2\omega_m$，则有下式成立，进而也可以证明抽样定理的数学表示式（7.2.2）成立。

$$f_o(t) = \sum_{n=-\infty}^{\infty} f(nT_s) \text{Sa}[(t-nT_s)\omega_s/2] \tag{7.2.12}$$

在上述分析中，当 f_s 与 f_m 关系不同时，可构成如图7.2.9所示的三种情况。

从图 7.2.9 可以看出，对 $\omega_s > 2\omega_m$ 和 $\omega_s = 2\omega_m$ 的情况，两个相邻边带是不重叠的，而当 $\omega_s < 2\omega_m$ 时，两个相邻边带有一部分要相互重叠而产生失真，由此而产生的噪声称为折叠噪声。对于前两种情况，理论上可以用一个理想低通滤波器滤出一个完整的不受干扰的原信号频谱；而对于后一种情况，则用上述方法无法恢复出无失真的原信号频谱。这进一步证明了抽样定理的正确性。因此，在对语音信号进行脉冲编码调制中，为了减少折叠噪声，抽样时除在抽样前加一个 0~3400Hz 的低通滤波器作频带限制之外，通常还将抽样频率 f_s 不选为 2×3400Hz = 6800Hz，而是留有一定的富余量，一般选为 8000Hz，以减少由于低通滤波器特性不良而产生的折叠噪声。

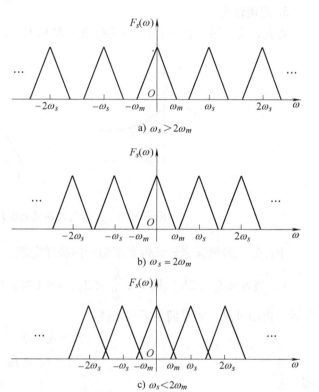

图 7.2.9 三种不同抽样频率时的样值序列频谱

7.2.2 带通信号抽样定理

1. 带通型信号

信号 $f(t)$ 的最低频率为 f_L，最高频率为 f_H，带宽 $B = f_H - f_L$，若 $B < f_L$，称此信号为带通型信号，也称为带通信号。带通信号要求在 $0 \sim f_L$ 频带内至少能够容纳一倍以上的带宽。

对于带通信号，如果采用 $f_s = 2f_H$ 进行抽样，则抽样后的信号频谱不会发生重叠，因而不会产生折叠噪声。但是，此时 $0 \sim f_H$ 这段频带没有得到有效利用，造成频带浪费。带通型信号的抽样定理的提出,将重新选择抽样频率,合理利用传输频带,达到提高信道利用率的目的。

2. 带通型信号的抽样定理

带通信号的抽样定理可描述为:如果模拟信号 $f(t)$ 是带通型信号,频率限制在 $f_L \sim f_H$ 之间,带宽 $B = f_H - f_L$,则其最低抽样频率应为

$$f_{smin} = \frac{2f_H}{n+1} \tag{7.2.13}$$

式中,n 是 $\frac{f_L}{B}$ 的整数部分。

3. 定理证明

首先,定义带通信号 $f(t)$ 与其频域函数 $F(f)$ 的关系曲线如图 7.2.10 所示。

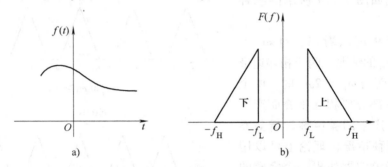

图 7.2.10 $f(t)$ 与其频域函数 $F(f)$ 曲线示意图

下面分三种情况来论证带通型信号的抽样定理。

1) 当 $B \le f_L < 2B$,即 $1 \le \frac{f_L}{B} < 2$,$n=1$ 时,样值序列 $f_s(t)$ 的频谱 $F_s(f)$ 如图 7.2.11 所示。由图可见,如果满足下列条件:

$$f_s - f_L \le f_L$$
$$2f_s - f_H \ge f_H$$

即

$$\begin{cases} f_s \le 2f_L \\ f_s \ge f_H \end{cases} \tag{7.2.14}$$

则各边带互不重叠。

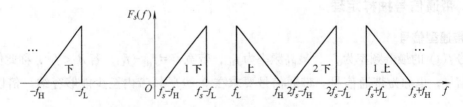

图 7.2.11 带通信号抽样后频谱示意图 ($n=1$)

2) 当 $2B \leqslant f_L < 3B$，即 $2 \leqslant \dfrac{f_L}{B} < 3$，$n = 2$ 时，样值序列 $f_s(t)$ 的频谱 $F_s(f)$ 如图 7.2.12 所示。可见，如果满足下列条件：

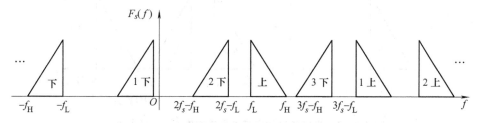

图 7.2.12　带通信号抽样后频谱示意图（$n=2$）

$$2f_s - f_L \leqslant f_L$$
$$3f_s - f_H \geqslant f_H$$

即

$$\begin{cases} f_s \leqslant f_L \\ f_s \geqslant \dfrac{2}{3} f_H \end{cases} \tag{7.2.15}$$

则各边带互不重叠。

3) 当 $nB \leqslant f_L < (n+1)B$，$n = \left[\dfrac{f_L}{B}\right]_I$，即一般情况时，$F_s(f)$ 如图 7.2.13 所示。

抽样频率如果满足下列条件：

$$nf_s - f_L \leqslant f_L$$
$$(n+1)f_s - f_H \geqslant f_H$$

即

$$\begin{cases} f_s \leqslant \dfrac{2f_L}{n} \\ f_s \geqslant \dfrac{2f_H}{n+1} \end{cases} \tag{7.2.16}$$

时，各边带互不重叠。
此时得

$$f_{s\min} = \dfrac{2f_H}{n+1} \tag{7.2.17}$$

证明完毕。

$f_{s\min}$ 可整理为

$$f_{s\min} = \dfrac{2(f_L + B)}{n+1} = 2B \dfrac{1 + \dfrac{f_L}{B}}{n+1} \tag{7.2.18}$$

从图 7.2.14 可见，带通信号抽样频率的最小值在 $2B \sim 4B$ 之间，即

$$2B \leqslant f_{s\min} \leqslant 4B$$

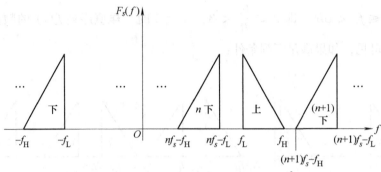

图 7.2.13 带通信号抽样后频谱示意图 $\left(n = \dfrac{f_L}{B}\right)$ 取整

其取值随 $\dfrac{f_L}{B}$ 值不同而异,当 $\dfrac{f_L}{B}$ 为整数时,$f_{s\min}$ 为最低值 $2B$,其他情况均大于 $2B$,而且随 $\dfrac{f_L}{B}$ 值的增大,无论 f_L 是否为 B 的整数倍,其抽样频率都趋近于 $2B$。从式(7.2.18)也可明显地得出这一结论。

满足了式(7.2.16)后,即可满足不重叠的条件。如果使各边带之间的间隔相等,从而求出抽样频率 f_s。即由图 7.2.13 可见

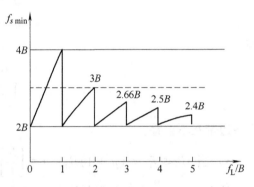

图 7.2.14 带通信号抽样 $f_{s\min}$ 与 f_L/B 的关系

$$f_L - (nf_s - f_L) = [(n+1)f_s - f_H] - f_H$$

$$f_s = \dfrac{2(f_L + f_H)}{2n + 1} \tag{7.2.19}$$

【例 7.2.1】 试求载波 60 路超群信号 312~552kHz 的抽样频率。

解:

$$B = f_H - f_L = (552 - 312)\text{kHz} = 240\text{kHz}$$

$$n = \left[\dfrac{f_L}{B}\right]_I = \left[\dfrac{312}{240}\right]_I = [1.3]_I = 1$$

$$f_{s\text{下限}} = \dfrac{2 \times 552}{1 + 1}\text{kHz} = 552\text{kHz}$$

$$f_{s\text{上限}} = \dfrac{2 \times 312}{1}\text{kHz} = 624\text{kHz}$$

由式(7.2.19)得到

$$f_s = \dfrac{2(312 + 552)}{3}\text{kHz} = 576\text{kHz}$$

应当注意:若 $\dfrac{f_L}{B} < 1$,表示 $0 \sim f_L$ 频段不能容纳一个边带,仍应按低通型信号处理,即在应用式(7.2.16)选择抽样频率时,必须满足 $f_s \geq 2f_H$ 的要求。由此可见,低通抽样定理

是带通抽样定理当 $n=0\left(\dfrac{f_L}{B}<1\right)$ 时的特例。

7.3 脉冲振幅调制

7.3.1 自然抽样

前面分析的理想抽样中的单位冲激脉冲序列 $\delta_T(t)$，实际上是不可能实现的，故通常都是采用具有一定宽度的窄脉冲来作开关函数进行抽样。实际中使用的开关函数为矩形脉冲序列，如图 7.3.1 所示。

$$S_T(t)=\sum_{n=-\infty}^{\infty}S(t-nT_s) \quad (7.3.1)$$

其中

$$S(t)=\begin{cases}1 & |t|\leqslant\dfrac{\tau}{2}\\ 0 & |t|>\dfrac{\tau}{2}\end{cases}$$

以这种开关函数进行抽样，其每个样值幅度不是单一值，而是在抽样脉冲持续宽度内随信号幅度而变化，称为自然抽样，通常也称作脉冲幅度调制（PAM）或非理想抽样，如图 7.3.2 所示。

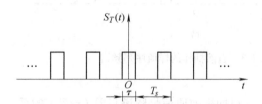
图 7.3.1 用作实际抽样的矩形脉冲序列

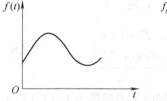
图 7.3.2 自然抽样

下面研究在自然抽样情况下，样值序列频谱 $F_s(\omega)$ 与被抽样信号频谱 $F(\omega)$ 之间的关系。式（7.3.1）所示开关函数可用傅里叶级数表示

$$S_T(t)=\sum_{n=-\infty}^{\infty}C_n e^{jn\omega_s t} \quad (7.3.2)$$

式中

$$C_n=\dfrac{1}{T_s}\int_{-T_s/2}^{T_s/2}S_T(t)e^{-jn\omega_s t}dt$$

因为在 $\left[-\dfrac{T_s}{2},\dfrac{T_s}{2}\right]$ 区间 $S_T(t)=S(t)$，则

$$C_n=\dfrac{1}{T_s}\int_{-T_s/2}^{T_s/2}e^{-jn\omega_s t}dt=\dfrac{\tau}{T_s}\dfrac{\sin(n\omega_s\tau/2)}{n\omega_s\tau/2} \quad (7.3.3)$$

把式（7.3.2）及式（7.3.3）代入式（7.3.1）就可得到自然抽样时样值序列的表示式

$$f_s(t) = f(t)S_T(t) = \frac{\tau}{T_s}\sum_{n=-\infty}^{\infty} f(t)\,\mathrm{e}^{jn\omega_s t}\frac{\sin(n\omega_s\tau/2)}{n\omega_s\tau/2} \qquad (7.3.4)$$

若已知 $f(t) \leftrightarrow f(\omega)$，根据傅里叶变换频移性质，则有

$$f_s(t) \leftrightarrow \frac{\tau}{T_s}\sum_{n=-\infty}^{\infty} F(\omega - n\omega_s)\frac{\sin(n\omega_s\tau/2)}{n\omega_s\tau/2}$$

即

$$F_s(\omega) = \frac{\tau}{T_s}\sum_{n=-\infty}^{\infty} F(\omega - n\omega_s)\frac{\sin(n\omega_s\tau/2)}{n\omega_s\tau/2} \qquad (7.3.5)$$

与理想抽样的频谱表示式（7.2.10）相比，自然抽样的频谱表示式（7.3.5）中多了一项 $\frac{\sin(n\omega_s\tau/2)}{n\omega_s\tau/2}$，这时的频谱关系如图 7.3.3 所示。

图 7.3.3a 所示的 $F(\omega)$ 是被抽样信号 $f(t)$ 所对应的频谱。从图 7.3.3b 可以看出，自然抽样的样值序列频谱 $F_s(\omega)$ 不再是等幅的周期形状，而是随着 n 的增加按 $\frac{\sin(n\omega_s\tau/2)}{n\omega_s\tau/2}$ 的规律而衰减。这个衰减变化的变量是 n，即不同 n 值的边带幅度是按 $\frac{\sin(n\omega_s\tau/2)}{n\omega_s\tau/2}$

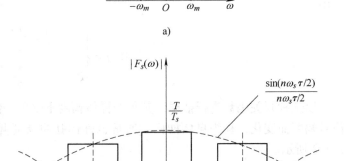

图 7.3.3 自然抽样的样值序列频谱

而变化的，由 $n=0$ 得到的基带频谱为 $(\tau/T_s)F(\omega)$，与抽样前原信号频谱只差 (τ/T_s) 的系数。因此，对原被抽样信号的频谱形状并不产生影响。对自然抽样的情况只要满足 $f_s \geq 2f_m$ 的条件，同样可用理想低通滤波器从样值序列中滤出原信号的频谱，做到无失真地恢复被抽样信号 $f(t)$。

以上分析的是用矩形脉冲序列作开关函数进行的抽样，推广到任意波形的脉冲序列作开关函数进行抽样都不影响抽样的实质。

7.3.2 平顶抽样

因为实际通信中为了增加时分复用的路数，不宜用较宽的脉冲进行自然抽样，而且这时抽样脉冲宽度内的幅度是随时间变化的，即样值脉冲的顶部不是平坦的，不能准确选取量化电平。所以，在实际应用中通常是先以很窄的脉冲作近似的理想抽样，而后再经过展宽电路形成平顶样值序列用来进行量化和编码。窄脉冲抽样后再作展宽形成，这一过程叫作平顶抽样，也称为抽样保持或抽样展宽，平顶抽样的时间波形如图 7.3.4 所示，电路模型如图 7.3.5 所示。

图 7.3.5 所示的展宽电路是用来形成矩形脉冲的，其传递函数用 $Q(\omega)$ 表示。前已指

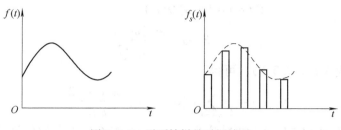

图 7.3.4 平顶抽样的时间波形

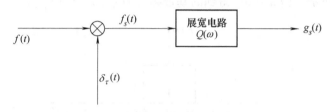

图 7.3.5 平顶抽样的电路模型

出,理想抽样输出 $f_s(t)$ 的样值序列幅度等于信号 $f(t)$ 乘以 $\delta(t)$ 所得的抽样点瞬时值,如某一时刻 t_0 的样点值可以表示为 $f(t_0)$,每当输入一个冲激信号,在其输出端便产生一个幅度为 $f(t_0)$ 的矩形脉冲 $q(t)$,因此,展宽电路就是将不同幅度的 $f_s(t)$ 样值序列展宽成与之对应的宽度为 τ 的矩形脉冲序列。所以,展宽电路应具有矩形波形的冲激响应特性,如图 7.3.6b 所示,其函数可写作

$$q(t) = \begin{cases} 1 & |t| \leq \dfrac{\tau}{2} \\ 0 & |t| > \dfrac{\tau}{2} \end{cases} \tag{7.3.6}$$

根据冲激响应与网络传递函数的关系,可求得展宽电路的传递函数为

$$Q(\omega) = \int_{-\infty}^{\infty} q(t) e^{-j\omega t} dt = \int_{-\frac{\tau}{2}}^{\frac{\tau}{2}} e^{-j\omega t} dt = \tau \frac{\sin(\omega \tau/2)}{\omega \tau/2} \tag{7.3.7}$$

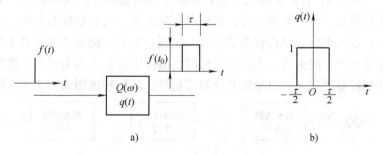

图 7.3.6 展宽电路的冲激响应

由图 7.3.6 的关系可看出,经展宽后样值序列的频谱应为

$$G_s(\omega) = F_s(\omega)Q(\omega)$$
$$= F_s(\omega)\tau \frac{\sin(\omega\tau/2)}{\omega_s\tau/2} \qquad (7.3.8)$$

将式（7.2.10）代入式（7.3.8），可得

$$G_s(\omega) = \frac{\tau}{T_s}\sum_{n=-\infty}^{\infty} F(\omega - n\omega_s)\frac{\sin(\omega\tau/2)}{\omega\tau/2} \qquad (7.3.9)$$

按式（7.3.9）画出展宽后的样值序列 $g_s(t)$ 的频谱 $G_s(\omega)$ 与原信号 $f(t)$ 的频谱 $F(\omega)$ 的关系如图 7.3.7 所示。当 $n=0$，得到的基带频谱为 $(\tau/T_s)\text{Sa}(\frac{\omega\tau}{2})F(\omega)$。

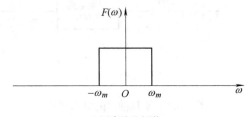

a) 原信号的频谱

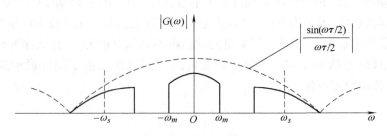

b) 展宽后的信号频谱

图 7.3.7 展宽样值序列的频谱

平顶抽样和自然抽样有极大的差异，比较式（7.3.5）和式（7.3.9）可看出，在式（7.3.5）中 $\frac{\sin(n\omega_s\tau/2)}{n\omega_s\tau/2}$ 的变量是 n，而在式（7.3.9）中 $\frac{\sin(\omega\tau/2)}{\omega\tau/2}$ 的变量是 ω，比较图 7.3.3 和图 7.3.7 可看出，自然抽样时所包含原信号的频谱成分，其形状不产生失真；而平顶抽样时所包含的原始信号的频谱成分，其形状产生失真。故在抽样展宽时，如用低通滤波器取出 $-\omega_m \sim \omega_m$ 范围内的频谱所恢复的信号一定会有失真，此种频率失真也被称为孔径效应。为了消除由展宽产生的失真，在恢复信号时，电路中应加入均衡网络，进行修正后的信号通过理想低通滤波器便可无失真地恢复原基带信号。其原理框图如图 7.3.8 所示。

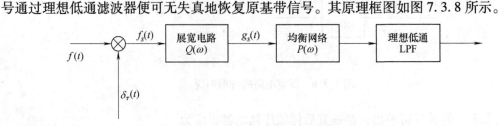

图 7.3.8 平顶抽样信号的修正

由于引起失真的函数是 $\dfrac{\sin(\omega\tau/2)}{\omega\tau/2}$，因此使用均衡网络后应使合成网络的传递函数具有常数的特性。即如设均衡网络传递函数以 $P(\omega)$ 表示，则应有

$$P(\omega)\frac{\sin(\omega\tau/2)}{\omega\tau/2} = 1$$

即

$$P(\omega) = \frac{\omega\tau/2}{\sin(\omega\tau/2)} \tag{7.3.10}$$

7.4 模拟信号的量化

7.4.1 量化的基本概念

模拟信号经过抽样后，虽然实现了时间上的离散，但幅度取值仍是任意的、连续的。因此，抽样后的样值序列的幅度仍然取决于输入的模拟信号，仍属于模拟信号，不能直接进行编码。所以要对它进行幅度取值上的离散化，这就是编码的目的。

将幅度连续变化的信号变成离散信号的处理过程称为量化。量化的方法就是将样值的最大变化范围划分成若干个相邻的段落，当样值落在某一间隔内，其输出数值就用此间隔内的某单一固定值来表示。量化的间隔可以相等，也可以不相等。由此可以得到两种量化方法：均匀量化和非均匀量化。下面以均匀量化为例说明量化器的特性。量化器输入的随机模拟信号 $m(t)$ 用适当的抽样速率对其抽样，根据均匀量化器特性，一正弦模拟信号的量化过程如图 7.4.1 所示，N 个量化值用 q_1、q_2、$\cdots$、q_N 表示，q_i 表示第 i 个量化段内的量化值。

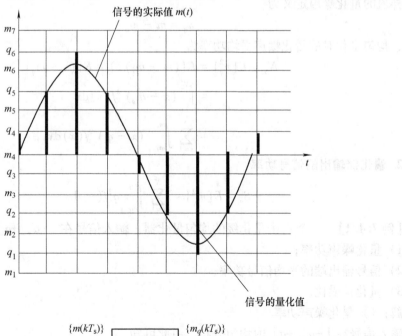

图 7.4.1 量化过程示意图

量化器的输出为 $m(kT_s) = m_q(kT_s)$，m_q 简记为

$$m_q = q_i, \quad m_{i-1} < m \leqslant m_i \tag{7.4.1}$$

式中，m_{i-1} 为第 i 个量化间隔（量化区间）的起点；m_i 为第 i 个量化间隔的终点。

通常每个量化间隔内的量化值可以取此间隔内的任意值，但从理论上为了减小平均量化误差功率，取量化间隔的中间值为量化值。

$$q_i = \frac{m_{i-1} + m_i}{2}, \quad i = 1, 2, \cdots, N \tag{7.4.2}$$

这时量化最大误差为 $\Delta/2$，从图 7.4.1 的量化结果不难发现，无论量化间隔多么小，量化必然带来误差，从而产生量化噪声。当然量化间隔小、量化级数多能减小量化误差，但同时也增加了数码率，提高了编码设备的复杂程度，且需要较宽的传输带宽。

如何减小量化误差，提高量化信噪比，又不至于提高数码率，这是量化理论所要研究的问题。

任何一个量化器都有一定的量化范围，通常取 $-V \sim +V$，在均匀量化情况下，量化级数 N 与量化间隔 Δ 的关系为

$$\Delta = \frac{2V}{N}$$

一般来说信源码都是二元码，因此码位 n 与量化级数 N 的关系为 $N \leqslant 2^n$，即 $n \geqslant \log_2^N$。

7.4.2 均匀量化信噪比

1. 量化噪声的平均功率

样值的量化噪声定义为

$$n_q = m - m_q$$

这样，均匀量化时的量化噪声平均功率为

$$\begin{aligned} N_q = E[n_q^2] &= E[(m - m_q)^2] = E[(x - m_q)^2] \\ &= \int_{V_1}^{V_2} (x - m_q)^2 f(x) \mathrm{d}x \\ &= \sum_{i=1}^{N} \int_{m_{i-1}}^{m_i} (x - q_i)^2 f(x) \mathrm{d}x \end{aligned} \tag{7.4.3}$$

2. 量化器输出的信号功率

$$S_q = E[m_q^2] = \sum_{i=1}^{N} \int_{m_{i-1}}^{m_i} q_i^2 f(x) \mathrm{d}x \tag{7.4.4}$$

【例 7.4.1】 一个 N 个量化级的均匀量化器，输入信号在 $[-a, +a]$ 内均匀分布。求：
1) 量化噪声功率；
2) 信号输出端的平均信号功率；
3) 量化信噪比。

解：1) 量化噪声功率

因为输入信号在 $[-a, +a]$ 内均匀分布，由此可知

$$f(x) = \frac{1}{2a} \quad -a \leqslant x \leqslant a$$

假设量化值取为量化间隔的中间值，即

$$q_i = \frac{m_{i-1} + m_i}{2} \quad i = 1, 2, \cdots, N$$

所以

$$N_q = \sum_{i=1}^{N} \int_{m_{i-1}}^{m_i} (x - q_i)^2 f(x) \mathrm{d}x$$

$$= \sum_{i=1}^{N} \frac{1}{3} [(m_i - q_i)^3 - (m_{i-1} - q_i)^3] \frac{1}{2a} \quad (7.4.5)$$

将式 (7.4.2) 代入式 (7.4.5)，可得

$$N_q = \sum_{i=1}^{N} \frac{1}{3} \left[\left(m_i - \frac{m_{i-1} + m_i}{2} \right)^3 - \left(m_{i-1} - \frac{m_{i-1} + m_i}{2} \right)^3 \right] \frac{1}{2a}$$

$$\because \Delta V = \frac{2a}{N} = m_i - m_{i-1} \quad i = 1, 2, \cdots, N$$

$$\therefore N_q = \sum_{i=1}^{N} \frac{1}{2a} \left(\frac{\Delta V^3}{12} \right) = \frac{N}{24a} \Delta V^3 = \frac{\Delta V^2}{12} \quad (7.4.6)$$

2) 量化信号平均功率

数学公式准备：

$$1^2 + 3^2 + 5^2 + \cdots + (2n-1)^2 = \frac{1}{3} n(4n^2 - 1)$$

$$S_q = E(m_q^2) = \sum_{i=1}^{N} \int_{m_{i-1}}^{m_i} q_i^2 f(x) \mathrm{d}x$$

$$= \sum_{i=1}^{N} q_i^2 \int_{m_{i-1}}^{m_i} \frac{1}{2a} \mathrm{d}x$$

$$= \frac{\Delta V}{2a} \sum_{i=1}^{N} q_i^2$$

对于这种双极性对称分布信号，其量化值为

$$-\left(2 \times \frac{N}{2} - 1\right) \frac{\Delta V}{2}, \cdots, -3\frac{\Delta V}{2}, \quad -\frac{\Delta V}{2}, \quad \frac{\Delta V}{2}, \quad 3\frac{\Delta V}{2}, \cdots, \left(2 \times \frac{N}{2} - 1\right) \frac{\Delta V}{2}$$

$$\therefore S_q = \frac{\Delta V}{2a} \sum_{i=1}^{N/2} 2 q_i^2 = \frac{\Delta V}{2a} \sum_{i=1}^{N/2} 2 \left[(2i-1) \frac{\Delta V}{2} \right]^2$$

$$= \frac{\Delta V^3}{4a} \sum_{i=1}^{N/2} [(2i-1)]^2$$

$$= \frac{\Delta V^3}{4a} \left\{ \frac{1}{3} \times \frac{N}{2} \times \left[4 \times \left(\frac{N}{2} \right)^2 - 1 \right] \right\}$$

$$\because \Delta V = \frac{2a}{N}$$

$$\therefore S_q = \frac{\Delta V^2}{12} (N^2 - 1) \quad (7.4.7)$$

3) 量化信噪比

$$\because \frac{S_q}{N_q} = N^2 - 1 \approx N^2$$

$$\therefore \left(\frac{S_q}{N_q}\right)_{dB} = 10\log\frac{S_q}{N_q} = 20\log N \tag{7.4.8}$$

若用二进制码进行编码，编码位数为 n，则

$$\because N = 2^n$$

$$\therefore \left(\frac{S_q}{N_q}\right)_{dB} = 20\log 2^n = 6n \tag{7.4.9}$$

由式（7.4.8）和式（7.4.9）可知，均匀量化信噪比只与量化电平数 N 或编码位数 n 有关，编码位数每增加 1 位，量化电平数增大 2 倍，量化信噪比约有 6dB 的改善。

若采用 M 进制进行编码，编码位数为 n，则

$$\because N = M^n$$

$$\therefore \left(\frac{S_q}{N_q}\right)_{dB} = 20\log M^n = 20n\log M$$

3. 应用

均匀量化用于信号分布范围小且较均匀的场合。如遥测、遥控、仪表等方面。由于通信中的语音信号近似为指数分布，分布不均匀，因此对其不采用均匀量化的方法。

7.4.3 非均匀量化

非均匀量化是一种在整个动态范围内量化间隔不相等的量化，其量化间隔随输入信号幅度的变化而变化。当输入信号幅度小时，量化间隔划分的小；当输入信号幅度大时，量化间隔划分的大。在编码位数一定的情况下，牺牲大信号的量化信噪比，以提高小信号的量化信噪比，从而获得较好的小信号接收效果。

实现非均匀量化的方法之一是采用压缩与扩张技术。即将压缩后的信号再进行均匀量化，从而得到对原始信号的非均匀量化。

1. 压缩与扩张的概念

采用压缩器与扩张器的非均匀量化编码系统框图如图 7.4.2 所示。

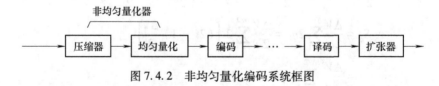

图 7.4.2 非均匀量化编码系统框图

它的基本思想是在均匀量化之前先对信号经过一次压缩处理，实现对大信号的压缩而对小信号的放大。信号经过这种非线性压缩电路处理后，改变了大信号和小信号的比例关系，大信号基本不变或变得较小，而小信号相应地按比例增大，以提高小信号的平均功率，即"压大补小"。这样，对经过压缩器处理的信号再进行均匀量化，量化的等效结果就是对原信号进行非均匀量化。接收端扩张器与压缩器的特性相反，将收到的相应信号进行扩张，以恢复原来的相对关系。

压缩器和扩张器的特性曲线如图 7.4.3 所示。

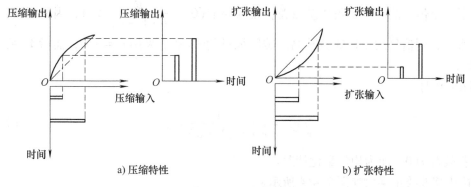

a) 压缩特性　　　　　　　　　　b) 扩张特性

图 7.4.3　压缩器和扩张器的特性曲线

目前,数字通信系统中采用两种压缩特性:A 律压缩特性和 μ 律压缩特性。

2. A 律压缩特性和 μ 律压缩特性

A 律压缩特性的表达式为

$$y = \begin{cases} \dfrac{A|x|}{1+\ln A}\mathrm{sgn}x & 0 \leqslant |x| \leqslant \dfrac{1}{A} \\ \dfrac{1+\ln A|x|}{1+\ln A}\mathrm{sgn}x & \dfrac{1}{A} \leqslant |x| \leqslant 1 \end{cases} \qquad (7.4.10)$$

式中,sgn 为 x 的符号值,即

$$\mathrm{sgn}x = \begin{cases} 1 & x > 0 \\ 0 & x = 0 \\ -1 & x < 0 \end{cases} \qquad (7.4.11)$$

A 律压缩特性曲线的压缩程度是由因子 A 的大小决定,A 越大,曲线的压扩效益也越大。由式(7.4.10),得出 A 律压缩特性曲线的正半段表达式为

$$y = \begin{cases} \dfrac{Ax}{1+\ln A} & 0 \leqslant x \leqslant \dfrac{1}{A} \\ \dfrac{1+\ln Ax}{1+\ln A} & \dfrac{1}{A} \leqslant x \leqslant 1 \end{cases} \qquad (7.4.12)$$

当 $A=1$ 时,$y=x$,则为均匀量化情况。为了使小信号区有较大的压扩效益,目前国际上通常取 $A=87.6$。

A 律压缩特性是我国及欧洲等国采用的一种压缩特性。μ 律压缩特性是美国、日本、加拿大等国采用的一种压缩特性,其表达式为

$$y = \dfrac{\ln(1+\mu|x|)}{\ln(1+\mu)}\mathrm{sgn}x \qquad -1 \leqslant x \leqslant 1 \qquad (7.4.13)$$

式中,μ 是一个参量,μ 律压缩特性曲线的正半段斜率为

$$y' = \dfrac{1}{\ln(1+\mu)}\dfrac{\mu}{1+\mu x} \quad 0 \leqslant x \leqslant 1 \qquad (7.4.14)$$

为了在小信号范围得到正压扩效益,就需要 $y'(0) = \dfrac{\mu}{\ln(1+\mu)} > 1$,因而需要 $\mu > 0$,当 μ 越大时,则信号的压扩效益越高。美国最早的 D_1 系统采用 $\mu = 100$,而后 D_2 系统采用 $\mu = 255$。

当 $\mu = 0$ 时

$$\lim_{\mu \to 0} y' = \lim_{\mu \to 0} \frac{\mu}{\ln(1+\mu)} = 1 \tag{7.4.15}$$

此时压扩效益为 0,即为均匀量化情况。

μ 律压缩曲线正半段如图 7.4.4 所示。

3. 分段量化折线压缩律

由于 A 律函数和 μ 律函数是一对数曲线,电路实现比较困难,如果用折线来逼近这些曲线,那么由数字电路极易实现这种折扩特性。μ 律 15 折线非均匀量化与 A 律 13 折线原理相似,这里仅介绍 A 律 13 折线。

A 律 13 折线是 A 律 ($A = 87.6$) 函数量化曲线的折线逼近,所以也称 A 律 87.6/13 折线量化。

A 律 13 折线的画法是:

1) 先将 y 轴在 0 至 ±1 之间各均分 8 等分。
2) x 方向从 0 至 ±1 之间采用对折法不等分 8 份,分界点分别为 ±1、±1/2、±1/4、±1/8、±1/16、±1/32、±1/64、±1/128。
3) 将 y 与 x 对应点连成折线。

折线共 16 段,正方向 8 段,负方向 8 段。由于正方向 Ⅰ、Ⅱ 段斜率与负方向的 Ⅰ、Ⅱ 段斜率相同,故可合为 1 段,所以共有 13 段折线,如图 7.4.5 所示。

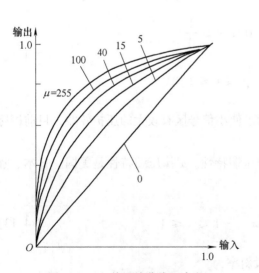

图 7.4.4 μ 律压缩曲线正半段

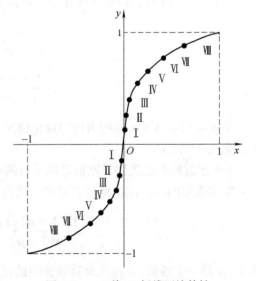

图 7.4.5 A 律 13 折线压缩特性

由于在 ±1 之间非均匀量化级只分 8 段，显然太少，量化误差太大，所以实际应用中在每段内再均分 16 份，则共有不均匀量化级数 $16 \times 8 \times 2 = 256$。把最小量化间隔 Δ_1 称为基本量化单位（量化级）Δ，即

$$\Delta = \Delta_1 = \frac{1/128}{16} = \frac{1}{2048}$$

(7.4.16)

用基本量化单位来衡量 0～1 之间共有 2048 个 Δ。

图 7.4.6 显示的 A 律 13 折线正半段在 0～1 之间共分了 $16 \times 8 = 128$ 个非均匀量化级，在这 128 个量化级中共有 7 种不同的量化间隔和折线的斜率，见表 7.4.1。

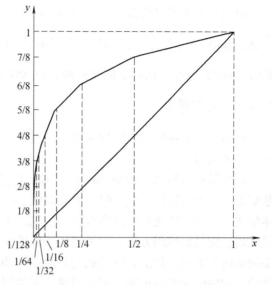

图 7.4.6　A 律 13 折线的正半段

表 7.4.1　A 律 13 折线正半段各段的量化间隔和斜率

段号	1	2	3	4	5	6	7	8
量化间隔	Δ	Δ	2Δ	4Δ	8Δ	16Δ	32Δ	64Δ
斜率	16	16	8	4	2	1	$\frac{1}{2}$	$\frac{1}{4}$

由式（7.4.12）给出的 A 律特性可知，在定义域 $0 \leqslant x \leqslant \frac{1}{A}$ 的范围内 A 律特性是一个直线段，要使之与图 7.4.6 所示的折线近似，此直线段的斜率必须与图 7.4.6 所示的折线的第 1 段斜率相等，即有

$$\frac{A}{1 + \ln A} = 16 \qquad (7.4.17)$$

由式（7.4.17）可求得 $A = 87.6$。这说明以 $A = 87.6$ 代入 A 律特性，就可使 A 律特性的直线段的斜率与 A 律 13 折线的第 1 段斜率相等。对其他各段可用 $A = 87.6$ 代入式（7.4.12）来计算 A 律函数 y 与 x 的对应关系，其与 A 律 13 折线的数值对比见表 7.4.2。

表 7.4.2　A 律函数与 A 律 13 折线的比较

y	0	$\frac{1}{8}$	$\frac{2}{8}$	$\frac{3}{8}$	$\frac{4}{8}$	$\frac{5}{8}$	$\frac{6}{8}$	$\frac{7}{8}$	1
A 律函数 x	0	$\frac{1}{128}$	$\frac{1}{60.6}$	$\frac{1}{30.6}$	$\frac{1}{15.4}$	$\frac{1}{7.79}$	$\frac{1}{3.98}$	$\frac{1}{1.98}$	1
A 律 13 折线 x	0	$\frac{1}{128}$	$\frac{1}{64}$	$\frac{1}{32}$	$\frac{1}{16}$	$\frac{1}{8}$	$\frac{1}{4}$	$\frac{1}{2}$	1

由表 7.4.2 可以看出，对应同一 y 值的两种情况计算所得的 x 值基本上相等，这说明按 $\frac{1}{2}$ 递减规律进行非均匀分段的 A 律 13 折线与 $A=87.6$ 的 A 律函数是十分相似的。国际电信联盟（ITU）建议，国际之间互联时，以 $A87.6/13$ 折线为标准。

7.4.4 矢量量化

前面所说的量化均为标量量化，即对单个抽样的样值进行量化处理，抽样值与量化值是一对一的映射。

矢量量化（Vector Quantization，VQ）则是多维空间到多维空间的映射。它是将时间离散幅度连续的抽样值分成一组，形成多维空间的一个矢量，再将此矢量在矢量空间中进行集体量化，进而有效地提高量化效率。因此，矢量量化技术是一种既能高效压缩数码率，又能保证语音质量的编码方法。它不但用于波形编码，而且还应用于各种模型的参数编码及图像压缩编码等方面，如语音的编码与识别，军事和气象部门的卫星（或航天飞机）的遥感照片的压缩编码和实时传输，雷达图像、医学图像的压缩与存储，以及数字电视和 DVD 的视频压缩等。

设抽样信号由 NK 个抽样值，将每 K 个抽样值分成一组，形成 N 个 K 维随机矢量，构成的输入信号空间为 $X = \{X_1, X_2, \cdots, X_N\}$，其中第 j 个矢量可表示为式（7.4.18）

$$X_j = [x_{j1}, x_{j2}, \cdots, x_{jK}]^T \quad j = 1, 2, \cdots, N \tag{7.4.18}$$

式中，x_{j1}，x_{j2}，$\cdots$，x_{jK} 是 K 个时间离散幅度连续的抽样值。

在矢量量化过程中，输入矢量 X_j 被量化成另一个幅度离散的 K 维矢量 Y_i，$i = 1, 2, \cdots, L$。所有 Y_i 构成输出信号空间 Y，也称码书（或码本），$Y = \{Y_1, Y_2, \cdots, Y_L\}$，其中第 i 个矢量可表示为

$$Y_i = [y_{i1}, y_{i2}, \cdots, y_{iK}]^T \quad j = 1, 2, \cdots, L \tag{7.4.19}$$

式中，y_{i1}，y_{i2}，$\cdots$，y_{iK} 是 K 个时间离散幅度也离散的值，L 是码书长度（码本容量），相当于标量量化中的量化电平数。矢量量化可描述为用 Y_i 表示 X_j，即

$$Y_i = Q(X_j) \quad 1 \leqslant i \leqslant L, 1 \leqslant j \leqslant N \tag{7.4.20}$$

式中，Q 表示量化函数。

如图 7.4.7 所示，在矢量量化器中，信道所传输的信息不是 Y_i 本身，而是 Y_i 在码本中的索引，即在码书中的位置信息 i。因此，就好像要告诉对方一本 L 页书某页的内容，无需传输该页的内容，而是让对方知道是第几页，然后对方根据页数找出该页的内容。经过这样的处理，大大降低了传输速率。

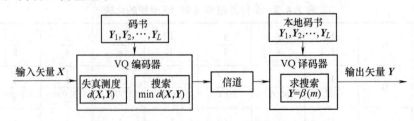

图 7.4.7 矢量量化原理框图

码本中 L 个码字需要 $\text{lb}L$ 个比特来表示。因此，矢量量化器的传输速率为

$$R = \frac{\text{lb}L}{K} \tag{7.4.21}$$

式中，$\text{lb}L$ 为每个矢量所需要的编码比特数，K 是每个矢量所包含的样值数。显然，当 $K=1$ 时，矢量量化即为标量量化。当码本容量 L 一定的情况下，维数 K 越大，压缩效率就越高，但量化失真也越严重。可见，量化失真与码书的设计密切相关。

7.5 脉冲编码调制

7.5.1 A 律 13 折线的 PCM 编码

量化后的信号，已经是幅值离散的数字信号。而对每一个量化值赋予一个特定代码的过程，就是编码，可以是二元码，也可以是多元码。在 7.4 节里虽然研究了量化方法对通信质量的影响，但并没有给出独立的量化电路，这是因为在实际设备中的量化过程不是以独立的量化电路来实现的，而是在编码过程中实现的，即量化编码是一步完成。所谓脉冲编码调制（Pluse Code Modulation，PCM）就是将模拟信号进行抽样、量化，直到变换成为二进制代码的过程，即随模拟信号的变化而变化的过程，有时将其称为"模/数（A/D）变换"，而把译码过程记作"数/模（D/A）变换"。它们是模拟信号与数字信号相互转换的重要步骤。

目前常用的二进制码有一般二进制码、折叠二进制码、循环码（格雷码）、反卷码。由于语音信号的特点是小信号出现的概率大，大信号出现的概率小。量化后的信号电平多出现在折叠线附近，编码后误码引起的误差也比较小。因此，在双极性语音信号 PCM 系统中，大多采用折叠二进制码。

1. 非线性编码原理

均匀量化编码适用于信号幅度分布比较均匀的情况，而当信号分布不均匀，如语音信号，从量化理论的分析可知应采用非均匀量化编码。PCM 系统中通常采用的是 A 律 87.6/13 折线量化编码及 μ 律 255/15 折线量化编码方案。本书重点讲述 A 律 87.6/13 折线编译码过程。

实用的 A 律 87.6/13 折线编码器对每个样值编 8 位码 $a_1 a_2 \cdots a_8$，其中码位安排如下：

a_1：极性码，$a_1 = 1$ 表示正极性，$a_1 = 0$ 表示负极性。

$a_2 a_3 a_4$：段落码，用来区分折线的 8 个不同的段落，如 $a_2 a_3 a_4$ 为 "000" 表示第 1 段。

$a_5 a_6 a_7 a_8$：段内电平码，用来确定信号在某一大段被均分 16 份后的那一小段。

由此可见，A 律 87.6/13 折线编码编 8 位码时，码位与其对应的电平关系如表 7.5.1 所示。

显然，最小量化间隔 $\Delta = \Delta_1$，当量化范围为 $-1 \sim 1$ 时

$$\Delta = \frac{1}{128}/16 = \frac{1}{2048} \tag{7.5.1}$$

表 7.5.1 A 律 87.6/13 折线编码码位与电平的对应关系

段落号 i	段落码			段落起点电平 Δ	段内电平码对应的电平 Δ				$\Delta_i(\Delta)$
	a_2	a_3	a_4		a_5	a_6	a_7	a_8	
1	0	0	0	0	8	4	2	1	1
2	0	0	1	16	8	4	2	1	1
3	0	1	0	32	16	8	4	2	2
4	0	1	1	64	32	16	8	4	4
5	1	0	0	128	64	32	16	8	8
6	1	0	1	256	128	64	32	16	16
7	1	1	0	512	256	128	64	32	32
8	1	1	1	1024	512	256	128	64	64

表 7.5.1 有如下特点：

1) 每位段落码（$a_2 a_3 a_4$）属于非线性码，无固定权值，只能由段落起点电平来描述。

2) 除第 1 段起点电平为零外，其余各段相邻的起点电平依次乘以 2。

3) 段内电平码属于线性码，在本段内有固定权值，除第 1 段外，其余各段段内电平码依次乘以 2。

对于 A 律 87.6/13 折线量化编码 $n=8$，第 1 位是极性码；后 7 位为幅度码，用来表示 128 个非均匀量化值。在量化范围 0~1 内共有 2048Δ。若采用均匀量化方法，当最小量化间隔为 Δ 时，在 $0 \sim 2048\Delta$ 内共需编 11 位线性码。

2. A 律 87.6/13 折线非线性编码器

非线性编码方法有很多种，如级联型、逐次反馈型、级联与逐次反馈混合型。在此仅介绍逐次反馈型编码器，其他类型不予介绍。

图 7.5.1 为逐次反馈编码器框图，由极性判决、全波整流、保持电路、比较形成电路和本地译码器等主要部件组成。

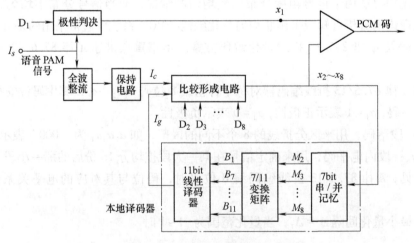

图 7.5.1 逐次反馈编码器框图

在图 7.5.1 中，极性判决电路对语音 PAM 信号的 I_s 电流的极性作出判断，确定出极性码 a_1，并与后面的各位码组合在一起，形成编码码组；全波整流对 I_s 电流进行双极性到单极性的转换，再经保持电路保持为电流 I_c。本地译码器包括：7bit 串/并记忆电路，对前面已编好的码的权值电流进行记忆和累加；7/11 逻辑转换，7 位非线性幅度码与其对应的 11 位线性码的转换；11bit 线性译码器，由线性码驱动相应的恒流源电流进行译码，形成总权值电流 I_g。比较形成电路依据 $I_c > I_g$ 编码为"1"，$I_c < I_g$ 编码为"0"的原则，由高位到低位逐次比较，实现 $a_2 \sim a_8$ 的编码。

7/11 逻辑转换其转换关系见表 7.5.2。其中 $M_5 M_6 M_7 M_8$ 在不同段内由不同的权值表示，带"*"的项只有在译码时进行 7/12 逻辑转换才有效。如 1^* 项在发送端编码时为"0"，在接收端译码时为"1"。

表 7.5.2 7/11 逻辑转换关系及 7/12 逻辑转换关系

段落号	起始电平 Δ	非线性码							线性码											
		a_2	a_3	a_4	a_5	a_6	a_7	a_8	B_1	B_2	B_3	B_4	B_5	B_6	B_7	B_8	B_9	B_{10}	B_{11}	B_{12}^*
1	0	0	0	0	M_5	M_6	M_7	M_8	0	0	0	0	0	0	0	M_5	M_6	M_7	M_8	1^*
2	16	0	0	1	M_5	M_6	M_7	M_8	0	0	0	0	0	0	1	M_5	M_6	M_7	M_8	1^*
3	32	0	1	0	M_5	M_6	M_7	M_8	0	0	0	0	0	1	M_5	M_6	M_7	M_8	1^*	0
4	64	0	1	1	M_5	M_6	M_7	M_8	0	0	0	0	1	M_5	M_6	M_7	M_8	1^*	0	0
5	128	1	0	0	M_5	M_6	M_7	M_8	0	0	0	1	M_5	M_6	M_7	M_8	1^*	0	0	0
6	256	1	0	1	M_5	M_6	M_7	M_8	0	0	1	M_5	M_6	M_7	M_8	1^*	0	0	0	0
7	512	1	1	0	M_5	M_6	M_7	M_8	0	1	M_5	M_6	M_7	M_8	1^*	0	0	0	0	0
8	1024	1	1	1	M_5	M_6	M_7	M_8	1	M_5	M_6	M_7	M_8	1^*	0	0	0	0	0	0

本地译码器进行逐次反馈比较法相当于天平称物。准备一套重量不同的砝码，称一次后，发现物的质量大于砝码，则再加一个砝码；反之更换一个小的砝码。逐次反馈比较方式就是仿此方式而来，只不过逐次反馈比较非线性编码过程中，增加、更换砝码的次序不是线性变化的。如线性编码或称物采用的比较信号或砝码依次为 $2^{n-1}\Delta$，$2^{n-2}\Delta$，…，1Δ 排序；而非线性编码则不然，若令量化范围为 $(-2048 \sim +2048)\Delta$，编码位数 $n=8$ 时，样值 I_s 逐次反馈编码过程如下：

a_1 为极性码，$a_1 = 1$，表示 $I_s > 0$；$a_1 = 0$，表示 $I_s < 0$，经全波整流，得到 $I_c = |I_s|$。

（1）第 1 次比较

取 8 段中的分界点 128Δ 作为判决信号，$I_{g1} = 128\Delta$，确定信号是在前 4 段还是后 4 段。

当 $I_c \geq 128\Delta$ 时，$a_2 = 1$，I_c 在 5、6、7、8 段内；

当 $I_c < 128\Delta$ 时，$a_2 = 0$，I_c 在 1、2、3、4 段内。

（2）第 2 次比较

把已确定的 4 段一分为二，其差别是在上两段还是在下两段，此时比较信号权值 I_{g2} 有两种情形：

$$I_{g2} = 32\Delta \text{（1、2 段与 3、4 段的分界点，} a_2 = 0 \text{ 时）}$$
$$I_{g2} = 512\Delta \text{（5、6 段与 7、8 段的分界点，} a_2 = 1 \text{ 时）}$$

即，若 $a_2 = 0$，当 $I_c < 32\Delta$ 时，$a_3 = 0$，信号在 1、2 段内；

当 $I_c > 32\Delta$ 时，$a_3 = 1$，信号在 3、4 段内。

若 $a_2 = 1$，当 $I_c < 512\Delta$ 时，$a_3 = 0$，信号在 5、6 段内；

当 $I_c > 512\Delta$ 时，$a_3 = 1$，信号在 7、8 段内。

(3) 第 3 次比较

把已确定的两段一分为二，判断信号具体在哪一段内，此时比较信号权值 I_{g3} 有四种情况：

$$I_{g3} = 16\Delta \ (1、2 \text{ 段分界点}，a_2a_3 = 00 \text{ 时})$$
$$I_{g3} = 64\Delta \ (3、4 \text{ 段分界点}，a_2a_3 = 01 \text{ 时})$$
$$I_{g3} = 256\Delta \ (5、6 \text{ 段分界点}，a_2a_3 = 10 \text{ 时})$$
$$I_{g3} = 1024\Delta \ (7、8 \text{ 段分界点}，a_2a_3 = 11 \text{ 时})$$

即，若 $a_2a_3 = 00$，当 $I_c < 16\Delta$ 时，$a_4 = 0$，确定信号在第 1 段内；

当 $I_c > 16\Delta$ 时，$a_4 = 1$，确定信号在第 2 段内。

若 $a_2a_3 = 01$，当 $I_c < 64\Delta$ 时，$a_4 = 0$，确定信号在第 3 段内；

当 $I_c > 64\Delta$ 时，$a_4 = 1$，确定信号在第 4 段内。

若 $a_2a_3 = 10$，当 $I_c < 256\Delta$ 时，$a_4 = 0$，确定信号在第 5 段内；

当 $I_c > 256\Delta$ 时，$a_4 = 1$，确定信号在第 6 段内。

若 $a_2a_3 = 11$，当 $I_c < 1024\Delta$ 时，$a_4 = 0$，确定信号在第 7 段内；

当 $I_c > 1024\Delta$ 时，$a_4 = 1$，确定信号在第 8 段内。

经以上 3 次比较后，编出 3 位段落码 $a_2a_3a_4$，可确定样值信号 I_c 在哪一个段落内，从而确定段落起点电平 I_0。

剩下 4 位段内电平码 $a_5a_6a_7a_8$ 表示的权值分别为 $8\Delta_i$、$4\Delta_i$、$2\Delta_i$、$1\Delta_i$，比较过程如下：

(4) 第 4 次比较

$$I_{g4} = (\text{起点电平值}) I_0 + 8\Delta_i$$

若 $I_c < I_{g4}$，$a_5 = 0$；

若 $I_c > I_{g4}$，$a_5 = 1$。

(5) 第 5 次比较

$$I_{g5} = I_0 + 8\Delta_i a_5 + 4\Delta_i$$

若 $I_c < I_{g5}$，$a_6 = 0$；

若 $I_c > I_{g5}$，$a_6 = 1$。

(6) 第 6 次比较

$$I_{g6} = I_0 + 8\Delta_i a_5 + 4\Delta_i a_6 + 2\Delta_i$$

若 $I_c < I_{g6}$，$a_7 = 0$；

若 $I_c > I_{g6}$，$a_7 = 1$。

(7) 第 7 次比较

$$I_{g7} = I_0 + 8\Delta_i a_5 + 4\Delta_i a_6 + 2\Delta_i a_7 + \Delta_i$$

若 $I_c < I_{g7}$，$a_8 = 0$；

若 $I_c > I_{g7}$，$a_8 = 1$。

则编码值 $I_g = I_0 + 8\Delta_i a_5 + 4\Delta_i a_6 + 2\Delta_i a_7 + \Delta_i a_8$，编码误差为 $|I_g - I_c|$。

3. 非线性译码器

非线性译码方法有很多种，本书只介绍逻辑压扩折线译码器。这种译码器采用的是与逐次反馈编码器中的本地译码器相似的结构，只是为了减小系统量化噪声，译码时需在编码值的基础上加 $\Delta_i/2$，即译码值=编码值+$\Delta_i/2$。Δ_i 为该码字所在的段落内的量化间隔。如第 1 段的信号译码值要额外加上 $\dfrac{\Delta_1}{2}$；第 8 段的信号译码值要额外加上 $\dfrac{\Delta_8}{2} = 32\Delta$。这样在发送端的编码器中的本地译码网络是 7/11 变换，而在接收端的非线性译码器中是 7/12 变换。逻辑压扩折线译码器电路框图如图 7.5.2 所示。

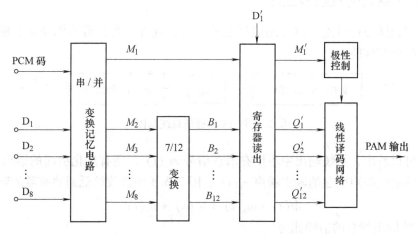

图 7.5.2 逻辑压扩折线译码器电路框图

电路的译码过程如下：

1) 串/并变换记忆电路将信道来的 PCM 码按顺序分别记忆在 $M_1 M_2 \cdots M_8$ 中。
2) 7/12 逻辑变换电路将 7bit 非线性码 $M_2 \cdots M_8$ 按表 7.5.2 中的逻辑关系转换成 12 位线性码 $B_1 B_2 \cdots B_{12}$。
3) 将极性码 M_1 和 $B_1 \sim B_{12}$ 寄存在 $M_1' Q_1' Q_2' \sim Q_{12}'$ 中，待全部收齐后，在 D_1' 脉冲到来时，再一起读出送入译码网络，以保证正确译码。
4) 线性译码网络在 $Q_1' \sim Q_{12}'$ 的控制下输出 PAM 值，它的极性由 M_1' 决定。

【例 7.5.1】 设编码律是 A 律 13 折线。试问输入电流 $I_s = 2021\Delta$ 时，按逐次反馈编码过程编 8 位码，输出的码字如何？并求编码误差。在接收端经逻辑压扩折线译码器处理，求 7/12 变换后的线性码和译码误差（Δ 为最小量化间隔）。

解：因为 $I_s > 0$，$a_1 = 1$，$I_c = |I_s| = 2021\Delta$，所以

当 $I_{g1} = 128\Delta$，$I_c > I_{g1}$ 时，$a_2 = 1$；
当 $I_{g2} = 512\Delta$，$I_c > I_{g2}$ 时，$a_3 = 1$；
当 $I_{g3} = 1024\Delta$，$I_c > I_{g3}$ 时，$a_4 = 1$。
确定段落码 $a_3 a_4 a_5$ 为 111，表示信号在第 8 段，起点电平为 1024Δ，$\Delta_8 = 64\Delta$，所以
当 $I_{g4} = 1024\Delta + 8\Delta_8 = 1536\Delta$，$I_c > I_{g4}$ 时，$a_5 = 1$；
当 $I_{g5} = 1024\Delta + 8\Delta_8 a_5 + 4\Delta_8 = 1792\Delta$，$I_c > I_{g5}$ 时，$a_6 = 1$；
当 $I_{g6} = 1024\Delta + 8\Delta_8 a_5 + 4\Delta_8 a_6 + 2\Delta_8 = 1920\Delta$，$I_c > I_{g6}$ 时，$a_7 = 1$；

当 $I_{g7} = 1024\Delta + 8\Delta_8 a_5 + 4\Delta_8 a_6 + 2\Delta_8 a_7 + \Delta_8 = 1984\Delta$，$I_c > I_{g7}$ 时，$a_8 = 1$。

则，输出的码字为 11111111。

编码值 $= 1024\Delta + 8\Delta_8 a_5 + 4\Delta_8 a_6 + 2\Delta_8 a_7 + \Delta_8 a_8 = 1984\Delta$；

编码误差为 $|1984\Delta - 2021\Delta| = 37\Delta$。

由编码码组的 7 位非线性码为 1111111，变成 12 位线性码为 111111000000。

译码值 $= 1984\Delta + 32\Delta = 2016\Delta$；

译码误差为 $|2016\Delta - 2021\Delta| = 5\Delta$。

7.5.2 PCM 系统的抗噪声性能

前面我们较详细地讨论了脉冲编码调制的原理，现在，将要分析图 7.5.3 所示的 PCM 通信系统的抗噪声性能。

图 7.5.3 PCM 通信系统框图

由该图可以看出，系统输出中不仅有消息信号 $m_o(t)$，还有量化引起的输出噪声 $n_q(t)$ 和信道带来的加性噪声引起的输出噪声 $n_e(t)$。图 7.5.3 中接收端低通滤波器的输出为

$$\hat{m}(t) = m_o(t) + n_q(t) + n_e(t) \tag{7.5.2}$$

PCM 系统输出端总的信噪比为

$$\frac{S_o}{N_o} = \frac{E[m_o^2(t)]}{E[n_q^2(t)] + E[n_e^2(t)]} \tag{7.5.3}$$

显然，分析 PCM 系统的抗噪声性能时，需要考虑量化噪声和信道加性噪声的影响。不过由于两种噪声的来源不同，而且它们互相独立，所以可以先讨论它们单独存在时的系统性能，然后再分析系统总的抗噪声性能。

1. 量化噪声对 PCM 系统的影响

采用均匀量化，信号具有均匀分布特性时，根据 7.4 节讨论的结果（式 (7.4.6) 和式 (7.4.7))，有

$$N_q = \frac{\Delta V^2}{12}$$

$$S_o = \frac{\Delta V^2}{12}(N^2 - 1) \approx \frac{2^{2n}}{12}\Delta V^2$$

$$\therefore \frac{S_o}{N_q} = \frac{E[m_o^2(t)]}{E[n_q^2(t)]} \approx N^2 = 2^{2n} \tag{7.5.4}$$

式中，N 为量化电平数或量化级数；n 为编码位数。

2. 输出信噪比与系统传输带宽之间的关系

对于一个最高截止频率为 f_m 的低通信号，根据抽样定理，每秒内最少传输 $2f_m$ 个抽样脉冲值，若 PCM 系统每个样值的编码位数为 n 比特（二进制编码），则要求系统每秒传输 $2nf_m$ 个二进制码元，根据基带传输理论中奈奎斯特准则可知，这时 PCM 系统总带宽 B 为

$$B = \frac{2nf_m}{2} = nf_m \tag{7.5.5}$$

对于二进制编码，一般有

$$N = 2^n = 2^{B/f_m} \tag{7.5.6}$$

整理后代入公式（7.5.4），有

$$\frac{S_o}{N_q} = 2^{2B/f_m} \tag{7.5.7}$$

由式（7.5.7）可知，PCM 系统输出端的量化噪声功率比与系统带宽 B 成指数关系。

3. 加性噪声对 PCM 系统的影响

对于数字传输系统，加性噪声带来的影响就是误码。假设：

1) 各码组中出现的误码可以认为是彼此独立的，误码率为 P_e；
2) 每一个码组只有一位误码（因为多于一个误码的情况远小于一个误码的情况，可以不予考虑）。

【例 7.5.2】 若误码率 $P_e = 0.001$，码组由 8 位二进制码组成，求码组的错误概率 $P_\text{总} = ?$

解：码组的错误概率为

$$P_\text{总} = C_8^1 P_e (1 - P_e)^7 + C_8^2 P_e^2 (1 - P_e)^6 + \cdots$$

一般情况下，有

$$P_e \gg P_e^2$$
$$\therefore P_\text{总} \approx 8 P_e$$

当 $P_e = 10^{-3}$ 时，每个码组发生一个误码的概率为 $C_8^1 P_e = \dfrac{1}{125}$，也就是说平均每发送 125 个码组就有 1 个码组发生错误。

推论：推广到 n 位码组，发生一位误码的概率为 nP_e。

下面主要分析每一个码组中有一位误码时对输出造成的影响。为了分析方便，仅考虑 PCM 线性编码，若二进制码组共有 n 位码，如图 7.5.4 所示。

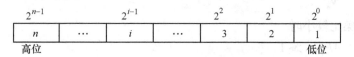

图 7.5.4 自然二进制码码组

如果最小量化间隔为 ΔV，则

最低码位出错时，引起的误差为 ΔV，均方值为 $(2^0 \Delta V)^2$；

第 2 码位出错时，引起的误差为 $2\Delta V$，均方值为 $(2^1 \Delta V)^2$；

⋮

最高码位出错时，引起的误差为 $2^{n-1} \Delta V$，均方值为 $(2^{n-1} \Delta V)^2$。

当每一个码组中都有一位误码时，对译码器输出造成的平均误差功率为

$$\sigma_e^2 = \frac{1}{n} [(2^0 \Delta V)^2 + (2^1 \Delta V)^2 + \cdots + (2^{n-1} \Delta V)^2]$$

$$= \frac{2^{2n}}{3n}\Delta V^2 \quad (n \text{ 较大}) \tag{7.5.8}$$

考虑由加性噪声所引起的码组错一位的概率为 nP_e，这样由一位误码引起的加性噪声平均功率为

$$N_e = nP_e \frac{2^{2n}}{3n}\Delta V^2 = \frac{2^{2n}}{3}\Delta V^2 P_e \tag{7.5.9}$$

根据公式（7.4.7），整理得

$$S_o = \frac{\Delta V^2}{12}(N^2 - 1) \approx \frac{2^{2n}}{12}\Delta V^2 \tag{7.5.10}$$

由加性噪声造成误码而产生的信噪比为

$$\frac{S_o}{N_q} = \frac{\frac{2^{2n}}{12}\Delta V^2}{\frac{2^{2n}}{3}\Delta V^2 P_e} = \frac{1}{4P_e} \tag{7.5.11}$$

4. 量化噪声与加性噪声之和对 PCM 系统的影响

$$\frac{S_o}{N_o} = \frac{E[m_o^2(t)]}{E[n_q^2(t)] + E[n_e^2(t)]} = \frac{\frac{2^{2n}}{12}\Delta V^2}{\frac{1}{12}\Delta V^2 + \frac{2^{2n}}{3}\Delta V^2 P_e}$$

$$= \frac{N^2}{1 + 4P_e N^2}$$

$$= \frac{2^{2n}}{1 + 4P_e 2^{2n}}$$

当接收端输出信噪比较大时

$$\because \quad 4P_e N^2 \ll 1$$

$$\therefore \quad \frac{S_o}{N_o} \approx N^2 \tag{7.5.12}$$

当接收端输出信噪比较小时

$$\because \quad 4P_e N^2 \gg 1$$

$$\therefore \quad \frac{S_o}{N_o} \approx \frac{1}{4P_e} \tag{7.5.13}$$

在基带传输的 PCM 通信系统中，特别是在光纤传输系统中，使误码率降到 10^{-6} 是容易实现的，此时可以按照公式（7.5.12）来估算 PCM 系统的抗噪声性能。

7.6 差值脉冲编码调制与增量调制

7.6.1 差值脉冲编码调制系统

模拟信号数字化处理中，语音信号经常存在变化较为平缓的局部时段，而活动图像的前

后画面（帧）之间也有很大的相关性，这说明语音和图像信号存在着大量的冗余。因此，利用语音信号的相关特性降低速率是语音高效编码的有效方法之一，差值脉冲编码调制（DPCM）就是一种高效的语音压缩编码方式。

差值脉冲编码调制（DPCM）又称为预测编码。由于语音信号的相邻抽样点之间有一定的幅度关联性，所以，可以根据前些时刻的样值来预测现时刻的样值，只要传输预测值和实际值之差，而不需要每个样值都传输。因为差值序列的信息可以代替原始信号序列中的有效信息，而差值信号的幅度远小于原样值，因此，在保持相同量化误差的条件下，就可以使量化电平数减少，编码位数也随之减少，从而大大地压缩数码率。在接收端，只要把差值序列叠加到预测序列上，就可以恢复原始序列。

对于 DPCM 系统，语音信号是在较大的动态范围内变化的，只有采用自适应系统，才能得到最佳的性能。有自适应系统的 DPCM 称为自适应差值脉冲编码调制（ADPCM）。自适应可包括自适应预测或自适应量化，也可以两者均包括。自适应预测指预测器的预测系数能随语音瞬时变化做自适应调整，从而得到高预测增益；自适应量化指量化器的量化间隔（阶距）能随信号的瞬时值变化做自适应调整，从而得到最佳的量化效果。

若 DPCM 的预测增益为 6~11dB，自适应预测器可使 SNR 改善 4dB，自适应量化使 SNR 改善 4~7dB，则 ADPCM 比 PCM 改善 16~21dB，在语音通信质量不变的情况下，编码位数可以减少 3~4 位。这样就使 64kbit/s 的 PCM 变成 32kbit/s 的 ADPCM，甚至可以低至 16kbit/s、8kbit/s、2.4kbit/s。ADPCM 提供的低比特率或极低比特率编码方式特别适用于信道拥挤和传输费用昂贵的传输系统，如卫星、微波和移动通信系统。

7.6.2 增量调制原理

增量调制（DM 或 ΔM）最早是由法国工程师 De Loraine 于 1946 年提出来的，现在广泛地应用在军事通信、卫星通信以及高速超大规模集成电路 A/D 转换器当中。

在增量调制系统中，抽样频率要比 PCM 高得多，叫做过抽样。量化器把预测差值 $d(n)$ 仅量化为 +1 或 -1 两值之一，即 1bit 量化器，预测器通常也采用一阶预测，即用积分器实现。很明显，由于抽样频率增加，相邻样值之间的相关性增加，差值输入的方差 σ_d^2 减少，因而使预测增益 G_P 提高。

当量化阶距 Δ 为常数时，DM 系统的预测值或者系统重建值以线性变化的趋势跟踪输入信号，也叫线性增量调制（LDM），而自适应增量调制（ADM）是一种自动调节量阶的增量调制，它采用量阶自动调节的办法来适应信号斜率的变化，以避免斜率过载的影响。如果输入信号斜率增大，则量阶也相应增大；输入信号斜率小，则量阶也就减少。所以 ADM 具有动态范围大的优点。

在抗信道误码方面，当误码率为 10^{-3} 时，32kbit/s 的 ADM 编码质量基本不受影响，几乎与 56kbit/s 压扩 PCM 编码的语音质量相当，当传输数码率低于 8kbit/s 时，ADM 仍能有相当好的语音质量。

7.7 赫夫曼编码

赫夫曼编码（Huffman Coding），是一种可变字长的编码方式。赫夫曼于 1952 年提出此种编码方法,该方法完全依据信源字符出现概率分别赋予不同长度的代码,出现概率越大的信源符号,赋予的代码越短,进而构造出平均长度最短的码字,有时称之为最佳编码、概率编码或匹配编码,广泛用于图像信号压缩编码当中。

下面解释二元赫夫曼编码的方法:

1) 先将信源消息符号按其出现的概率大小依次排列:

$$p_1 \geqslant p_2 \geqslant \cdots \geqslant p_q$$

2) 取两个概率最小的字母分别用 0 和 1 表示,并将这两个概率相加为一个新字母的概率,这时信源还剩 $q-1$ 个符号,称缩减信源 s_1。

3) 对缩减信源 s_1 的符号仍按概率大小依次排列,再将最后两个概率最小的符号分别用 0 和 1 表示,然后,再合并成一个符号,形成了 $q-2$ 个符号的缩减信源 s_2。

4) 不断继续上述过程,直到最后两个符号用 0 和 1 表示为止。

5) 从最后一级开始,向前返回得到各个信源符号所对应的码元序列,即相应的码字。

【例 7.7.1】 离散无记忆信源 $\begin{bmatrix} X \\ S \end{bmatrix} = \begin{bmatrix} s_1 & s_2 & s_3 & s_4 & s_5 \\ 0.4 & 0.2 & 0.2 & 0.1 & 0.1 \end{bmatrix}$ 将其编成二元赫夫曼码。

方案一:

s	$p(s)$				码字
s_1	0.4 →	0.4 →	0.4 ↘	0.6 0	1
s_2	0.2 →	0.2 →	0.4 0 ↗	0.4 1	01
s_3	0.2 →	0.2 0 ↗	0.2 1		000
s_4	0.1 0 ↗	0.2 1			0010
s_5	0.1 1				0011

平均码长

$$\overline{L} = \sum_{i=1}^{5} p(s_i) l_i = 2.2$$

编码效率

$$\eta = \frac{H(S)}{\overline{L}} = 0.965$$

方案二:

s	$p(x)$				码字
s_1	0.4 →	0.4 ↗	0.4 ↘	0.6 0	00
s_2	0.2 →	0.2 ↗	0.4 ↗	0.4 1	01
s_3	0.2 →	0.2 ↗	0.2 ↗		10
s_4	0.1 0 ↗	0.2 1			110
s_5	0.1 1				111

平均码长

$$\overline{L} = \sum_{i=1}^{5} p(s_i) l_i = 2.2$$

编码效率

$$\eta = \frac{H(S)}{\overline{L}} = 0.965$$

由于赫夫曼编码是一种概率编码，必须已知信源符号出现的概率才能编码，其特点如下：

1) 最佳变长码。

2) 赫夫曼编码不是唯一的。首先，每次对信源缩减时，赋予信源最后两个概率最小的符号，用 0 和 1 是可以任意的，所以可得到不同的赫夫曼码，但不影响码字长度；其次，对信源进行缩减时，两个概率最小的符号合并后的概率与其他信源符号的概率相同时，这两者在缩减信源中进行概率排序，其位置放置次序是可以任意的，故会得到不同的赫夫曼码。此时将影响码字的长度，一般将合并的概率放在上面，这样可获得较小的码方差。

3) 码方差小的赫夫曼编码质量好。码方差的定义为

$$\sigma_l^2 = E[(l_i - \bar{L})^2] = \sum_{i=1}^{q} p(s_i)(l_i - \bar{L})^2$$

计算得到方案一的码方差为 1.36，方案二的码方差为 0.16，故方案二编码质量好。

7.8 语音和图像压缩编码

在移动通信中，最重要的业务就是语音业务，宝贵的无线频谱资源要求每个用户占用的频段越窄越好，而占用频段的大小直接与通话语音的压缩率有关；在多媒体通信中，为了使图像数据在有限带宽的线路上传输，还需要对图像数据进行压缩。在对数字语音和图像数据进行存储时，为了节省存储媒体也需要对其进行压缩。可见，语音和图像压缩编码的目的在于，在保证质量的前提下，尽可能地降低信号的编码比特率，以满足窄带信道低速率传输的要求及实现语音和图像的高效存储。

7.8.1 语音压缩编码

为了提高通信网中的信息传输效率及实现语音的高效存储，需要对编码后的数字语音进行压缩，即语音压缩。对于语音信号，采用 A 律和 μ 律 PCM 编码，信息传输速率达到 64kbit/s，被称为未压缩编码，而低于 64kbit/s 的语音编码被称为语音压缩编码，常用的语音压缩编码也有三种：波形编码、参数编码和混合编码。

1) 波形编码是对语音时域或频域波形进行编码，由于这种系统保留原始样值的细节从而保留了信号的各种过渡特征，因此解码声音质量较高，但此系统编码码率较高，压缩比不大。

2) 参数编码的基础是利用人类语音的生成模型，这样在传输过程中只需要传送模型的参数，大大降低了系统的码率，特别适合于无线通信、保密和军事通信领域。参数编码的缺点在于恢复的语音质量较差。采用参数编码方法的编码器有时称为声码器。

3) 混合编码是波形编码和参数编码的结合。它既利用了语音的生成模型，减少了传输速率，又使解码的语音产生接近原始语音的波形，以保留说话人的各种自然特征，因此当前各种国际标准通常采用混合编码。

经过几十年的发展，特别是近 30 年随着计算机和微电子技术的发展，多种高质量的语音压缩编码技术已经相当成熟，并大规模走向实用化。语音压缩编码技术在移动通信中的广泛应用大大节省了宝贵的无线频谱资源，欧洲、北美和日本都先后公布了他们在第二代数字

蜂窝移动通信系统中使用的语音压缩编码标准（分别是 13kbit/s 的 RPE-LTP、8kbit/s 的 VSELP 及 6.7kbit/s 的 VSELP）。

AMR（Adaptive Multi-Rate）标准在 1998 年被 3GPP 提出，其主要功能是提供移动装置使用的基本语音（baseline speech）以 4.75k~12.2kbit/s 的可变速率传输非立体声信号，占有带宽仅为 3.5kHz。2000 年 12 月，AMR 的升级版 AMR-WB 被 ITU-T 命名为 G.722.2 标准，ETSI/3GPP 将 AMR-WB 标准化，后又被 UMTS/IMT2000 无线电网络采用。AMR 使用的都是 ACELP（Algebraic Code Excited Linear Predicted）技术，其基本原理是当通信干扰增加时，提高差错控制功能以降低编译码速率。2004 年 9 月，ETSI/3GPP 将 AMR-WB 的升级版 AMR-WB+标准化，它采用 ACELP 和 TCX（Transform Coded Excitation）技术，TCX 转换编码技术弥补了 ACELP 技术的不足，进一步提供自然声、数字音乐以及支持更高的采样速率实现的较低速率且品质更高的立体声信号。

语音压缩也应用在保密通信中，如美国国防部采用 CELP 编码的 4.8kbit/s 的 FS-1016 和采用 LPC 编码的 2.4kbit/s 的 FS-1015 压缩编码标准。通信技术发展到 4G LTE 阶段，语音压缩编码技术与 IP 技术相融合，形成了新兴的 VoLTE 和 VoIP（Voice over Internet Protocol）技术，即通常所说的 IP 电话。VoIP 中的一项关键技术就是语音压缩编码，因为低速率的语音编码对 IP 网络中语音信息的实时性有更好的保证。VoLTE 是一种 IP 数据传输技术，基于 LTE 网络的高清视频通话技术，从用户体验上看，VoLTE 能实现更丰富、更自然的高清语音通话。此外，语音压缩和语音识别及合成等技术也密切相关。随着语音压缩编码技术的不断完善和发展，必将有更广泛的应用前景。

7.8.2 图像压缩编码

信息时代带来了"信息爆炸"，使数据量大增，因此，无论传输或存储都需要对数据进行有效的压缩。例如在遥感技术中，各种航天探测器采用图像压缩编码技术，将获取的海量信息送回地面。

图像压缩是指以较少的编码位数有损或无损地表示原来的像素矩阵的技术，也称图像编码。图像压缩从数学的角度来看，实际上就是将二维像素阵列变换为一个在统计上不相关的数据集合，去除多余数据，减少表示数字图像时需要的数据量，从而用更加高效的格式存储和传输数据。

图像数据之所以能被压缩，是因为数据中存在着冗余。图像数据的冗余主要表现为：图像中相邻像素间的相关性引起的空间冗余；图像序列中不同帧之间存在相关性引起的时间冗余；不同彩色平面或频谱的相关性引起的频谱冗余。图像压缩的目的就是通过去除这些数据冗余来减少表示数据所需的位数。由于图像数据量的庞大，在存储、传输、处理时非常困难，因此图像数据的压缩就显得非常重要。

图像压缩可以是有损数据压缩也可以是无损数据压缩。对于如绘制的技术图表或者漫画优先使用无损压缩，这是因为有损压缩方法，尤其是在低的传输速率条件下将会带来压缩失真。如医疗图像或者用于存档的扫描图像等这些有价值的内容的压缩也应尽量选择无损压缩方法。有损压缩方法非常适合于自然的图像，例如一些应用中图像的微小失真是可以接受的（有时是无法感知的），这样就可以大幅度地减小传输速率。

无损图像压缩方法有行程长度编码和熵编码法等。有损压缩方法有色度抽样、变换编码和分形压缩等。

图像压缩的主要目的就是在给定比特率或者压缩比下实现最好的图像质量。图像压缩效果的评估经常使用峰值信噪比来衡量，峰值信噪比用来表示图像有损压缩带来的噪声。但是，观察者的主观判断也认为是一个重要的、或许是最重要的衡量标准。经典的视频压缩算法已经形成一系列的国际标准体系，如JPEG系列建议、H.26x系列建议、H.320系列建议以及MPEG系列建议等。下面对JPEG和MPEG两种图像压缩标准做简要介绍。

1. JPEG标准

联合图像专家组（Joint Photographic Experts Group，JPEG），是由国际标准化组织（ISO）和国际电话电报咨询委员会（CCITT）在1991年为静态图像所创建的第一个国际数字图像压缩标准，也是至今一直在使用的、应用最广的图像压缩标准之一，压缩比为10~40。图像文件后缀名为".jpg"或".jpeg"，是最常用的图像文件格式之一。

JPEG标准分为两类：无损压缩和有损压缩。无损压缩主要采用DPCM和赫夫曼编码，有损压缩主要采用离散余弦变换和熵变换技术。

JPEG2000作为JPEG的升级版，其压缩率比JPEG高30%左右，同时支持有损和无损压缩。JPEG2000格式主要的改进之处在于它能实现渐进传输，即先传输图像的轮廓，然后逐步传输数据，不断提高图像质量，实现图像由朦胧到清晰的显示。此外，JPEG2000还具有支持"感兴趣区域"的特性，即可以任意设定影像上感兴趣区域的压缩质量，还可以对选择指定的部分先解压缩。JPEG2000和JPEG相比优势明显，且向下兼容，可取代传统的JPEG格式。JPEG2000既可应用于传统的JPEG市场，如扫描仪、数码相机等，又可应用于新兴领域，如网络传输、无线通信等。

2. MPEG标准

动态图像专家组（Moving Picture Experts Group，MPEG）是ISO与国际电工委员会（International Electrotechnical Commission，IEC）于1988年成立的专门针对运动图像和语音压缩制定国际标准的组织。

MPEG标准主要有以下五个：MPEG-1、MPEG-2、MPEG-4、MPEG-7及MPEG-21。该专家组建于1988年，专门负责为CD建立视频和音频标准，其成员都是为视频、音频及系统领域的技术专家。他们成功将声音和影像的记录脱离了传统的模拟方式，建立了ISO/IEC11172压缩编码标准，并制定出MPEG格式，令视听传播进入了数码化时代。因此，现在泛指的MPEG系列版本，就是由ISO所制定而发布的视频、音频、数据的压缩标准。

MPEG标准的视频压缩编码技术主要利用了具有运动补偿的帧间压缩编码技术以减小时间冗余度，利用离散余弦变换（DCT）技术以减小图像的空间冗余度，利用熵编码在信息表示方面减小了统计冗余度。这几种技术的综合运用，大大增强了压缩性能。

MPEG-1是1992年发布的针对数字CD光碟介质定制的视频和音频压缩格式，MPEG-1随后被Video CD采用作为核心技术，压缩编码主要采用了块方式的运动补偿、离散余弦变换（DCT）、量化等技术，一张70min的CD光碟传输速率大约在1.4Mbit/s，传输信道可以是ISDN和LAN。

MPEG-2是MPEG组织在1994年制定"基于数字存储媒体运动图像和语音的压缩标准"。与MPEG-1标准相比，MPEG-2标准具有更高的图像质量、更多的图像格式和传输码率的图像压缩标准。MPEG-2标准不是MPEG-1的简单升级，而是在传输和系统方面做了更加详细的规定和进一步的完善。它是针对标准数字电视和高清晰电视在各种应用下的压缩方案，传输速率从 3~100Mbit/s。由于其出色表现，MPEG-2 不仅适用于 HDTV 和 DVD，还用于为广播，有线电视网，电缆网络以及卫星直播提供广播级的数字视频。

MPEG-4 是 1998 年 11 月公布，不仅是针对一定比特率下的视频、音频编码，更适于交互 AV 服务以及远程监控，更加注重多媒体系统的交互性和灵活性。MPEG-4 通过帧重建技术，压缩和传输数据，以最少的数据，占用很窄的传输带宽，获得最佳的图像质量。主要应用于视频电话、视像电子邮件和电子新闻等。

MPEG-7（它的由来是 1+2+4=7，因为没有 MPEG-3、MPEG-5、MPEG-6）于 1996 年 10 月开始研究。确切来讲，MPEG-7 并不是一种压缩编码方法，其正规的名字为多媒体内容描述接口，目的是生成一种用来描述多媒体内容的标准，这个标准将对信息含义的解释提供一定的自由度，可以被传送给设备和电脑程序，或者被设备或电脑程序查取。建立 MPEG-7 标准的出发点是依靠众多的参数对图像与声音实现分类，并对它们的数据库实现查询，可应用于数字图书馆，例如图像编目、音乐词典等；多媒体查询服务，如电话号码簿等；广播媒体选择，如广播与电视频道选取；多媒体编辑，如个性化的电子新闻服务、媒体创作等。

MPEG-21 标准在 1999 年 12 月公布，正式名称为"多媒体框架"或者"数字视听框架"。它为多媒体传输和使用定义一个标准化的、可互操作的和高度自动化的开放框架，这个框架考虑到了数字版权管理（Digital Rights Management，DRM）的要求、对象化的多媒体接入以及使用不同的网络和终端进行传输等问题，可以在一种互操作的模式下为用户提供更丰富的信息。

7.9 时分复用和数字传输技术

在数字通信系统中，采用时分复用（Time Division Multiplexing，TDM）实现多路通信。下面介绍时分复用原理和组成，实际通信系统的 PCM 帧结构以及 PCM 高次群，并对准同步数字体系（PDH）、同步数字体系（SDH）和光传送网（OTN）等数字传输技术简单介绍。

7.9.1 时分复用的基本原理

时分复用是指多路信号在时域上互不重叠、互不干扰的传输方式，其特点是多路信号在频域上重叠，但在时域上是分离的。

以 N 路模拟信号的 TDM 为例来说明 TDM 的基本原理。时分复用系统如图 7.9.1a 所示。设在信道中传输 N 路模拟信号，分别为 $f_1(t)$、$f_2(t)$、…、$f_N(t)$，最高截止频率均为 f_m，这样抽样频率均为 f_s。各路信号首先通过相应的低通滤波器（LPF）使之变成带限信号，然后送到抽样电子开关中，电子开关每 T_s 秒将各路信号依次抽样一次，只要抽样脉冲宽度足够窄，在同一话路的两个抽样值之间就会留有一定的时间空隙，那么就可将 N 路信号的抽样值按先后顺序错开插入抽样间隔 T_s 之内，最后得到的复用信号是 N 路信号的抽样之和，在时间上将不发生重叠，如图 7.9.1e 所示。

各路信号每轮一次抽样的总时间（即电子开关旋转一周的时间）是一帧，也就是一个抽样周期 T_s，各路复用脉冲的间隔称为时隙。时隙的占用时间（即每路 PAM 波形的脉冲宽度）为

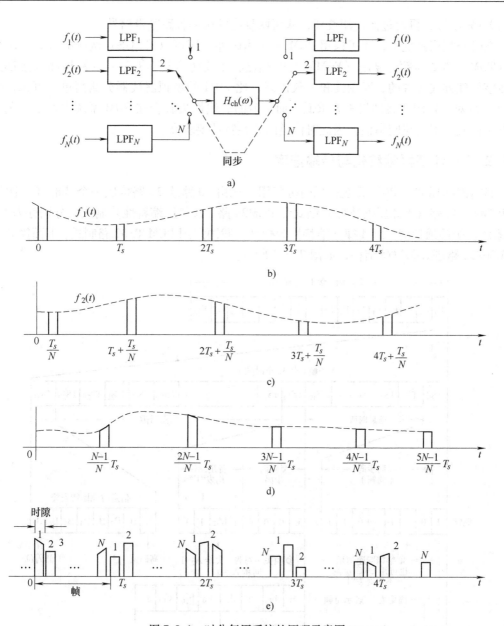

图 7.9.1 时分复用系统的原理示意图

$$T_a = \frac{T_s}{N} = \frac{1}{Nf_s} \quad (7.9.1)$$

式 (7.9.1) 中，T_s 为每路信号的抽样时间间隔（即帧周期），满足奈奎斯特间隔。抽样之后再分别对每路 PAM 波形进行编码，编码位数为 n，得到每路的 PCM 码元信号。PCM 码元信号脉冲宽度为

$$T_b = \frac{T_a}{n} = \frac{T_s}{nN} \quad (7.9.2)$$

接收端在保证收发同步的情况下，将输入的 PCM 码元信号先正确分路，后经过译码器

输出 PAM 波形,再通过低通滤波器,从而恢复出发送的各路基带信号。

在时分复用系统中,除了采用 PCM 方式编码外,还可以采用增量调制的方式。时分复用(TDM)方式与频分复用(FDM)方式相比,主要优点是多路信号的复接和分接都是采用数字处理方式实现的,通用性和一致性好,比 FDM 的模拟滤波器分路简单、可靠;并且 TDM 系统对信道的非线性失真要求低,而信道的非线性失真会在 FDM 系统中产生交调失真和高次谐波,引起路间串话,因此对信道的线性特性要求高。

7.9.2 PCM 基群帧结构与传输速率

目前国际标准的 PCM 系统是以时分复用方式由 30 路或 24 路构成一个基群(一次群),即 PCM30/32 路(A 律压缩特性)制式和 PCM24 路(μ 律压缩特性)制式,分别称为 E1 与 T1 系统。国际通信时,以 A 律压缩特性为标准。我国采用 PCM30/32 路制式,下面简要介绍 PCM30/32 路制式基群帧结构,如图 7.9.2 所示。

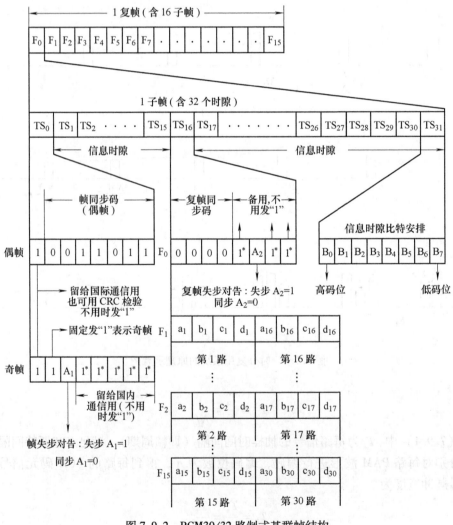

图 7.9.2 PCM30/32 路制式基群帧结构

每个 PCM 复帧含 16 个子帧，从 $F_0 \sim F_{15}$ 顺序编号，每个 PCM 子帧含 32 个时隙，从 TS_0 到 TS_{31} 顺序编号，其中包含 $TS_1 \sim TS_{15}$ 和 $TS_{17} \sim TS_{31}$ 共 30 个信息时隙，TS_0 时隙为同步时隙，帧同步码组为 1*0011011，它插入在偶帧的 TS_0 时隙，其中第一位码"1*"留作国际通信用，后来用作 CRC 校验。接收端识别出帧同步码组后，即可进行正确的分路和解码。

TS_{16} 为信令时隙，插入各话路的信令。在传送话路信令时，若将所包含的总比特率集中起来使用，则称为共路信令传送；若将 TS_{16} 按规定的时间顺序分配给各个话路，直接传送各话路所需的信令，则称为随路信令系统。

由于每路语音信号抽样速率 $f_s = 8000\text{Hz}$，故每帧时间间隔为 $125\mu s$。复帧周期为 $16 \times 125\mu s = 2\text{ms}$，则复帧的重复频率为 500Hz。一个时隙时间宽度为 $\frac{125}{32}\mu s \approx 3.9\mu s$，每个时隙含 8 比特，则比特时间间隔 $\frac{3.9}{8} \approx 0.488\mu s$。

【例 7.9.1】 计算基群 PCM30/32 系统的传输速率。

解： $f_b = 8000$（帧/秒）$\times 32$（时隙/帧）$\times 8$（比特/时隙）$= 2.048\text{Mbit/s}$

【例 7.9.2】 计算基群 PCM30/32 系统中帧码的传输速率。

解： $f_b = 8000/2$（偶帧/秒）$\times 7$（比特/偶帧）$= 28\text{kbit/s}$

【例 7.9.3】 计算基群 PCM30/32 系统中第 30 个话路的线路信令的传输速率。

解： $f_b = 8000/16$（复帧/秒）$\times 4$（比特/复帧）$= 2\text{kbit/s}$

7.9.3 准同步数字体系、同步数字体系与光传送网

在实际的数字通信系统中，为了扩大传输容量，提高信道利用率，通常将若干个低速的支路比特流汇集成高速的比特流在信道中传输。

我国在 1995 年以前，一般均采用准同步数字体系（Plesiochronous Digital Hierarchy，PDH）的复接方式。1995 年以后，随着光纤通信网的大量使用，开始采用同步数字体系（Synchronous Digital Hierarchy，SDH）的复接方式。原有的 PDH 数字传输网逐步纳入 SDH 网。ITU-T 建议的 PDH 和 SDH 复接等级如表 7.9.1 所示。

表 7.9.1 PDH 和 SDH 复接等级

PDH	单位	基群	二次群	三次群	四次群	五次群
欧洲	Mbit/s	2.048	8.448	34.368	139.264	565.148
中国	路数	30	120	480	1920	7680
北美	Mbit/s	1.544	6.312	44.736	274.176	
	路数	24	96	672	4032	
日本	Mbit/s	1.544	6.312	32.064	97.728	
	路数	24	96	480	1440	
SDH	单位	STM-1	STM-4	STM-16	STM-64	STM-256
	Mbit/s	155.52	622.08	2488.32	9953.28	39813.12

ITU-T 建议的标准由 30 路 PCM 用户复用成一次群，传输速率为 2.048Mbit/s。由 4 个一次群复接为一个二次群，包括 120 路用户数字电话，传输速率为 8.448Mbit/s。由 4 个二次

群复接为一个三次群，包括 480 路用户数字电话，传输速率为 34.368Mbit/s。由 4 个三次群复接为一个四次群，包括 1920 路用户数字电话，传输速率为 139.264Mbit/s。由 4 个四次群复接为一个五次群，包括 7680 路用户数字电话，传输速率为 565.148Mbit/s。

ITU-T 建议标准与北美标准的每一等级群路可以用来传输多路数字电话，也可以用来传送其他相同速率的数字信号，如可视电话、数字电视等。

同步数字体系（SDH）的构想起始于 20 世纪 80 年代中期，由同步光纤网（Synchronous Optical Network，SONET，也称同步光网络）演变而成。它不仅适用于光纤传输，也适用于微波及卫星等其他传输手段，SDH 不仅支持异步传递方式（Asynchronous Transfer Mode，ATM）信元，还成为宽带综合业务数字网（Broadband-Integrated Services Digital Network，B-ISDN）技术的重要支撑，形成一种较为理想的传送网体制。

SDH 是一整套可进行同步数字传输、复用和交叉连接的标准化数字信号的结构等级。SDH 传送网所传输的信号由不同等级的同步传送模块（Synchronous Transport Module，STM）所组成，ITU-T 目前已规定的 SDH 同步传输模块以 STM-1 为基础，接口速率为 155.520Mbit/s。更高的速率以整数 N 递增，为 $155.52 \times N$Mbit/s，它的分级表示为 STM-N，是将 N 个 STM-1 同步复用而成。ITU-T 已定义的 N 为 1、4、16、64、256，即有 STM-1、STM-4、STM-16、STM-64 和 STM-256 五个复用等级。ITU-TG.707 建议规定了 SDH 接口速率标准。

进入 21 世纪，随着互联网应用的普及，IP 数据业务的迅速发展，多业务传送平台（Multi-Service Transport Platform，MSTP）成为城域网的主流传输技术，它在 SDH 技术基础上，同时实现 TDM、以太网和 ATM 等业务的接入、处理和传送，提供统一网管的多业务节点。随着技术的发展，又出现了光传送网技术（Optical Transport Network，OTN），它是全光网演进过程的过度技术，是成熟的 SDH 电层处理机制和 WDM 大容量传送机制的融合，具有传输带宽大、扩容方便、大颗粒调度、业务封装效率高，可以进行业务透明传输和多级串联连接监视，采用 RS 校验码进行带外的前向纠错，具有强大的差错控制能力。和 SDH/SONET 不同的是随着线路速率的提高，OTN 帧的结构和长度不变，不同速率等级 OTN 的帧周期不一样，脱离了 SDH 基本的 125μs 帧周期。ITU-TG.709 建议规定了 OTN 帧结构 $k = 1, 2, 3$ 光信道净荷单元（OPUk）、光信道数据单元（ODUk）、光信道传送单元（OTUk）、接口速率标准和帧周期，见表 7.9.2。

表 7.9.2　OTN 帧结构中 OPUk、ODUk 和 OTUk 的接口速率和帧周期

k	OPUk/（kbit/s）	ODUk/（kbit/s）	OTUk/（kbit/s）	帧周期/（μs）
1	2488320.000	2498775.126	2666057.143	48.971
2	9995276.962	10037273.924	10709225.316	12.191
3	40150519.322	40319218.983	43018413.559	3.035

思 考 题

7-1　什么是低通信号的抽样定理？什么是带通信号的抽样定理？

7-2　理想抽样、自然抽样和平顶抽样在时间波形、实现方法以及抽样后的频谱结构上都有什么区别？

7-3　脉冲幅度调制和脉冲编码调制有什么区别？脉冲幅度调制信号和脉冲编码调制信号各属于什么类型（指模拟信号和数字信号）的信号？

7-4 抽样后信号的频谱重叠是什么原因引起的？若要求从抽样后的样值序列 $f_s(t)$ 中正确地恢复原信号 $f(t)$，抽样频率 f_s 应满足什么条件？

7-5 什么叫量化、量化噪声和量化信噪比？量化噪声和量化信噪比都与哪些因素有关？

7-6 什么是均匀量化和非均匀量化？均匀量化有什么优缺点？非均匀量化有什么特点？

7-7 什么是 A 律压缩特性和 μ 律压缩特性？当 $A=1$ 和 $\mu=0$ 时，各得到什么压缩效果？

7-8 A 律13折线是怎样实现非均匀量化的？它与 A 律函数曲线有什么区别和联系？

7-9 试比较折叠二进制码和自然二进制码的优缺点。

7-10 在 PCM 非线性编码过程中，极性码、段落码和段内电平码的作用是什么？

7-11 线性编码和非线性编码有什么区别？

7-12 设 PCM 系统中低通信号的最高频率为 f_m，抽样频率为 f_s，量化电平数为 M，编码位数为 n，码元速率为 f_B，试述它们之间的相互关系。

7-13 简述差值脉冲编码调制和增量调制的基本原理，并说明二者的区别与联系。

7-14 分析值脉冲编码调制和增量调制的抗噪声性能，并与脉冲编码调制的抗噪声性能进行比较。

7-15 什么是时分复用？它与频分复用有什么区别？

7-16 试述准同步数字体系和同步数字体系的复接等级。

7-17 试述光传送网帧结构中所包含的3种光信道单元。

习 题

7-1 已知一低通信号 $f(t)$ 的频谱 $F(f)$ 为

$$F(f) = \begin{cases} 1 - \dfrac{|f|}{2000} & |f| < 2000\text{Hz} \\ 0 & \text{其他} \end{cases}$$

1）假设以 $f_s = 3000$Hz 的速率进行抽样，试画出样值信号 $f_s(t)$ 的频谱图；

2）假设以 $f_s = 4000$Hz 的速率进行抽样，重做上一问。

7-2 已知一基带信号 $f(t) = \cos 2000\pi t + 2\cos 4000\pi t$，对其进行抽样。

1）为了在接收端能无失真地从样值信号 $f_s(t)$ 中恢复 $f(t)$，应如何确定抽样时间间隔？

2）若抽样时间间隔取为 0.2ms，试画出样值信号的频谱。

7-3 已知信号 $s(t) = 10\cos 20\pi t \cos 200\pi t$，抽样频率 $f_s = 240$Hz，求样值序列信号的频谱。

1）要求无失真恢复原信号，试求接收端采用的低通滤波器的截止频率。

2）无失真恢复原信号情况下的最低抽样频率。

7-4 设信号 $m(t) = 9 + A\cos\omega t$，其中 $A \leq 10V$。若 $m(t)$ 被均匀量化为40个电平，试确定所需的二进制码组的编码位数和量化间隔。

7-5 已知模拟信号抽样值的概率密度 $f(x)$ 如下式所示。若按四电平进行均匀量化，试计算量化信噪比。

$$f(x) = \begin{cases} -x + 1 & 0 < x \leq 1 \\ x + 1 & -1 \leq x \leq 0 \\ 0 & |x| > 1 \end{cases}$$

7-6 采用 A 律13折线编码原理，设基本量化间隔为 Δ，已知抽样脉冲值为 -99Δ。

1）试求编码器的输出码组，并计算编码误差（段内码采用自然二进制码）；

2）写出对应于该7位码（不包括极性码）的线性11位码。

7-7 采用 A 律13折线编译码原理，设接收端收到的码组为 11001011，基本量化间隔为 Δ，并已知段内码为折叠二进制码：

1）试问编译码器输出为多少 Δ？

2) 并计算译码器的输出电平值。

7-8 A 律 13 折线编译码器，输入范围是 $-5\sim5V$，若抽样脉冲幅度为 1.8V，基本量化间隔为 Δ，试求
1) 编码器的输出码组；
2) 译码器的输出电平值，并计算译码误差。

7-9 已知语音信号的最高截止频率 $f_m = 4000Hz$，采用 PCM 系统传输，要求量化信噪比不低于 30dB，试求此时 PCM 系统所需的频带宽度。

7-10 对 30 路带宽均为 $300\sim3400Hz$ 的模拟语音信号进行 PCM 时分复用传输。抽样速率为 8000Hz，抽样后进行 8 级量化，编为二进制码，试求
1) 此时分复用 PCM 信号采用理想低通的基带传输所需的最小理论带宽；
2) 若进行 16QAM 调制，其中要采用滚降系数 $\alpha = 0.5$ 低通进行频谱成形所需的信道带宽。

7-11 北美 PCM24 路时分复用系统，每路信号的抽样速率为 8000Hz，抽样后每个抽样值编 8 位码，每帧共 24 个时隙，并加 1bit 作为帧同步信号，试求 PCM24 路信号采用占空比为 1/2 的双极性归零码传输，并求 PCM24 路信号的传信率和主瓣带宽。

第 8 章 信　道

信道是通信系统必不可少的组成部分，其特性对于信号传输有很大的影响；而信道中的噪声又是不可避免的。从信号传输的角度看，信道特性和信道加性噪声是影响通信系统性能的两个重要因素，是本章讨论的主要内容。本章研究信道的分类、信道数学模型和信道特性及其对信号传输的影响，并介绍信道加性噪声、信道容量等内容。

8.1　信道的定义及分类

信道有多种分类方法。比如按信道的物理性质，可以分为有线信道、光信道和无线信道；按接收码元序列中错码分布规律的不同，可以分为：随机信道、突发信道和混合信道。本章从信道的组成、信道所包含的功能的角度，对信道进行分类并分析它们的特性。

按信道的组成可将信道分为狭义信道和广义信道。狭义信道就是信号的传输媒质，即通信系统发送端和接收端之间的通信线路，如光纤、铜线、无线、微波等物理信道。如果除传输媒质外，还包括通信系统的某些设备，如收发信机、调制解调器等所构成的系统称为广义信道。

在通信系统中，往往需要根据研究的对象和关心的问题，定义各种范畴的广义信道。按信道包含的功能，广义信道划分为调制信道与编码信道。其中，调制信道按其参数（性质）随时间变化情况又进一步划分为恒参信道和随参信道。图 8.1.1 给出了上述各类信道之间的区别与内在联系。

信道 { 狭义信道
　　　广义信道 { 调制信道 { 恒参信道（有线信道、无线电视距中继、卫星通信信道）
　　　　　　　　　　　　　随参信道（短波电离层反射信道、对流层散射信道、移动通信信道等）
　　　　　　　　编码信道

图 8.1.1　信道分类及应用

所谓调制信道是指图 8.1.2 中调制器输出端到解调器输入端的部分。从调制和解调的角度来看，调制器输出端到解调器输入端的所有变换装置及传输媒质，不论其过程如何，只不过是对已调信号进行某种变换。人们只需要关心变换的最终结果，而无须关心其详细物理过程。因此，研究调制和解调时，通常将调制器输出端到解调器输入端的部分，都看作信道。

同理，在数字通信系统中，如果仅着眼于讨论编码和译码，采用编码信道的概念是十分有益的。所谓编码信道是指图 8.1.2 中编码器输出端到译码器输入端的部分。这样定义是因为从编译码的角度来看，编码器的输出是某一数字序列，而译码器的输入同样也是某一数字序列，它们可能是不同的数字序列。因此，从编码器输出端到译码器输入端，可以用一个对数字序列进行变换的信道来概括。

如果调制信道的参数不随时间变化或者基本不随时间变化，则可以认为是恒参信道，而随参信道的参数随时间随机变化。

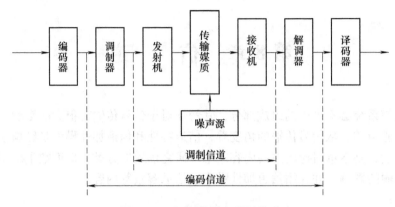

图 8.1.2 调制信道与编码信道

8.2 调制信道与编码信道模型

为了分析信道的一般特性及其对信号传输的影响,需要建立信道的数学模型。信道数学模型反映了信道输出和输入之间的关系。

8.2.1 调制信道模型

经过对调制信道大量观察和分析,发现它具有如下主要性质:
1) 具有一对(或多对)输入和输出端。
2) 大多数信道是线性的,即满足迭加原理。
3) 信号经过信道会有延时,而且还会受到固定的或时变的损耗。
4) 即使无输入信号时,在信道的输出端仍有噪声输出。

根据上述性质,可以用一个具有加性噪声的二对端(或多对端)的时变线性网络来表示调制信道。一个二对端(单输入单输出)的调制信道模型如图 8.2.1 所示。

图 8.2.1 二对端调制信道模型

对于二对端的调制信道模型,其输出与输入的关系为

$$y(t) = f[x(t)] + n(t) \tag{8.2.1}$$

式中,$x(t)$ 表示信道的输入已调信号;$y(t)$ 表示信道总输出波形;$n(t)$ 为信道加性噪声;$f[x(t)]$ 表示已调信号通过信道所发生的线性变换。如果信道模型的线性算子 $f[\ ]$ 与时间无关(反映到信道特性上,信道的参数不随时间变化),那么此时的调制信道就是恒参信道;如果 $f[\ ]$ 与时间有关,则为随参信道。恒参信道和随参信道是本章研究的重点内容。

一般情况下,多对端调制信道模型的数学表达式为

$$y_j(t) = f_j[x_1(t), x_2(t), \cdots, x_m(t)] + n_j(t), \quad j = 1, 2, \cdots, n \tag{8.2.2}$$

8.2.2 编码信道模型

广义信道的编码信道，其输入信号就是编码器的输出信号，其输出信号就是译码器的输入信号，是一个对数字序列进行变换的信道。在第 10 章中将编码信道分类为随机信道、突发信道和混合信道，编码信道模型对于编译码理论和技术具有重要意义。本节仅讨论编码信道模型。

编码信道是一种离散信道，这种信道的输入和输出都是离散信号。令信道输入码元集合为 $\{x_1, x_2, \cdots, x_n\}$，信道输出码元集合为 $\{y_1, y_2, \cdots, y_n\}$。若信道的输入、输出是一个由 N 个码元组成的序列，当联合转移概率满足

$$P(y_1 y_2 \cdots y_N / x_1 x_2 \cdots x_N) = P(y_1/x_1) P(y_2/x_2) \cdots P(y_N/x_N)$$
$$= \prod_{k=1}^{N} P(y_k/x_k) \qquad (8.2.3)$$

则称这样的信道为离散无记忆信道（Discrete Memoryless Channel，DMC）。无记忆的含义是指信道的输出仅与对应时刻的输入有关，与前后输入无关。那么 DMC 的输入/输出特性可以用一组共 $n \times n$ 个转移概率 $P(y_j/x_i)$（$i、j = 1, \cdots, n$）来描述

$$\boldsymbol{P} = \begin{bmatrix} P(y_1/x_1) & P(y_2/x_1) & \cdots & P(y_n/x_1) \\ P(y_1/x_2) & P(y_2/x_2) & \cdots & P(y_n/x_2) \\ \vdots & \vdots & \ddots & \vdots \\ P(y_1/x_n) & P(y_2/x_n) & \cdots & P(y_n/x_n) \end{bmatrix} \qquad (8.2.4)$$

$\boldsymbol{P}$ 称为信道的转移概率矩阵。

图 8.2.2 给出了 DMC 模型，它由信道转移概率 $P(y_j/x_i)$（$i、j = 1, \cdots, n$）描述。图中，x_i 至 y_j 的箭头表示"输入 x_i，输出 y_j"；箭头旁边的转移概率表示"输入 x_i 的前提下，输出 y_j"的条件概率。

BSC 可视为 DMC 的特例。在 BSC 中，信道输入码元和输出码元均取自集合 $\{0, 1\}$，并且信道转移概率为

$$P(0/1) = P(1/0) = p$$
$$P(1/1) = P(0/0) = 1 - p \qquad (8.2.5)$$

BSC 是研究二进制编解码最简单、最常用的信道模型，如图 8.2.3 所示。

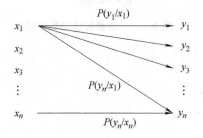

图 8.2.2 离散无记忆信道（DMC）模型

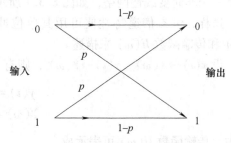

图 8.2.3 二进制对称信道（BSC）模型

8.3 恒参信道及其对信号传输的影响

8.3.1 恒参信道及其特性

有线信道被看作是典型的恒参信道。有线信道包括明线、对称电缆和同轴电缆以及光纤信道等。

在固定电话网中，对称电缆主要应用于连接用户话机和交换机之间的用户电缆。对称电缆是在同一保护套（有对外界电磁波干扰起到屏蔽作用）内有许多对相互绝缘的双导线的电缆，其传输距离能达到 5km，传输速率为 8Mbit/s。

光纤信道由于光纤的物理性质非常稳定而且不受电磁干扰，因此可以看作是恒参信道。光纤是以光波为载波、以光导纤维为传输媒质，其传输速率的商用水平已达 10~40Gbit/s。光纤的特点是：频带宽、通信容量大；损耗低、中继距离长；重量轻、不怕腐蚀以及抗电磁干扰能力强等。

部分无线信道也可以视为恒参信道，例如，无线电视距中继信道、卫星中继信道等。

无线电视距中继通信工作在超短波和微波波段，利用定向天线实现视距直线传播。由于直线视距一般在 40~50km，因此需要中继方式实现长距离通信。相邻中继站间距离为直线视距 40~50km。由于中继站之间采用定向天线实现点对点的传输，并且距离较短，因此传播条件比较稳定，可以看作是恒参信道。这种系统具有传输容量大、发射功率小、通信可靠稳定等特点。

卫星通信是利用人造地球卫星作为中继转发站实现的通信。当人造地球卫星的运行轨道在赤道平面上、距离地面 35860km 时，其绕地球一周的时间为 24h，在地球上看到的该卫星是相对静止的，因此称其为地球同步卫星。利用它作为中继站，可以实现地球上 18000km 范围内的多点通信。采用三个适当配置的同步卫星作中继站就几乎可以覆盖全球通信（除南北两极盲区外）。同步卫星通信的电磁波沿直线传播，因此其信道传播性能稳定可靠、传输距离远、容量大、覆盖地域广，广泛用于传输多路电话、电报、图像数据和电视节目。同步卫星中继信道可以看作是恒参信道。

不难看出，这些信道的共同特点是信道的参数相对稳定，不随时间变化或基本不变，因此，在不考虑信道加性噪声时，恒参信道的数学模型可以看作是一个非时变线性网络，如图 8.3.1 所示。

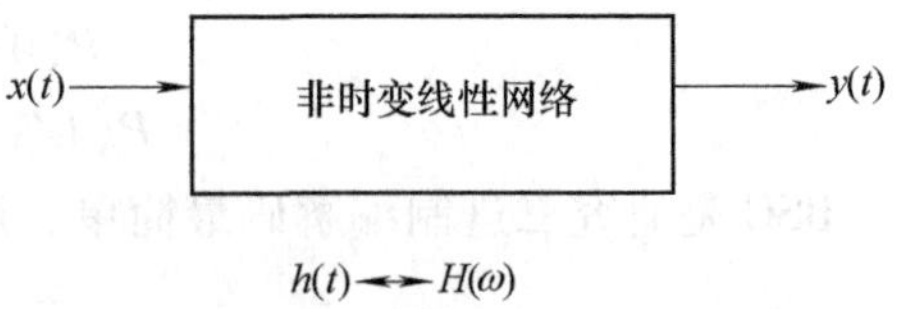

这样，恒参信道特性便可用其单位冲激响应 $h(t)$ 和传输函数 $H(\omega)$ 来描述。

图 8.3.1 恒参信道的数学模型

设 $x(t) \leftrightarrow X(\omega)$，$y(t) \leftrightarrow Y(\omega)$，则有

$$y(t) = x(t) * h(t)$$
$$Y(\omega) = H(\omega) X(\omega)$$

其中，传输函数 $H(\omega)$ 可表示成

$$H(\omega) = |H(\omega)| e^{j\varphi(\omega)} \tag{8.3.1}$$

式中，$|H(\omega)|$ 为幅频特性，$\varphi(\omega)$ 为相频特性，均与时间无关。

8.3.2 恒参信道对信号传输的影响

如果恒参信道的幅频特性和相频特性不理想，不能满足无失真传输条件的话，会引起信号波形失真（线性失真），当传输速率高时，数字信号传输将导致严重的码间干扰，造成误码。

根据信号通过线性系统的相关知识，若恒参信道的幅频特性为常数（是一条水平直线），相频特性是频率的线性函数（是一条通过原点的直线），那么信号将无失真地通过该信道。否则，将损害传输信号的波形。

恒参信道的相频特性还经常采用时延特性来衡量。时延特性表示不同频率的正弦型信号经过信道后的时延与其频率的关系。时延特性定义式为

$$\tau(\omega) = -\frac{\varphi(\omega)}{\omega} \tag{8.3.2}$$

于是，无失真传输条件又可以表述为：（在通频带内）信道的幅频特性为常数，时延特性也是常数。

另外，还可以借助如下方法来判断传输信号是否产生包络失真，即：（在通频带内）幅频特性为常数，群时延特性为常数时，信号经过信道传输后不会产生包络失真。

$$\tau_g(\omega) = -\frac{\mathrm{d}\varphi(\omega)}{\mathrm{d}\omega} \tag{8.3.3}$$

一般来说，时延特性与群时延特性并不相同。当相频特性是一条通过原点的直线时，时延特性与群时延特性相同；不满足上述条件时，它们不相同。它们对信号传输的影响也不一样。时延特性为常数时，信号传输不引起信号的波形失真；群时延特性为常数时，信号传输不引起信号包络的失真。

【例 8.3.1】 某调制信道的传输特性如图 8.3.2 所示。这是一个在信号频带范围内幅频特性为常数，相频特性 $\varphi(\omega) = -\arctan\dfrac{\omega}{\omega_0}$ 的相移网络，其中 ω_0 为常数。问信号通过该信道时会产生哪些失真？并说明失真的原因。

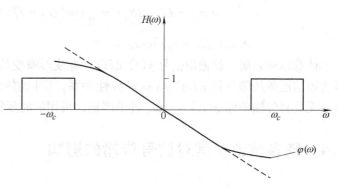

图 8.3.2 某调制信道传输特性

解：信道的幅频特性在信号的频谱范围内满足条件 $|H(\omega)| = 1$，故不会引起幅频畸变；而相频特性 $\varphi(\omega)$ 不是频率的线性函数，所以必然产生相频畸变。为了揭示引起相频畸变的根本原因，计算该信道的时延特性为

$$\tau(\omega) = -\frac{\varphi(\omega)}{\omega} = \frac{1}{\omega}\arctan\frac{\omega}{\omega_0}$$

如图 8.3.3 所示。可见，对于传输信号来说，高频分量的时延比低频分量的时延小，这是引起相频畸变的真正原因。

【例 8.3.2】 已知已调信号 $x(t) = A\cos\Omega t\cos\omega_c t$ 通过存在相移的带通型信道，信道特性为

$$\left.\begin{array}{l}|H(\omega)| = 1 \\ \varphi(\omega) = -(\omega - \omega_c)t_0\end{array}\right\} \text{在} \omega_c \pm \Omega \text{附近}$$

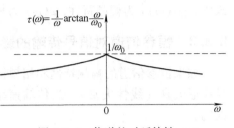

图 8.3.3 信道的时延特性

如图 8.3.4 所示。若 $\omega_c \gg \Omega$，试计算该信道的群时延和输出信号，并讨论信号包络无失真传输条件。

解：该信道在载频附近的群延时

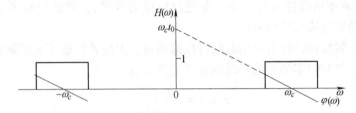

图 8.3.4 带通信道特性

$$\tau_g(\omega) = -\frac{\mathrm{d}\varphi(\omega)}{\mathrm{d}\omega} = t_0$$

信号 $x(t) = A\cos\Omega t\cos\omega_c t = \frac{A}{2}\cos[(\omega_c + \Omega)t] + \frac{A}{2}\cos[(\omega_c - \Omega)t]$ 经信道传输后的输出为

$$\begin{aligned}y(t) &= \frac{A}{2}|H(\omega_c + \Omega)|\cos[(\omega_c + \Omega)t + \varphi(\omega_c + \Omega)] + \\ &\quad \frac{A}{2}|H(\omega_c - \Omega)|\cos[(\omega_c - \Omega)t + \varphi(\omega_c - \Omega)] \\ &= \frac{A}{2}\cos(\omega_c t + \Omega t - \Omega t_0) + \frac{A}{2}\cos(\omega_c t - \Omega t + \Omega t_0) \\ &= A\cos[\Omega(t - t_0)]\cos\omega_c t\end{aligned}$$

计算结果表明，就输出信号 $y(t)$ 而言是有波形畸变的，但是其包络并没有失真。这是因为该信道的相频特性 $\varphi(\omega)$ 与 ω 呈线性关系，所以群时延特性为常数。并且，对带通信号，无失真传输条件 $\varphi(\omega) = -\omega t_0$ 过于严格，可用群时延特性为常数代替。

8.4 随参信道及其对信号传输的影响

8.4.1 随参信道举例

短波电离层反射信道、超短波及微波对流层散射信道和移动通信信道属于随参信道。随参信道有两个基本特征：电磁波的多径传播和传输媒质的性质随时间随机变化。

1. 短波电离层反射信道

波长为 10~100m 的无线电波称为短波（其相应频率为 3~30MHz）。短波可以沿着地面传播，简称为地波传播；也可以由电离层反射传播，简称为天波传播。由于地面的吸收作用，地波传播的距离较短，约为几十千米。而天波传播由于电离层一次反射或多次反射，传

输距离可达几千千米甚至上万千米。

电离层为距离地面高 60～600km 的大气层，在太阳辐射的紫外线和 X 射线的作用下大气分子产生电离而形成电离层。由实际观察表明，电离层可分为 D、E、F_1、F_2 四层，一般来说，F_2 层是反射层，D、E 层是吸收层。电离层是半导体电媒质，当电波在电离层中传播时，因逐步折射使轨道发生弯曲，从而在某一高度将产生全反射，如图 8.4.1 所示。

短波电离层反射信道具有以下特点：

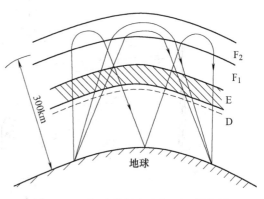

图 8.4.1　短波信号由电离层反射传播

1) 由于电离层不是一个平面而是有一定厚度的，并且有不同的两到四层，所以发送天线发出的信号经由不同高度的电离层反射和不同位置的一次或多次反射，到达接收端的信号是由许多经不同长度路径和损耗的信号之和，这种信号称为多径信号，这种现象称为多径传播。

2) 电离层的性质（例如电离层的电子密度、高度、厚度等）受太阳辐射和其他许多因素的影响，不断地随机变化。例如，四层中的 D 层和 F_1 层白天存在，夜晚消失，电离层的电子密度随昼夜、季节以至年份而变化等。

由此可见，短波反射信道是典型的随参信道。

2. 对流层散射信道

对流层是离地面 10～12km 的大气层。在对流层中由于大气湍流运动等因素将引起大气层的不均匀性。当电磁波射入对流层时，这种不均匀性就会引起电磁波的散射，也就是漫反射，一部分电磁波向接收端方向散射过去，起到中继作用。对流层的性质受许多因素的影响随机变化。另外，对流层不是一个平面而是一个散体，电波信号经过对流层散射也会产生多径传播。

3. 移动通信信道

图 8.4.2 是移动通信信道的传播路径示意图。图中，基站传输给移动台的信号常常因为周围建筑、山丘和其他障碍物而产生散射、衍射和反射，结果，观察到的发送信号是通过多条传播路径和不同的传输时延到达接收端。另外，基站和移动台之间的相对移动或信道内物体的运动将造成信道的时变性。移动台到基站的传输也相同。所以，移动通信信道也属于时变多径传播的随参信道。

8.4.2　随参信道的数学模型

本节从随参信道传输媒质的特点出发，导出随参信道（其模型为时变线性网络）的输入输出关系。由以上随参信道举例可以看出，随参信道的传输媒质具有三个特点：

1) 对信号的衰耗随时间变化。
2) 对信号的时延随时间变化。
3) 多径传播。

根据上述特点，可以建立随参信道的数学模型。

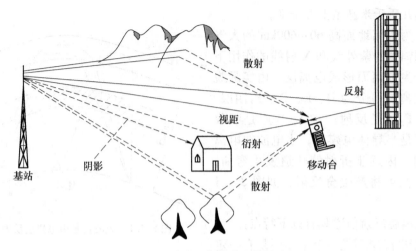

图 8.4.2 移动通信信道的传播路径

设发射波为

$$x(t) = A \sum_{k=-\infty}^{\infty} a_k g(t - kT_s) \cos\omega_c t$$
$$= Aa(t)\cos\omega_c t$$
$$= \mathrm{Re}\{Aa(t)\mathrm{e}^{\mathrm{j}\omega_c t}\} \tag{8.4.1}$$

式中,信息信号波形 $a(t) = \sum_{k=-\infty}^{\infty} a_k g(t - kT_s)$;$a_k$ 为信息码元。

信号 $x(t)$ 经过 n 条路径传播后,每条路径对应一个时变传播时延 $\tau_i(t)$ 和一个时变乘性衰减因子 $\mu_i(t)$,因此无噪声叠加的接收信号 $y(t)$ 可表示为

$$y(t) = \sum_{i=1}^{n} \mu_i(t) x[t - \tau_i(t)] \tag{8.4.2}$$

将式 (8.4.1) 代入式 (8.4.2),得

$$y(t) = A \sum_{i=1}^{n} \mu_i(t) a[t - \tau_i(t)] \cos\{\omega_c [t - \tau_i(t)]\}$$
$$= A \sum_{i=1}^{n} \mu_i(t) a[t - \tau_i(t)] \cos[\omega_c t + \varphi_i(t)] \tag{8.4.3}$$

式中,$\varphi_i(t) = -\omega_c \tau_i(t)$。

式 (8.4.3) 可作为随参信道的数学模型,接下来将利用它来分析多径随参信道对信号传输的影响。

8.4.3 随参信道特性及其对信号传输的影响

随参信道的特性比恒参信道要复杂得多,对信号的影响也要严重得多,其根本原因在于它包含一个复杂的传输媒质。为了简化分析,从随参信道的基本特征出发,分别讨论多径传播信道和信道时变性及其对信号传输的影响。

1. 多径传播信道

随参信道的基本特征之一是电磁波的多径传播,多径传播引起的劣化类型有平坦性衰落

及频率选择性衰落。

（1）平坦性衰落

将式（8.4.3）改写成

$$y(t) = A\sum_i \mu_i(t)\cos\varphi_i(t)a[t-\tau_i(t)]\cos\omega_c t - A\sum_i \mu_i(t)\sin\varphi_i(t)a[t-\tau_i(t)]\sin\omega_c t \tag{8.4.4}$$

当最大传输时延 $|\tau_i(t)|_{\max} \ll T_s$（码元间隔），且与载波周期 $\dfrac{1}{f_c}$ 等价，即 $|\tau_i(t)|_{\max} \sim \dfrac{1}{f_c}$ 时，可认为

$$a[t-\tau_i(t)] \approx a[t-\overline{\tau(t)}] \quad i=1,2,\cdots,n \tag{8.4.5}$$

式中，$\overline{\tau(t)}$ 是 $\tau_i(t)$ 的数学期望。

于是式（8.4.4）可表示为

$$y(t) = Aa[t-\overline{\tau(t)}]\left[\sum_{i=1}^n \mu_i(t)\cos\varphi_i(t)\cos\omega_c t - \sum_{i=1}^n \mu_i(t)\sin\varphi_i(t)\sin\omega_c t\right] \tag{8.4.6}$$

令

$$y_c(t) = \sum_{i=1}^n \mu_i(t)\cos\varphi_i(t) \tag{8.4.7}$$

$$y_s(t) = \sum_{i=1}^n \mu_i(t)\sin\varphi_i(t) \tag{8.4.8}$$

则有

$$\begin{aligned}y(t) &= Aa[t-\overline{\tau(t)}][y_c(t)\cos\omega_c t - y_s(t)\sin\omega_c t] \\ &= Aa[t-\overline{\tau(t)}]v(t)\cos[\omega_c t + \varphi(t)] \\ &= \mathrm{Re}\{Aa[t-\overline{\tau(t)}]v(t)\mathrm{e}^{\mathrm{j}\varphi(t)}\mathrm{e}^{\mathrm{j}\omega_c t}\}\end{aligned} \tag{8.4.9}$$

其中

$$v(t) = \sqrt{y_c^2(t) + y_s^2(t)} \tag{8.4.10}$$

为 $y(t)$ 的随机包络。

$$\varphi(t) = \arctan\frac{y_s(t)}{y_c(t)} \tag{8.4.11}$$

为 $y(t)$ 的随机相位。

可见，在 $|\tau_i(t)|_{\max} \ll T_s$ 条件下，多径传播导致接收信号的幅度及载波的相位随机变化，而基带信号 $a(t)$ 的波形变化不大，其畸变可以忽略，这种现象称作平坦性衰落（也称为非频率选择性衰落）。

下面进一步分析式（8.4.9）中 $v(t)$ 和 $\varphi(t)$ 的统计特性。经不同路径到达接收点的不同信号相关性很小，根据概率论的中心极限定理（大量的独立随机变量之和的分布接近高斯分布），当路径数 n 很大，式（8.4.7）和式（8.4.8）中的 $y_c(t)$ 和 $y_s(t)$ 为高斯过程。因此过程 $y_c(t)\cos\omega_c t - y_s(t)\sin\omega_c t$ 是一窄带高斯随机过程，由第 3 章 3.5 节可知，包络 $v(t)$ 的一维分布服从瑞利分布，而 $\varphi(t)$ 一维分布服从均匀分布。由于信号的包络服从瑞利分布律，故这种平坦性衰落又称为瑞利衰落，它对基带信号而言，引起的复包络 $v(t)\mathrm{e}^{\mathrm{j}\varphi(t)}$ 相当于乘

（2）频率选择性衰落

多径传播不仅会造成平坦性衰落，同时还可能发生频率选择性衰落。从频域看，频率选择性衰落信道对传输信号的不同频率分量产生不同程度的衰落。下面以二径信道模型说明多径信道的频域特性。

【例 8.4.1】 设二径信道用图 8.4.3 所示的网络模型来等效。试求它的传输函数 $H(\omega)$，并讨论二径信道特性对信号传输的影响。

解：由图得

$$y(t) = x(t) + x(t-\tau)$$

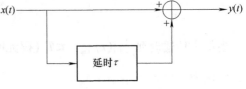

图 8.4.3 二径信道网格模型

等式两边求傅里叶变换

$$Y(\omega) = X(\omega) + X(\omega)e^{-j\omega\tau}$$

于是，有

$$H(\omega) = \frac{Y(\omega)}{X(\omega)} = 1 + e^{-j\omega\tau}$$

幅频特性

$$|H(\omega)| = |1 + e^{-j\omega\tau}| = \left|(e^{j\frac{\omega\tau}{2}} + e^{-j\frac{\omega\tau}{2}})e^{-j\frac{\omega\tau}{2}}\right| = \left|2\cos\left(\frac{\omega\tau}{2}\right)e^{-j\frac{\omega\tau}{2}}\right|$$

$$= 2\left|\cos\frac{\omega\tau}{2}\right|$$

如图 8.4.4 所示。

由图可见，二径信道的幅频特性与频率有关：当 $\omega = \frac{2k\pi}{\tau}$ 时，幅频特性最大（形成传输极点）；在 $\omega = \frac{(2k+1)\pi}{\tau}$ 处，幅频特性最小（为传输零点）。特别地，当相对时延差 τ 较大时，两个传输零点靠近，易引起频率选择性衰落。

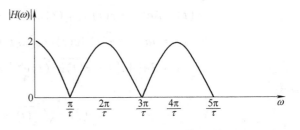

图 8.4.4 二径信道幅频特性

对于多径信道情况，若 $|\tau_i(t)|_{\max} \sim T_s$，则可以断定信道为频率选择性衰落。这时 $a[t-\tau_i(t)]$ 不能近似为 $a[t-\bar{\tau}(t)]$，不同路径信号的不同信息码元之间会产生很大相互干扰，称作码间干扰，使数字信号波形产生严重失真，引起很大误码，严重时不能正常通信。

（3）相干带宽

以上利用最大多径时延 $|\tau_i(t)|_{\max}$ 解释了多径信道中存在的两种衰落特性，这里，引用相干带宽这一参量，来阐明在什么条件下信号通过多径随参信道传输会引起平坦性衰落或者频率选择性衰落。

1）时延扩展。时延扩展是多径时延的一个重要的统计量，也是与相干带宽相关的一个重要概念。若多径随参信道的第 i 径相对时延差为 τ_i（$i=1,2,\cdots$），则多径时延的统计特性可用下列参量来描述：

① 多径相对时延的均值 $\bar{\tau}$；

② 均方根时延扩展（简称时延扩展）$\sigma_\tau = \sqrt{\overline{\tau^2} - (\bar{\tau})^2}$；

③ 最大多径时延差 $\tau_{\max}$（最大多径时延差定义为最大传输时延和最小传输时延的差值）。

2）相干带宽。相干带宽 B_c 定义为接收信号所有频率分量的幅度是相关的频率范围（频率间隔）。一般，对于多径随参信道而言，用时延扩展 σ_τ 来近似求出信道的相干带宽 B_c，可用如下经验公式表示

$$B_c \approx \frac{1}{2\pi\sigma_\tau} \qquad (8.4.12)$$

当通过多径随参信道传输的信号带宽大于信道的相干带宽时，信号的不同频率分量受到不同程度的衰落，信道呈现频率选择性衰落特性；当信号带宽远小于信道的相干带宽时，信号的各频率分量通过多径随参信道传输所受到的衰落相同，信道呈现平坦性衰落特性。

2. 移动引起的信道时变性

在移动通信中，移动台和基站之间的相对移动会造成传播路径的改变，从而使信道具有时变性。信道的时变特性致使信号在信道传输中受到慢衰落或者快衰落。

在信号的码元间隔内，信道的冲激响应基本不变，此时的信号在信道传输中受到了慢衰落；在信号的码元间隔内，信道的冲激响应快速变化，致使信号在信道传输中产生失真，且受到了快衰落。典型信号衰落特性如图 8.4.5 所示，图中横坐标是时间或距离（$d = vt$，v 为移动台移动速率），纵坐标是相对信号电平，实线表示快衰落，虚线表示慢衰落。

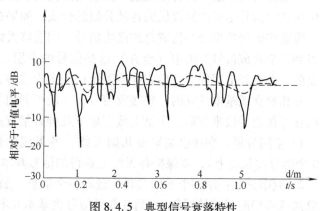

图 8.4.5　典型信号衰落特性

（1）信道相干时间

相干时间 T_c 是一个时间度量，表示在 T_c 上信道对信号的响应基本是时不变的。相干时间和最大多普勒频率成倒数关系（它们的乘积是常数），两者的关系可近似为

$$T_c \approx \frac{1}{f_m} \qquad (8.4.13)$$

（2）移动信道的多普勒扩展

设发射信号是一个频率为 f_c 的单频信号，第 n 条入射波与移动台运动方向的夹角为 α_n，如图 8.4.6 所示，则其多普勒频率为

$$f_d = f_m \cos\alpha_n \qquad (8.4.14)$$

其中，$f_m = v/\lambda = vf_c/c$ 是最大多普勒频率。v 为移

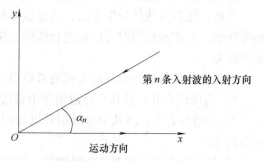

图 8.4.6　多普勒频移角度示意图

动速度（相对速度），$\lambda = \dfrac{c}{f_c}$ 为信号波长，$c = 299792458 \text{m/s}$ 是光速。

由于多普勒频移，单频信号的频率发生了偏移：$f_c \pm f_d$（当移动台与电磁波传播方向相向移动时取正号，背向移动时取负号），相当于单频信号通过移动信道后成为随机调频信号。如果接收到多条有不同入射角的多径信号，则产生的多普勒频移也不同，使得接收信号的功率频谱展宽，其频谱范围约为 $f_c - f_m$ 至 $f_c + f_m$，称此频率弥散现象为多普勒扩展 B_d（$B_d = f_m$）。

（3）信道的衰落快速性类型判定方法

信道的时变特性可分为两类：快衰落和慢衰落。快衰落是用于描述相干时间 T_c 小于码元间隔 T_s 的信道。当 $T_c < T_s$ 时，该信道就是快衰落的，其衰落特性将在一个码元持续时间内改变多次，从而引起基带脉冲波形的失真。

如果 $T_c > T_s$，通常认为信道是慢衰落的，这时信道的相干时间大于码元间隔，因此，信道状态在一个码元持续时间内保持不变，信号在信道传输过程中就可能不产生脉冲失真。

8.4.4 随参信道特性的改善

分集接收技术是一种有效且被广泛应用的抗快衰落措施之一，其基本思想是：在衰落信道中接收的信号是到达接收机的各径分量的合成，如果在接收端同时获得几个不同路径的信号，将这些信号适当合并构成总的接收信号，则能够大大减小衰落的影响。分集两字就是分散得到几个合成信号并集中（合并）这些信号的意思。只要被分集的几个信号之间是统计独立的，那么经适当的合并后就能使系统性能大为改善。

互相独立或基本独立的一些接收信号，一般可利用不同路径或不同频率、不同角度、不同极化等接收手段来获取。于是大致有如下几种分集方式。

1) 空间分集：在接收端架设几副天线，各天线的位置间要求有足够的间距（一般在100个信号波长以上），以保护各天线上获得的信号基本互相独立。

2) 频率分集：用多个不同载频传送同一个消息，如果各载频的频差相隔比较远（例如，频差选成多径时延差的倒数），则各载频信号也基本互不相关。

3) 角度分集：利用天线波束指向不同使信号不相关的原理构成的一种分集方法。例如，在微波面天线上设置若干个照射器，产生相关性很小的几个波束。

4) 极化分集：分别接收水平极化和垂直极化波而构成的一种分集方法。一般来说，这两种极化波是相关性极小的（是移动通信系统中常见的分集方式）。

当然，还有其他的分集方法，这里就不加详述了。但是要指出的是，分集方法均不是互相排斥的。在实际使用时可以是组合式的，例如由二重空间分集和二重频率分集组成四重分集系统等。

各分散的信号进行合并的方式通常有以下三种。

1) 选择性合并：从几个分散信号中设法选择其中信噪比最好的一个作为接收信号。

2) 等增益合并：将几个分散信号以相同的支路增益进行直接相加，相加后的信号作为接收信号。

3) 最大比合并：控制各支路增益，使它们分别与本支路的信噪比成正比，然后再相加获得接收信号。

不同合并方式的分集效果不同，选择性合并效果最差，但最简单；最大比合并效果最好，但最复杂。分集接收的主要作用是使合并信号的衰落相对各支路信号的衰落平滑了，其实质是改善了随参信道特性。

纠错编码和交织也可以改进快衰落失真状况，它不是提供更多的信号能量，而是对给定的差错性能，降低所需的 E_b/n_0 值。给定 E_b/n_0 后，采用纠错编码技术并不能降低解调器输出的差错概率，但可以降低译码器的差错概率。所以，采用纠错编码技术可能获得一个较好的差错性能指标，并能忍受较大的调解器输出差错率。为了实现编码效果，解调器输出的错误应该是非相关的（快衰落环境下通常如此），否则必须在系统设计中加入交织器。在第 10 章中，将介绍纠错编码和交织与解交织原理。

8.5 信道噪声

本节讨论影响通信质量的另一个因素，即信道噪声。信道噪声被看作是信号在通过通信设备和信道传输时受到的各种干扰，会导致模拟信号失真，使数字信号发生错码。由于这样的噪声是叠加在信号之上的，所以常称其为加性噪声。

1. 噪声分类

信道噪声种类繁多，这里仅按照来源及性质介绍几种典型的信道噪声。

按照产生源分类，信道噪声可以分为三类：人为噪声、自然噪声和内部噪声。人为噪声来源于由人类活动造成的其他信号源，例如电钻和电气开关瞬态造成的电火花、汽车点火系统产生的电火花、荧光灯产生的干扰、相邻电台和家电用具产生的电磁波辐射等。自然噪声是自然界中存在的各种电磁波源，例如闪电、大气中的电磁暴，以及来自天体（太阳等）对接收机形成的宇宙噪声。内部噪声是通信设备本身产生的各种噪声，例如由在电阻一类的导体中自由电子的布朗运动引起的热噪声，由半导体中载流子起伏变化形成的散弹噪声，以及通信设备电源干扰等。

按照性质分类，信道噪声可以分为脉冲噪声、单频噪声和起伏噪声三类。脉冲噪声是一种突发性地幅度很大、持续时间短的短促噪声，由于其持续时间很短，故其频谱较宽，电火花就是一种典型的脉冲噪声。来自相邻电台的干扰通常被视为单频噪声，它的特点是持续时间长、频率集中在某一载频附近的一个较窄的频带内，所以可简单地看作是一个振幅恒定的单一频率的正弦波。起伏噪声则是无论在时域内还是在频域内总是存在的一种随机噪声，热噪声、散弹噪声和宇宙噪声等都属于起伏噪声。

2. 起伏噪声特性

在上述各种信道噪声中，脉冲噪声不是普遍、持续存在的。同样，单频噪声也是只存在于特定频率、特定时间和特定地点，也就是说它的频率位置通常是确知的或可以测知的，因此它的影响也是有限的。只有起伏噪声无处不在。所以，在讨论信道噪声对于通信系统的影响时，主要是考虑起伏噪声，接下来以热噪声为例分析起伏噪声的特性。

当温度在绝对零度之上时，电阻中的自由电子由于其热能而随机运动，运动的结果形成通过导体的噪声电流（或在电阻两端产生噪声电压），称为电阻中的热噪声。噪声电流的方向是不确定的，其平均值为零，再依据中心极限定理，热噪声服从高斯分布。分析和测量都表明，在不超过 100MHz 的频率范围内，室温下，热噪声具有均匀的功率谱密度。

电阻中的热噪声有两种表示方法：噪声电流源表示法和噪声电压源表示法。

(1) 噪声电流源表示法

电阻噪声可以表示为一个无噪声电导 G 和噪声电流源 $i_n(t)$ 的并联，如图 8.5.1 所示。

1) $i_n(t)$ 的功率谱密度 $P_i(f)$

$$P_i(f) = 2KTG \tag{8.5.1}$$

式中，波耳兹曼常数 $K = 1.38 \times 10^{-23}$ J/K，绝对温度 $T = 273 + C$ K，其中 C 为环境温度。

2) $i_n(t)$ 提供的噪声功率 P_i

设电路的频率范围为 B，则

$$P_i = 2P_i(f)B \tag{8.5.2}$$

3) $i_n(t)$ 的均方根值 I_n

$$I_n = \sqrt{2P_i(f)B} = \sqrt{4KTGB} \tag{8.5.3}$$

(2) 噪声电压源表示法

电阻噪声还可以表示成一个无噪声电阻 R 和噪声电压源 $v_n(t)$ 的串联，如图 8.5.2 所示。

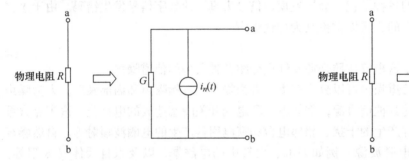

图 8.5.1 噪声电流源表示法　　　　图 8.5.2 噪声电压源表示法

1) $v_n(t)$ 功率谱密度

$$P_v(f) = 2KTR$$

2) $v_n(t)$ 提供的噪声功率

$$P_v = 2P_v(f)B$$

3) $v_n(t)$ 的均方根值

$$V_n = \sqrt{4KTRB}$$

4) $P_v(f)$ 与 $P_i(f)$ 的关系

$$P_v(f) = R^2 P_i(f)$$

下面利用噪声电压源来分析一下负载电阻上噪声电压的频谱特性，分析示意图如图 8.5.3 所示。设负载电阻 $R_L = R$，即负载电阻 R_L 匹配于热噪声源电阻 R。此时，负载电阻上可获得最大噪声功率，称此最大噪声功率为可获噪声功率。在此情况下，负载电阻上噪声电压的双边功率谱密度为

$$P_L(f) = \frac{P_v(f) |H(f)|^2}{R} = \frac{2KTR \times \frac{1}{4}}{R} = \frac{KT}{2}$$

通常，用 n_0 表示单边功率谱密度，于是有

$$P_L(f) = \frac{KT}{2} = \frac{n_0}{2} \qquad (8.5.4)$$

式（8.5.4）表明，负载电阻中的热噪声也具有均匀的功率谱密度，又因为白光的频谱在可见光的频谱范围内是均匀分布的，所以热噪声常称为白噪声。

通常，信道噪声被认为是由通信系统的接收机中的电子器件及放大器所引起，或者在信号传输过程中受到外来干扰所引起。若信道噪声仅由通信系统的接收机内部电子器件及放大器所引入的，根据上述分析，则信道噪声的统计特性是加性高斯白噪声。

3. 等效噪声带宽

假设一个带通型噪声的功率谱密度如图 8.5.4 所示。显然，它的功率谱密度是非均匀的，那么如何定义噪声带宽呢？

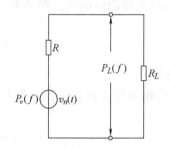

图 8.5.3 负载电阻上的噪声电压分析示意图 　　图 8.5.4 带通型噪声的功率谱密度

对于图 8.5.4 所示的带通型噪声，其等效噪声带宽计算式为

$$B_n = \frac{\int_0^\infty P_n(f)\,df}{P_n(f_0)} \qquad (8.5.5)$$

不难看出，等效噪声带宽为假想的矩形频谱宽度，该等效矩形频谱宽度内的功率与实际频谱在正频率范围内的功率相等。可见，对于带宽为 B_n 的窄带高斯噪声，可以认为它的功率谱密度 $P_n(f)$ 在带宽 B_n 内是平坦的。

8.6　信道容量

1. 离散信道的信道容量

前面在讨论广义信道中的编码信道时，已提到过离散（无记忆）信道的概念，其信道模型用转移概率来表示。在图 8.6.1 所示的有噪声离散信道模型中，信道输出 $y_j(j=1,2,\cdots,m)$ 与输入 $x_i(i=1,2,\cdots,n)$ 之间将成为随机对应的关系，图中 $P(y_j/x_i)$ 及 $P(x_i/y_j)$ 是转移概率。

若用 $P(x_i)$ 和 $P(y_j)$ 分别表示给定 x_i 和 y_j 的先验概率，由信息论可知，信道输入与输出的互信息为

$$I(x,y) = H(x) - H(x/y)$$

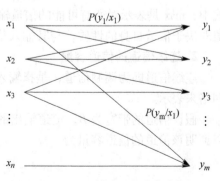

图 8.6.1 有噪声离散信道模型

$$= - \sum_{i=1}^{n} P(x_i) \log_2 P(x_i) - \left[- \sum_{j=1}^{m} P(y_j) \sum_{i=1}^{n} P(x_i/y_j) \log_2 P(x_i/y_j) \right]$$

(8.6.1)

式中，$H(x) = - \sum_{i=1}^{n} P(x_i) \log_2 P(x_i)$ 表示信道输入 x 的符号熵（平均信息量）；$H(x/y) = - \sum_{j=1}^{m} P(y_j) \sum_{i=1}^{n} P(x_i/y_j) \log_2 P(x_i/y_j)$ 表示信道输入 x 的条件符号熵，即信道输入符号在有噪声的信道中传输时平均丢失的信息量，其中 $P(x_i/y_j)$ 是信道输出 y_j 而输入 x_i 的条件概率。显然，在无噪声信道中，由于 $P(x_i/y_j) = 1 (i=j)$，$P(x_i/y_j) = 0 (i \neq j)$，故 $H(x/y) = 0$。

式 (8.6.1) 表明，互信息 $I(x, y)$ 既与信道特性有关，也与信道输入的概率分布 $P(x_i)$ 有关。若将信道容量定义为信道输入与输出互信息的最大可能值的话，则对于一个给定的信道，信道容量由下式确定

$$C = \max_{\{P(x_i)\}} I(x, y) \tag{8.6.2}$$

也就是说，C 是通过信道每个符号平均能够传送的最大信息量。

信道容量的另一种常见的定义为单位时间内通过信道传输的最大信息量，记为 C_t。用 R 表示信道在单位时间内所传输的平均信息量，即

$$R = H_t(x) - H_t(x/y) \tag{8.6.3}$$

式中，$H_t(x)$ 是单位时间内信息源发出的平均信息量，或称信息源的信息速率；$H_t(x/y)$ 表示单位时间内对信道输入 x 输出 y 的条件平均信息量。

用 r 代表单位时间传送的符号数，则有

$$H_t(x) = rH(x) \tag{8.6.4}$$
$$H_t(x/y) = rH(x/y) \tag{8.6.5}$$

于是得到

$$R = r[H(x) - H(x/y)] \tag{8.6.6}$$

式 (8.6.6) 表示有噪声信道中信息传输速率，等于每秒内信息源发送的信息量与由信道不确定性而引起丢失的那部分信息量之差。

于是，对于一切可能的信息源概率分布来说，信道传输信息的速率 R 的最大值为

$$C_t = \max_{\{P(x_i)\}} R = \max_{\{P(x_i)\}} [H_t(x) - H_t(x/y)] \tag{8.6.7}$$

式中，max 是表示对所有可能的信道输入概率分布来说的最大值，再次表明，信道容量的取值取决于信道自身的性质，与其输入信号的特性无关。

2. 连续信道的信道容量

连续信道即为调制信道，是指输入和输出信号都是取值连续的，其信道模型用时变线性网络来表示。

假设信道的带宽为 B，信道输出的信号功率为 S 及输出加性高斯白噪声功率为 N，则可以证明该信道的信道容量为

$$C = B \log_2 \left(1 + \frac{S}{N} \right) \tag{8.6.8}$$

式 (8.6.8) 就是信息论中具有重要意义的香农（Shannon）公式，它表明了当信号与作用的信道上的起伏噪声的平均功率给定时，在具有一定频带宽度 B 的信道上，理论上单

位时间内可能传输的信息量的极限数值。由于噪声功率 N 与信道带宽 B 有关,故若噪声单边功率谱密度为 n_0,则噪声功率 N 将等于 n_0B。因此,香农公式的另一形式为

$$C = B\log_2\left(1 + \frac{S}{n_0B}\right) \tag{8.6.9}$$

由式（8.6.9）可见,一个连续信道的信道容量受"三要素"——B、n_0、S 的限制。只要这三要素确定,则信道容量也就随之确定。

现在讨论信道容量 C 与"三要素"之间的关系,从式（8.6.9）容易看出,当 $n_0 = 0$ 或 $S = \infty$ 时,信道容量 $C = \infty$。这是因为 $n_0 = 0$ 意味着信道无噪声,而 $S = \infty$ 意味着发送功率达到无穷大,所以信道容量为无穷大。显然,这在任何实际系统中都是无法实现的。不过,这个关系提示人们:若要使信道容量加大,则通过减小 n_0 或增大 S 在理论上是可行的。那么,如果增大宽度 B,能否使 $C \to \infty$ 呢?可以证明,这是不可能的。因为式（8.6.9）可以改写为

$$C = \frac{S}{n_0} \times \frac{n_0B}{S}\log_2\left(1 + \frac{S}{n_0B}\right)$$

于是,当 $B \to \infty$ 时,则上式变为

$$\lim_{B \to \infty} C = \lim_{B \to \infty}\left[\frac{n_0B}{S}\log_2\left(1 + \frac{S}{n_0B}\right)\right]\left(\frac{S}{n_0}\right) \tag{8.6.10}$$

利用关系式

$$\lim_{x \to 0}\frac{1}{x}\log_2(1 + x) = \log_2 \mathrm{e} \approx 1.44$$

因而式（8.6.10）变为

$$\lim_{B \to \infty} C = \frac{S}{n_0}\log_2 \mathrm{e} \approx 1.44\frac{S}{n_0} \tag{8.6.11}$$

式（8.6.11）表明,保持 S/n_0 一定,即使信息带宽 $B \to \infty$,信道容量 C 也是有限的,这是因为信道带宽 $B \to \infty$ 时,噪声功率 N 也趋于无穷大。

通常,把实现了上述极限信息速率的通信系统称为理想通信系统。但是,香农定理只证明了理想系统的"存在性",却没有指出这种通信系统的实现方法。因此,理想系统通常只能作为实际系统的理论界限。另外,上述讨论都是在信道噪声为高斯白噪声的前提下进行的,对于其他类型的噪声,香农公式需要加以修正。

【例 8.6.1】 电视图像可以大致认为由 300000 个小像元组成。对于一般要求的对比度,每一像元大约取 10 个可辨别的亮度电平（例如对应黑色、深灰色、浅灰色、白色等）。现假设对于任何像元,10 个亮度电平是独立等概率地出现的,每秒发送 30 帧图像;还已知,为了满意地重现图像,要求信噪比 S/N 为 1000（即 30dB）。计算传输上述信号所需的最小带宽。

解：首先计算每一像元所含的信息量。因为每一像元能以等概率取 10 个亮度电平,所以每个像元的信息量为 $\log_2 10 = 3.32$bit。每帧图像的信息量为 300000×3.32bit $= 996000$bit;又因为每秒有 30 帧,所以每秒内传送的信息量为 996000×30bit $= 29.9 \times 10^6$bit。显然,这就是需要传送的信息速率。为了传输这个信号,信道容量 C 至少必须等于 29.9×10^6bit/s。因为已知 $S/N = 1000$,因此,将 C、S/N 代入式（8.6.8）,可得所需信道的传输带宽为

$$B = \frac{C}{\log_2(1+S/N)} \approx \frac{29.9 \times 10^6}{\log_2 1000}\text{Hz} = 3.02 \times 10^6 \text{Hz}$$

思 考 题

8-1 何谓广义信道？调制信道和编码信道中各传输何种类型的信号？

8-2 目前常见的信道有：有线信道（包括光通信信道）、微波通信信道、卫星通信信道、短波电离层反射信道、超短波及微波对流层散射信道和移动通信信道等，哪些属于恒参信道？

8-3 如果恒参信道的相频特性不是通过原点的直线，则信号经过该信道会产生相频畸变，试说明引起这种畸变的根本原因。

8-4 试叙述信号传输不引起信号包络失真的条件。

8-5 何谓随参信道？随参信道有哪些主要特点？

8-6 随参信道在什么情况下呈现平坦性衰落？平坦性衰落对信号传输产生哪些影响？

8-7 随参信道在什么情况下呈现频率选择性衰落？频率选择性衰落对信号传输产生哪些影响？

8-8 香农公式有何意义？信道容量与"三要素"的关系如何？

习 题

8-1 设一恒参信道的幅频特性和相频特性分别为

$$\begin{cases} |H(\omega)| = K_0 \\ \varphi(\omega) = -\omega t_d \end{cases}$$

其中，K_0 和 t_d 均为常数。

1) 试求出该信道的时延特性；

2) 信号经过该信道传输是否失真？并说明理由。

8-2 某两径信道如题图 8-2 所示，试求信道的传输特性。为了避免发生频率选择性衰落，对信号带宽有何种限制？并说明在何种情况下该信道是恒参信道。

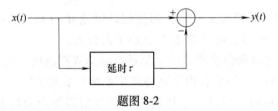

题图 8-2

8-3 一个无线移动通信系统，采用 QPSK 调制，信息速率 $R_b = 20\text{kbit/s}$，信道多径相对时延的均值 $\overline{\tau}$ 为 $10\mu\text{s}$，二阶距 $\overline{\tau^2}$ 为 $1.8 \times 10^{-10}\text{s}^2$。试计算相干带宽 B_c，并判断传输信号是否会遭受频率选择性衰落。

8-4 分析一个载频为 $f_c = 1900\text{MHz}$ 的无线系统，移动速度为 96km/h，为避免快衰落，该系统的码元速率至少应是多少？

8-5 已知某无线信道的多径时延扩展 $\sigma_\tau = 10\mu\text{s}$，多普勒扩展 $B_d = 100\text{Hz}$，基带脉冲持续时间 $T_s = 1\mu\text{s}$。若该无线系统采用 BPSK 调制，试求：

1) 信道相干带宽是多少？并判定信道的频率选择性类型。

2) 信道相干时间是多少？并确定信道的衰落快速性类型。

8-6 设一个接收机输入电路的等效电阻为 600Ω，输入电路的带宽为 6MHz，环境温度为 27℃，试求该电路产生的热噪声电压有效值。

8-7 某个信息源由 A、B、C 和 D 等四个符号组成。设每个符号独立出现，其出现概率分别为 1/4、

1/4、3/16 和 5/16，经过信道传输后，每个符号正确接收的概率为 1021/1024，错为其他符号的条件概率 $P(x_i/y_i)$ 均为 1/1024，试求出该信道的容量 C 等于多少 bit/符号。

8-8 已知在高斯信道理想通信系统传送某一信息所需带宽为 10^6Hz，信噪比为 20dB。若将所需信噪比降低为 10dB，求所需信道带宽。

8-9 设一幅黑白数字相片有 400 万个像素，每个像素有 16 个亮度等级。若用 3kHz 带宽的信道进行传输，且信号噪声功率比为 10dB，试求传输时间。

第 9 章 数字信号的最佳接收

本章运用最佳接收理论，研究如何从噪声干扰中接收信道传输的数字信号。最佳接收理论遵循某个最佳接收准则，系统地和定量地综合设计出存在加性高斯白噪声干扰时的最佳接收机结构（或特性），并分析系统的极限性能。

本章涉及的内容有数字信号的相关接收、匹配滤波接收以及理想信道下的最佳基带系统。

9.1 相关接收机

在数字通信系统中，从接收端的角度看，发送哪一个可能的信号波形是不确定的，而信号在信道传输过程中又受到噪声的干扰。故这种发送信号的不确定性和噪声的随机性，导致接收波形是一个随机波形，在接收端做判决时会不可避免地出现错判。当然，人们希望这种错判概率越小越好，相关接收机就是一个能在噪声干扰下以最小的差错概率来判定发送信号的最佳接收机。

下面分为接收波形的统计特性、关于最小差错概率准则、二进制确知信号的相关接收机结构三个部分，详细论述相关接收机设计原理。

9.1.1 接收波形的统计特性

数字通信系统中的接收波形与发送信号和信道噪声密切关系，因此，首先对发送信号和信道噪声做如下假设：发送信号是 M 进制信号，在码元间隔 T 内，M 个发送信号波形用 $\{s_i(t), i = 1, 2, \cdots, M\}$ 表示，且每个 $s_i(t)$ 出现的概率为先验概率，记为 $P(s_i)$；信道噪声 $n(t)$ 为加性高斯白噪声。于是，当发送信号在信道传输过程中受到 $n(t)$ 干扰时，那么接收波形可以表示为

$$r(t) = s_i(t) + n(t), \quad (0 \leq t \leq T) \tag{9.1.1}$$

可见，$r(t)$ 是一随机过程。

为了方便分析接收波形 $r(t)$ 的统计特性，将其转换成观察空间上的一点 r，并且有

$$r = s + n \tag{9.1.2}$$

式中，信号空间 s 代表信号，有 M 个可能取值 $s_1, s_2, \cdots, s_M$；噪声空间 n 代表噪声。令噪声 n 的联合概率密度函数为 $f_k(n)$，n 的可能取值为 $n_1, n_2, \cdots, n_k$，则

$$f_k(n) = f(n_1, n_2, \cdots, n_k) \tag{9.1.3}$$

由随机过程理论可知，如果噪声是高斯白噪声，则它的任意两个时刻上得到随机变量是互不相关的，因而也是相互独立的；若噪声是限带高斯白噪声，则在它的采样时刻上（按采样定理采样）得到的样值也是不相关的，因而也是统计独立的。因此，$f_k(n)$ 可表示为

$$f_k(n) = f(n_1)f(n_2)\cdots f(n_k) = \prod_{i=1}^{k} \frac{1}{\sqrt{2\pi}\sigma_n} \exp\left(-\frac{n_i^2}{2\sigma_n^2}\right)$$

$$= \frac{1}{(\sqrt{2\pi}\sigma_n)^k}\exp\left[-\frac{1}{2\sigma_n^2}\sum_{i=1}^{k}n_i^2\right] \tag{9.1.4}$$

这里，σ_n^2 是噪声的方差。

又因为当 k 很大时，$\frac{1}{2f_H T}\sum_{i=1}^{k}n_i^2$ 代表在观察时间 $(0,T)$ 内的平均功率，故根据帕塞瓦尔定理应有

$$\frac{1}{2f_H T}\sum_{i=1}^{k}n_i^2 = \frac{1}{T}\int_0^T n^2(t)\,\mathrm{d}t$$

于是，式 (9.1.4) 还可表示为

$$f_k(n) = \frac{1}{(\sqrt{2\pi}\sigma_n)^k}\exp\left[-\frac{1}{n_0}\int_0^T n^2(t)\,\mathrm{d}t\right] \tag{9.1.5}$$

式中，n_0 为噪声的单边功率谱密度，$n_0 = \sigma_n^2/f_H$。

因为 $r = s + n$，故当接收到信号取值 s_1，s_2，$\cdots$，s_M 之一时的 r 也服从高斯分布：其方差仍为 σ_n^2，但其均值为 s_i（$i = 1, 2, \cdots, M$）。则发送信号 s_i 时的 r 之条件概率密度函数为

$$f(r/s_i) = \frac{1}{(\sqrt{2\pi}\sigma_n)^k}\exp\left\{-\frac{1}{n_0}\int_0^T [r(t)-s_i(t)]^2\,\mathrm{d}t\right\} \quad i = 1,2,\cdots,M \tag{9.1.6}$$

对于二进制情况，即

$$r(t) = \begin{Bmatrix} s_1(t) \\ \text{或} \\ s_2(t) \end{Bmatrix} + n(t) \qquad 0 \leqslant t \leqslant T$$

此时，式 (9.1.6) 可表示成

$$f(r/s_1) = \frac{1}{(\sqrt{2\pi}\sigma_n)^k}\exp\left\{-\frac{1}{n_0}\int_0^T [r(t)-s_1(t)]^2\,\mathrm{d}t\right\} \tag{9.1.7}$$

$$f(r/s_2) = \frac{1}{(\sqrt{2\pi}\sigma_n)^k}\exp\left\{-\frac{1}{n_0}\int_0^T [r(t)-s_2(t)]^2\,\mathrm{d}t\right\} \tag{9.1.8}$$

9.1.2 关于最小差错概率准则

数字信号的接收过程包括两个基本步骤：第一步波形采样变换，将接收波形 $r(t)$ 简化为单个随机变量 r 或者随机变量集合 r_i（$i = 1, 2, \cdots, M$）（实际上，通过对 $r(t)$ 解调后进行采样就可以得到这样的输出），在上节中已经得出了它的统计特性（即条件概率密度函数）。第二步判决，按照一定的判决规则，将 r 与门限值比较或者选取某个 r_i 来对发送信号做出判决。本节介绍的最小差错概率准则就是优化第二步判决规则的一种最简单方法。下面以二进制数字接收为例来讨论最小差错概率准则。

若两个可能信号取值为 s_1 和 s_2，相应的先验概率分别为 $P(s_1)$ 和 $P(s_2)$，则在发送 s_1 的条件下出现 r 的概率密度函数 $f(r/s_1)$ 和在发送 s_2 的条件下出现 r 的概率密度函数 $f(r/s_2)$ 如图 9.1.1 所示。由图可见，门限值 r_0' 将 r 轴分成 D_1 和 D_2 两个区域，称为判决域。显然，若观察值 r 处在 D_1 区域内，就判决 s_1 成立；若 r 处在 D_2 区域内，就判决 s_2 成立。

同时，从图 9.1.1 中也不难看出，作上述判决时可能发生下列四种情况：

①和②：当 r 处在 D_1 区域内，判决 s_1 成立，但实际的信号可能为 s_1 也可能为 s_2，前者属于正确判决，而后者属于错误判决。由图 9.1.1 可知错判概率为

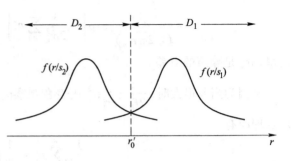

图 9.1.1　$f(r/s_1)$ 和 $f(r/s_2)$ 的示意图

$$P(D_1/s_2) = \int_{D_1} f(r/s_2)\,dr \quad (9.1.9)$$

③和④：当 r 处在 D_2 区域内，判决 s_2 成立，但实际的信号可能为 s_2 也可能为 s_1，前者属于正确判决，而后者属于错误判决。错判概率为

$$P(D_2/s_1) = \int_{D_2} f(r/s_1)\,dr \quad (9.1.10)$$

于是，二进制信号判决的差错概率（即平均错判概率）表示为

$$\begin{aligned}P_e &= P(s_1)P(D_2/s_1) + P(s_2)P(D_1/s_2) \\ &= P(s_1)\int_{D_2} f(r/s_1)\,dr + P(s_2)\int_{D_1} f(r/s_2)\,dr\end{aligned} \quad (9.1.11)$$

因为 $\int_{D_1} f(r/s_1)\,dr + \int_{D_2} f(r/s_1)\,dr = 1$，所以

$$\begin{aligned}P_e &= P(s_1)\left[1 - \int_{D_1} f(r/s_1)\,dr\right] + P(s_2)\int_{D_1} f(r/s_2)\,dr \\ &= P(s_1) + \int_{D_1}\left[P(s_2)f(r/s_2) - P(s_1)f(r/s_1)\right]dr\end{aligned} \quad (9.1.12)$$

同样，因为 $\int_{D_1} f(r/s_2)\,dr + \int_{D_2} f(r/s_2)\,dr = 1$，所以式（9.1.11）又可以表示为

$$P_e = P(s_2) + \int_{D_2}\left[P(s_1)f(r/s_1) - P(s_2)f(r/s_2)\right]dr \quad (9.1.13)$$

为了使传输差错概率最小，也就是要求式（9.1.12）及式（9.1.13）中的积分值尽量地小。这就要求在判决域 D_1 内，式（9.1.12）的被积函数小于零，即有

$$P(s_2)f(r/s_2) - P(s_1)f(r/s_1) < 0 \quad (9.1.14)$$

同理，从式（9.1.13）出发，要求在判决域 D_2 内被积函数小于零，即有

$$P(s_1)f(r/s_1) - P(s_2)f(r/s_2) < 0 \quad (9.1.15)$$

合并式（9.1.14）和式（9.1.15）得到判决规则如下：

若 $P(s_2)f(r/s_2) - P(s_1)f(r/s_1) < 0$，则判为 s_1

若 $P(s_1)f(r/s_1) - P(s_2)f(r/s_2) < 0$，则判为 s_2 $\quad (9.1.16)$

或者

若 $P(s_1)f(r/s_1) > P(s_2)f(r/s_2)$，则判为 s_1

若 $P(s_1)f(r/s_1) < P(s_2)f(r/s_2)$，则判为 s_2 $\quad (9.1.17)$

或者

若 $\dfrac{f(r/s_1)}{f(r/s_2)} > \dfrac{P(s_2)}{P(s_1)}$，则判为 s_1

若 $\dfrac{f(r/s_1)}{f(r/s_2)} < \dfrac{P(s_2)}{P(s_1)}$，则判为 s_2 （9.1.18）

由此得出结论：如果按上述规则进行判决，则能使差错概率最小。通常称式（9.1.18）为似然比（判决）准则，这是由于人们常称 $f(r/s_1)$ 或 $f(r/s_2)$ 为似然函数而得名。

如果 $P(s_1) = P(s_2)$，则式（9.1.18）变成

若 $f(r/s_1) > f(r/s_2)$，则判为 s_1

若 $f(r/s_1) < f(r/s_2)$，则判为 s_2 （9.1.19）

式（9.1.19）判决规则意味着 $f(r/s_1)$ 与 $f(r/s_2)$ 哪个大就判为哪个，故称为最大似然准则，用 ML 表示。

由式（9.1.17），也可以用后验概率来描述判决规则。后验概率为

$$P(s_i/r) = \dfrac{P(s_i)f(r/s_i)}{f(r)}$$ （9.1.20）

从式（9.1.20）看出，$P(s_i)f(r/s_i)$ 最大即为后验概率 $P(s_i/r)$ 最大，所以式（9.1.17）等效于

若 $P(s_1/r) > P(s_2/r)$，则判为 s_1

若 $P(s_1/r) < P(s_2/r)$，则判为 s_2 （9.1.21）

称式（9.1.21）的判决规则为最大后验概率准则，也称为 MAP 准则。

以上讨论的准则可以推广到多进制的情形中去。此时最大后验概率准则为：在给定 r 的条件下，对 M 个不同的条件概率 $P(s_1/r)$，$P(s_2/r)$，…，$P(s_m/r)$ 进行比较，从中选择最大的 $P(s_i/r)$ 值所对应的 s_i，做出相应的估计，判决输出为 $\hat{s}$。判决规则表示如下

$$\hat{s} = \arg_{s_i} \max P(s_i/r)$$
（9.1.22）

为了便于理解最大后验概率准则，图 9.1.2 给出了判决过程示意图。

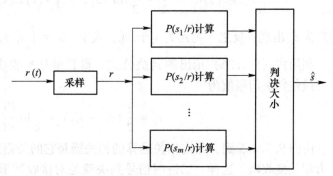

图 9.1.2 最大后验概率准则的判决过程示意图

9.1.3 二进制确知信号的相关接收机结构

二进制确知信号的所有参数（幅度、频率、相位、到达时间等）都是确定的。对于确知信号，从信号检测观点来看，未知的只是不确定到达接收机的是哪一个信号，是 $s_1(t)$ 还是 $s_2(t)$。由 9.1.2 节可知，按式（9.1.18）的判决规则进行判定，能获得最佳的接收效果。

本节利用上两节的结果，将已知的似然函数与似然比准则相结合，导出二进制确知信号的相关接收机结构。

当信道噪声 $n(t)$ 为高斯白噪声情况下，似然函数由式（9.1.6）确定，即

$$f(r/s_1) = \frac{1}{(\sqrt{2\pi}\sigma_n)^k}\exp\left\{-\frac{1}{n_0}\int_0^T [r(t)-s_1(t)]^2 dt\right\}$$

$$f(r/s_2) = \frac{1}{(\sqrt{2\pi}\sigma_n)^k}\exp\left\{-\frac{1}{n_0}\int_0^T [r(t)-s_2(t)]^2 dt\right\}$$

将上式代入似然比判决准则，经化简得

若 $P(s_1)\exp\left\{-\frac{1}{n_0}\int_0^T[r(t)-s_1(t)]^2 dt\right\} > P(s_2)\exp\left\{-\frac{1}{n_0}\int_0^T[r(t)-s_2(t)]^2 dt\right\}$，则判为 s_1

(9.1.23)

若 $P(s_1)\exp\left\{-\frac{1}{n_0}\int_0^T[r(t)-s_1(t)]^2 dt\right\} < P(s_2)\exp\left\{-\frac{1}{n_0}\int_0^T[r(t)-s_2(t)]^2 dt\right\}$，则判为 s_2

(9.1.24)

对不等式两边取自然对数，并乘以 $-n_0$ 得到

若

$$n_0\ln\frac{1}{P(s_1)} + \int_0^T [r(t)-s_1(t)]^2 dt < n_0\ln\frac{1}{P(s_2)} + \int_0^T [r(t)-s_2(t)]^2 dt \quad (9.1.25)$$

则判为 s_1 出现；反之，则判为 s_2 出现。再对式（9.1.25）做进一步整理得

若

$$\int_0^T r(t)s_1(t)dt - \frac{E_1}{2} + \frac{n_0}{2}\ln P(s_1) > \int_0^T r(t)s_2(t)dt - \frac{E_2}{2} + \frac{n_0}{2}\ln P(s_2) \quad (9.1.26)$$

则判为 s_1 出现；反之，则判为 s_2 出现。式中，$E_1 = \int_0^T s_1^2(t)dt$；$E_2 = \int_0^T s_2^2(t)dt$。

利用式（9.1.26）给出的判决公式，得到最佳接收机的原理结构如图 9.1.3 所示。图中，最佳判决门限值为

$$r_0 = \frac{1}{2}(E_1 - E_2) + \frac{n_0}{2}\ln\frac{P(s_2)}{P(s_1)} \quad (9.1.27)$$

由图 9.1.3 看到，完成相关运算的相关器是它的关键部件，因此，该结构的接收机常被称为相关接收机。这样，二进制信号判决就是对接收波形 $r(t)$ 作相关运算，然后将运算结果与（最佳）门限值 r_0 相比较，超过 r_0 判决为信号 $s_1(t)$；低于 r_0 判决为信号 $s_2(t)$。

9.1.4 二进制确知信号的相关接收机性能

相关接收机是按最佳判决规则设计的，因此具有最小的差错概率。这个"最小差错概率"表征了最佳接收机的极限性能。

图 9.1.3 所示的相关接收机可用于接收各种二进制确知信号，包括基带信号（单极性码波形、双极性码波形）和频带信号（2ASK、2FSK、2PSK 信号等）。本节仅分析频带信号的相关接收机性能，计算其误码率。

1. 2ASK 信号的相关接收机性能

图 9.1.4 表示用相关接收机对 2ASK 信号进行解调时的原理框图。图中，2ASK 信号为

$$s_{2\text{ASK}}(t) = \begin{cases} s_1(t) = A\cos\omega_c t & \text{发"1"时} \\ s_2(t) = 0 & \text{发"0"时} \end{cases} \quad 0 \leq t \leq T \quad (9.1.28)$$

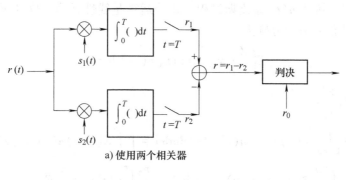

a) 使用两个相关器

b) 使用单独的相关器

图 9.1.3　相关接收机原理框图

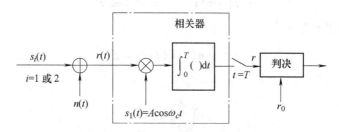

图 9.1.4　2ASK 信号相关接收机框图

设 2ASK 信号在信道传输中受到高斯白噪声 $n(t)$ 的干扰，此加性噪声的均值为 0，双边功率谱密度为 $n_0/2$。于是相关接收机的输入为

$$r(t) = \begin{cases} s_1(t) + n(t) & \text{发"1"时} \\ n(t) & \text{发"0"时} \end{cases} \quad 0 \leq t \leq T \tag{9.1.29}$$

若发送端发 $s_1(t)$，相关器的输入为

$$r(t) = s_1(t) + n(t) \quad 0 \leq t \leq T \tag{9.1.30}$$

则相关器的输出样值 r 为

$$r = \int_0^T r(t) s_1(t) \, dt = \int_0^T [s_1(t) + n(t)] s_1(t) \, dt$$
$$= \int_0^T s_1^2(t) \, dt + \int_0^T n(t) s_1(t) \, dt = E_1 + Z \tag{9.1.31}$$

式中

$$E_1 = \int_0^T s_1^2(t) \, dt = \frac{A^2 T}{2} \tag{9.1.32}$$

是 $s_1(t)$ 在一个码元持续时间 T 内的能量。

$$Z = \int_0^T n(t) s_1(t) \, dt \tag{9.1.33}$$

Z 是一个随机变量。因为 $n(t)$ 是高斯过程,积分运算是线性运算,故 Z 又是一个高斯随机变量,它的条件均值及方差分别为

$$E\left(\frac{Z}{s_1}\right) = \int_0^T s_1(t) E[n(t)] dt = 0 \qquad (9.1.34)$$

$$\begin{aligned}
D\left(\frac{Z}{s_1}\right) &= E\left(\frac{Z^2}{s_1}\right) \\
&= E\left[\int_0^T\int_0^T n(u)s_1(u)n(v)s_1(v) du dv\right] = \int_0^T\int_0^T E[n(u)n(v)]s_1(u)s_1(v) du dv \\
&= \int_0^T\int_0^T \frac{n_0}{2}\delta(u-v)s_1(u)s_1(v) du dv = \frac{n_0}{2}\int_0^T s_1^2(t) dt = \frac{n_0}{2}E_1 \qquad (9.1.35)
\end{aligned}$$

于是,发 $s_1(t)$ 时,r 的一维概率密度函数为

$$f(r/s_1) = \frac{1}{\sqrt{\pi n_0 E_1}} \exp\left[-\frac{(r-E_1)^2}{n_0 E_1}\right] \qquad (9.1.36)$$

当发送 $s_2(t) = 0$ 时,相关器的输入为

$$r(t) = n(t) \qquad 0 \leq t \leq T \qquad (9.1.37)$$

则相关器的输出 r 为

$$r = \int_0^T n(t) s_1(t) dt = Z \qquad (9.1.38)$$

同理可得

$$E\left(\frac{Z}{s_2}\right) = 0 \qquad (9.1.39)$$

$$D\left(\frac{Z}{s_2}\right) = \frac{n_0}{2} E_1 \qquad (9.1.40)$$

于是,发 $s_2(t)$ 时 r 的一维概率密度函数为

$$f(r/s_2) = \frac{1}{\sqrt{\pi n_0 E_1}} \exp\left[-\frac{r^2}{n_0 E_1}\right] \qquad (9.1.41)$$

概率密度函数 $f(r/s_1)$ 及 $f(r/s_2)$ 的曲线如图 9.1.5 所示。由图可见,判决规则应为:当 $r > r_0$ 时判为发 $s_1(t)$;反之判为发 $s_2(t)$。

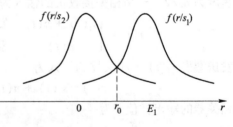

图 9.1.5 概率密度函数 $f(r/s_1)$ 及 $f(r/s_2)$ 的曲线

根据此判决规则,利用图 9.1.5 求出两错判概率分别为

$$P(s_2/s_1) = \int_{-\infty}^{r_0} f(r/s_1) dr = \int_{-\infty}^{r_0} \frac{1}{\sqrt{\pi n_0 E_1}} \exp\left[-\frac{(r-E_1)^2}{n_0 E_1}\right] dr \qquad (9.1.42)$$

$$P(s_1/s_2) = \int_{r_0}^{\infty} f(r/s_2) dr = \int_{r_0}^{\infty} \frac{1}{\sqrt{\pi n_0 E_1}} \exp\left[-\frac{r^2}{n_0 E_1}\right] dr \qquad (9.1.43)$$

在发送信号 $s_1(t)$ 与 $s_2(t)$ 等概率出现时,由式(9.1.27)可得最佳门限 $r_0 = E_1/2$,此

时，系统总的误码率为

$$P_e = P(s_1)P(s_2/s_1) + P(s_2)P(s_1/s_2)$$

$$= \int_{-\infty}^{E_1/2} f(r/s_1)\,dr = \int_{-\infty}^{E_1/2} \frac{1}{\sqrt{\pi n_0 E_1}} \exp\left[-\frac{(r-E_1)^2}{n_0 E_1}\right] dr = \frac{1}{2}\text{erfc}\left(\sqrt{\frac{E_1}{4n_0}}\right) \quad (9.1.44)$$

令在一个码元持续时间 T_s 内，2ASK 信号的平均能量 E_b（等概率发送时）为

$$E_b = \frac{E_1 + E_2}{2} = \frac{E_1}{2} \quad (9.1.45)$$

于是

$$P_e = \frac{1}{2}\text{erfc}\left(\sqrt{\frac{E_b}{2n_0}}\right) = Q\left(\sqrt{\frac{E_b}{n_0}}\right) \quad (9.1.46)$$

2. 2FSK 信号的相关接收机性能

有噪声时，2FSK 信号的相关接收机原理框图如图 9.1.6 所示。图中，信道加性噪声 $n(t)$ 是均值为零的高斯白噪声，其双边功率谱密度为 $n_0/2$。

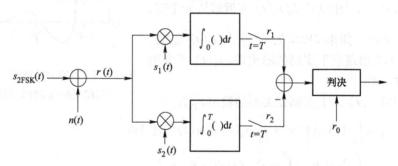

图 9.1.6　2FSK 信号相关接收机原理框图

相位不连续的 2FSK 信号可表示成

$$s_{2\text{FSK}}(t) = \begin{cases} s_1(t) = A\cos\omega_1 t & \text{发 "1" 时} \\ s_2(t) = A\cos\omega_2 t & \text{发 "0" 时} \end{cases} \quad 0 \le t \le T \quad (9.1.47)$$

假设 2FSK 的 $s_1(t)$ 与 $s_2(t)$ 正交。正交 2FSK 是指 2FSK 中 $s_1(t)$ 与 $s_2(t)$ 两信号波形之间的互相关系数 $\rho=0$。两信号波形之间的互相关系数定义为

$$\rho = \frac{\int_0^T s_1(t)s_2(t)\,dt}{\sqrt{E_1 E_2}} \quad (9.1.48)$$

式中，E_1 是信号波形 $s_1(t)$ 的能量，E_2 是信号波形 $s_2(t)$ 的能量。当 $s_1(t)$ 与 $s_2(t)$ 两信号波形具有相同的能量时，式（9.1.48）可简记为

$$\rho = \frac{1}{E_b}\int_0^T s_1(t)s_2(t)\,dt \quad (9.1.49)$$

式中，$E_b = \frac{A^2}{2}T$。

令两载频的频率间隔记 $f_2 - f_1 = 2\Delta f$，则 2FSK 信号的两个载频分别是 $f_1 = f_c - \Delta f$ 和 $f_2 = f_c + \Delta f$，此时两信号波形 $s_1(t)$ 与 $s_2(t)$ 可记为

$$s_1(t) = A\cos(\omega_c - \Delta\omega)t$$
$$s_2(t) = A\cos(\omega_c + \Delta\omega)t$$

将 $s_1(t)$ 及 $s_2(t)$ 代入式 (9.1.49)，得

$$\rho = \frac{2}{T}\int_0^T [\cos(\omega_c t - \Delta\omega t)\cos(\omega_c t + \Delta\omega t)]dt$$

$$= \frac{1}{T}\int_0^T [\cos(2\Delta\omega t) + \cos(2\omega_c t)]dt = \text{Sa}(2\Delta\omega T) + \text{Sa}(\omega_c T)\cos\omega_c T \quad (9.1.50)$$

一般，可满足 $\omega_c T$ 是 π 的整数倍条件，则式 (9.1.50) 中的第二项为 0，所以

$$\rho = \text{Sa}(2\Delta\omega T) = \text{Sa}[2\pi(2\Delta f)T] \quad (9.1.51)$$

根据式 (9.1.51) 画出 ρ 与 $2\Delta f$ 之间的关系曲线，如图 9.1.7 所示。可见，在 $\rho = 0$ 时，表示 $s_1(t)$ 与 $s_2(t)$ 正交，此时两载频的最小频率间隔为 $f_2 - f_1 = \frac{1}{2T}$；若 $f_2 - f_1 \gg R_S = \frac{1}{T}$，则 $s_1(t)$ 与 $s_2(t)$ 可近似认为正交。

在图 9.1.7 中，如果 2FSK 的 $s_1(t)$ 与 $s_2(t)$ 正交，那么 $s_1(t)$ 将不会出现在下支路的输出端，$s_2(t)$ 不会出现在上支路输出端。

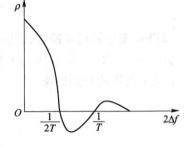

图 9.1.7　2FSK 两信号的互相关系数 ρ 与载频间隔 $2\Delta f$ 之间的关系

若发送端发 $s_1(t)$，上支路相关器的输出 r_1 为

$$r_1 = \int_0^T r(t)s_1(t)dt = \int_0^T [s_1(t) + n(t)]s_1(t)dt$$
$$= \int_0^T s_1^2(t)dt + \int_0^T n(t)s_1(t)dt = E_b + Z_1 \quad (9.1.52)$$

式中，$Z_1 = \int_0^T n(t)s_1(t)dt$ \quad (9.1.53)

下支路相关器的输出 r_2 为

$$r_2 = \int_0^T r(t)s_2(t)dt = \int_0^T [s_1(t) + n(t)]s_2(t)dt$$
$$= \int_0^T s_1(t)s_2(t)dt + \int_0^T n(t)s_2(t)dt = 0 + Z_2 \quad (9.1.54)$$

式中，$Z_2 = \int_0^T n(t)s_2(t)dt$ \quad (9.1.55)

设

$$l = r_1 - r_2 \quad (9.1.56)$$

不难看出 l 是高斯随机变量，它的条件均值及方差分别为

$$E\left(\frac{l}{s_1}\right) = E_b \quad (9.1.57)$$

$$D\left(\frac{l}{s_1}\right) = E\left\{\left[\left(\frac{l}{s_1}\right) - E\left(\frac{l}{s_1}\right)\right]^2\right\} = E\{[Z_1 - Z_2]^2\} \quad (9.1.58)$$

可以证明 Z_1 与 Z_2 是不相关的，由于 Z_1 与 Z_2 均为高斯随机变量，所以 Z_1 与 Z_2 又是统计独立的。此时有

$$D\left(\frac{l}{s_1}\right) = E\{[Z_1 - Z_2]^2\} = E(Z_1^2) + E(Z_2^2)$$

$$= E\left[\int_0^T\int_0^T n(u)s_1(u)n(v)s_1(v)\,\mathrm{d}u\mathrm{d}v\right] + E\left[\int_0^T\int_0^T n(u)s_2(u)n(v)_2(v)\,\mathrm{d}u\mathrm{d}v\right]$$

$$= \frac{n_o E_b}{2} + \frac{n_o E_b}{2} = n_o E_b \tag{9.1.59}$$

于是，发 $s_1(t)$ 时 l 的一维概率密度函数为

$$f(l/s_1) = \frac{1}{\sqrt{2\pi n_0 E_b}}\exp\left[-\frac{(l - E_b)^2}{2n_0 E_b}\right] \tag{9.1.60}$$

同样，可得到发 $s_2(t)$ 时，l 的条件均值、方差及一维概率密度函数分别为

$$E\left(\frac{l}{s_2}\right) = -E_b \tag{9.1.61}$$

$$D\left(\frac{l}{s_2}\right) = n_0 E_b \tag{9.1.62}$$

$$f(l/s_2) = \frac{1}{\sqrt{2\pi n_0 E_b}}\exp\left[-\frac{(l + E_b)^2}{2n_0 E_b}\right] \tag{9.1.63}$$

按照 $l > r_0$ 时应判为发 $s_1(t)$，反之判为发 $s_2(t)$。在先验等概率发送时，最佳判决门限 $r_0 = 0$，则系统总的误码率为

$$P_e = \int_{-\infty}^{0} \frac{1}{\sqrt{2\pi n_0 E_b}}\exp\left[-\frac{(l - E_b)^2}{2n_0 E_b}\right]\mathrm{d}l$$

$$= \frac{1}{2}\mathrm{erfc}\left(\sqrt{\frac{E_b}{2n_o}}\right) \tag{9.1.64}$$

式中，2FSK 信号的平均能量 $E_b = E_1 = E_2$。

强调一点，对于二进制确知信号的相关接收，若发送信号 $s_1(t)$ 和 $s_2(t)$ 是任意两个信号波形，则也要求 $s_1(t)$ 与 $s_2(t)$ 正交。

3. 2PSK 信号的相关接收机性能

在加性高斯白噪声信道条件下的 2PSK 信号相关接收机框图如图 9.1.8 所示。

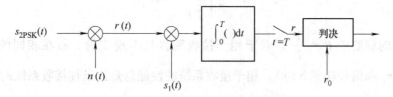

图 9.1.8　2PSK 信号相关接收机框图

发端发送 $s_1(t)$ 时，相关器的输出 r 为

$$r = E_b + Z \tag{9.1.65}$$

式中，$Z = \int_0^T n(t)s_1(t)\mathrm{d}t$ \hfill (9.1.66)

而发送 $s_2(t)$ 时，相关器的输出 r 为

$$r = -E_b + Z \tag{9.1.67}$$

r 是高斯随机变量，它的条件均值及方差分别为

$$E\left(\frac{r}{s_1}\right) = E_b \tag{9.1.68}$$

$$D\left(\frac{r}{s_1}\right) = \frac{n_0 E_b}{2} \tag{9.1.69}$$

$$E\left(\frac{r}{s_2}\right) = -E_b \tag{9.1.70}$$

$$D\left(\frac{r}{s_2}\right) = \frac{n_0 E_b}{2} \tag{9.1.71}$$

则 r 的一维概率密度函数为

$$f(r/s_1) = \frac{1}{\sqrt{\pi n_0 E_b}} \exp\left[-\frac{(r-E_b)^2}{n_0 E_b}\right] \tag{9.1.72}$$

$$f(r/s_2) = \frac{1}{\sqrt{\pi n_0 E_b}} \exp\left[-\frac{(r+E_b)^2}{n_0 E_b}\right] \tag{9.1.73}$$

在 $s_1(t)$ 与 $s_2(t)$ 等概率出现时，最佳门限 $r_0 = 0$，系统总的误码率为

$$P_e = \int_{-\infty}^0 \frac{1}{\sqrt{\pi n_0 E_b}} \exp\left[-\frac{(r-E_b)^2}{n_0 E_b}\right] \mathrm{d}r$$

$$= \frac{1}{2}\mathrm{erfc}\left(\sqrt{\frac{E_b}{n_o}}\right) \tag{9.1.74}$$

式中，2PSK 信号的平均能量 $E_b = E_1 = E_2$。

4. 相关接收与相干接收的性能比较

回顾第 6 章对数字调制系统的性能分析，发现相干接收与相关接收的分析结果在公式的形式上是一样的。相干接收的信号噪声功率比与相关接收的 E_b/n_o 相对应，两者换算的结果是

$$\frac{E_b}{n_o} = \frac{ST}{n_o} = \frac{S}{n_o\left(\frac{1}{T}\right)} = \frac{S}{n_o B} = \frac{S}{N} \tag{9.1.75}$$

显然，这时就要求 $B = \dfrac{1}{T}$，对于相干接收而言是不现实的。故在相同的输入条件下（相同的噪声 n_o 和信号功率 S 时），相干接收系统的性能总是比最佳接收系统的差。

9.1.5 多进制正交确知信号的相关接收

以上较为详细地讨论了二进制确知信号的相关接收机及其性能，现在再来了解多进制确知信号的相关接收。

这里，对 M 进制确知信号做如下假设：M 个发送信号波形 $s_1(t)$，$s_2(t)$，$\cdots$，$s_M(t)$ 具有相等的先验概率、相同的能量，而且它们是正交的，即

$$\int_0^T s_i(t)s_j(t)\mathrm{d}t = \begin{cases} E & i=j \\ 0 & i \neq j \end{cases} \tag{9.1.76}$$

同时，仍假设影响接收性能的只是均值为零的加性高斯白噪声 $n(t)$，则接收波形为

$$r(t) = s_i(t) + n(t) \quad (i=1,2,\cdots,M, 0 \leq t \leq T) \tag{9.1.77}$$

对接收波形 $r(t)$ 使用包含 M 个相关器的相关接收机来接收，如图 9.1.9 所示。它把 $r(t)$ 转换为 M 个相关器输出序列 r_i（$i=1,2,\cdots,M$），每个相关器输出均由与接收信号的相关运算得到

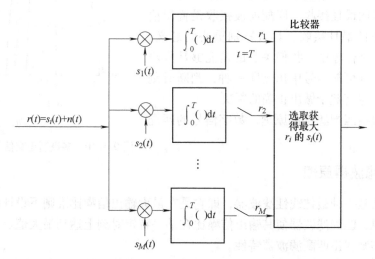

图 9.1.9　M 进制正交确知信号时的最佳接收机结构

$$r_i = \int_0^T r(t)s_i(t)\mathrm{d}t \quad i=1,2,\cdots,M \tag{9.1.78}$$

利用对二进制时的讨论结果［见式（9.1.26）］，这时的判决规则可写成

若 $\int_0^T r(t)s_i(t)\mathrm{d}t > \int_0^T r(t)s_j(t)\mathrm{d}t$　$i,j=1,2,\cdots,M; i \neq j$，则判为 s_i 出现　(9.1.79)

因此，最小化差错概率的判决规则就是选择波形 $s_i(t)$，使之与 $r(t)$ 有最大的相关性。即选择 $s_i(t)$，使其对应于最大的 r_i。

据此可以计算出该 M 进制系统的最佳误码率性能。计算过程较为烦琐，仅给出计算结果为

$$P_e = 1 - \frac{1}{\sqrt{2\pi}} \int_{-\infty}^{\infty} \left[\int_{-\infty}^{y+\left(\frac{2E}{n_0}\right)^{1/2}} \frac{1}{\sqrt{2\pi}} \mathrm{e}^{-\frac{x^2}{2}} \mathrm{d}x \right]^{M-1} \mathrm{e}^{-\frac{y^2}{2}} \mathrm{d}y \tag{9.1.80}$$

式中，M 为进制数；E 为 M 进制码元能量；n_0 为单边噪声功率谱密度。由于一个 M 进制码元中含有的比特数 $k=\log_2 M$，故每个比特的能量为

$$E_b = E/\log_2 M \tag{9.1.81}$$

并且每个比特的信噪比为

$$\frac{E_b}{n_0} = \frac{E}{n_0 \log_2 M} = \frac{E}{n_0 k} \tag{9.1.82}$$

图 9.1.10 给出了误码率 P_e 与 E_b/n_0 关系曲线。由此曲线看出,对于给定的误码率,当 k 增大时,需要的信噪比 E_b/n_0 减小。当 k 增大到 ∞ 时,误码率曲线变成一条垂直线;这时只要 $E_b/n_0 = 0.693(-1.6\text{dB})$,就能得到无误码的传输。

9.2 匹配滤波接收机

在加性高斯白噪声信道下,还可以使用匹配滤波器实现数字信号的最佳接收。匹配滤波接收是输出信噪比最大准则下的最佳接收,具有特别重要的意义。比如在二进制数字传输中,我们关心的是能够从噪声中正确地判断两种可能信号中出现哪一种,判断时刻的信噪比越高,越有益于做出正确的判决。

本节内容包括匹配滤波器原理,数字信号的匹配滤波接收法等。

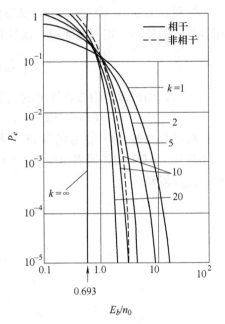

图 9.1.10 多进制正交信号最佳误码率

9.2.1 匹配滤波器原理

匹配滤波器是一种最佳线性滤波器,即它是在最大输出信噪比准则下设计的一个线性滤波器,准确地说,匹配滤波器使其输出信噪比在某一特定时刻上达到最大值。下面,遵循最大输出信噪比准则找出匹配滤波器特性。

设匹配滤波器的传输函数为 $H(\omega)$,冲激响应为 $h(t)$,并将匹配滤波器输入/输出分别记为 $r(t)$ 和 $y(t)$,原理框图如图 9.2.1 所示。图中匹配滤波器输入为

$$r(t) = s(t) + n(t) \tag{9.2.1}$$

式中,$s(t)$ 为匹配滤波器的输入信号波形;$n(t)$ 是零均值高斯白噪声,其双边功率谱密度为 $n_o/2$。

根据线性系统的叠加原理,匹配滤波器的输出 $y(t)$ 为

$$y(t) = s_o(t) + n_o(t) \tag{9.2.2}$$

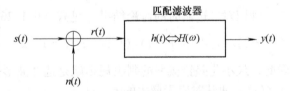

图 9.2.1 匹配滤波器原理框图

其中,输出信号 $s_o(t)$ 的表达式为

$$s_o(t) = \frac{1}{2\pi}\int_{-\infty}^{\infty} H(\omega)S(\omega)e^{j\omega t}d\omega \tag{9.2.3}$$

式中,$S(\omega)$ 是输入信号波形 $s(t)$ 的频谱函数。

输出噪声 $n_o(t)$ 的平均功率 N_o 为

$$N_o = \frac{1}{2\pi}\int_{-\infty}^{\infty} |H(\omega)|^2 \frac{n_o}{2}d\omega = \frac{n_o}{4\pi}\int_{-\infty}^{\infty} |H(\omega)|^2 d\omega \tag{9.2.4}$$

则匹配滤波器在 t_0 时刻的输出信号瞬时功率与噪声平均功率之比为

$$r_o = \frac{|s_o(t_0)|^2}{N_o} = \frac{\left|\frac{1}{2\pi}\int_{-\infty}^{\infty} H(\omega)S(\omega)e^{j\omega t_0}d\omega\right|^2}{\frac{n_o}{4\pi}\int_{-\infty}^{\infty}|H(\omega)|^2 d\omega} \tag{9.2.5}$$

为了寻找一个 $H(\omega)$ 以使 r_o 最大，可将柯西-施瓦茨不等式用于式 (9.2.5) 的分子，有

$$\left|\frac{1}{2\pi}\int_{-\infty}^{\infty} H(\omega)S(\omega)e^{j\omega t_0}d\omega\right|^2 \leqslant \frac{1}{2\pi}\int_{-\infty}^{\infty}|H(\omega)|^2 d\omega \times \frac{1}{2\pi}\int_{-\infty}^{\infty}|S(\omega)e^{j\omega t_0}|^2 d\omega \tag{9.2.6}$$

显见，当 $H(\omega)$ 为

$$H(\omega) = KS^*(\omega)e^{-j\omega t_0} \tag{9.2.7}$$

不等式 (9.2.6) 为等式，此时有最大可能输出信噪比为

$$r_{o\max} = \frac{\frac{1}{2\pi}\int_{-\infty}^{\infty}|S(\omega)|^2 d\omega}{\frac{n_o}{2}} = \frac{2E}{n_o} \tag{9.2.8}$$

式中，$E = \frac{1}{2\pi}\int_{-\infty}^{\infty}|S(\omega)|^2 d\omega$ 是信号 $s(t)$ 的能量。

由此得出结论：在白噪声干扰的背景下，按 $H(\omega) = KS^*(\omega)e^{-j\omega t_0}$ 构造的线性滤波器，将能在给定时刻 t_0 上获得最大的输出信噪比 ($2E/n_o$)。由于该线性滤波器的传输特性与输入信号频谱的复共轭相一致，故称其为匹配滤波器。

求式 (9.2.7) 的傅里叶反变换，得匹配滤波器的单位冲激响应 $h(t)$ 为

$$h(t) = \frac{1}{2\pi}\int_{-\infty}^{\infty} H(\omega)e^{j\omega t}d\omega = \frac{1}{2\pi}\int_{-\infty}^{\infty} KS^*(\omega)e^{-j\omega t_0}e^{j\omega t}d\omega$$

$$= \frac{K}{2\pi}\int_{-\infty}^{\infty}\left[\int_{-\infty}^{\infty} s(\tau)e^{-j\omega\tau}d\tau\right]^* e^{-j\omega(t_0-t)}d\omega = K\int_{-\infty}^{\infty}\left[\frac{1}{2\pi}\int_{-\infty}^{\infty} e^{j\omega(\tau-t_0+t)}d\omega\right]s(\tau)d\tau$$

$$= K\int_{-\infty}^{\infty} s(\tau)\delta(\tau - t_0 + t)d\tau = Ks(t_0 - t) \tag{9.2.9}$$

由式 (9.2.9) 可见，匹配滤波器的冲激响应是输入信号波形 $s(t)$ 的镜像信号 $s(-t)$ 在时间上平移 t_0。

作为数字信号的接收滤波器，匹配滤波器应该是物理可实现的。对于线性系统，物理可实现的条件是：当 $t < 0$ 时，有 $h(t) = 0$。由式 (9.2.9) 可知，为了满足物理可实现条件要求：

$$s(t_0 - t) = 0, \quad t < 0$$

即
$$s(t) = 0 \quad t > t_0 \tag{9.2.10}$$

式 (9.2.10) 表明，物理可实现的匹配滤波器，其输入信号 $s(t)$ 必须在它输出最大信噪比的出现时刻 t_0 之前消失（等于零）。也就是说，若输入 $s(t)$ 在时刻 t_1 瞬间消失，则只有 $t_0 \geqslant t_1$ 时匹配滤波器才是物理可实现的。一般地，总是希望 t_0 尽量小些，故通常选择 $t_0 = t_1$。

利用式 (9.2.9) 很容易得到匹配滤波器的输出信号波形

$$s_o(t) = s(t) * h(t) = \int_{-\infty}^{\infty} s(\tau)h(t-\tau)d\tau$$

$$= K\int_{-\infty}^{\infty} s(\tau)s(t_0 - t + \tau)d\tau$$

$$= KR_s(t - t_0) \tag{9.2.11}$$

式 (9.2.11) 表明，匹配滤波器的输出信号波形 $s_o(t)$ 是输入信号波形 $s(t)$ 的自相关函数的 K 倍。

【例 9.2.1】 设高斯白噪声的单边功率谱密度为 n_0，试对图 9.2.2 所示的输入信号波形设计一个匹配滤波器。

1）确定最大输出信噪比的时刻；
2）求此匹配滤波器的冲激响应并画出波形；
3）绘制输出信号波形图；
4）求其最大输出信噪比。

解： 1）由于信号 $s(t)$ 在 $t=T$ 时刻结束，因此最大输出信噪比的出现时刻 $t_0 \geq T$。

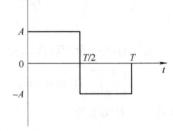

图 9.2.2 输入信号波形

2）取 $t_0 = T$，$K=1$，则匹配滤波器的冲激响应为

$$h(t) = s(T-t) = \begin{cases} -A & 0 \leq t \leq \dfrac{T}{2} \\ A & \dfrac{T}{2} < t \leq T \\ 0 & \text{其他 } t \end{cases}$$

其波形如图 9.2.3 所示。

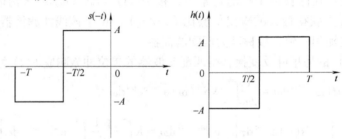

图 9.2.3 匹配滤波器的冲激响应波形

3）

$$s_o(t) = h(t) * s(t) = \begin{cases} -A^2 t & 0 \leq t \leq \dfrac{T}{2} \\ A^2(3t - 2T) & \dfrac{T}{2} < t \leq T \\ A^2(4T - 3t) & T < t \leq \dfrac{3}{2}T \\ A^2(t - 2T) & \dfrac{3}{2}T < t \leq 2T \\ 0 & \text{其他 } t \end{cases}$$

由输出波形表达式，可得图 9.2.4 所示的输出波形。

4）由图 9.2.2 很容易求得信号 $s(t)$ 的能量 $E = \int_{-\infty}^{\infty} s^2(t) \mathrm{d}t = A^2 T$，于是最大输出信噪比为

$$r_{o\max} = \frac{2E}{n_o} = \frac{2A^2 T}{n_o}$$

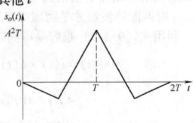

图 9.2.4 输出波形

9.2.2 二进制确知信号的匹配滤波接收

1. 匹配滤波接收机结构

对于二进制信号,利用匹配滤波器构成的最佳接收机原理框图如图 9.2.5 所示。图中有两个匹配滤波器,分别匹配二进制数字信号中的两个不同波形 $s_1(t)$ 和 $s_2(t)$。在采样时刻对采样值进行

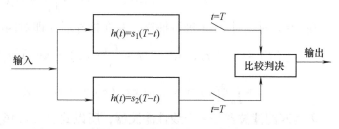

图 9.2.5 利用匹配滤波器构成的最佳接收机原理框图

比较判决,哪个匹配滤波器的输出采样值大,就判决哪个为输出。

2. 对接收波形的透明性

在分析匹配滤波器的工作原理时,对于信号波形从未涉及,也就是说最大输出信噪比和信号波形无关,只取决于信号能量 E 与噪声功率谱密度 n_o 之比,所以这种匹配滤波法对于任何一种数字信号波形都适应,不论是数字基带信号还是频带信号。

3. 匹配滤波接收机性能

这里以双极性数字基带信号为例,分析匹配滤波接收机性能,即计算误码率。

(1) 分析模型

图 9.2.6 为双极性基带信号在信道加性高斯白噪声 $n(t)$ 的干扰下,利用匹配滤波器进行最佳接收的接收机框图。图中,在一个码元持续时间 T 内,双极性基带信号可表示为

$$s(t) = \begin{cases} s_1(t) = A & \text{发"0"时} \\ s_2(t) = -A & \text{发"1"时} \end{cases} \quad 0 \leq t \leq T \tag{9.2.12}$$

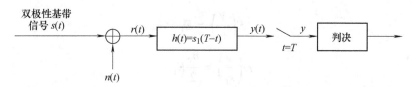

图 9.2.6 双极性基带信号的匹配滤波接收机框图

信道噪声 $n(t)$ 的均值为零、双边功率谱密度为 $n_o/2$。并假设匹配滤波器的冲激响应 $h(t)$ 与 $s_1(t)$ 匹配,即

$$h(t) = s_1(T - t) \quad 0 \leq t \leq T \tag{9.2.13}$$

(2) 计算误码率(即平均错判概率)

二进制系统的误码率计算式为

$$P_e = P(s_1)P(s_2/s_1) + P(s_2)P(s_1/s_2)$$

式中,$P(s_2/s_1)$ 是发 $s_1(t)$ 错判为 $s_2(t)$ 的概率(错判概率);$P(s_1/s_2)$ 是发 $s_2(t)$ 错判为 $s_1(t)$ 的错判概率;$P(s_1)$ 和 $P(s_2)$ 分别是发 $s_1(t)$ 的概率(先验概率)和发 $s_2(t)$ 的概率。

1) 分别求出发送 $s_1(t)$ 和 $s_2(t)$ 时,样值 y 的概率密度函数 $f(y/s_1)$ 及 $f(y/s_2)$。

发 $s_1(t)$ 时,接收波形 $r(t)$ 为

$$r(t) = s_1(t) + n(t) \quad 0 \leq t \leq T \tag{9.2.14}$$

于是，匹配滤波器的输出 $y(t)$ 为

$$y(t) = \int_0^t r(\tau) h(t-\tau) \mathrm{d}\tau = \int_0^t r(\tau) s_1(T-t+\tau) \mathrm{d}\tau \tag{9.2.15}$$

在 $t=T$ 时刻对 $y(t)$ 进行抽样，并在抽样后立即对匹配滤波器清零，抽样值 $y(T)$ 为

$$y(T) = y = \int_0^T r(\tau) s_1(\tau) \mathrm{d}\tau = \int_0^T [s_1(\tau) + n(\tau)] s_1(\tau) \mathrm{d}\tau$$

$$= \int_0^T s_1^2(\tau) \mathrm{d}\tau + \int_0^T n(\tau) s_1(\tau) \mathrm{d}\tau = E_1 + Z \tag{9.2.16}$$

因为匹配滤波器是一个线性滤波器，所以式（9.2.16）的第一项 E_1 便是 y 中信号分量的抽样值，它是信号 $s_1(t)$ 在一个码元持续时间 T 内的能量；而式（9.2.16）中的 $Z = \int_0^T n(t) s_1(t) \mathrm{d}t$ 是一个随机变量。前面已假定 $n(t)$ 是高斯过程，积分运算是线性运算，故 Z 是一个高斯随机变量，它的条件均值及方差分别为

$$E\left(\frac{Z}{s_1}\right) = \int_0^T s_1(t) E[n(t)] \mathrm{d}t = 0 \tag{9.2.17}$$

$$D\left(\frac{Z}{s_1}\right) = E\left(\frac{Z^2}{s_1}\right) = E\left[\int_0^T \int_0^T n(u) s_1(u) n(v) s_1(v) \mathrm{d}u \mathrm{d}v\right]$$

$$= \int_0^T \int_0^T E[n(u) n(v)] s_1(u) s_1(v) \mathrm{d}u \mathrm{d}v = \int_0^T \int_0^T \frac{n_0}{2} \delta(u-v) s_1(u) s_1(v) \mathrm{d}u \mathrm{d}v$$

$$= \frac{n_0}{2} \int_0^T s_1^2(t) \mathrm{d}t = \frac{n_0}{2} E_1 \tag{9.2.18}$$

由式（9.2.16）可知，匹配滤波器输出抽样值 y 也是一个高斯随机变量，其条件均值及方差分别为

$$E\left(\frac{y}{s_1}\right) = E_1 \tag{9.2.19}$$

$$D\left(\frac{y}{s_1}\right) = \frac{n_0}{2} E_1 \tag{9.2.20}$$

发 $s_1(t)$ 时，y 的一维概率密度函数为

$$f(y/s_1) = \frac{1}{\sqrt{\pi n_0 E_1}} \exp\left[-\frac{(y-E_1)^2}{n_0 E_1}\right] \tag{9.2.21}$$

同理，当发送端发 $s_2(t)$ 时，样值 y 为

$$y = -E_1 + Z \tag{9.2.22}$$

y 的条件均值及方差为

$$E\left(\frac{y}{s_2}\right) = -E_1 \tag{9.2.23}$$

$$D\left(\frac{y}{s_2}\right) = \frac{n_0}{2} E_1 \tag{9.2.24}$$

发 $s_2(t)$ 时，y 的一维概率密度函数为

$$f(y/s_2) = \frac{1}{\sqrt{\pi n_0 E_1}} \exp\left[-\frac{(y+E_1)^2}{n_0 E_1}\right] \tag{9.2.25}$$

概率密度函数 $f(y/s_1)$ 及 $f(y/s_2)$ 如图 9.2.7 所示。

2) 制定判决规则，计算错判概率 $P(s_2/s_1)$ 和 $P(s_1/s_2)$。

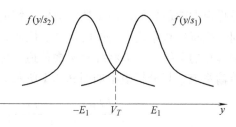

图 9.2.7 概率密度函数 $f(y/s_1)$ 及 $f(y/s_2)$

由图 9.2.7 可得如下判决公式：当 $y > V_T$ 时应判为 $s_1(t)$，反之判为 $s_2(t)$。根据此判决规则，发 $s_1(t)$ 错判为 $s_2(t)$ 的概率为

$$P(s_2/s_1) = P(y < V_T) = \int_{-\infty}^{V_T} f(y/s_1) \mathrm{d}y = \int_{-\infty}^{V_T} \frac{1}{\sqrt{\pi n_0 E_1}} \exp\left[-\frac{(y-E_1)^2}{n_0 E_1}\right] \mathrm{d}y \quad (9.2.26)$$

同理，发 $s_2(t)$ 错判为 $s_1(t)$ 的概率为

$$P(s_1/s_2) = P(y > V_T) = \int_{V_T}^{\infty} f(y/s_2) \mathrm{d}y = \int_{V_T}^{\infty} \frac{1}{\sqrt{\pi n_0 E_1}} \exp\left[-\frac{(y+E_1)^2}{n_0 E_1}\right] \mathrm{d}y \quad (9.2.27)$$

3) 当发送 $s_1(t)$ 的先验概率为 $P(s_1)$，发送 $s_2(t)$ 的先验概率为 $P(s_2)$ 时，系统总的误码率可表示为

$$\begin{aligned} P_e &= P(s_1)P(s_2/s_1) + P(s_2)P(s_1/s_2) \\ &= P(s_1)\int_{-\infty}^{V_T} f(y/s_1)\mathrm{d}y + P(s_2)\int_{V_T}^{\infty} f(y/s_2)\mathrm{d}y \end{aligned} \quad (9.2.28)$$

4) 最佳判决门限下的总误码率。

式 (9.2.28) 表明，误码率的大小与判决门限值 V_T 有关。为求得最佳门限，令 $\dfrac{\mathrm{d}P_e}{\mathrm{d}V_T} = 0$，有

$$P(s_1)f(V_T/s_1) - P(s_2)f(V_T/s_2) = 0 \quad (9.2.29)$$

解式 (9.2.29) 可求得最佳判决门限值为

$$V_T = \frac{n_0}{2}\ln\frac{P(s_2)}{P(s_1)} \quad (9.2.30)$$

先验等概率发送，即 $P(s_1) = P(s_2) = \dfrac{1}{2}$ 时，最佳判决门限值 $V_T = 0$。于是

$$P_e = \int_{-\infty}^{0} f(y/s_1)\mathrm{d}y = \int_{-\infty}^{0} \frac{1}{\sqrt{\pi n_0 E_1}} \exp\left[-\frac{(y-E_1)^2}{n_0 E_1}\right]\mathrm{d}y = \frac{1}{2}\mathrm{erfc}\left(\sqrt{\frac{E_1}{n_0}}\right) \quad (9.2.31)$$

需要特别强调的是，利用匹配滤波器进行数字信号接收时，具有与相关接收机相同的最佳性能。这是因为，式 (9.2.16) 表示在 $t = T$ 时刻匹配滤波器输出 $y(t)$ 的采样样值 $y = \int_0^T r(t)s_1(t)\mathrm{d}t$，是输入 $r(t)$ 与 $s_1(t)$ 作相关运算，所以匹配滤波法和相关接收法完全等效，都是最佳接收方法。

9.3 最佳基带传输系统

本章前面所讨论的内容是在信道加性高斯白噪声干扰下的数字信号的最佳接收，是抗信道噪声性能最佳的。由于数字通信系统的误码率受信道随机噪声和码间干扰的双重影响，码间干扰将导致系统误码率的增加。因此，一个最佳通信系统应该是无码间干扰且抗噪声性能最理想的系统。本节将综合考虑信道加性噪声干扰及码间干扰这两方面因素，研究最佳基带传输系统，其分析模型如图 9.3.1 所示。

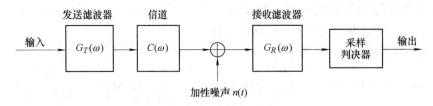

图 9.3.1　最佳基带传输系统分析模型

首先解决如何消除码间干扰的问题。设基带系统总特性 $H(\omega)$ 为

$$H(\omega) = G_T(\omega) C(\omega) G_R(\omega) \tag{9.3.1}$$

式中，$G_T(\omega)$、$C(\omega)$ 和 $G_R(\omega)$ 分别表示发送滤波器、信道和接收滤波器的传输函数。

假定信道是理想信道，即它的特性 $C(\omega) = 1$ 或常数。通常，当信道的通频带比信号频谱宽得多，以及信道经过精细均衡时，它就将近似具有"理想信道特性"。

当 $C(\omega) = 1$ 时，基带系统的传输总特性 $H(\omega)$ 变成

$$H(\omega) = G_T(\omega) G_R(\omega) \tag{9.3.2}$$

第 5 章已经指出，若 $H(\omega)$ 符合奈奎斯特第一准则的要求，可消除码间干扰。接下来需要解决的另一个问题是，在理想信道下，发送滤波器 $G_T(\omega)$ 和接收滤波器 $G_R(\omega)$ 应具备怎样的特性，才能构成最佳基带传输系统。

在加性高斯白噪声干扰下，为使系统达到极限性能，就要求接收滤波器特性 $G_R(\omega)$ 与输入信号的频谱共轭匹配。因为 $G_T(\omega)$ 也是发送信号波形的信道信号形成器的特性，故 $G_T(\omega)$ 正是接收滤波器的输入信号频谱。于是有

$$G_R(\omega) = G_T^*(\omega) \mathrm{e}^{-\mathrm{j}\omega t_0} = |G_R(\omega)| \mathrm{e}^{-\mathrm{j}\omega t_R} \tag{9.3.3}$$

式中，t_T、t_R 分别是发送滤波器和接收滤波器引入的时延，而时延 $t_0 = t_T + t_R$。

将式（9.3.3）代入式（9.3.2），得

$$H(\omega) = G_T(\omega) G_R(\omega) = |G_T(\omega)|^2 \mathrm{e}^{-\mathrm{j}\omega t_0} \tag{9.3.4}$$

显然 $|H(\omega)| = |G_T(\omega)|^2$，或者

$$|G_T(\omega)| = |G_R(\omega)| = |H(\omega)|^{1/2} \tag{9.3.5}$$

综上所述，如果在理想限带信道情况下，既要使接收端采样时刻的样值无码间干扰，又要使得在采样时刻样值的信噪比最大，那么 $G_T(\omega)$ 和 $G_T(\omega)$ 应与 $H(\omega)$ 建立下列关系

$$G_R(\omega) = \sqrt{|H(\omega)|} \mathrm{e}^{-\mathrm{j}\omega t_R} \tag{9.3.6}$$

$$G_T(\omega) = \sqrt{|H(\omega)|} \mathrm{e}^{-\mathrm{j}\omega t_T} \tag{9.3.7}$$

虽然本节仅讨论了理想信道下的最佳基带传输系统，但是，其分析方法也同样适用于最佳频带传输系统。受篇幅限制，对于最佳频带传输系统不再做单独的阐述。

思 考 题

9-1　最佳接收的基本思想是什么？有几个基本准则？各自是如何实施的？

9-2 什么是似然比准则？什么是最大似然准则？

9-3 试画出二进制确知信号的相关接收框图。最佳判决门限值应该等于多少？

9-4 相干接收与相关接收有何不同？

9-5 如何才能使实际接收机的误码性能达到最佳接收机的水平？

9-6 匹配滤波器的匹配条件有哪些？为什么能输出最大信噪比？

9-7 试述匹配滤波器的物理可实现条件。

9-8 相关器和匹配滤波器如何才能等效？

9-9 什么是最佳基带传输系统？理想信道下的最佳基带传输系统应满足哪些条件？

习 题

9-1 已知 2FSK 信号在信道传输中，受到双边功率谱密度为 $n_o/2$ 的加性高斯白噪声 $n(t)$ 的干扰，其相关接收机框图如题图 9-1 所示。假设 2FSK 中两信号波形 $s_1(t)$ 与 $s_2(t)$ 等概率出现且相互正交。试证明两个相关器输出 r_1 和 r_2 中包含的噪声分量 Z_1 与 Z_2 是不相关的。

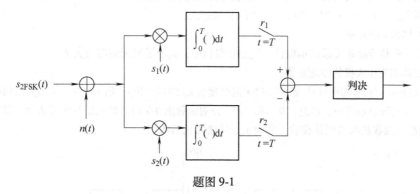

题图 9-1

9-2 设二进制确知信号的相关接收机判决规则为：若

$$\int_0^T [r(t) - s_1(t)]^2 dt - \int_0^T [r(t) - s_2(t)]^2 dt < n_0 \ln \frac{P(s_1)}{P(s_2)}$$

则判为 s_1 出现；反之，则判为 s_2 出现。假定发送信号 $s_i(t)$（$i=1,2$）受到信道加性高斯白噪声 $n(t)$ 的干扰，$n(t)$ 的双边功率谱密度为 $n_0/2$。

1) 画出接收机的原理框图；

2) 试证明在先验等概率发送情况下，接收机的误码率为 $P_e = \frac{1}{2} \text{erfc}\left(\frac{d}{2\sqrt{n_o}}\right)$（式中，欧氏距离 $d = \left\{\int_0^T [s_1(t) - s_2(t)]^2 dt\right\}^{\frac{1}{2}}$）。

9-3 通常用互相关系数 $\rho = \dfrac{\int_0^T s_1(t) s_2(t) dt}{\sqrt{E_1 E_2}}$ 表征信号 $s_1(t)$ 与 $s_2(t)$ 之间的相似性。设两信号 $s_1(t)$ 和 $s_2(t)$ 具有相等的能量。

1) 试用相关系数 ρ 替代习题 9-2 误码率公式 P_e 中的欧氏距离 d，并讨论 ρ 对 P_e 的影响。

2) 求 2PSK 系统的平均码元能量 E_b、两信号波形的相关系数 ρ 以及相关接收时的误码率。

9-4 在题图 9-4 中，2ASK 信号在信道传输中受到双边功率谱密度为 $n_0/2$ 的加性高斯白噪声 $n(t)$ 的干扰。已知 2ASK 的两个信号波形为 $s_1(t) = A\cos\omega_c t$ 和 $s_2(t) = 0$，码元持续时间是 $0 \leqslant t \leqslant T$。设 $s_1(t)$ 和 $s_2(t)$ 等概率出现，E 为 $s_1(t)$ 的能量。

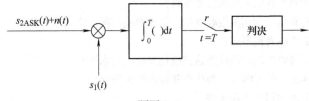

题图 9-4

1)证明发 $s_1(t)$ 时,相关器输出 r 中信号分量的瞬时功率是 E^2,噪声分量的平均功率是 $\dfrac{n_o E}{2}$;

2)写出 r 的条件概率密度函数 $f(r/s_1)$。

9-5 设到达接收机输入端信号为 2PSK 信号,信号持续时间为 $(0,T)$,发"1"时信号波形的能量为 E。接收机输入端的噪声 $n(t)$ 是单边功率谱密度为 n_0 的零均值高斯白噪声。

1)按照最小差错概率准则设计一最佳接收机,并画出其结构框图;

2)分别写出发"1"和发"0"时,采样值 r 的表达式;

3)求出采样值 r 的方差。

9-6 设有一先验等概率发送的单极性二进制基带信号,其非零码元的能量为 E。

1)试画出其相关接收机的原理框图;

2)若接收机输入端的噪声 $n(t)$ 是单边功率谱密度为 n_0 的零均值高斯白噪声,试求其误码率。

9-7 某二进制通信系统中,消息"0"和"1"分别由题图 9-7 所示的两信号波形表示。试回答此信号为什么能够用相关接收机实现最佳接收,并画出最佳接收机结构。

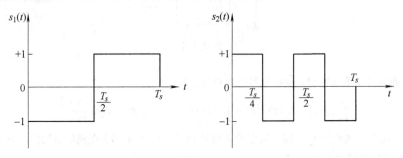

题图 9-7

9-8 设匹配滤波器输入信号 $S(t) = \begin{cases} 1 & \dfrac{T}{2} \leq t \leq T \\ 0 & t < \dfrac{T}{2},\ t > T \end{cases}$,输入白噪声的双边功率谱密度为 $n_0/2$。

1)画出匹配滤波器的冲激响应 $h(t)$;

2)什么时间输出信噪比最大?并求出最大输出信号噪声功率比 r_{omax}。

9-9 某基带传输系统传送的数字序列波形如题图 9-9 所示,图中 T 为码元间隔。信号 $s(t)$ 在信道传输过程中受到双边功率谱密度为 $n_0/2$ 的白噪声干扰。若采用匹配滤波器接收,试画出匹配滤波器单位冲激响应 $h(t)$ 的波形,求出最大输出信噪比 r_{omax}。

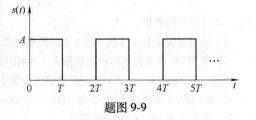

题图 9-9

9-10 用匹配滤波器实现的最佳接收机框图如题图

9-10 所示，图中，二进制数字信号的两个波形分别为 $s_1(t)$ 和 $s_2(t)$，噪声 $n(t)$ 的双边功率谱密度为 $n_0/2$，试计算匹配滤波器的输出信号瞬时功率与噪声平均功率之比。

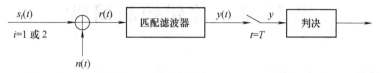

题图 9-10

9-11 已知接收机的输入信号 $s_i(t)$ 如题图 9-11 所示。设信道噪声 $n(t)$ 是数学期望为 0、双边功率谱密度为 $n_0/2$ 的高斯白噪声，$s_1(t)$ 和 $s_2(t)$ 等概率出现。

1) 试画出用匹配滤波器实现最佳接收的框图，并指出匹配滤波器的冲激响应 $h(t)$；

2) 求发 $s_1(t)$ 条件下，采样瞬时值 y 中信号分量的幅度及功率、噪声分量的平均功率。

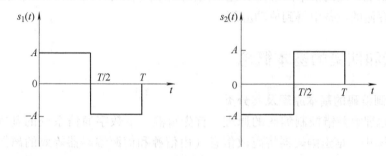

题图 9-11

9-12 设一双极性基带信号 $s_i(t)$ $(i = 1, 2)$ 在信道传输中，受到双边功率谱密度为 $n_0/2$ 的加性高斯白噪声 $n(t)$ 的干扰。采用匹配滤波接收机进行最佳接收，匹配滤波器的冲激响应 $h(t)$ 为

$$h(t) = s_2(t) = \begin{cases} -A & 0 \leq t \leq \dfrac{T_s}{2} \\ A & \dfrac{T_s}{2} < t \leq T_s \\ 0 & 其他\, t \end{cases}$$

1) 试画出最佳接收机框图；

2) 画出 $s_1(t)$ 的信号波形；

3) 写出发 $s_1(t)$ 条件下，采样时刻样值 y 表达式；

4) 证明 y 中信号分量的瞬时功率是 $(A^2 T_s)^2$，y 中噪声分量的平均功率是 $\dfrac{n_0 A^2 T_s}{2}$。

9-13 一理想信道下的最佳基带传输系统，为了保证接收采样点上无码间干扰，其传输总特性 $H(\omega) = G_T(\omega) G_R(\omega)$ 设计成幅度滚降特性，如题图 9-13 所示。

1) 写出发送滤波器 $G_T(\omega)$ 的表达式；

2) 若信号在传输过程中受到加性白噪声干扰，其双边功率谱密度为 $n_0/2$，试计算在采样时刻的噪声平均功率。

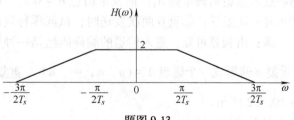

题图 9-13

第10章 差错控制编码

差错控制编码主要用于实现信道纠错,因此又称为纠错编码或信道编码。由于信道固有的噪声和信道特性不理想,信号在经过信道传输到达通信系统接收端的过程中不可避免地会受到干扰而出现失真,导致传输错误。差错控制编码就是用来检测和纠正这种传输过程中的错码。

最早的差错控制编码主要用于深空通信和卫星通信,随着数字蜂窝电话、数字电视及数字存储设备的出现,编码技术的应用已经不仅仅局限于科研和军事领域,而是逐渐在各种实现信息交流和存储的设备中得到成功应用。

10.1 检错和纠错的基本概念

1. 差错控制编码的基本原理及其分类

为了更好地理解差错控制编码的原理,首先重温一下数字通信系统的基本组成,如图10.1.1所示。图中,信道编码器将离散信息(由信源和信源编码器等效的离散信源)变换成检错码或纠错码,使其具有一定的纠检错能力;信道译码器依据编码规律从接收码中发现或定位传输错误,以实现检错与纠错,进而达到信息可靠传输的目的。

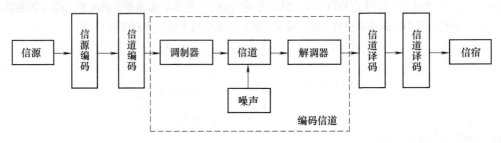

图 10.1.1　数字通信系统的基本组成

下面以简单、直观的重复码为例来说明差错控制编码的基本原理。

【例 10.1.1】　现假定在某二进制编码信道的数字通信中,发送信息 $a=1$ 时,经信道编码后进入信道的码组是 A_1;而发送信息 $a=0$ 时,码组是 A_2。当分别采用:①不重复发送;②重复一次发送;③重复两次发送时,试问哪种发送方式能发现或纠正传输错误?

解: 由题意可知,进入信道的编码码组是一种重复码,所谓重复编码是把每个信息比特 a 重复 n 遍形成一个码组 $A=(a,a,\cdots,a)$。重复码的编码效率仅为 $\dfrac{1}{n}$。重复码示意图如图 10.1.2 所示。

① 不重复发送。

这种发送方式既不能发现更不能纠正错误,因为一旦在传输中发生一个错码,则将变成另一个发送码组,如图 10.1.2a 所示。

② 重复一次发送。

由图 10.1.2b 可见，此时接收端可能收到的码组有：00、11、01 或 10。其中 00 和 11 是发送码组，把它们称作许用码组，而将另两个码组 01 和 10 称作禁用码组。禁用码组是许用码组中发生一个错码造成的。显然，在重复一次发送时，能发现一个错误，但不能纠正。

③ 重复两次发送。

若译码器的译码规则为：如果接收码组中多数比特是"1"，则判定发送是"1"，否则判发"0"。则重复两次发送时，能发现两个错误或纠正一个错误，如图 10.1.2c 所示。

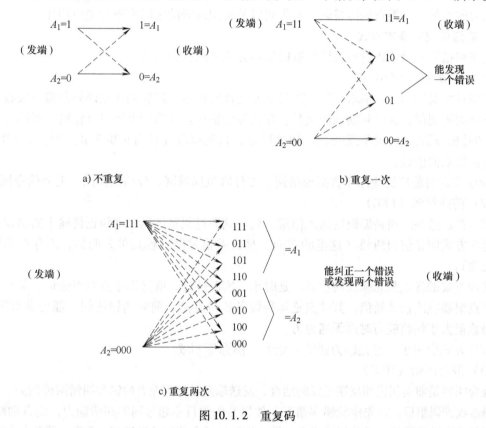

图 10.1.2 重复码

可见，采用在时间上简单重复方式增加人为冗余度，可以提高抗干扰性，这就是纠错编码的基本原理。

从概念上分析差错控制编码的基本原理，可以把纠错能力的获取归结为两条：一是利用冗余度，二是噪声均化。

（1）利用冗余度（多余度）

由发送端的信道编码器在信息码元序列中增加一些冗余码元（又称监督码元），这些冗余码元和信息码元之间有一定的关系，使接收端可以利用这种关系由信道译码器来发现或纠正可能存在的差错。奇偶监督码、汉明码、循环码（包括 CRC 码）和 BCH 码（包括 RS 码）等都属于此类编码。

（2）噪声均化（随机化）

差错控制编码的第二条基本原理是噪声均化，或者说让差错随机化，以便更符合编码定理的条件。噪声均化的基本思想是设法将危害较大的、较为集中的噪声干扰分摊开来，使不可恢复的信息损伤最小。这是因为噪声干扰的危害大小不仅与噪声总量有关，而且与分布有关。举例来说，(7, 4)汉明码能纠正一个错码，假设信道噪声在长度为14个码元（两个码组）上产生两个错码，那么错码的不同分布将产生不同后果。如果两个错码集中在前7个码元（一个码组上），该码组将出错。如果在前7个码元出现一个错码，后7个码元也出现一个错码，则每码组中错码的个数都没有超出其纠错能力范围，这两个码组将全部正确译码。由此可见，噪声均化正是将集中的噪声干扰转换为分散的噪声干扰，达到提高总体差错控制能力的目的。二维奇偶监督码、卷积码以及交织编码的编码原理为噪声均化。

2. 差错控制的基本方式

利用纠错码和检错码进行差错控制的基本方式大致分成三类：

（1）反馈重发（ARQ）

反馈重发又称为自动请求重发。发送端发送检错码组，接收端通过译码器检测接收码组是否符合编码规律，从而判断该码组是否存在传输错误。如果判定码组有错码，则通过反向信道通知发送端将该码组重发一次，如此反复，直到接收端认为正确为止。显然，ARQ方式需要具备双向信道。

ARQ方式目前广泛应用于数据通信网，如计算机局域网、分组交换网、七号信令网等。

（2）前向纠错（FEC）

信息在发送端经纠错编码后送入信道，接收端通过纠错译码自动纠正传输中的错误，这样的运作方式叫作前向纠错（这里的前向，是指差错控制过程是单方向的，不存在差错信息的反馈）。

这种方式的优点是无须反向信道，延时小，实时性好，既适用于点对点通信，又适用于点对多点组播或广播式通信。其缺点是译码设备比较复杂；前向纠错的纠错能力是有限的，当错码数量大于纠错能力时则无能为力。

FEC方式应用于（容错能力强的）语音、图像等领域。

（3）混合纠错（HEC）

混合纠错是前向纠错和反馈重发的结合，发送端发送的码兼有检错和纠错两种能力。接收端译码器收到码组后，首先检验错误情况。如果错码数目不超过码的纠错能力，则自动纠错。如果判断错码数量已超出码的纠错能力，接收端通过反向信道给发送端一个要求重发的信息。

HEC方式的性能及优缺点介于FEC和ARQ之间，误码率低，设备不复杂，实时性和连贯性比较好。

HEC方式在卫星通信、现代移动通信系统中应用较广泛。

从上述三种差错控制的基本方式中不难看出，如何构造出检错码或纠错码是实现差错控制的关键。

3. 信道分类

从差错控制角度看，按接收码元序列中错码分布规律的不同，信道分为：随机信道、突发信道和混合信道。

随机信道又称为无记忆信道。在随机信道中，错码是独立随机出现的。从统计规律看，可以认为这种随机差错是由加性高斯白噪声（AWGN）引起的。太空信道、卫星信道、光缆信道以及大多数视距微波中继信道，均属于这一类型信道。

在突发信道中,错码是成串集中(集中是指在一些短促的时间区间内)出现的。强脉冲干扰、信道中的衰落现象是产生突发差错的主要原因。多径衰落信道是典型突发信道,如电离层传输信道、移动通信信道、对流层传输信道等。突发信道又叫作有记忆信道。

混合信道中既有随机差错也有突发性成串差错。

不同类型的信道,将对传输信息造成不同程度的损伤。传统差错控制编码的设计思路是编码适应信道,即按不同类型的信道,设计相应的差错控制编码。例如,卷积码是针对随机信道设计出的一种纠错编码,而 RS 码适用于突发信道。当然也有例外,如交织编码就没有沿用纠错码适应信道的设计思想。

4. 分组码及其检错纠错能力

分组码是典型的利用冗余度实现差错控制的一种编码。将信息码分组,为每组信息码附加若干冗余码元(这些冗余码元称为监督码元或校验位)的编码集合,称为分组码。在分组码中,监督码元仅监督本码组中的信息码。

分组码是一组固定长度的码组,可表示为 (n, k)。其中 k 是分组码中信息码数目,n 是码组的总位数,又称为码组长度(简称码长),$n - k = r$ 为监督码数目。分组码的结构如图 10.1.3 所示。

(1) 码重、码距和最小码距

在分组码中,通常把码组中非零码元的数目称为

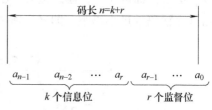

图 10.1.3 分组码结构

该码组的重量,简称码重。而把两个码组对应码位上数字不同的位数定义为码组的距离,简称码距。

下面以码长 $n = 3$ 的二进制分组码为例,解释码距以及编码的最小码距等概念。3 位二进制码共有 8 种可能的组合:000、001、010、011、100、101、110 和 111,该码组集合中的每个码组与三维空间中的一个顶点相对应,如图 10.1.4 所示。从图中看到,两个码组间的码距即为一个顶点沿此立方体的各边到达另一个顶点所经过的最少边数。比如码组 000 和 111 的码距是 3,为图中粗线所示的顶点 000 与 111 之间的一条最短路径。不难验证,该码组集合内各码组间的码距是不相同的,并且码距的最小值是 1。把各个码组间距离的最小值称为这种编码的最小码距,记作 $d_{\min} = 1$。

(2) 编码的纠检错能力

某种编码的最小码距直接关系到这种码的检错和纠错能力。具体地说就是当最小码距 $d_{\min}$ 满足下列条件时,差错一定可纠或可检:

1) 在一个码组内检测 e 个错码,要求最小码距

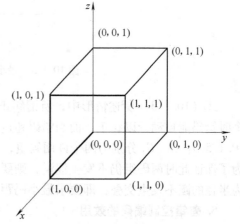

图 10.1.4 码距的几何解释

$$d_{\min} \geq e + 1 \quad (10.1.1)$$

2) 在一个码组内纠正 t 个错码,要求最小码距

$$d_{\min} \geq 2t + 1 \quad (10.1.2)$$

3) 在一个码组内纠正 t 个错码，同时检测 $e(e>t)$ 个错码，要求最小码距

$$d_{\min} \geq t + e + 1 \tag{10.1.3}$$

式（10.1.3）就是前面提到过的混合纠错（HEC）控制方式所能达到的检错和纠错能力。

图 10.1.5 是最小码距与纠检错能力的关系示意图。图 10.1.5a 中 C 表示某码组，当错码数目不超过 e 个时，该码组的位置移动将不超出以它为圆心以 e 为半径的圆（实际上是多维球）。只要其他任何许用码组都不落入此圆内，则 C 发生 e 个错码时就不可能与其他许用码组混淆。这意味着其他许用码组必须位于以 C 为圆心，以 $e+1$ 为半径的圆上或圆外。因此该码的最小码距 $d_{\min}$ 为 $e+1$。图 10.1.5b 中 C_1、C_2 分别表示任意两个许用码组，当各自错码不超过 t 个时，发生错码后两码组的位置移动将各自不超出以 C_1、C_2 为圆心，t 为半径的圆。只要这两个圆不相交，则当错码数小于 t 个时，根据它们落在哪个圆内可以正确地判断为 C_1 或 C_2，即可纠正错误。以 C_1、C_2 为圆心的两圆不相交的最近圆心距离为 $2t+1$，此即纠正 t 个误码的最小码距，即 $d_{\min} \geq 2t+1$。

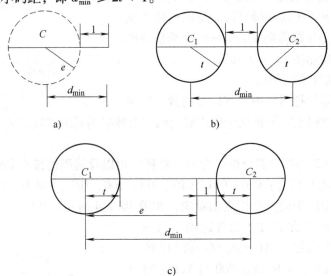

图 10.1.5 最小码距与纠检错能力的关系

式（10.1.3）所述情形中，所谓纠正 t 个错码同时检测 e 个错码，是指当错码不超过 t 个时错码能自动予以纠正，而当错码超过 t 个时则不可能纠正错误但仍可检测 e 个错码。图 10.1.5c 中 C_1、C_2 分别为两个许用码组，在最坏情况下 C_1 发生 e 个错码而 C_2 发生 t 个错码，为了保证此时两码组仍不发生混淆，则要求以 C_1 为圆心 e 为半径的圆必须与以 C_2 为圆心 t 为半径的圆不发生交叠，即要求最小码距 $d_{\min} \geq t + e + 1$。

5. 差错控制编码的效用

这里的效用是指差错控制编码对数字通信系统在可靠性指标上优化的效果。

假设在二进制随机信道中，信道码元错误概率为 p，则在码长为 n 的码组中恰好发生 r 个错码的概率为

$$P_n(r) = C_n^r p^r (1-p)^{n-r} \tag{10.1.4}$$

通常，$p \ll 1$，所以式（10.1.4）又可以表示成

$$P_n(r) \approx \frac{n!}{r!(n-r)!} p^r \qquad (10.1.5)$$

例如，当码长 $n = 7$，$p = 0.001$ 时，有

$P_7(1) \approx np = 7 \times 10^{-3}$（码组中任一位码出错，则整个码组发生错误）

$$P_7(2) \approx \frac{n(n-1)}{2} p^2 = 2.1 \times 10^{-5}$$

$$P_7(3) \approx 35 p^3 = 3.5 \times 10^{-8}$$

比较 $P_7(1)$、$P_7(2)$ 及 $P_7(3)$ 可见，随机信道产生错误的概率以错 1 位为最大。这表明若能够纠正或检测这种码组中的 1、2 个错误，则可以使错误下降几个数量级。因此，自动纠 1 位错的纠错编码，或可以检测 2 位或更多差错的检错编码，具有较大的实际应用价值。

10.2 几种常见的简单检错码

本节介绍一些常用的检错码，这些编码不需要如纠错码般依据数学理论来设计，而是按照某种合理的想法构造出来的。这些编码总有自己的组码规则，凡违背这些规则就检测为错码。由于简单直观、易于实现，又有一定的检错能力，因此得到实际应用。

1. 奇偶监督码

奇偶监督码是一种最简单的检错码，又称奇偶校验码，在计算机数据传输中得到广泛应用。其检错原理如下。

（1）编码

编码规则是：首先将要传送的数据比特（以下称为信息位）分成组，然后将信息位与附加校验比特（以下称为监督位）用模 2 和相加。

1) 偶校验：选择监督位，保证模 2 加结果为 0。

2) 奇校验：选择监督位，保证模 2 加结果为 1。

这种信息位与监督位之间的约束关系可以用公式表示如下：

设码组（字符）长度为 n，表示为 $(a_{n-1} a_{n-2} a_{n-3} \cdots a_0)$，其中前 $n-1$ 为信息位，第 n 位为监督位。

假定是偶校验，发送端编码时，信息位与监督位的约束关系应为

$$a_{n-1} \oplus a_{n-2} \oplus \cdots \oplus a_1 \oplus a_0 = 0 \qquad (10.2.1)$$

即监督位 a_0 由下式决定

$$a_0 = a_{n-1} \oplus a_{n-2} \oplus \cdots \oplus a_1 \qquad (10.2.2)$$

可见，偶校验时应确保编码码组中"1"的个数为偶数。

同理，奇校验时，发送端的约束关系为

$$a_{n-1} \oplus a_{n-2} \oplus \cdots \oplus a_1 \oplus a_0 = 1 \qquad (10.2.3)$$

不难看出，奇偶监督码是 $(n, n-1)$ 线性分组码。

（2）译码

在接收端译码时，只要计算

$$S = a_{n-1} \oplus a_{n-2} \oplus \cdots \oplus a_1 \oplus a_0 \qquad (10.2.4)$$

通常，将式（10.2.4）称为监督关系式，把 S 称为校正子（又称为伴随式）。

对于偶校验，显然当 $S = 0$，就认为无错；若 $S = 1$，就认为有错。对于奇校验，校正子 $S = 1$，是无错；若 $S = 0$，就是有错。

这种奇偶监督码只能发现奇数个错误，而不能检测出偶数个错误，这是因为奇偶监督码的最小码距为 2。

2. 二维奇偶监督码

二维奇偶监督码又称方阵码。它是把上述奇偶监督码的若干码组排列成矩阵，每一码组写成一行，然后再按列的方向增加第二维监督位，如图 10.2.1 所示。图中 $a_0^1 a_0^2 \cdots a_0^m$ 为 m 行奇偶监督码中的 m 个监督位；$c_{n-1} c_{n-2} \cdots c_0$ 为按列进行第二次编码所增加的监督位，它们构成了一监督位行。

$$\begin{matrix} a_{n-1}^1 & a_{n-2}^1 & \cdots & a_1^1 & a_0^1 \\ a_{n-1}^2 & a_{n-2}^2 & \cdots & a_1^2 & a_0^2 \\ \vdots & \vdots & \ddots & \vdots & \vdots \\ a_{n-1}^m & a_{n-2}^m & \cdots & a_1^m & a_0^m \\ c_{n-1} & c_{n-2} & \cdots & c_1 & c_0 \end{matrix}$$

图 10.2.1 二维奇偶监督码

二维奇偶监督码除了能检测出每一行或每一列的奇数个错误外，还能发现不超过 3 个随机错误。能检出 3 个随机错误是因为它们构不成一个偶数矩形，任何错误要么在行校验中可以被发现，要么在列校验中可以被发现（譬如图 10.2.1 中的 a_{n-2}^2，a_1^2，a_{n-2}^m 这 3 个错误就能够被检出；但 4 个位于矩形顶点的错误 a_{n-2}^2，a_1^2，a_{n-2}^m，a_1^m，两两错误合成偶数就检测不出了）。

这种码也适用于检测突发错码。如果图 10.2.1 所示的二维奇偶监督码采用按列的顺序传输的话，则能检长度小于 $m + 2$ 个突发错码。这是因为长度不超过 $m + 1$ 的突发差错至多导致接收端原阵列中每一行有一个错码，恰好在每行的检错能力范围内。这种码实际上是运用了差错控制编码原理中噪声均化的原则。

二维奇偶监督码不仅可用来检错，还可用来纠正一些错码。例如，当码组中仅在一行中有奇数个错误时，则能够确定错码位置，从而纠正它。

3. 等比码

等比码是从长度一定的所有可能二进制码元序列中挑出具有相同重量的序列作为许用码组。在许用码组集合中，"1"的个数与"0"的个数之比相同，故称为等比码或恒比码。我国电传电报通信中普遍采用五单位码共 $2^5 = 32$ 种组合用来表示字母、数字和其他字符，其中数字 0~9 与等比码的对应关系见表 10.2.1。容易看出这种码的最小码距为 2，能发现所有奇数个错误。采用等比码后，可使电传中（汉字是用国标码传输的，每个字用 4 位十进制阿拉伯数字代表）的错字率明显降低。

表 10.2.1 我国五单位电传码

数字	电码	数字	电码
0	01101	5	00111
1	01011	6	10101
2	11001	7	11100
3	10110	8	01110
4	11010	9	10011

在国际电报通用的 ARQ 通信系统中，采用三个"1"、四个"0"的 3∶4 等比码。这种码共有 $C_7^3 = 35$ 个许用码组，分别表示 26 个字母及其他符号。实践证明，应用这类码能使国际电报的误码字率降到 10^{-6} 以下。

10.3 线性分组码

10.3.1 线性分组码的基本概念

(n,k) 线性分组码中的分组是对信息序列的处理方法而言,即编码时将信息序列每 k 位分为一组,编码器对每组的 k 位信息按一定的规律产生 r 个监督码,输出长度为 $n=k+r$ 的码组(码字)。对于分组码,每一码组的 r(即 $n-k$)个监督码仅与本码组的 k 个信息码有关,与其他码组的信息无关。线性分组码中的线性是指码组中监督码与信息码的关系,线性码码组中任一码元都是信息码元的线性组合。下面通过举例来认识和了解线性分组码及其性质。

【例 10.3.1】 (7,4) 二进制线性分组码的输入信息组(又称信息段)是 $m = [m_3 m_2 m_1 m_0]$,编码输出 $A = [a_6 a_5 a_4 a_3 a_2 a_1 a_0]$,已知码组到信息间的映射关系为

$$\text{信息位} \begin{cases} a_6 = m_3 \\ a_5 = m_2 \\ a_4 = m_1 \\ a_3 = m_0 \end{cases}$$

$$\text{监督位} \begin{cases} a_2 = m_3 + m_2 + m_1 \\ a_1 = m_3 + m_2 + m_0 \\ a_0 = m_3 + m_1 + m_0 \end{cases}$$

求输出码组集合(这里,"+"指模 2 加)。

解:将由线性方程组描述的输入/输出码元之间的线性变换关系改写成矩阵形式:

$$A = [m_3 m_2 m_1 m_0] \begin{bmatrix} 1000111 \\ 0100110 \\ 0010101 \\ 0001011 \end{bmatrix} \quad (\text{模 2 加})$$

$$= mG$$

分别令信息组 $[m_3 m_2 m_1 m_0]$ 为 (0000),(0001),…,(1111),代入上面的矩阵算式,不难算得各信息组对应的码组,见表 10.3.1。码长 $n=7$ 的码组有 $2^7 = 128$ 种组合,而 4 位的信息组只有 $2^4 = 16$ 种组合,对应 16 个码组。可见,该 (7,4) 线性分组码仅有 16 个许用码组。

表 10.3.1 (7,4) 线性分组码码组集合

信息位 $a_6 a_5 a_4 a_3$	监督位 $a_2 a_1 a_0$	信息位 $a_6 a_5 a_4 a_3$	监督位 $a_2 a_1 a_0$
0000	000	1000	111
0001	011	1001	100
0010	101	1010	010
0011	110	1011	001
0100	110	1100	001
0101	101	1101	010
0110	011	1110	100
0111	000	1111	111

表 10.3.1 反映出线性分组码所具备的基本性质如下：

1) 一个 (n, k) 线性分组码共有 2^k 个（许用）码组。

2) 对加法满足封闭性，即线性分组码中任意两个码组之和（模 2 加）仍是分组码中的一个码组。

3) 全零码是线性分组码中的一个码组。

4) 线性分组码各码组之间的最小码距，等于除全零码外的码组的最小重量。

10.3.2 生成矩阵及其特性

在例 10.3.1 的编码过程中，核心的因素是矩阵 G，它决定了变换规则，也决定了线性分组码的码组集合。

不失一般性，令 $m_{k-1}\cdots m_1 m_0$ 是一组二进制信息码元，它可看成是一个 $1 \times k$ 的矩阵 $\boldsymbol{m} = [m_{k-1}\cdots m_1 m_0]$，为方便起见，常将 $\boldsymbol{m}$ 写成矢量形式，即 $\boldsymbol{m} = (m_{k-1}\cdots m_1 m_0)$。编码后，输出码组长度增大到 n，通常将码组写成通式 $\boldsymbol{A} = (a_{n-1}\cdots a_1 a_0)$。如果强调码组集合的全部码组，可记为 $\boldsymbol{A}_l = (a_{l(n-1)}\cdots a_{l1} a_{l0})$，$l = 1, 2, \cdots, 2^k$。线性分组码的编码运算可以用由 n 个方程构成的线性方程组来表示，即

$$\begin{cases} a_{n-1} = m_{k-1} g_{(k-1)(n-1)} \cdots + m_1 g_{1(n-1)} + m_0 g_{0(n-1)} \\ \quad\quad\quad\quad \vdots \quad\quad\quad\quad\quad\quad \vdots \quad\quad\quad\quad \vdots \\ a_1 = m_{k-1} g_{(k-1)1} \cdots + m_1 g_{11} + m_0 g_{01} \\ a_0 = m_{k-1} g_{(k-1)0} \cdots + m_1 g_{10} + m_0 g_{00} \end{cases} \quad (10.3.1)$$

线性分组码的编码运算通常用矩阵形式表示，式（10.3.1）的矩阵形式为

$$\begin{aligned} \boldsymbol{A} &= (a_{n-1}\cdots a_1 a_0) \\ &= (m_{k-1}\cdots m_1 m_0) \begin{bmatrix} g_{(k-1)(n-1)} & \cdots & g_{(k-1)1} & g_{(k-1)0} \\ \vdots & & \vdots & \vdots \\ g_{1(n-1)} & \cdots & g_{11} & g_{10} \\ g_{0(n-1)} & \cdots & g_{01} & g_{00} \end{bmatrix} \\ &= \boldsymbol{mG} \end{aligned} \quad (10.3.2)$$

式中，G 称为该码的生成矩阵，是 $k \times n$（k 行 n 列）矩阵

$$\boldsymbol{G} = [g_{k-1}\cdots g_1 g_0]^T = \begin{bmatrix} g_{(k-1)(n-1)} & \cdots & g_{(k-1)1} & g_{(k-1)0} \\ \vdots & & \vdots & \vdots \\ g_{1(n-1)} & \cdots & g_{11} & g_{10} \\ g_{0(n-1)} & \cdots & g_{01} & g_{00} \end{bmatrix} \quad (10.3.3)$$

式中，系数 $g_{ij} \in \{0, 1\}$，$i = k-1, \cdots, 1, 0$；$j = n-1, \cdots, 1, 0$ 表示第 i 个信息元 m_i 对第 j 个码元的影响。如例 10.3.1 中的生成矩阵 G 是 4×7 阶矩阵；G 中系数为 1 表示信息元对码元会产生影响，系数为 0 表示无影响。如 G 中的第 5 列是 $(1110)^T$，表示 $m_3 m_2 m_1$ 对 a_2 产生影响，而 m_0 对 a_2 无影响。

归纳起来，生成矩阵 G 具有以下特性：

1) 线性分组码的每个码组都是生成矩阵 G 各行矢量的线性组合。因为按分块矩阵运算法则将式（10.3.2）展开，可得

$$A = m_{k-1}g_{k-1} + \cdots + m_1g_1 + m_0g_0 \quad (10.3.4)$$

式中，$g_i = [g_{i(n-1)} \cdots g_{i1}g_{i0}]$，$i = k-1, \cdots, 0$，是 G 中第 i 行的行矢量。

在式（10.3.4）中，码组 A 的每个码元与信息码元的线性组合关系为

$$a_j = m_{k-1}g_{(k-1)j} + \cdots + m_1g_{1j} + m_0g_{0j} \quad j = n-1, \cdots, 1, 0 \quad (10.3.5)$$

2）生成矩阵 G 的各行本身就是一个码组，且它们是线性无关的。

由特性1）和2）得到的启示是：如果已有 k 个线性无关的码组，则它们的线性组合就能产生 2^k 个码组所构成的集合。

3）如果生成矩阵 G 具有 $[I_k \vdots Q]$ 的形式，其中 I_k 为 k 阶单位方阵，Q 是 $k \times (n-k)$ 阶矩阵，则称 G 为典型生成矩阵。由典型生成矩阵得出的码组称为系统码。在本章，系统码的码组中前 k 个是信息位，后 $n-k$ 是监督位，如图10.1.3所示。

4）非典型生成矩阵可以通过线性代数中的任何一种初等行变换，得到典型生成矩阵。

10.3.3 监督矩阵及其特性

若将例10.3.1中的监督位线性方程组表示成

$$\begin{cases} a_2 = a_6 + a_5 + a_4 \\ a_1 = a_6 + a_5 + a_3 \\ a_0 = a_6 + a_4 + a_3 \end{cases} \quad (10.3.6)$$

或

$$\begin{cases} a_6 + a_5 + a_4 + a_2 = 0 \\ a_6 + a_5 + a_3 + a_1 = 0 \\ a_6 + a_4 + a_3 + a_0 = 0 \end{cases} \quad (10.3.7)$$

可见，线性分组码码组中码元间的约束关系是线性的。将式（10.3.7）写成矩阵形式

$$\begin{bmatrix} 1110100 \\ 1101010 \\ 1011001 \end{bmatrix} \begin{bmatrix} a_6 \\ a_5 \\ a_4 \\ a_3 \\ a_2 \\ a_1 \\ a_0 \end{bmatrix} = \begin{bmatrix} 0 \\ 0 \\ 0 \end{bmatrix} \quad （模2加） \quad (10.3.8)$$

即

$$HA^T = 0 \quad 或 \quad AH^T = 0 \quad (10.3.9)$$

将 H 称为监督矩阵（又称校验矩阵）。推广到 n 维一般情况，H 是一个 $(n-k) \times n$ 阶矩阵。

监督矩阵 H 的特性如下：

1）线性分组码的任意码组 A 正交于监督矩阵 H 的任意一个行矢量，即

$$AH^T = 0 \quad (10.3.10)$$

式（10.3.10）表明，只要监督矩阵 H 给定，编码时监督码和信息码的关系就完全确定了。

并且在译码时，可以利用这种正交性来判断接收码组是否有错。

2) 监督矩阵 H 的各行是线性无关的。

3) 一个 (n,k) 线性分组码，若要纠正小于等于 t 个错误，则其充要条件是 H 矩阵中任何 $2t$ 列线性无关，由于最小距离 $d_{min}=2t+1$，所以也相当于要求 H 矩阵中任意 $(d_{min}-1)$ 列线性无关。

4) 若 $H=[P \vdots I_r]$，其中 P 是 $r \times k$ 阶矩阵，I_r 为 r 阶单位方阵，则称 H 矩阵为典型阵。

5) 监督矩阵 H 与生成矩阵 G 的关系

对任何线性分组码（系统码或非系统码），总是存在下列关系

$$HG^T=0, GH^T=0 \tag{10.3.11}$$

即监督矩阵 H 的行与生成矩阵 G 的行正交。

只有系统码才有关系

$$Q=P^T \quad \text{或} \quad P=Q^T \tag{10.3.12}$$

这时，生成矩阵 G 与监督矩阵 H 可以互相转换。

10.3.4 编码和译码

1. 系统码的编码

一个二进制 (n,k) 系统线性分组码的编码器，可用 k 级（输入）移存器和连接到移存器适当位置（由分块矩阵 Q 决定）的 $r(r=n-k)$ 个模 2 加法器组成。加法器生成监督位后按顺序暂存在另一个长度为 r 的（输出）移存器中。k 比特信息组移位输进 k 级移存器，加法器计算 r 监督比特，然后先是 k 位信息，紧接着是 r 位监督比特分别从两个移存器中移位输出。

【例 10.3.2】 试画出例 10.3.1 中 $(7,4)$ 线性分组码编码器原理框图。

解： $(7,4)$ 线性分组码编码器需要 4 级输入移存器和 3 个模 2 加法器用于生成 3 位监督位，两者的连接由生成矩阵 G 的分块阵 Q 决定。引用例 10.3.1 中 $(7,4)$ 分组码的生成矩阵，即

$$G=\begin{bmatrix} 1000 & \vdots & 111 \\ 0100 & \vdots & 110 \\ 0010 & \vdots & 101 \\ 0001 & \vdots & 011 \end{bmatrix} = [I_4 \vdots Q]$$

根据矩阵 G 的分块阵 Q，列出监督位线性方程组如下

$$a_2 = m_3 \oplus m_2 \oplus m_1$$
$$a_1 = m_3 \oplus m_2 \oplus m_0$$
$$a_0 = m_3 \oplus m_1 \oplus m_0$$

按上述方程组指示的连接关系得到图 10.3.1 所示的编码器原理框图。

2. 译码

线性分组码的译码是以码组为单位、通过检测收发码组之间的差异来发现或纠正错误的。

(1) 错误图样

设编码器输出码组 $A=(a_{n-1}\cdots a_1 a_0)$，接收端的接收码组 $B=(b_{n-1}\cdots b_1 b_0)$，则由信道干扰引起的收、发码组之间的差异可表示成

$$B = A + E \quad (10.3.13)$$

式中，$E=(e_{n-1}\cdots e_1 e_0)$，当 $e_i=0$ 时，表示该位接收码元无错；若 $e_i=1$，则表示该位接收码元有错。这个错码矢量称为错误图样。

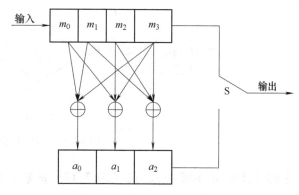

图 10.3.1 (7, 4) 系统线性分组码编码器原理框图

错误图样表征了收发码组之间的差异，因此，虽然事先并不知道发送码组 A，但是，如果译码器能推测出错误图样是 E，那就可以给出译码结果为

$$A = B + E \quad (10.3.14)$$

(2) 校正子与译码

为找出 E，定义校正子（又称伴随式）S 为

$$S = (s_{n-k-1}\cdots s_1 s_0) = BH^T \quad (10.3.15)$$

将式（10.3.14）代入式（10.3.15）中可得

$$S = (A + E)H^T = AH^T + EH^T \quad (10.3.16)$$

利用式（10.3.10）所示码组与监督矩阵的正交性，所以

$$S = EH^T \quad (10.3.17)$$

式（10.3.17）表明，校正子 S 的值只取决于错误图样 E，而与发送什么码组 A 无关。如果想要推测出错误图样是什么，可以从校正子入手，并且，当给定 S 时，可能的错误图样一定是式（10.3.17）的解。

(3) 译码过程

线性分组码的译码过程可描述为

1) 利用式 $S = BH^T$，计算校正子。

① 如果 $S = 0$，则表明接收码组与监督矩阵正交，即 $BH^T = 0$，可断定接收码组就是发送码组。

② 如果 $S \neq 0$，转入步骤 2）。

2) 由校正子 S 求错误图样 E。

① 若 S 与 E 之间一一对应，则可能的错误图样一定是方程 $S = EH^T$ 的解。此时，校正子的组合数目不少于可纠正错误图样的数目（参见例 10.3.3）。

② 若方程 $S = EH^T$ 有多解，则可以运用概率译码的处理方法选择错误图样的估值。

3) 利用关系式 $\hat{A} = B + \hat{E}$，由错误图样估值 $\hat{E}$ 求发送码组估值 $\hat{A}$。

上述译码过程框图如图 10.3.2 所示。

(4) 概率译码

译码过程最关键的是从 S 找到 E。虽然可以通过解式（10.3.17）的线性方程组来求解 E，但要注意，方程组中有 n 个未知数 $e_{n-1}, \cdots, e_1, e_0$，却只有 $n-k$ 个方程，可知方程组

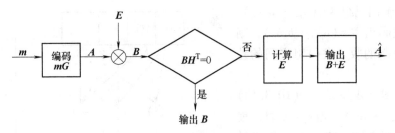

图 10.3.2 译码过程框图

有多解（即解 E 不唯一）。式（10.3.17）的解一共有 2^k 个，记其为 E_0，E_1，…，E_{2^k-1}，由此带来的后果是，由 BH^T 确定 S 后，可能的译码结果也是 2^k 个，它们是 $\hat{A}_0 = B + E_0$，$\hat{A}_1 = B + E_1$，…，$\hat{A}_{2^k-1} = B + E_{2^k-1}$。

那么究竟取哪一个作为错误图样 E 的解呢？这里，介绍一种叫作概率译码的处理方法，它是把所有 2^k 个解的重量（错误图样 E 中 1 的个数）做比较，选择最轻者作为 E 的估值。这种算法的理论根据是：若二进制对称信道（BSC）的差错概率是 p，则长度为 n 的码中错 1 位（对应于 E 中有一个 1 或 E 的重量为 1）的概率是 $p(1-p)^{n-1}$，错 2 位的概率是 $p^2(1-p)^{n-2}$，以此类推。由于 $p \ll 1$，必有

$$p(1-p)^{n-1} \gg p^2(1-p)^{n-2} \gg \cdots \gg p^n \qquad (10.3.18)$$

所以，在 E 的 2^k 个解中取重量最小的 E 时，译码正确的概率最大。由于 $E = B + A$，即收、发码之间的汉明距离，E 重量最小，就是 B 和 A 的距离最小，所以概率译码实际上体现了最小距离译码法则。

10.3.5 汉明码

汉明码是一类能纠正单个随机错误的线性分组码。汉明码具有如下特性：

1）二进制汉明码应满足条件

$$2^{n-k} = 1 + n \qquad (10.3.19)$$

式（10.3.19）的左边为校正子的组合数目，右边是无错传输（毫无疑问仅一种情形）与可纠正错误图样数目（因汉明码纠错能力 $t = 1$，所以 $C_n^t = C_n^1 = n$）之和。因此，汉明码的校正子和可纠正错误图样是一一对应的，即式（10.3.17）中的 S 与 E 之间一一对应。

2）令 $m = n - k$，汉明码 n 和 k 服从关系式：码长 $n = 2^m - 1$，信息位 $k = 2^m - 1 - m$，最小码距 $d_{\min} = 3$ 或 4。当 $m = 3$，4，5，6，7，8，…时，分别有 (7,4)，(15,11)，(31,26)，(63,57)，(127,120)，(255,247)，…。

3）汉明码的编码效率 $\eta = \dfrac{k}{n} = 1 - \dfrac{m}{n}$，当码长 n 很大时，η 接近于 1，所以汉明码是一类高效率的纠错码。

4）n 个单个错误的校正子就是监督矩阵 H 矩阵的每一列。H 矩阵所具有的这种特殊性质，使得能以相对简单的方法来构造汉明码。由于 (n,k) 分组码的监督矩阵 H 是 $(n-k) \times n$ 阶矩阵，可看成是由 n 个 $(n-k) \times 1$ 列矢量组成的。二进制 $n-k$ 重列矢量的全部组合（全零矢量除外）是 $2^{n-k} - 1$ 个，恰好和列矢量数目 $n = 2^m - 1 = 2^{n-k} - 1$ 相等。只要排列所有列，

通过列置换将矩阵 H 转换成系统形式，就可得到相应的生成矩阵 G。

【例 10.3.3】 已知 (7, 4) 汉明码的监督矩阵为

$$H = \begin{bmatrix} 1110100 \\ 1101010 \\ 1011001 \end{bmatrix}$$

1) 试求校正子的组合数目、可纠正错误图样数目。
2) 验证该 (7, 4) 码符合由校正子来指示一位错码位置的要求，并列出校正子与可纠正错误图样的对应关系。
3) 若接收码组是 (1100100)，写出校正子，同时指出发生一位错码的位置。

解：

1) $n = 7$，$k = 4$。校正子的组合数目是 $2^{n-k} = 2^3 = 8$，可纠正错误图样数目为 $n = 7$。

2) 一般来说，如果希望用 $n-k$ 维校正子矢量来指示一位错码的 n 种可能位置，则要求

$$2^{n-k} \geq n + 1 \text{ 或 } 2^{n-k} - 1 \geq n$$

对于码长 $n = 7$ 的编码，为了纠正一位错码，则 $n - k \geq 3$；或者若 $n - k$ 取值为 3，则 $n \leq 7$，显然本例符合由校正子来指示一位错码位置的要求。

利用关系式 $S = EH^T$，可求得校正子与可纠正错误图样的对应关系，见表 10.3.2。

表 10.3.2 校正子与可纠正错误图样的对应关系

校正子 S	可纠正错误图样 E	校正子 S	可纠正错误图样 E
111	1000000	100	0000100
110	0100000	010	0000010
101	0010000	001	0000001
011	0001000	000	0000000

不难看出，将除全零外的其余校正子组合 $[001]^T [010]^T \cdots [111]^T$ 排列起来就是监督矩阵。且排列顺序不同，所得矩阵也就不同，说明 H 矩阵不是唯一的，也不一定是典型的。

3)

$$S = BH^T = [1100100] \begin{bmatrix} 111 \\ 110 \\ 101 \\ 011 \\ 100 \\ 010 \\ 001 \end{bmatrix} = [101]$$

校正子 $S = [101]$ 正好与 H 矩阵第 3 列相同，表明接收码组 B 中，从高位开始第 3 个码元是错码，对应的错误图样 $E = [0010000]$。

10.3.6 缩短码

根据式 (10.3.5)，线性分组码码组中的每个码元都是信息码元 $m_{k-1}, m_{k-2}, \cdots, m_0$ 的线性组合。在生成矩阵一定的条件下，由于信息组中 0 与 1 结构对称、奇偶性对称，因此在二进制 (n, k) 分组码的 2^k 个码组中总有一半码组（2^{k-1} 个）的第一位为 0，而另一半码组的

第一位为 1。在第一位为 0 的码组中，又有一半码组（2^{k-2} 个）的下一位为 0，而另一半为 1，依次类推。于是，若把第一位为 0 的 2^{k-1} 个码组拿出来，去掉第一位的 0，就缩短为长度是 $n-1$ 的码组。若这 2^{k-1} 个缩短码组仍能构成一个码组集合，与长度是 $k-1$ 的信息组一一对应，就可构成一个新的 $(n-1, k-1)$ 码。由于缩短时去掉的是码组第一位的 0，对码组重量没有影响，因此这个 $(n-1, k-1)$ 码的最小距离仍然是 (n, k) 线性分组码的最小距离 $d_{\min}$，此时，称 $(n-1, k-1)$ 码为缩短码。按同样的思路，可得 $(n-2, k-2)$，…，$(n-i, k-i)$ 缩短码。

从生成矩阵的角度看，去掉信息组和码组的第一位，相当于去掉生成矩阵的第 1 行和第 1 列。一般地，若缩短前的生成矩阵是 $k \times n$ 矩阵，则去掉最上边 i 行和最左边 i 列后剩下的 $(k-i) \times (n-i)$ 矩阵就是 $(n-i, k-i)$ 缩短码的生成矩阵 G_s。至于监督矩阵，由于 $(n-i) - (k-i) = n-k$，所以缩短码监督矩阵 H_s 与原监督矩阵 H 相比，行数不变，只是去掉了 H 矩阵的左边 i 列，由 $(n-k) \times n$ 矩阵变为 $(n-k) \times (n-i)$ 矩阵。

由于 $(k-i)/(n-i) < k/n$，缩短码的编码效率总是比原码小。

10.4 循环码

循环码是线性分组码中最重要的一个子类。目前，实用差错控制系统中所使用的线性分组码几乎都是循环码或循环码的子类（如 BCH 码等）。

循环码除了具有线性分组码的所有性质外，还具有一个独特的特点：循环性。循环码的这一外在特点，给循环码的编译码实现带来了便利。所谓循环性是指一个 (n, k) 循环码中每个码组经任意循环移位之后，仍然是一个码组。

表 10.4.1 给出了一种 $(7, 3)$ 循环码的全部码组。其中，全零码组自身形成一个封闭的自我循环，其余码组形成一个周期为 $n=7$ 的循环。可见，循环码是指它的任一码组循环移位后仍然是码组，而不是所有码组都可由一个码组循环而得。事实上，(n, k) 线性分组码的 2^k 个码组，除去全零码（一定有）和全 1 码（有时有）后，一般应是码长 n 的整数倍，除非有的码组本身的循环周期不足 n。由此可推断：循环码中 n 和 k 的取值必然受某种规律的制约，研究循环码必然要研究其构码规律。

表 10.4.1 $(7, 3)$ 循环码的全部码组

码组编号	信息位	编码码组	码组编号	信息位	编码码组
1	000	0000000	5	100	1001011
2	001	0010111	6	101	1011100
3	010	0101110	7	110	1100101
4	011	0111001	8	111	1110010

10.4.1 循环码的多项式描述

1. 码多项式

为了用代数理论的方法研究循环码的特性，经常将循环码表示成码多项式的形式。多项式是码组与代数之间的桥梁。

定义：码组 $A = (a_{n-1}\cdots a_1 a_0)$ 的码多项式表示为

$$T(x) = a_{n-1}x^{n-1} + \cdots + a_1 x + a_0 \qquad (10.4.1)$$

例如，表 10.4.1 中码组 $A = (1100101)$ 其码多项式为 $T(x) = x^6 + x^5 + x^2 + 1$。在码多项式中，$x$ 的幂次指示码元的位置、系数代表码元的取值。因此，并不关心 x 本身的值。

2. 码多项式的按模运算

（1）整数的模运算

若一整数 M 可以表示为

$$\frac{M}{N} = Q + \frac{P}{N} \qquad (0 \leqslant P < N) \qquad (10.4.2)$$

式中，Q 为整数，则在模 N 运算下

$$M \equiv P \quad （模 N, 记为 \bmod N） \qquad (10.4.3)$$

这就是说，在模 N 运算下，一整数 M 等于其被 N 除得之余数。例如，将 14 除以 12，得

$$\frac{14}{12} = 1 + \frac{2}{12}$$

则有

$$14 \equiv 2 \bmod 12$$

（2）多项式的模运算

在码多项式运算中也有类似的按模运算。若任意多项式 $F(x)$ 被 n 次多项式 $N(x)$ 除，得到商式 $Q(x)$ 和一个次数小于 n 的余式 $R(x)$，即

$$\frac{F(x)}{N(x)} = Q(x) + \frac{R(x)}{N(x)} \qquad (10.4.4)$$

或

$$F(x) = N(x)Q(x) + R(x) \qquad (10.4.5)$$

则在模 $N(x)$ 运算下

$$F(x) \equiv R(x) \quad \bmod N(x) \qquad (10.4.6)$$

这里，码多项式系数仍按模 2 运算，即只取值 0 和 1。

【例 10.4.1】 $x^4 + x^2 + 1$ 被 $x^3 + 1$ 除，求余式。

解： 用长除法

$$\begin{array}{r}
x \quad \text{（商式）} \\
x^3 + 1 \overline{\smash{\big)}\, x^4 + x^2 + 1} \\
\underline{x^4 + x } \\
x^2 + x + 1 \quad \text{（余式）}
\end{array}$$

注意，由于在模 2 运算中，用加法代替了减法，故余式不是 $x^2 - x + 1$ 而是 $x^2 + x + 1$。

$$\frac{x^4 + x^2 + 1}{x^3 + 1} = x + \frac{x^2 + x + 1}{x^3 + 1}$$

即

$$x^4 + x^2 + 1 \equiv x^2 + x + 1 \quad \bmod(x^3 + 1)$$

3. 循环码多项式的模运算

把一个码组表示成码多项式的形式后，码的循环特性可表现为一种码多项式的按模

运算。

将码组 $A = (a_{n-1}\cdots a_1 a_0)$ 的循环移位 i 记为

$$A^i = (a_{n-1-i}\cdots a_0 a_{n-1}\cdots a_{n-1-(i-1)}) = (a_{n-1-i}\cdots a_0 a_{n-1}\cdots a_{n-i})$$

则它们各自对应的码多项式分别是

$$T(x) = a_{n-1}x^{n-1} + \cdots + a_1 x + a_0$$

$$T^i(x) = a_{n-1-i}x^{n-1} + \cdots + a_0 x^i + \cdots + a_{n-i}$$

于是有

$$x^i T(x) \equiv T^i(x) \quad \mod(x^n + 1) \tag{10.4.7}$$

证明：将 $T(x)$ 乘以 x^i 得到

$$\begin{aligned}
x^i T(x) &= a_{n-1}x^{n-1+i} + a_{n-2}x^{n-2+i} + \cdots + a_{n-i}x^n + a_{n-1-i}x^{n-1} + \cdots + a_1 x^{1+i} + a_0 x^i \\
&= (a_{n-1}x^{i-1} + \cdots + a_{n+1-i}x + a_{n-i})x^n \\
&\quad + a_{n-1-i}x^{n-1} + \cdots + a_1 x^{1+i} + a_0 x^i \\
&\quad + a_{n-1}x^{i-1} + \cdots + a_{n+1-i}x + a_{n-i} \\
&\quad + a_{n-1}x^{i-1} + \cdots + a_{n+1-i}x + a_{n-i} \\
&= T^i(x) + (a_{n-1}x^{i-1} + \cdots + a_{n+1-i}x + a_{n-i})(x^n + 1) \\
&\equiv T^i(x) \quad \mod(x^n + 1)
\end{aligned}$$

注意，多项式乘以 x 表示左移一位，所以 $xT(x) \mod(x^n + 1)$ 相当于将码组 $T(x)$ 循环移位一次（最高位向最低位循环进位）。

【例 10.4.2】 在表 10.4.1 中，(7,3) 循环码的第 7 个码组 A_7 的码多项式为

$$T(x) = x^6 + x^5 + x^2 + 1$$

请写出 A_7 左循环移位 3 次的码组。

解：$n = 7$, $i = 3$

$$x^i T(x) = x^3(x^6 + x^5 + x^2 + 1) = x^9 + x^8 + x^5 + x^3$$

用长除法求余式

$$\begin{array}{r}
x^2 + x \quad \text{（商式）} \\
x^7 + 1 \overline{\smash{)}\; x^9 + x^8 + x^5 + x^3} \\
\underline{x^9 + x^2} \quad\quad\quad\quad\quad \\
x^8 + x^5 + x^3 + x^2 \\
\underline{x^8 + x} \quad\quad\quad\quad \\
x^5 + x^3 + x^2 + x \quad \text{（余式）}
\end{array}$$

$$x^3 T(x) \equiv x^5 + x^3 + x^2 + x \quad \mod(x^7 + 1)$$

其对应的码组为 0101110，它是表 10.4.1 中第 3 个码组。

由上述分析看出，在循环码理论中，$x^n + 1$ 多项式非常重要。

10.4.2 循环码的生成矩阵与生成多项式

对于表 10.4.1 所给出的 (7, 3) 循环码，按线性分组码生成矩阵特性 2），可得到如下生成矩阵

$$G = \begin{bmatrix} 1011100 \\ 0101110 \\ 0010111 \end{bmatrix}$$

或

$$G = \begin{bmatrix} x^6 + x^4 + x^3 + x^2 \\ x^5 + x^3 + x^2 + x \\ x^4 + x^2 + x + 1 \end{bmatrix} = \begin{bmatrix} x^2(x^4 + x^2 + x + 1) \\ x(x^4 + x^2 + x + 1) \\ x^4 + x^2 + x + 1 \end{bmatrix}$$

$$= \begin{bmatrix} x^2 g(x) \\ x g(x) \\ g(x) \end{bmatrix} \tag{10.4.8}$$

可见，在循环码中，生成矩阵 G 可以由一个元素 $g(x)$ 及其循环移位构成，这个元素称为该 (n,k) 循环码的生成多项式。因此，求循环码生成矩阵 G 可进一步简化为求码的生成多项式 $g(x)$。

1. 循环码生成多项式定义

循环码生成多项式 $g(x)$ 是所有码多项式 $T(x)$ 中除 0 多项式以外，次数最低的码多项式。例如，在表 10.4.1 所给出的 $(7,3)$ 循环码中，第 2 个码组 0010111 对应的码多项式 $x^4 + x^2 + x + 1$ 即为生成多项式。

2. 循环码生成多项式特性

循环码生成多项式 $g(x)$ 具有以下特性：

1）$g(x)$ 的常数项不为零，即 $g(x)$ 的 0 次项是 1。
2）$g(x)$ 是唯一的，即码多项式集合中除 0 多项式以外次数最低的多项式只有一个。
3）$g(x)$ 一定可以整除所有码多项式 $T(x)$，即有

$$T(x) = m(x) g(x) \tag{10.4.9}$$

换句话说，循环码的每一码多项式都是 $g(x)$ 的倍式。这意味着，次数小于 n 次的 $m(x)g(x)$ 一定是码组。强调一点，利用关系式（10.4.9）求出的码组并不一定是系统码。

4）$g(x)$ 的次数是 $(n-k)$。
5）$g(x)$ 是 $(x^n + 1)$ 的一个因子。

3. 循环码的生成矩阵

将式（10.4.8）推广到一般情况，(n,k) 循环码的生成矩阵 G 可以写成

$$G = \begin{bmatrix} x^{k-1} g(x) \\ x^{k-2} g(x) \\ \vdots \\ x g(x) \\ g(x) \end{bmatrix} \tag{10.4.10}$$

式中，生成多项式 $g(x) = x^{n-k} + g_{n-k-1} x^{n-k-1} + \cdots + g_1 x + 1$。

一般来说，直接利用式（10.4.10）求出的码组并不是系统码。

10.4.3 循环码编码

循环码是目前研究的最成熟的一类码。其最引人注目的特点是：首先它可以用线性反馈

移位寄存器很容易地实现其编码和校正子计算；其次由于循环码有许多固有的代数结构，从而可以找到各种简单实用的译码方法，而且性能较好，不但可用于纠正独立的随机错误，也可以用于纠正突发错误。本节分析系统循环码编码原理和编码电路，有关循环码的译码方法放在下一节中介绍。

1. 编码原理

编出所谓的系统循环码，要求码组的前 k 位原封不动地照搬信息位，而后面 $n-k$ 位为监督位，也就是说，希望码多项式具有如下形式

$$T(x) = x^{n-k}m(x) + r(x) \tag{10.4.11}$$

其中，$m(x) = m_{k-1}x^{k-1} + \cdots + m_1 x + m_0$ 为信息码多项式；$r(x)$ 是与码组中 $n-k$ 个监督位相对应的 $n-k-1$ 次多项式，并且是生成多项式 $g(x)$ 除 $x^{n-k}m(x)$ 的余式。

这里需要证明 $T(x) = x^{n-k}m(x) + r(x)$ 是一循环码多项式。

证：用生成多项式 $g(x)$ 除 $x^{n-k}m(x)$，得

$$x^{n-k}m(x) = q(x)g(x) + r(x) \tag{10.4.12}$$

式中，余式 $r(x) = r_{n-k-1}x^{n-k-1} + \cdots + r_1 x + r_0$。

在式（10.4.12）两边同时加上（模2加）余式 $r(x)$，可得

$$x^{n-k}m(x) + r(x) = q(x)g(x) \tag{10.4.13}$$

不难看出，式（10.4.13）是一个小于 n 次的 $g(x)$ 的倍式，由生成多项式特性3)可知 $T(x) = x^{n-k}m(x) + r(x)$ 是一循环码多项式。

2. 编码步骤

根据上述原理，获得一个产生系统循环码的方法，具体步骤如下：

1) 用 x^{n-k} 乘 $m(x)$，以使信息位移至码组的最左边 k 位。

2) 为了得到监督位，用 $g(x)$ 除 $x^{n-k}m(x)$ 得余式 $r(x)$。

3) 编出码组 $T(x) = x^{n-k}m(x) + r(x)$。

3. 编码电路

对于系统循环码，编码方程为 $T(x) = x^{n-k}m(x) + r(x)$，其中 $x^{n-k}m(x)$ 为信息位的移位，故不需要对其进行编码可直接通过编码器；而 $r(x)$ 是 $x^{n-k}m(x)$ 除以 $g(x)$ 的余式，因此，可以用如图10.4.1所示的 $n-k$ 级移位除法电路来实现。

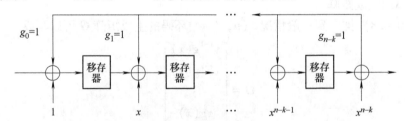

图 10.4.1 移位除法电路

在图10.4.1中，如果被除式 $m(x)$ 由最左端输入，电路做 $m(x)/g(x)$ 的除法运算，如果 $m(x)$ 改由左起第二根线输入，则 $m(x)$ 先乘以 x 再除以 $g(x)$。以此类推，如果由最右边输入，则电路做 $x^{n-k}m(x)/g(x)$ 运算。

【例10.4.3】 用线性反馈移存器实现（7，3）系统循环码。

解：（1）编码器结构

编码时，生成多项式 $g(x)$ 要根据给定的 n 和 k 值选定，这里直接引用例 10.4.1 中（7,3）循环码的生成多项式 $g(x) = x^4 + x^2 + x + 1$，由其决定的编码电路如图 10.4.2 所示。图中，信息位是由移位除法电路最右边输入，相当于被除式 $m(x)$ 乘以 $x^{n-k} = x^4$ 后，再除以 $g(x)$。除法电路的结构由生成多项式 $g(x) = x^4 + x^2 + x + 1$ 来确定。

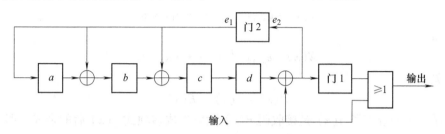

图 10.4.2 （7,3）系统循环码的编码电路

1) 除法电路中移存器个数为 $g(x)$ 的幂次数 $(n-k) = 4$。
2) 移存器输出端有无模 2 加法器取决于 $g(x)$ 中系数 $g_i (i = 0, 1, \cdots, n-k)$ 的值

$$g_i = \begin{cases} 1 & 有 \\ 0 & 无 \end{cases}$$

（2）编码器工作原理

设各级移存器初始化为零（清空移存器）。

1) 门 1 关、门 2 开，当信息位输入时，一方面送入移位除法器进行运算，另一方面直接输出。
2) 当输入完 k 位信息后，门 1 开、门 2 关，移存器中存储的是 $x^{n-k}m(x)$ 被 $g(x)$ 除后的余项。
3) 将余项依次取出，同时清空移存器。

例如，当信息 $m = 110$ 时，输出码组 $A = (1100101)$。编码器工作过程见表 10.4.2。

表 10.4.2 编码器工作过程

输入序列 (m)	时钟节拍	反馈 e_2	移存器内容 ($abcd$)	输出 (f)
0000011	0	0	0000	—
000001	1	1	1110	1 ⎫
00000	2	1	1001	1 ⎬ $f=m$
0000	3	1	1010	0 ⎭
000	4	0	0101	0 ⎫
00	5	0	0010	1 ⎬ $f=e_1$
0	6	0	0001	0 ⎭
—	7	0	0000	1

10.4.4 循环码译码

循环码是线性分组码的一个特殊子类，循环码的译码和线性分组码的译码步骤基本一

致,不过由于循环码的循环特性,使它的译码更加简单易行。

1. 循环码校正子与译码步骤

设发送码多项式为
$$T(x) = a_{n-1}x^{n-1} + \cdots + a_1 x + a_0$$

接收码
$$B(x) = b_{n-1}x^{n-1} + \cdots + b_1 x + b_0$$

错误图样
$$E(x) = e_{n-1}x^{n-1} + \cdots + e_1 x + e_0$$

三者关系为
$$B(x) = T(x) + E(x) \tag{10.4.14}$$

定义循环码的校正子 $S(x)$ 是接收码 $B(x)$ 除以生成多项式 $g(x)$ 后的余式,即
$$S(x) \equiv B(x) \quad \mathrm{mod}\, g(x) \tag{10.4.15}$$

这里, $S(x) = s_{n-k-1}x^{n-k-1} + \cdots + s_1 x + s_0$。

将式(10.4.14)代入式(10.4.15)可得
$$S(x) = B(x) = T(x) + E(x) = m(x)g(x) + E(x) = E(x) \quad \mathrm{mod}\, g(x) \tag{10.4.16}$$

由式(10.4.16)得出一个有用结论:校正子 $S(x)$ 等于模 $g(x)$ 运算下的错误图样 $E(x)$,这表明,校正子 $S(x)$ 与错误图样 $E(x)$ 之间存在某种对应关系。这样,循环码的译码过程可分成以下三步来进行。

1) 由接收码 $B(x)$ 计算校正子 $S(x)$ (用 $g(x)$ 除法电路)。

2) 由校正子 $S(x)$ 求错误图样估值 $\hat{E}(x)$ (用各种译码方法)。

3) 由错误图样估值 $\hat{E}(x)$ 求发送码估值 $\hat{T}(x)$ (用关系式 $\hat{T}(x) = B(x) - \hat{E}(x)$)。

一般而言,译码步骤2)是实现译码的关键也是最困难的一步。虽然有关系式(10.4.16)成立,但是,$S(x)$ 至多是 $n-k-1$ 次多项式,有 2^{n-k} 种可能的组合,而 $E(x)$ 最高为 $n-1$ 次,有 2^n 种可能的组合,显然,从 $S(x)$ 到 $E(x)$ 是一点对多点映射,从 $E(x)$ 到 $S(x)$ 是多点对一点映射。所以从两个多项式"模 $g(x)$"相等并不能推断出两个多项式全等。当然,如果能使 $E(x)$ 的次数低于 $g(x)$ 的次数 $n-k$,那么 $S(x)$ 与 $E(x)$ 模 $g(x)$ 相等就等效于两者全等。

2. 循环码性质与译码思路

循环码具有如下性质:

若 $B(x) = E(x) = S(x) \, \mathrm{mod}\, g(x)$,由于 $g(x) \,|\, (x^n + 1)$,必有
$$xB(x) \, \mathrm{mod}(x^n + 1) = xE(x) \, \mathrm{mod}(x^n + 1) = xS(x) \, \mathrm{mod}\, g(x) \tag{10.4.17}$$

式(10.4.17)的含义是,接收码 $B(x)$ 的循环移位对应于错误图样 $E(x)$ 的循环移位,也对应于其校正子 $S(x)$ 在(循环码的生成多项式)除法电路中一次右移运算。

循环码这一性质表明,错误图样的循环移位 $xE(x) \, \mathrm{mod}(x^n + 1)$ 与校正子 $xS(x)\,\mathrm{mod}\, g(x)$ 这种点对点映射,使得译码器只要识别一个错误图样,就能识别加循环后的同类错误图样,使译码器中错误图样检测电路大为简化。这正是梅吉特译码法的思路。

3. 梅吉特译码法

下面举例说明循环码的梅吉特译码法。

【例 10.4.4】 已知二进制（7，3）循环码生成多项式为 $g(x) = x^4 + x^2 + x + 1$，梅吉特译码电路如图 10.4.3 所示，试说明其译码过程。

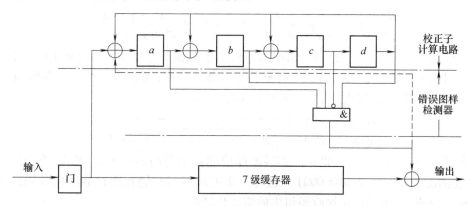

图 10.4.3　（7，3）循环码梅吉特译码电路

解： 图 10.4.3 是与例 10.4.3 相对应的（7，3）循环码译码器。

（7，3）循环码的最小码距 $d_{min} = 4$，故可纠正一位错码。错误图样有 7 个，利用关系式 $S(x) \equiv E(x) \mod g(x)$ 可求得它们与其校正子的对应关系，见表 10.4.3。

表 10.4.3　校正子与错误图样的对应关系

校正子 S（$dcba$）	可纠正错误图样 E	校正子 S（$dcba$）	可纠正错误图样 E
1011	1000000	0100	0000100
1110	0100000	0010	0000010
0111	0010000	0001	0000001
1000	0001000		

4. 梅吉特译码电路的组成

（1）校正子计算电路

校正子计算电路实际上就是一个除法电路，它实现校正子计算和校正子循环移位。

1）计算校正子。当接收码组输入校正子计算电路时算出校正子，即做出如下运算

$$S(x) \equiv B(x) \mod g(x)$$

显然，若接收码 $B(x)$ 等于发送码 $A(x)$，则校正子 $S(x) = 0$。

2）校正子循环移位。梅吉特译码电路逐位纠错过程中，完成校正子的循环移位 $S^i(x) \equiv x^i S(x) \mod g(x)$。

（2）错误图样检测器

根据与门输入的校正子输出纠错信号（等效于输出与校正子对应的错误图样，完成 $xE(x) \mod (x^n + 1)$ 运算）。

（3）模 2 加法器

模 2 加法器实现 $A = B + E$ 的纠错运算。错误图样 E 通过模 2 加法器与存储在缓存器中的接收码 B 相"异或"，来纠正接收码组中的可纠正错误。

5. 梅吉特译码电路工作原理

设发送码组为 1100101，并假定在传输过程中第 2 位码元发生错误，于是接收到的码组

为 1000101。

1) 当接收码组 $B(x) = x^6 + x^2 + 1$ 时，校正子计算电路首先求出校正子

$$\frac{B(x)}{g(x)} = \frac{x^6 + x^2 + 1}{x^4 + x^2 + x + 1} = (x^2 + 1) + \frac{x^3 + x^2 + x}{x^4 + x^2 + x + 1}$$

得校正子 $S(x) = x^3 + x^2 + x$。此时，错误图样检测器的输入为 1110（与校正子计算电路的状态 $dcba$ 相对应），则输出"0"码，对存储在缓存器中接收码组的第 1 位不产生影响。

2) 校正子计算电路完成 $xS(x) \bmod g(x)$ 运算，有

$$\frac{xS(x)}{g(x)} = \frac{x(x^3 + x^2 + x)}{x^4 + x^2 + x + 1} = 1 + \frac{x^3 + x + 1}{x^4 + x^2 + x + 1}$$

得校正子 $S^1(x) = x^3 + x + 1$。此时，错误图样检测器中与门的输入为 1011，输出"1"码（等效于检测出错误图样是 0100000），通过模 2 加法器与存储在缓存器中接收码组第 2 位 "0" 码相"异或"，从而纠正接收码组中的第 2 位错码。

按错误图样检测器的输入/输出逻辑关系，本例中识别的错误图样是 1000000，即当错误图样检测电路的输入校正子为 $S = (1011)$ 时，检测出的错误图样是 $E = (1000000)$。如果错码不发生在接收码的第一位，那么校正子不为 1011，但校正子在模 $g(x)$ 除法电路中经过若干次右移运算后，会再度出现 1011，而这正是发生错码的位置。

10.4.5 缩短循环码

在系统设计中，码长 n、信息位数 k 和纠错能力常常是预先给定的。但是，相对而言，$x^n - 1$ 的因式数目不多，它们所能组合出来的因式次数也是有限的。为了满足实际中对 n 和 k 的多种要求和限制，同一般线性分组码一样，循环码也经常使用缩短码的形式，即缩短循环码。

缩短循环码是在 (n, k) 循环码的 2^k 个码组中挑选出前 i 个信息位均为 0 值的码组（有 2^{k-i} 个这样的码组）作为 $(n-i, k-i)$ 缩短循环码的码组。

【例 10.4.5】 某 (7，4) 循环码的生成矩阵为

$$G = \begin{bmatrix} 1000101 \\ 0100111 \\ 0010110 \\ 0001011 \end{bmatrix}$$

将它缩短为 (5，2) 缩短循环码。

解：利用典型生成矩阵 G 可以产生 (7，4) 系统循环码的整个码组，见表 10.4.4。

表 10.4.4　(7，4) 系统循环码

码组编号	编码码组	码组编号	编码码组
1	0000000	9	1000101
2	0001011	10	1001110
3	0010110	11	1010011
4	0011101	12	1011000
5	0100111	13	1100010
6	0101100	14	1101000
7	0110001	15	1110100
8	0111010	16	1111111

(5，2)码即(7-2，4-2)，由(7，4)码缩短2而来。在表10.4.4中挑选出前2个信息位均为0值的码组，可得(5，2)全部(4个)缩短循环码码组，它们是(00000)、(01011)、(10110)、(11101)。

与(7，4)码4×7的生成矩阵相比，(5，2)缩短码的生成矩阵变为2×5，少了2行2列。去除 G 矩阵的最上边2行和最左边2列，即得缩短循环码的生成矩阵 G'。

$$G' = \begin{bmatrix} 10110 \\ 01011 \end{bmatrix}$$

由信息组可能的4种组合(00)、(10)、(01)、(11)与 G' 相乘也可以得到全部(4个)缩短循环码码组。

缩短循环码具有下列特性：

1) 缩短循环码的码集是 (n, k) 循环码码集的子集，因此它的码组也一定能被 $g(x)$ 除尽。

2) 对于缩短循环码而言，任意码组的循环移位不再一定是码组，它已失去了循环码的外部特性，不是典型意义上的"循环"码了。

3) 由于缩短循环码是挑选前 i 个信息位均为0值的码组，删去前 i 位而缩短的，在此过程中没有删除过"1"，因此缩短后的码组重量即 $d_{\min}$ 不变，于是 $(n-i, k-i)$ 缩短循环码的纠错能力与原 (n, k) 循环码相同，只是编码效率降低了。

10.4.6 循环冗余校验码

循环冗余校验(CRC)码，是一种系统的缩短循环码。循环冗余校验码的"循环"表现在 $g(x)$ 是循环码生成多项式，"冗余"表现为校验位 $n-k$ 长度一定(与原循环码的校验位相同)。

CRC码一般采用系统码的形式，广泛应用于帧校验(检错码)，其结构如图10.4.4所示。从差错控制编码角度来看，整个 n 位帧(或称分组、信元、单元、包等)就是一个码组，习惯上仅把 $n-k$ 校验位部分称为CRC码。

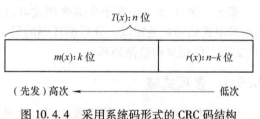

图10.4.4 采用系统码形式的CRC码结构

【例10.4.6】 某CRC码的生成多项式 $g(x) = x^4 + x + 1$。如果想发送一串信息110001…的前6位并加上CRC校验，发送码应如何安排？接收码如何检验？

解：本题 $n-k=4$，信息多项式 $m(x) = x^5 + x^4 + 1$，即 $k=6$，因此得 $n=10$。

对于系统循环码，发送端按下式编码

$$T(x) = x^{n-k}m(x) + r(x)$$

即先计算 $x^{n-k}m(x) = x^4(x^5 + x^4 + 1) = x^9 + x^8 + x^4$，再将 $x^{n-k}m(x)$ 除以 $g(x)$，得余式 $r(x) = x^3 + x^2$。于是发送码多项式为

$$T(x) = x^{n-k}m(x) + r(x) = x^9 + x^8 + x^4 + x^3 + x^2$$

对应的码组是1100011100。

作为缩短循环码，CRC码虽然不再具备循环码外部的循环特性，但循环码的内在特性

依然存在。因此，接收端的 CRC 校验实际上就是做除法，如果接收码无误，$B(x)$ 除以 $g(x)$ 应得余式 0；反之，如果不能整除，说明一定有差错。

10.5 BCH 码

BCH 码是 1959 年由霍昆格姆（Hocquenghem）、1960 年由博斯（Bose）和查德胡里（Chandhari）分别独立提出的，这三人姓氏的开头字母 B、C、H 就是 BCH 码名称的来历。

BCH 码是一类重要的循环码，具有纠正多个随机错误的能力。既然 BCH 码是循环码的子类，那么它一定符合循环码的构码规律。

【例 10.5.1】 分析码长 $n = 15$ 的二进制循环码的生成多项式结构。

解： 本例题利用循环码生成多项式的特性来构造循环码。将 $x^{15} + 1$ 因式分解得

$$x^{15} + 1 = (x + 1)(x^4 + x + 1)(x^4 + x^3 + x^2 + x + 1)(x^2 + x + 1)(x^4 + x^3 + 1)$$

显然，$x^{15} + 1$ 含有 1 次到 14 次多项式因子，且其常数项皆不为 0，即都满足生成多项式的 3 个条件，由它们可以构成码长为 15 的循环码（15, 14），（15, 13），…，（15, 1）。例如，利用下列生成多项式能构造出（15, 5）循环码。

$$g_1(x) = (x^4 + x + 1)(x^4 + x^3 + x^2 + x + 1)(x^2 + x + 1)$$
$$= x^{10} + x^8 + x^5 + x^4 + x^2 + x + 1$$
$$g_2(x) = (x^4 + x + 1)(x^2 + x + 1)(x^4 + x^3 + 1)$$
$$= x^{10} + x^5 + 1$$
$$g_3(x) = (x^4 + x^3 + x^2 + x + 1)(x^2 + x + 1)(x^4 + x^3 + 1)$$
$$= x^{10} + x^9 + x^8 + x^6 + x^2 + 1$$

可以看到，（15, 5）循环码的生成多项式是几个既约因式合并成的一个 $n - k$ 次非既约因式。在这些生成多项式中，有的可以生成 BCH 码，有的只能产生一般循环码。

那么，例 10.5.1 中哪个生成多项式可以生成 BCH 码呢？为了回答这一问题，本节首先运用多项式域的相关知识，分析循环码的另一种构码方法，即利用多项式 $x^n + 1$ 在二元扩域 $GF(2^m)$ 上的根来构造循环码。

10.5.1 多项式域

研究 BCH 码需要一定的代数知识，这里，仅简要介绍编码理论中最基本、最重要的多项式扩域概念。

1. 预备知识

讨论多项式域之前，先介绍几个术语。

（1）二元伽罗瓦域

二元集合 $\{0, 1\}$，在模 2 加、模 2 乘运算下构成一个域，称为二元伽罗瓦（Galois）域，记做 $GF(2)$。其中，加法"$\oplus$"和乘法"·"的运算规则见表 10.5.1。

表 10.5.1 加法"$\oplus$"和乘法"·"的运算规则

$\oplus$	0	1	·	0	1
0	0	1	0	0	0
1	1	0	1	0	1

从定义上看，域是一个集合两种运算，同时要求这两种运算满足结合律、交换律、分配律等运算规则和封闭性条件。

(2) 既约多项式

对于次数大于零的多项式 $f(x)$，若除了常数 C 以及 $f(x)$ 外，不能被任何其他多项式整除，则称 $f(x)$ 为既约多项式。

(3) 本原多项式

若 m 次多项式 $f(x)$ 满足如下条件，则称 $f(x)$ 为本原多项式。

1) $f(x)$ 为既约的，即不可分解。

2) $f(x)$ 可整除 $(x^n + 1)$，$n = 2^m - 1$。

3) $f(x)$ 除不尽 $(x^q + 1)$，$q < n$。

2. 多项式域的存在性

1) 若 $f(x)$ 是 m 次既约多项式，则次数小于 m 的多项式的全体，在模 2 加、模 $f(x)$ 乘运算下构成一个多项式域，写作 $GF(2^m)$。

多项式域 $GF(2^m)$ 的集合是次数小于 m 的多项式的全体，域 $GF(2^m)$ 上的这些域元素是系数取自 $GF(2)$ 上的多项式。$GF(2^m)$ 有 2^m 个元素（其中 m 为正整数），域元素的个数称为域的阶。称 $GF(2^m)$ 为 $GF(2)$ 域的扩域，称 $GF(2)$ 为扩域 $GF(2^m)$ 的基域。

多项式"$+$"和多项式 $\mathrm{mod}f(x)$ 乘"$\cdot$"运算规则如下。

对于域元素 $A(x) = \sum\limits_{i=0}^{m-1} a_i x^i$ 和 $B(x) = \sum\limits_{i=0}^{m-1} b_i x^i$，多项式"$+$"定义为

$$A(x) + B(x) = \sum_{i=0}^{m-1} (a_i + b_i)_{\mathrm{mod}2} x^i \tag{10.5.1}$$

多项式 $\mathrm{mod}f(x)$ 乘"$\cdot$"定义为

$$A(x) \cdot B(x) = \Big[\sum_{k=0}^{m-1} \sum_{j=0}^{m-1} (a_j b_k)_{\mathrm{mod}2} x^{j+k} \Big]_{\mathrm{mod}f(x)} \tag{10.5.2}$$

2) 若 $f(x)$ 是 m 次本原多项式，则以 $f(x)$ 为模的乘运算所生成的多项式域 $GF(2^m)$ 里至少存在一个域元素 α（称为本原元），它的各次幂 α^0，α^1，α^2，$\cdots$，α^{2^m-2} 构成了域的全部（共 $2^m - 1$ 个）非零域元素。

【例 10.5.2】 次数小于 4 的多项式在模 2 加、模 $x^4 + x + 1$ 乘运算下构成多项式域 $GF(2^4)$。

多项式域 $GF(2^4)$ 共有 16 个域元素：0，1，x，$x + 1$，x^2，$x^2 + 1$，$x^2 + x$，$x^2 + x + 1$，x^3，$x^3 + 1$，$x^3 + x$，$x^3 + x^2$，$x^3 + x + 1$，$x^3 + x^2 + 1$，$x^3 + x^2 + x$，$x^3 + x^2 + x + 1$。

检验一下运算的封闭性。比如，域元素 $A(x) = x^2$ 与域元素 $B(x) = x^3 + x + 1$ 模 $f(x) = x^4 + x + 1$ 乘，有

$$\frac{x^2(x^3 + x + 1)}{x^4 + x + 1} = x + \frac{x^3 + x}{x^4 + x + 1}$$

于是得 $A(x) \cdot B(x) \equiv x^3 + x \quad \mathrm{mod}f(x)$，它是 $GF(2^4)$ 域上的另一个域元素。

由于 $f(x)$ 又是本原的，故多项式域 $GF(2^4)$ 中的 15 个非零域元素可表示成 α^0，α^1，α^2，α^3，α^4，α^5，α^6，α^7，α^8，α^9，α^{10}，α^{11}，α^{12}，α^{13}，α^{14}。本原元 α 是多项式域 $GF(2^4)$ 中的一个域元素，并且满足 $f(\alpha) = 0$，即 α 是本原多项式 $f(x) = x^4 + x + 1$ 的根。

利用关系式 $\alpha^4 = \alpha + 1$,可将 α 的各次幂化作 α 的低于 4 次多项式(尽管 α 本身就是多项式)。比如,$\alpha^8 = \alpha^4 \cdot \alpha^4 = (\alpha + 1)(\alpha + 1) = \alpha^2 + \alpha + \alpha + 1 = \alpha^2 + 1$,与幂次对应的 α 多项式见表 10.5.2。还可以将 α 多项式的系数抽出后顺序排列成一个码组,这样一来,一个域元素共有三种表示形式:α 的各次幂、α 多项式和 m 位码组。

表 10.5.2 本原多项式 $f(x) = x^4 + x + 1$ 的根生成的域元素

各次幂 α^k	α 的多项式	多项式系数(m 位码组)
α^0	1	(0001)
α^1	α	(0010)
α^2	α^2	(0100)
α^3	α^3	(1000)
α^4	$\alpha + 1$	(0011)
α^5	$\alpha^2 + \alpha$	(0110)
α^6	$\alpha^3 + \alpha^2$	(1100)
α^7	$\alpha^3 + \alpha + 1$	(1011)
α^8	$\alpha^2 + 1$	(0101)
α^9	$\alpha^3 + \alpha$	(1010)
α^{10}	$\alpha^2 + \alpha + 1$	(0111)
α^{11}	$\alpha^3 + \alpha^2 + \alpha$	(1110)
α^{12}	$\alpha^3 + \alpha^2 + \alpha + 1$	(1111)
α^{13}	$\alpha^3 + \alpha^2 + 1$	(1101)
α^{14}	$\alpha^3 + 1$	(1001)

3. 多项式 $x^{2^m-1}+1$ 的根与最小多项式

1) 域 $GF(2^m)$ 上所有非零元素 $\alpha^0, \alpha^1, \alpha^2, \cdots, \alpha^{2^m-2}$ 都是多项式 $x^{2^m-1} + 1$ 的根。即 $x^{2^m-1} + 1$ 以根为一次项完全分解

$$x^{2^m-1} + 1 = (x + \alpha^0)(x + \alpha^1)(x + \alpha^2) \cdots (x + \alpha^{2^m-2}) \qquad (10.5.3)$$

2) 多项式 $x^{2^m-1} + 1$ 一定可以分解成若干最小多项式之积

$$x^{2^m-1} + 1 = m_1(x) \cdot m_2(x) \cdot \cdots \cdot m_k(x) = \prod_{i=1}^{k} m_i(x) \qquad (10.5.4)$$

式中,最小多项式 $m(x)$ 一定是既约的,其最高次数不会超过 m。

综合式(10.5.3)、式(10.5.4)可得下列关系式

$$\begin{aligned} x^{2^m-1} + 1 &= (x + \alpha^0)(x + \alpha^1)(x + \alpha^2) \cdots (x + \alpha^{2^m-2}) \\ &= m_1(x) \cdot m_2(x) \cdot \cdots \cdot m_k(x) = \prod_{i=1}^{k} m_i(x) \end{aligned} \qquad (10.5.5)$$

【例 10.5.3】 由本原多项式 $f(x) = x^4 + x + 1$ 生成的多项式域 $GF(2^4)$ 上全部非零元素为 $\alpha^0, \alpha^1, \alpha^2, \cdots, \alpha^{14}$,按式(10.5.3),多项式 $x^{15} + 1$ 可完全分解为一次项之积

$$\begin{aligned} x^{15} + 1 &= \prod_{i=0}^{14} (x + \alpha^i) \\ &= (x + \alpha^0)(x + \alpha^1)(x + \alpha^2)(x + \alpha^4)(x + \alpha^8) \end{aligned}$$

$$\times (x+\alpha^3)(x+\alpha^6)(x+\alpha^9)(x+\alpha^{12}) \times (x+\alpha^5)(x+\alpha^{10})$$
$$\times (x+\alpha^7)(x+\alpha^{11})(x+\alpha^{13})(x+\alpha^{14})$$
$$= (x+1)(x^4+x+1)(x^4+x^3+x^2+x+1)(x^2+x+1)(x^4+x^3+1)$$

根和所对应的最小多项式如下

根 $\alpha^1 \to m_1(x) = x^4 + x + 1$

根 $\alpha^3 \to m_3(x) = x^4 + x^3 + x^2 + x + 1$

根 $\alpha^5 \to m_5(x) = x^2 + x + 1$

根 $\alpha^7 \to m_7(x) = x^4 + x^3 + 1$

在例 10.5.1 中，生成多项式 $g_1(x)$、$g_2(x)$ 又可以表示成

$$g_1(x) = m_1(x) \cdot m_3(x) \cdot m_5(x)$$
$$g_2(x) = m_1(x) \cdot m_5(x) \cdot m_7(x)$$

可见，从构造循环码的角度看，循环码是用最小多项式定义的分组码。

10.5.2 BCH 码原理

1. BCH 码的生成多项式

若循环码的生成多项式具有如下形式

$$g(x) = \text{LCM}[m_1(x), m_3(x), \cdots, m_{2t-1}(x)] \qquad (10.5.6)$$

则由此生成的循环码称为 BCH 码。

式（10.5.6）中，t 为纠错个数；$m_i(x)$ 为最小多项式；LCM 是最小公倍式（Least Common Multiple）的缩写。

1) $m_i(x)$ 是多项式 $x^n + 1$ 的根 α^i 所对应的最小多项式，若选取的根是连续奇幂次的根（即 $\alpha^1, \alpha^3, \cdots, \alpha^{2t-1}$），则所得的 $g(x)$ 可以生成一个 BCH 码，否则就是一般的循环码。例 10.5.3 中的生成多项式 $g_1(x)$ 中含有 3 个连续奇次幂的根，则由 $g_1(x)$ 生成的循环码是 (15, 5) BCH 码。而由 $g_2(x)$ 产生的 (15, 5) 循环码是一般循环码。

2) BCH 码的码长 $n = 2^m - 1$ 或者是 $2^m - 1$ 的因子。码长为 $2^m - 1$ 的 BCH 码称为本原 BCH 码，码长是 $2^m - 1$ 因子的 BCH 码称为非本原 BCH 码。对于纠正 t 个（随机）差错的本原 BCH 码，其生成多项式为

$$g(x) = m_1(x) \cdot m_3(x) \cdots m_{2t-1}(x) \qquad (10.5.7)$$

BCH 码的核心是其生成多项式 $g(x)$ 中含有 t 个连续奇次幂的根，则该码的最小距离 $d_{\min} \geq 2t + 1$。该结论称为 BCH 码限定理。这种码生成多项式 $g(x)$ 与最小码距 $d_{\min}$ 的密切关系，使设计者可以根据对 $d_{\min}$ 的要求，轻易地构造出具有预定纠错能力的码。

2. BCH 码的纠错能力

当码长 n 确定后，BCH 码的纠错能力 t 的选择并不是任意的，而要受到一定限制。

1) 纠错能力 t 的下限

$$n - k \leq tm \qquad (10.5.8)$$

也就是说，BCH 码的监督码元最多为 tm 位。

2) 纠错能力 t 的上限

$$2t \leq n \qquad (10.5.9)$$

3. 本原 BCH 码设计

当码长 n 及纠错能力 t 给定后，就可以构造出符合要求的本原 BCH 码。考虑到求出最小多项式是十分麻烦的事，工程实践中可通过查表得到相关数据。$m \leq 8$ 时连续奇幂次根 α^i 所对应的最小多项式如表 10.5.3 所示。

表 10.5.3 $m \leq 8$ 时连续奇幂次根 α^i 所对应的最小多项式

	α^i	最小多项式	α^i	最小多项式	α^i	最小多项式	α^i	最小多项式
$m=2$	1	(0,1,2)						
$m=3$	1	(0,1,3)	3	(0,2,3)				
$m=4$	1	(0,1,4)	3	(0,1,2,3,4)	5	(0,1,2)	7	(0,3,4)
$m=5$	1	(0,2,5)	3	(0,2,3,4,5)	5	(0,1,2,4,5)	7	(0,1,2,3,5)
	11	(0,1,3,4,5)	15	(0,3,5)				
$m=6$	1	(0,1,6)	3	(0,1,2,4,6)	5	(0,1,2,5,6)	7	(0,3,6)
	9	(0,2,3)	11	(0,2,3,5,6)	13	(0,1,3,4,6)	15	(0,2,4,5,6)
	21	(0,1,2)	23	(0,1,4,5,6)	27	(0,1,3)	31	(0,5,6)
$m=7$	1	(0,3,7)	3	(0,1,2,3,7)	5	(0,2,3,4,7)	7	(0,1,2,4,5,6,7)
	9	(0,1,2,3,4,5,7)	11	(0,2,4,6,7)	13	(0,1,7)	15	(0,1,2,3,5,6,7)
	19	(0,1,6,7)	21	(0,2,5,6,7)	23	(0,6,7)	27	(0,1,4,6,7)
	29	(0,1,3,5,7)	31	(0,4,5,6,7)	43	(0,1,2,5,7)	47	(0,3,4,5,7)
	55	(0,2,3,4,5,6,7)	63	(0,4,7)				
$m=8$	1	(0,2,3,4,8)	3	(0,1,2,4,5,6,8)	5	(0,1,4,5,6,7,8)	7	(0,3,5,6,8)
	9	(0,2,3,4,5,7,8)	11	(0,1,2,5,6,7,8)	13	(0,1,3,5,8)	15	(0,1,2,4,6,7,8)
	17	(0,1,4)	19	(0,2,5,6,8)	21	(0,1,3,7,8)	23	(0,1,5,6,8)
	25	(0,1,3,4,8)	27	(0,1,2,3,4,5,8)	29	(0,2,3,7,8)	31	(0,2,3,5,8)
	37	(0,1,2,3,4,6,8)	39	(0,3,4,5,6,7,8)	43	(0,1,6,7,8)	45	(0,3,4,5,8)
	47	(0,3,5,7,8)	51	(0,1,2,3,4)	53	(0,1,2,7,8)	55	(0,4,5,7,8)
	59	(0,2,3,6,8)	61	(0,1,2,6,7,8)	63	(0,2,3,4,6,7,8)	85	(0,1,2)
	87	(0,1,5,7,8)	91	(0,2,4,5,6,7,8)	95	(0,1,2,3,4,7,8)	111	(0,1,3,4,5,6,8)
	119	(0,3,4)	127	(0,4,5,6,8)				

1) $m=8$ 时的 "21 (0, 1, 3, 7, 8)" 表示 $GF(2^8)$ 扩域元素 α^{21} 所对应的最小多项式是 $1+x+x^3+x^7+x^8$，依次类推。

2) 由表 10.5.3 所有最小多项式的积及 α^0 对应的最小多项式 $1+x$ 可得出 $x^{2^m-1}+1$ 的因式分解。比如 $m=4$ 时，先从表中查出 α^1、α^3、α^5、α^7 对应的最小多项式，将它们合起来就是因式分解式

$$x^{2^m-1}+1 = x^{15}+1 = (x+1)(x^4+x+1)(x^4+x^3+x^2+x+1)(x^2+x+1)(x^4+x^3+1)$$

【例 10.5.4】 设计一个码长 $n=15$ 及纠错能力 $t=3$ 的二进制本原 BCH 码。

解：显然，t 未超过式 (10.5.9) 规定的纠错能力上限。

$n = 15 = 2^4 - 1$，故 $m=4$。查表 10.5.3 找到 $t=3$ 个连续奇次幂之根 α^1、α^3、α^5 所对应的最小多项式分别是：$m_1(x) = x^4+x+1$、$m_3(x) = x^4+x^3+x^2+x+1$ 和 $m_5(x) = x^2+x+1$。于是，该本原 BCH 码生成多项式 $g(x)$ 为

$$g(x) = m_1(x) \cdot m_3(x) \cdot m_5(x) = x^{10}+x^8+x^5+x^4+x^2+x+1$$

$n-k=10$,所以 $k=15-10=5$,这就是 (15,5) BCH 码。

4. BCH 码编译码

BCH 码的编码过程与一般循环码一样,同样可以用带反馈的移位寄存器来实现。

BCH 码的译码方法可分为时域译码和频域译码。频域译码是把每个码组看成一个数字信号,把接收到的数字信号进行离散傅里叶变换(DFT),然后利用数字信号处理技术在"频域"内译码,最后进行傅里叶反变换得到译码后的码组。时域译码是在时域上直接利用码的代数结构进行译码。

BCH 码的设计纠错能力比较强,因此需要高效的译码算法。在 BCH 码译码算法的发展历史上,伯利坎普(Berlekamp)迭代译码算法被公认为是最经典的 BCH 实用译码算法。其译码的主要步骤如下。

1) 由接收多项式 $R(x)$ 计算校正子各分量 S_j $(j=1,2,\cdots,2t)$。
2) 用伯利坎普迭代译码算法,从 S_j 求出差错位置多项式 $\sigma(x)$。
3) 求 $\sigma(x)$ 的根,其倒数即为差错位置数。
4) 纠正错误位置。

10.5.3 RS 码

RS 码以它的发现者里德-索洛蒙(Reed-Solomon)的姓氏开头字母命名,是一类具有很强纠错能力的多进制(多元)本原 BCH 码。一个纠错能力为 t 的 q 进制本原 RS 码具有如下参数。

码长:$n=q-1$

监督码元数:$n-k=2t$

最小码距:$d_{\min}=2t+1$

RS 码的最小距离达到了可能取得的最大值,即 $d_{\min}=n-k+1$,所以 RS 码为极大最小距离码(MDC 码),是纠错能力最强的非二进制码。

RS 码的生成多项式 $g(x)$ 含有 $2t$ 个连续幂次的根,一次根式 $x-\alpha^i$ 就是最小多项式

$$g(x)=(x+\alpha)(x+\alpha^2)\cdots(x+\alpha^{2t}) \quad (10.5.10)$$
$$= g_{n-k}x^{n-k}+g_{n-k-1}x^{n-k-1}+\cdots+g_1x+g_0$$

式中,$g(x)$ 的各次项系数 $g_i(i=0,1,\cdots,n-k)\in\{0,1,\alpha,\alpha^2,\cdots,\alpha^{q-2}\}$。

【例 10.5.5】 试构造一个能纠 3 个错误,码长为 15 的 RS 码。

解:由 RS 码的参数可知,该码的监督位位数 $n-k=2t=6$。因此,该码为 (15,9)RS 码。RS 码的构造方法可分解为如下几个步骤。

1) 建立 q 进制码元与扩域 $GF(2^m)$ 上域元素之间的对应关系。

由于码长 $n=q-1=15$,可断定 (15,9) RS 码的码元是十六进制的。由关系式 $n=2^m-1$ 算出 $m=4$,利用本原多项式 $f(x)=x^4+x+1$ 产生一个 $GF(2^4)$ 扩域。这样一来,每个码元都可以看成是扩域 $GF(2^4)$ 中的一个域元素,两者之间的一一对应关系见表 10.5.2。

2) 根据设计纠错能力 t,计算出生成多项式 $g(x)$。

$t=3$,说明 RS 码的生成多项式 $g(x)$ 有 6 个连续幂次根 $\alpha,\alpha^2,\alpha^3,\alpha^4,\alpha^5,\alpha^6$,由式 (10.5.10) 得 (15,9)RS 码生成多项式为

$$g(x)=(x+\alpha)(x+\alpha^2)(x+\alpha^3)(x+\alpha^4)(x+\alpha^5)(x+\alpha^6)$$

$$= x^6 + \alpha^{10}x^5 + \alpha^{14}x^4 + \alpha^4 x^3 + \alpha^6 x^2 + \alpha^9 x + \alpha^6$$

在上式的运算中用到了关系式 $\alpha^4 = \alpha + 1$ 以及二元扩域的一些运算规则,比如 $\alpha^i + \alpha^i = 0$,$\alpha^{15} = 1$ 等。

3) 编出码组 $T(x) = m(x) \cdot g(x)$。

假设信息码为 $\{\alpha^2, \alpha^6, \alpha, \alpha, 0, \alpha^{13}, \alpha^4, 1, \alpha^9\}$,则 RS 码多项式为

$$\begin{aligned} T(x) &= m(x) \cdot g(x) \\ &= (\alpha^2 x^8 + \alpha^6 x^7 + \alpha x^6 + \alpha x^5 + \alpha^{13} x^3 + \alpha^4 x^2 + x + \alpha^9) \\ &\quad \cdot (x^6 + \alpha^{10} x^5 + \alpha^{14} x^4 + \alpha^4 x^3 + \alpha^6 x^2 + \alpha^9 x + \alpha^6) \\ &= \alpha^2 x^{14} + \alpha^4 x^{13} + \alpha^6 x^{12} + \alpha^5 x^{11} + \alpha^{13} x^{10} + \alpha^{11} x^9 + \alpha^{12} x^8 + \alpha^{12} x^7 \\ &\quad + \alpha^{13} x^6 + \alpha^{10} x^5 + \alpha^9 x^4 + \alpha^{12} x^3 + \alpha^6 x^2 + \alpha^2 x + 1 \end{aligned}$$

从而得到 $GF(2^4)$ 上的编码序列为

$$\{\alpha^2, \alpha^4, \alpha^6, \alpha^5, \alpha^{13}, \alpha^{11}, \alpha^{12}, \alpha^{12}, \alpha^{13}, \alpha^{10}, \alpha^9, \alpha^{12} \alpha^6, \alpha^2, 1\}$$

接下来,分析 RS 码的纠错能力。从实际应用考虑,一般取 q 为 2 的幂次。当 $q = 2^m$ ($m > 1$),可以轻易地将 q 进制 (n, k) RS 码变换成二进制 RS 衍生 (mn, mk) 码。当采用 RS 衍生码作为信道传输码时,译码器不但能纠正 t 个随机错误,还可以纠正突发错误。

【例 10.5.6】 若利用二进制信道传输一个能纠正 3 个随机差错的 (15,9) RS 码,如图 10.5.1 所示。试分析其纠错的能力。

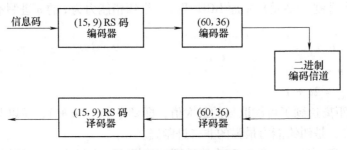

图 10.5.1 例 10.5.6 图

解:由于码长 $n = q - 1 = 15$,$q = 16 = 2^4$,$m = 4$,则 (15,9) RS 码对应的二进制衍生码是 (60,36) 码。

若以二进制 (60,36) 码作为信道传输码,那么它与原 (15,9) RS 码一样能纠任意 3 个随机差错,同时也能纠正长度小于等于 9 的任何突发差错。这是因为接收端 RS 译码时,先要将二进制衍生码还原成 q 进制 RS 码,每个十六进制码元对应 4bit 二进制码元。信道上长度为 9 的突发差错最多使三个十六进制码元出错,所以可以被纠正。而当突发差错长度为 10 时,就有可能影响到四个十六进制码元,超出了十六进制 (15,9) RS 码的纠错能力 ($t = 3$)。

一般来说,一个随机差错能力为 t 的 RS 码,其二进制衍生码可以纠正小于等于 t 个随机差错,或者纠正单个长度为 b 的突发差错,即

$$b \le (t-1)m + 1 \tag{10.5.11}$$

以及其他大量错误图样。可见,二进制衍生码特别适用于纠突发差错,这就是它在无线通信中被广泛采用的原因。

10.6 卷积码

10.6.1 卷积码的基本概念

1. 卷积码与分组码

卷积码是非分组码。前面讨论的分组码有一个特点,就是每个 n 长码组由 k 个输入信息位唯一决定,即码组中的监督码元仅与本码组的信息有关,所以码组之间是彼此无关的。而卷积码不同于分组码,卷积码编码时所产生的 n 长码组,不仅与当前输入的 k 位信息段有关,而且还与前面 $N-1$ 个信息段有关,使若干个输出码组之间具有了相关性。

2. 卷积码编码器

卷积码不同于分组码的一个重要特征就是编码器的记忆性。卷积码编码器是由 N 个 k 级(共 Nk 个记忆单元)输入移存器,一组 n 个模 2 加法器和 n 级输出移存器组成,卷积码编码器的一般形式如图 10.6.1 所示。

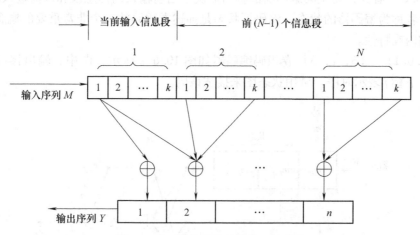

图 10.6.1 卷积码编码器的一般形式

编码时,本时刻 j 的 k 位信息段(当前输入信息段)存入输入移存器最左端的 k 级移存器单元,前一时刻 $j-1$ 的已存入输入移存器且参与过编码的信息段(前 1 个信息段)向右移位存入相邻 k 级移存器单元,以此类推,时刻 $j-N$ 存入输入移存器的信息段(前 N 个信息段)向右移出输入移存器。存储在输入移存器中的 Nk 位信息通过模 2 加法器形成线性组合,编出当前的 n 长输出码组。

3. 卷积码的约束度

由于编码器输出一共受到 N 个信息段的制约,因此称 N 为约束度。约束度是卷积码的一个基本参数,常用 (n, k, N) 来表示某一卷积码。

4. 卷积码的纠错编码基本原理

卷积码的纠错编码基本原理是噪声均化。分组码是把信息流分割成 k 位一组,每组再编成 n 长的码组。也就是说,相关性仅限于各个码组内,码组之间是彼此无关的。卷积码的出现改变了这种状况。卷积码在一定约束长度内的若干码组之间加进了相关性,译码时不是根据单个码组，而是一串码组来做判断。如果加上适当的编译码方法，就能够使噪声分摊到码组序列而不是一个码组上，达到噪声均化的目的。

5. 卷积码的应用

卷积码适用于前向纠错。例如，在 GSM 移动通信系统中对语音位实施卷积编码；在深空通信、陆地电视系统数字视频的传输等应用领域，用作链接码（又称为级联码）的内码。

6. 卷积码的描述方法

卷积码尚未建立起像线性分组码那样严密而完整的数学体系，人们试图用各种不同的方法去分析它，各种分析方法各有所长，大致可分为两类型：图形法与解析法。

10.6.2 卷积码的图形描述

1. 状态图

通常卷积码的编码器电路可以看作一个有限状态的线性电路，因此可以利用状态图来描述编码过程。从卷积码状态图中，可以轻易地找到输入/输出和状态的转移关系。

从图 10.6.1 看到，卷积码编码器的输出取决于当前输入的信息段和以前输入的 $N-1$ 个信息段，后者称为编码器的状态。编码器状态是描述卷积码的一个非常重要的概念，它揭示了卷积码的内在特性。

【例 10.6.1】 (3，1，3) 卷积码编码器如图 10.6.2 所示，图中，输出移存器用转换开关代替，下标 j 表示时序。试用状态图来描述该码。

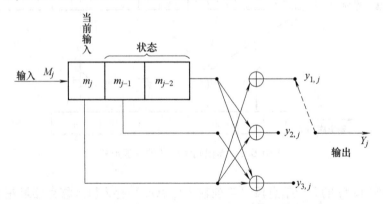

图 10.6.2 (3，1，3) 卷积码编码器

解：本题 $k=1$、$n=3$，即每输入一个信息比特，产生三个输出比特。$N=3$ 即三级移存器的编码器结构。该编码器中移存器记忆的信息 m_{j-2} 和 m_{j-1} 的 4 种组合决定了编码器当前的 4 种状态，见表 10.6.1。

表 10.6.1 编码器状态定义

状态 S_j	$m_{j-2}m_{j-1}$	状态 S_j	$m_{j-2}m_{j-1}$
a	00	c	10
b	01	d	11

当前输入 m_j 与状态 $S_j = m_{j-2}m_{j-1}$ 共同决定了编码器的输出，不同状态与输入时编出的码组见表 10.6.2。

随着信息序列的输入,编码器中移存器的状态在上述 4 个状态之间发生转移。当前时刻 j 的状态 S_j 向下一时刻状态 S_{j+1} 的过渡称为状态转移,不同状态与输入时的状态转移见表 10.6.3。

表 10.6.2 不同状态与输入时编出的码组

状态	输入	
	$m_j = 0$	$m_j = 1$
a	000	111
b	001	110
c	011	100
d	010	101

表 10.6.3 不同状态与输入时的下一状态

状态	输入	
	$m_j = 0$	$m_j = 1$
a	a	b
b	c	d
c	a	b
d	c	d

卷积码的状态转移规律可以用状态图来描述。假定输入移存器初始值全为零,则上述各种可能的情况表示成状态图的形式,如图 10.6.3 所示。图中,黑点代表状态节点,黑点旁边的字母表示状态,状态之间的连接与箭头表示转移方向,称作分支,实线表示输入比特为 0 的分支,虚线表示输入比特为 1 的分支。分支旁边的数字表示由一个状态到另一个状态转移时的输出码组。例如,若当前状态为 $d = 11$,则当输入信息比特为 0 时,输出码组 $y = 010$,下一个状态为 $c = 10$。

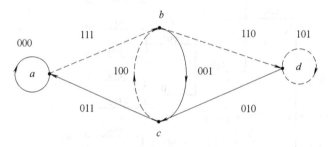

图 10.6.3 (3, 1, 3) 卷积码状态图

在例 10.6.1 中,(3, 1, 3) 卷积码编码器的输出可表示为

$$Y_j = f(m_j, m_{j-2}, m_{j-1}) = f(m_j, S_j) \tag{10.6.1}$$

式中,函数关系 $f(\ )$ 是编码器当前输入 m_j 与编码器当前状态 $S_j = h(m_{j-2}, m_{j-1}) = m_{j-2}m_{j-1}$ 模 2 加。

对于 (n, k, N) 卷积码来说,编码过程实际是当前(时刻 j 的)输入 M_j 和编码器(时刻 j 的)状态 $S_j = h(M_{j-(N-1)}, \cdots, M_{j-2}, M_{j-1})$ 的线性组合,即可以认为当前输入 M_j 与状态 S_j 共同决定了编码器的输出

$$Y_j = f(M_j, M_{j-(N-1)}, \cdots M_{j-1}) = f(M_j, S_j) \tag{10.6.2}$$

对于二进制码,编码器的总可能状态是 $2^{(N-1)k}$,不过状态转移只能有 2^k 种。这是由于移存的规则决定了下一个状态必然是

$$S_{j+1} = h(M_{j-(N-2)}, \cdots, M_{j-1}, M_j) \tag{10.6.3}$$

比较一下 S_j 与 S_{j+1},可知 S_{j+1} 中的 $(M_{j-(N-2)}, \cdots, M_{j-2}, M_{j-1})$ 是在 S_j 中就已确定的,S_{j+1} 的可变因素只有 M_j,M_j 可以有 2^k 种组合,所以状态转移只能有 2^k 种。于是,同样可以把

状态转移写成是当前输入信息段 M_j 和编码器当前状态 S_j 的函数

$$S_{j+1} = h(M_j, S_j) \tag{10.6.4}$$

2. 树状图

树状图在状态图的基础上增加了时间尺度，可以动态地描述输入信息序列的编码过程。

树状图以状态为纵轴，以时间为横轴，将编码器的输入、输出所有可能情况展示成树状。图 10.6.2 中所示 (3, 1, 3) 卷积码编码器的树状图如图 10.6.4 所示。图中，每条树枝上标注的码元为输出比特序列中的分支码，每个节点上的 a、b、c、d 代表编码器状态。每个相继输入信息比特的编码过程可表述为从左向右经过树状图。寻找输出比特序列的分支码的准则为：如果输入信息比特为 0，则向上方右移一个分支得到相应的分支码；如果输入比特为 1，则向下方右移一个分支得到相应的分支码。

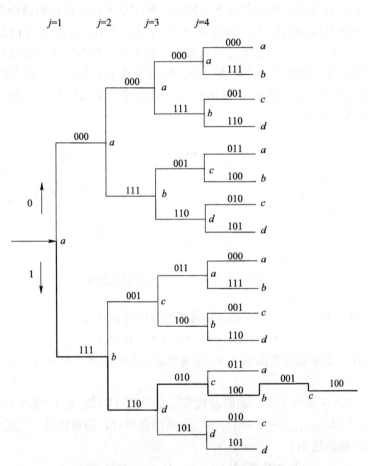

图 10.6.4 (3, 1, 3) 卷积码的树状图

例如，假设编码器初始状态 a 作为树根，输入信息序列为 110101 时，按照上述准则，相应的输出比特序列是 111110010100001100，在树状图中的路径如图 10.6.4 中粗线所示。由图可见，树状图同时记录了状态转移的全过程。

树状图的主要缺点是，对于第 j 个输入信息比特，当 j 变大时，图的纵向尺度越来越大。

3. 网格图

还可以用网格图来描述状态随时间推移而转移的状况。网格图仍然以纵坐标表示所有状态，横坐标表示时间，与树状图相比，网格图图形更加紧凑。

观察图 10.6.4 所示的树状图发现，对于第 j 个输入信息比特，相应出现有 2^j 条分支，且在 $j \geqslant N = 3$ 时，树状图出现节点自上而下重复取 4 种状态（分析图 10.6.2 中的编码器就可以对这一现象做出解释：当第 4 位信息比特从左端进入编码器时，输入的第 1 位信息比特已经从移存器右端移出，不再影响输出分支码。因此，输入序列 $100xy\cdots$ 和 $000xy\cdots$（最左端的信息比特最先输入），在经过 $N = 3$ 次分支后产生相同的分支码，利用这种重叠，即如果将图 10.6.4 中 $N = 3$ 以后，码树上处于同一状态的节点加以合并，则得到另一种图形更加紧凑的图，称为网格图，如图 10.6.5 所示。图中，码树中的上支路用实线表示（对应着输入信息比特为 0），下支路用虚线表示（对应着输入信息比特为 1）；自上而下的 4 行节点分别表示 a、b、c、d 四种状态，从第 N 个节点开始，图形开始重复，且完全相同。当编码器初始状态 a 作为树根，输入信息序列为 $110101\cdots$ 时，编码轨迹如图 10.6.5 中粗线所示，相应的输出比特序列是 $111110010100001100\cdots$。

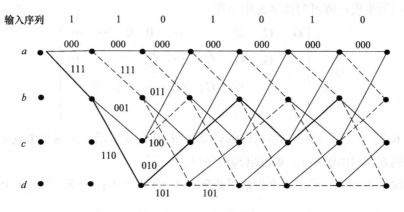

图 10.6.5 (3, 1, 3) 卷积码网格图

对于编码器编出的任何码组序列，在网格图上一定可以找到一条连续的路径与之对应，这种连续性正是卷积码码组前后相关的体现。网格图描述法在卷积码的维特比译码中特别有用，它综合了状态图和树状图的优点。

10.6.3 卷积码的解析描述

1. 生成矩阵

卷积码编码器（见图 10.6.1）中，输入移存器每一单元与模 2 加法器之间的连接规则，可以由卷积码的生成矩阵所确定。

设 (n, k, N) 卷积码在某一时刻 j 以及 j 之前 $N - 1$ 个时刻的输入信息段分别是

$$M_j = (m_{1,j} \quad m_{2,j} \quad \cdots \quad m_{k,j})$$

$$M_{j-1} = (m_{1,j-1} \quad m_{2,j-1} \quad \cdots \quad m_{k,j-1})$$

$$\vdots$$

$$M_{j-N+1} = (m_{1,j-N+1} \quad m_{2,j-N+1} \quad \cdots \quad m_{k,j-N+1})$$

则时刻 j 的输出码组 $Y_j = (y_{1,j} \quad y_{2,j} \quad \cdots \quad y_{n,j})$ 可以表示成

$$Y_j = M_{j-N+1}G_N + \cdots + M_{j-1}G_2 + M_jG_1 \tag{10.6.5}$$

式中，$G_1, \cdots, G_l, \cdots, G_N$ 是 $k \times n$ 矩阵，称为生成子矩阵。

$$G_l = \begin{bmatrix} g_{1,1}^l & g_{1,2}^l & \cdots & g_{1,n}^l \\ g_{2,1}^l & g_{2,2}^l & \cdots & g_{2,n}^l \\ \vdots & \vdots & \ddots & \vdots \\ g_{k,1}^l & g_{k,2}^l & \cdots & g_{k,n}^l \end{bmatrix} \quad l = 1, 2, \cdots, N \tag{10.6.6}$$

生成子矩阵的物理意义是很清楚的，它代表时刻 j 第 l 个信息组对时刻 j 输出码组的影响。具体地讲，生成子矩阵中元素 $g_{i,m}^l$ 表示了输入移存器中第 l 组（每组 k 个输入信息比特）第 i 个寄存单元（k 位中第 i 位）的输出与（每组 n 个输出比特中）第 m 个模 2 加法器的输入端的连接关系，$g_{i,m}^l = 1$ 表示有连接线；$g_{i,m}^l = 0$ 则无连接线。

若输入信息序列无限长，即从 0 时刻起有持续的编码，输出码组序列是无限长右边序列，则卷积码的生成矩阵可写成半无限矩阵

$$G_\infty = \begin{bmatrix} G_1 & G_2 & G_3 & \cdots & G_N & 0 & 0 & \cdots & \cdots \\ & G_1 & G_2 & G_3 & \cdots & G_N & 0 & \cdots & \cdots \\ & & G_1 & G_2 & G_3 & \cdots & G_N & 0 & \cdots \\ & & & & \vdots & & & \vdots & \end{bmatrix} \tag{10.6.7}$$

【例 10.6.2】 （3，1，3）卷积码编码器如图 10.6.2 所示。试写出生成矩阵 G，如果输入信息序列是（110101⋯），求输出码组序列。

解：本题中 $k = 1, n = 3$，每个生成子矩阵为 1×3 阶矩阵；$N = 3$，共有 3 个生成子矩阵。于是有

$$G_1 = [1 \quad 1 \quad 1], \quad G_2 = [0 \quad 0 \quad 1], \quad G_3 = [0 \quad 1 \quad 1]$$

由式（10.6.7）得生成矩阵为

$$G = \begin{bmatrix} G_1 & G_2 & G_3 & 0 & 0 \\ & G_1 & G_2 & G_3 & 0 & 0 \\ & & G_1 & G_2 & G_3 & 0 & 0 \\ & & & & \cdots & & \end{bmatrix}$$

$$= \begin{bmatrix} 111 & 001 & 011 & & & & O \\ & 111 & 001 & 011 & & & \\ & & 111 & 001 & 011 & & \\ & & & 111 & 001 & 011 & \\ & & & & 111 & 001 & \\ O & & & & & 111 & \\ & & & & & & \cdots \end{bmatrix}$$

输出码组序列为

$$Y = [Y_1 \quad Y_2 \quad Y_3 \quad \cdots]$$

$$= (M_1, M_2, M_3, \cdots) \begin{bmatrix} G_1 & G_2 & G_3 & 0 & 0 & \\ & G_1 & G_2 & G_3 & 0 & 0 \\ & & G_1 & G_2 & G_3 & 0 & 0 \\ & & & & & \cdots \end{bmatrix}$$

$$= (110101\cdots) \begin{bmatrix} 111 & 001 & 011 & & & & O \\ & 111 & 001 & 011 & & & \\ & & 111 & 001 & 011 & & \\ & & & 111 & 001 & 011 & \\ & & & & 111 & 001 & \\ O & & & & & 111 & \\ & & & & & & \cdots \end{bmatrix}$$

$$= (111, 110, 010, 100, 001, 100\cdots)$$

如果编码器处于初始状态，即 M_0，M_{-1}，$\cdots$，$M_{-(N-1)}$ 均为零，则从第一个信息组 M_1 到达编码器后，各时刻的输出码组为

时刻 $j = 1$，$Y_1 = M_1 G_1$

时刻 $j = 2$，$Y_2 = M_1 G_2 + M_2 G_1$

时刻 $j = 3$，$Y_3 = M_1 G_3 + M_2 G_2 + M_3 G_1$

⋮

时刻 $j = N$，$Y_N = M_1 G_N + M_2 G_{N-1} + \cdots + M_{N-1} G_2 + M_N G_1$

时刻 $j = N + 1$，$Y_{N+1} = M_2 G_N + M_3 G_{N-1} + \cdots + M_N G_2 + M_{N+1} G_1$

这组公式说明，输出码组 Y_j 是 j 时刻之前（含 j 时刻）的输入信息组（M_j，M_{j-1}，$\cdots$，$M_{j-(N-1)}$）与生成子矩阵组（G_1，G_2，$\cdots$，G_N）的卷积，这也就是卷积码名称的来历。

2. 多项式表示

（1）输入序列的多项式表示

与线性分组码相似，也可以用多项式表示卷积码。设编码器输入序列为 m_1，m_2，m_3，m_4，$\cdots$，则该输入序列可表示为

$$M(x) = m_1 + m_2 x + m_3 x^2 + m_4 x^3 + \cdots \tag{10.6.8}$$

例如输入序列 1101010111$\cdots$，则输入序列多项式可表示为

$$M(x) = 1 + x + x^3 + x^5 + x^7 + x^8 + x^9 + \cdots \tag{10.6.9}$$

式（10.6.8）中 x 是移位算子或称为延迟算子，其指数代表移位次数，即相对于时间起点（通常选在序列中的第 1 位）的单位延迟数目。

卷积码的多项式表达与线性分组码略有不同，它首先输入的比特是多项式的低位，这仅仅是表达习惯的不同，两者的本质是一样的。

(2) 生成多项式

通常把表示模2加法器到输入移存器的连接关系的多项式称为生成多项式,因为由它们可以用多项式相乘计算出输出序列。生成多项式的物理意义是,它代表输入移存器中信息比特对输出码组的每一个码元的影响。

将例10.6.1中(3,1,3)卷积码编码器的模2加法器到各级输入移存器的连接关系用多项式来表示,并规定,有连接线时多项式中相应项的系数为1,否则为0,则得

$$g_1(x) = 1$$
$$g_2(x) = 1 + x^2 \quad (10.6.10)$$
$$g_3(x) = 1 + x + x^2$$

仍假设输入序列1101010111…,借助上述生成多项式(10.6.10)可求得图10.6.2所示卷积码输出序列如下

$$Y_1(x) = M(x)g_1(x) = 1 + x + x^3 + x^5 + x^7 + x^8 + x^9 + \cdots$$
$$Y_2(x) = M(x)g_2(x) = (1 + x + x^3 + x^5 + x^7 + x^8 + x^9 + \cdots)(1 + x^2)$$
$$= 1 + x + x^2 + x^8 + x^{10} + \cdots$$
$$Y_3(x) = M(x)g_3(x) = (1 + x + x^3 + x^5 + x^7 + x^8 + x^9 + \cdots)(1 + x + x^2)$$
$$= 1 + x^4 + x^6 + x^9 + \cdots$$

即有序列

$$y_1 = (y_{1,1} \quad y_{1,2} \quad y_{1,3} \quad y_{1,4} \quad \cdots) = 1101010111\cdots$$
$$y_2 = (y_{2,1} \quad y_{2,2} \quad y_{2,3} \quad y_{2,4} \quad \cdots) = 1110000010\cdots$$
$$y_3 = (y_{3,1} \quad y_{3,2} \quad y_{3,3} \quad y_{3,4} \quad \cdots) = 1000101001\cdots$$

于是有输出序列

$$y = 111110010100001100001100\cdots$$

3. 生成序列与生成矩阵的关系

(1) 生成序列

生成序列与生成多项式是完全对应关系。常用二进制或八进制序列来表示生成多项式,如式(10.6.10)中

$$g_1(x) = 1 \Rightarrow g_1 = (100) = (4)_8$$
$$g_2(x) = 1 + x^2 \Rightarrow g_2 = (101) = (5)_8$$
$$g_3(x) = 1 + x + x^2 \Rightarrow g_3 = (111) = (7)_8 \quad (10.6.11)$$

(2) 生成序列与生成矩阵的关系

将式(10.6.11)表示的生成序列记为

$$g_1 = (100) = (g_1^1 g_1^2 g_1^3)$$
$$g_2 = (101) = (g_2^1 g_2^2 g_2^3)$$
$$g_3 = (111) = (g_3^1 g_3^2 g_3^3) \quad (10.6.12)$$

把式(10.6.12)表示的生成序列按以下顺序排列,即可得生成矩阵

$$G_\infty = \begin{bmatrix} g_1^1 g_2^1 g_3^1 & g_1^2 g_2^2 g_3^2 & g_1^3 g_2^3 g_3^3 & & & O \\ & g_1^1 g_2^1 g_3^1 & g_1^2 g_2^2 g_3^2 & g_1^3 g_2^3 g_3^3 & & \\ & & g_1^1 g_2^1 g_3^1 & g_1^2 g_2^2 g_3^2 & g_1^3 g_2^3 g_3^3 & \\ O & & & & \cdots & \end{bmatrix} \quad (10.6.13)$$

10.6.4 卷积码译码

卷积码译码分为代数译码和概率译码两类。其中代数译码采用类似循环码的译码方法（译码过程可参见本章 10.4.4 节的有关内容），不过在现代通信上应用场合较少。维特比译码是一种概率译码的方法，它实质上就是卷积码的最大似然译码。本节重点介绍维特比译码原理。

1. 卷积码的最大似然译码

假设发送端编码器输出的码组序列 $Y = (Y_0, Y_1, \cdots, Y_l, \cdots)$，经有噪信道传输后，接收端译码器接收的码组序列是 $R = (R_0, R_1, \cdots, R_l, \cdots)$。卷积码的最大似然译码就是寻找在已知接收序列 R 的条件下，使似然函数 $P(R/Y)$ 取得最大值时所对应的码组序列，将其作为译码估值序列 $\hat{Y}$。即

$$\hat{Y} = \max_j [P(R/Y_j)] \quad (10.6.14)$$

式中，$Y_j (j = 1, 2, \cdots)$ 是所有可能的发送码组序列，在卷积码编码器的网格图上 Y_j 一定有连续的轨迹。而接收序列 R 由于存在差错，在网格图的轨迹是断续的。

取似然函数的对数称作对数似然函数。由于对数的单调性，似然函数最大时，对数似然函数也最大，也就是说 $\max_j [P(R/Y_j)]$ 与 $\max_j \{\log [P(R/Y_j)]\}$ 是一致的。

2. 维特比译码原理

设从二进制对称信道（BSC）得到的接收序列 R 为

$$R = (R_0, R_1, \cdots, R_{L-1}) = (r_0, r_1, \cdots, r_{nL-1}) \quad (10.6.15)$$

式中，L 是组成发送序列的码组个数；R_i 为 n 长码组；r_i 表示接收码元。

相应的发送序列 Y 为

$$Y = (Y_0, Y_1, \cdots, Y_{L-1}) = (y_0, y_1, \cdots, y_{nL-1}) \quad (10.6.16)$$

因为信道是无记忆的，从而似然函数 $P(R/Y)$ 可表示为

$$P(R/Y) = \prod_{i=0}^{L-1} P(R_i/Y_i) = \prod_{i=0}^{nL-1} P(r_i/y_i) \quad (10.6.17)$$

进而可得对数似然函数为

$$\log P(R/Y) = \sum_{i=0}^{L-1} \log P(R_i/Y_i) = \sum_{i=0}^{nL-1} \log P(r_i/y_i) \quad (10.6.18)$$

这里，$P(r_i/y_i)$ 是信道转移概率。

如果把序列的累积似然度 $\log P(R/Y)$ 称为路径度量，记为 $M(R/Y)$，即

$$M(R/Y) = \sum_{i=0}^{L-1} \log P(R_i/Y_i) \quad (10.6.19)$$

那么求最大似然问题就转化为最大路径度量 $\max_j [M(R/Y_j)]$ 问题。

此外，还可以把码组的似然度定义为分支度量，即

$$M(R_i/Y_i) = \sum_{i=0}^{n-1} \log P(r_i/y_i) \qquad (10.6.20)$$

以及将一条路径前 j 条分支的累积似然度称作部分路径度量

$$M[(R/Y)_j] = \sum_{i=0}^{j-1} M(R_i/Y_i) \qquad (10.6.21)$$

维特比译码算法就是利用卷积码的网格图，从零时刻开始逐时刻、逐状态地计算路径度量。在每个状态，计算进入该状态所有路径的部分度量。这个度量值是分支度量加上前一时刻的幸存路径的度量值。对于每一状态，共有 2^k 个这样的度量值，从中选出具有最大度量的路径作为幸存路径，而将其他到达该状态的路径从网格图上删除。

下面进一步说明对于 BSC 信道，路径度量 $M(R/Y)$ 就是两个序列之间的汉明距离。设序列 Y 与序列 R 在长度为 nL 的码元上有 d 个码元不同，也就是说，它们在长度 nL 上的汉明距离是 d。当 BSC 中转移概率为 p 时，则 $M(R/Y)$ 为

$$\begin{aligned} M(R/Y) &= \log P(R/Y) \\ &= \log[p^d(1-p)^{nL-d}] \\ &= d\log p + (nL-d)\log(1-p) \\ &= d\log[p/(1-p)] + nL\log(1-p) \end{aligned} \qquad (10.6.22)$$

因为 $p < 0.5$，所以 $\log\dfrac{p}{1-p}$ 为负值，式 (10.6.22) 中第二项也是常数。这时 $M(R/Y)$ 仅与 d 有关。并且当 d 最小时，$M(R/Y)$ 最大。因此，BSC 信道的最大似然译码，等价于最小汉明距离译码。也就是说对 BSC 信道，译码器计算 $\max_j [M(R/Y_j)]$ 就是寻找与 R 有最小汉明距离的路径，即计算和寻找 $\min_j [d(R, Y_j)]$。

仍以例 10.6.1 (3, 1, 3) 卷积码为例，来说明维特比译码过程。

【例 10.6.3】 二进制 (3, 1, 3) 卷积码网格图如图 10.6.6 所示。设发送的码组序列是 (111 110 010 100 001 011 000 000 …)，接收的码组序列是 (111 010 010 110 001 011 000 000 …)，试通过维特比算法实现译码。

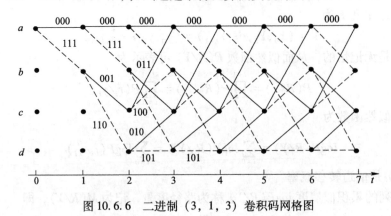

图 10.6.6 二进制 (3, 1, 3) 卷积码网格图

解：（1）首先计算 $t=3$ 时刻的路径汉明距离，选出幸存路径

由图 10.6.6 可见，在 $t=3$ 时刻之前，进入每一个状态的分支只有一个，因此这些路径

就是幸存路径。从 $t=3$ 时刻开始，进入每一个状态的路径有两条，故首先计算 3 时刻的路径汉明距离，选出具有最小距离的幸存路径。

3 时刻接收序列前 9 位是"111 010 010"。由该卷积码的网格图可见，找到由零时刻的状态 a 经三条分支到达状态 a 的两条部分路径分别是 $aaaa$ 和 $abca$，对应序列分别是"000 000 000"和"111 001 011"，它们和接收序列的距离分别是 5 和 3。将码距小的一条路径 $abca$ 保留（若两条路径的码距相同，则可以任意保留一条），作为幸存路径。同样，可以找到经三条分支后到达状态 b、c 和 d 的幸存路径，见表 10.6.4。图 10.6.7 是 3 时刻的幸存路径网格图。

表 10.6.4　3 时刻路径距离计算结果

到达状态	路径	对应序列	码距	幸存否
a	$aaaa$	000 000 000	5	否
a	$abca$	111 001 011	3	是
b	$aaab$	000 000 111	6	否
b	$abcb$	111 001 100	4	是
c	$aabc$	000 111 001	7	否
c	$abdc$	111 110 010	1	是
d	$aabd$	000 111 110	6	否
d	$abdd$	111 110 101	4	是

（2）继续计算 $t=4$ 时刻的路径汉明距离，选出幸存路径

4 时刻的网格图如图 10.6.8 所示。4 时刻进入状态 a 的两条路径分别是 $abcaa$ 和 $abdca$，可按如下步骤从中挑选幸存路径。

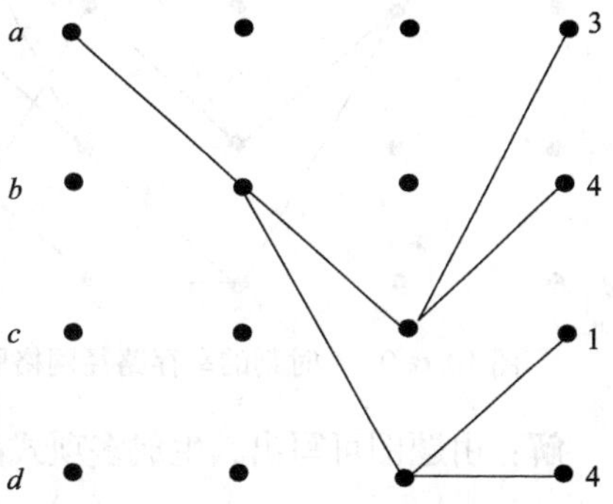

1）先计算分支距离：由前一时刻状态 a 进入 4 时刻状态 a 的分支码为 000，前一时刻状态 c 进入 4 时刻状态 a 的分支码为 011，而接收序列中新增分支码是 110。所以，分支距离分别是 2 和 2。

2）然后考虑前一时刻幸存路径距离：原幸存路径 $abca$ 和 $abdc$ 的距离分别是 3 和 1。

3）最后计算 4 时刻部分路径距离，并选出幸存路径：路径 $abcaa$ 总距离为 $2+3=5$，而路径 $abdca$ 总距离为 $2+1=3$。选择路径 $abdca$ 作为 4 时刻的幸存路径，将路径 $abcaa$ 从网格图上删除。

图 10.6.7　3 时刻的幸存路径网格图

用同样的方法可得到 4 时刻到达状态 b、c 和 d 的幸存路径分别是 $abdcb$、$abddc$ 和 $abcbd$，如图 10.6.9 所示。由图 10.6.9 可见，幸存路径 $abdcb$ 上的序列"111 110 010 100"与发送序列相同，表明维特比译码已克服了接收序列中两个差错。

10.6.5　递归系统卷积码

传统卷积码编码器的编码输出是由前馈生成多项式决定的，这种前馈型卷积码大多数是非系统卷积码，即 NSC 码。而由前馈多项式和反馈多项式共同决定的系统卷积码称为递归

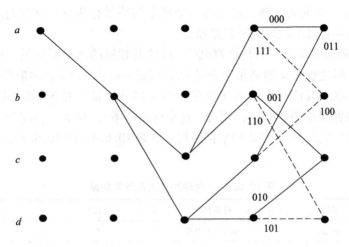

图 10.6.8 4 时刻的网格图

系统卷积码,即 RSC 码。非系统卷积码可以在不改变其最小汉明距离的条件下转化为递归系统卷积码。

【例 10.6.4】 码率为 1/2 的 (2, 1, 3) NSC 编码器如图 10.6.10 所示,试找出相应的 RSC 码。

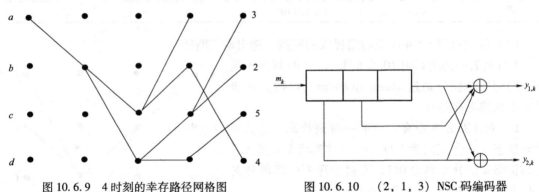

图 10.6.9 4 时刻的幸存路径网格图   图 10.6.10 (2, 1, 3) NSC 码编码器

解: 由题图可写出其生成多项式为

$$g_1(x) = 1 + x + x^2, g_2(x) = 1 + x^2$$

因此,NSC 码的生成函数矩阵形式为 $G(x) = [1 + x + x^2 \quad 1 + x^2]$。为了系统化,将 $G(x)$ 的各项除以首项 $1 + x + x^2$,使 $G(x)$ 的第一项转化为单位阵。便得到相应的 RSC 码生成函数矩阵为

$$G(x) = \left[1 \quad \frac{1 + x^2}{1 + x + x^2} \right]$$

可见,RSC 编码器以乘除法电路代替了 NSC 中的乘法电路,RSC 编码器如图 10.6.11 所示。

将图 10.6.11 中反馈生成多项式记为 $g_b(x) = 1 + x + x^2 = g_{b0} + g_{b1}x + g_{b2}x^2$,前馈生成多项式 $g_f(x) = 1 + x^2 = g_{f0} + g_{f1}x + g_{f2}x^2$。则递归系统卷积码的校验输出 y_k 为

$$y_k = \sum_{j=0}^{N-1} a_{k-j} g_{fj} \qquad (10.6.23)$$

式中，反馈量 $a_k = m_k + \sum_{j=1}^{L-1} a_{k-j} g_{bj}$。

图 10.6.12 给出了递归系统卷积码的状态图（图中，状态 $a = 00$、$b = 01$、$c = 10$、$d = 11$），注意对于 RSC 编码器，状态 $a_{k-2}a_{k-1}$ 是由反馈量所决定的。从图 10.6.12 可以看出，与非系统卷积码的状态图是非常相似的，不过它的一个很有趣的特性是，进入同一状态的两个转移不需要具有相同的输入比特值，即两实线或两虚线不需要进入特定的状态。

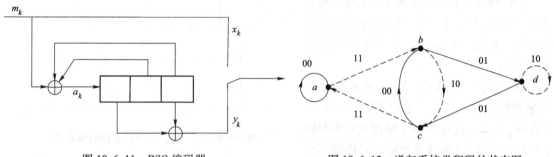

图 10.6.11　RSC 编码器　　　　图 10.6.12　递归系统卷积码的状态图

利用网格图或者采用编码器电路，选择从状态 a 开始（初始状态的一种自然选择），对输入序列 $m = 1011001$ 进行编码，则相应的输出码组序列为 11 01 10 10 01 00 10。

10.6.6　删余卷积码

在采用维特比算法对 (n, k, N) 卷积码译码时，其运算量随网格图状态数以及信息位 k 指数上升，因此常采用码率较低的码，如 $(n, 1, N)$ 卷积码。不过，$(n, 1, N)$ 码可以达到的最高码率仅为 $R = 1/2$。在某些实际应用场合（如 Turbo 码编译码），需要更高的编码速率。事实上，可以在 $(n, 1, N)$ 卷积编码器的基础上通过删余来实现高码率编码，例如先用 1/2 编码器产生 6/12 码，然后将它缩短到 6/7 码。

在卷积编码器输出端有选择地删除一些编码位称为删余，如图 10.6.13 所示。图中，删余矩阵 $\boldsymbol{P}$ 是一个 $n \times p$ 阶矩阵

$$\boldsymbol{P} = \begin{bmatrix} p_{11} & p_{12} & \cdots & p_{1p} \\ p_{21} & p_{22} & \cdots & p_{2p} \\ \vdots & \vdots & \ddots & \vdots \\ p_{n1} & p_{n2} & \cdots & p_{np} \end{bmatrix} \qquad (10.6.24)$$

其中，p 是删余周期。

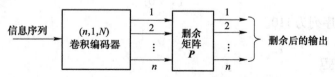

图 10.6.13　删余卷积码示意图

在一个周期 p 内，编码器输入 p 个信息比特、输出 np 个编码比特。再对编码比特用删

余矩阵 $\boldsymbol{P}$ 进行有规律地删除处理：矩阵 $\boldsymbol{P}$ 的元素 p_{ij} 取值 0 或 1，当 $p_{ij} = 1$ 时，对应位置上的编比特位不删除；当 $p_{ij} = 0$ 时，对应位置上的编码比特被删除。

删除过程实际上是在编码器的输出比特码流中删除一部分码元，被删除码元的个数决定了最终的编码速率。若删除的码元数为 Q 个，则删余后的码率为

$$R_c = \frac{p}{np - Q} \qquad (10.6.25)$$

这里 Q 可取 $1 \sim (n-1)p - 1$ 范围内的任意整数。Q 的不同取值可使码率 R_c 从最小的 $1/n$ 变到最大的 $p/(p+1)$。

【例 10.6.5】 对图 10.6.14 所示码率为 1/2 的某 (2, 1, 3) 卷积码编码器的输出进行删余，构造出一个 2/3 码率的删余卷积码。

解：对照式 (10.6.25)，在本题要求删余卷积码 $R_c = 2/3$。卷积码码长 $n = 2$，于是取 $p = 2$。在 $np = 4$ 个输出比特中删除 $Q = (n-1)p - 1 = 1$ 个比特，可得到码率为 2/3 的删余卷积码。删余矩阵 $\boldsymbol{P}$ 的选择也不是唯一的，可设计为

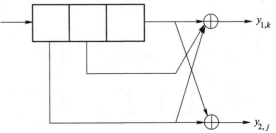

图 10.6.14 (2, 1, 3) 卷积码编码器

$$\boldsymbol{P} = \begin{bmatrix} 1 & 0 \\ 1 & 1 \end{bmatrix}$$

根据删余矩阵 $\boldsymbol{P}$，画出以码率为 1/2 的 (2, 1, 3) 码为母码产生删余码的删余卷积编码器原理框图如图 10.6.15 所示。

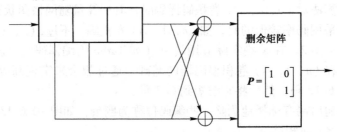

图 10.6.15 删余卷积编码器原理框图

设编码器初始状态为 00，由图 10.6.15，当输入 10（左在先）时，卷积编码器编出的码组序列为 (11, 10)，对应的码组矩阵 Y 为（每列为一个码组）

$$Y = \begin{bmatrix} 1 & 1 \\ 1 & 0 \end{bmatrix}$$

经删余处理后输出序列为 110。

10.7 交织编码

1. 交织编码的基本原理

交织编码的基本原理是噪声均化，它可以化突发差错为随机差错。交织码没有沿用纠错

码适应信道的设计思路,它是通过交织与解交织将一个有记忆的突发信道,改造为基本无记忆的随机独立差错的信道,然后再用纠随机独立差错的纠错码来纠错。交织原理框图如图10.7.1 所示。

图 10.7.1　交织原理框图

交织器实际上是一个一一映射函数,作用是将输入码元序列中的码元位置进行调换,以减小突发信道造成的连续码元传输之间的统计相关性,它的逆过程就是解交织,是将重排过的序列恢复到原序列顺序的过程。交织器分为分组交织器和卷积交织器两种。

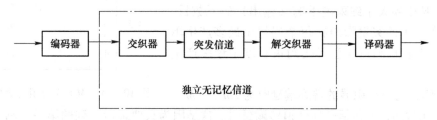

2. 分组交织器

分组交织器接收来自编码器的分组码,对这些码元按列写入矩阵存储器,并通过按行读出完成码元的重新排序,如图10.7.2 所示。在解交织器中,矩阵存储器按行写入、按列读出来恢复原序列顺序。

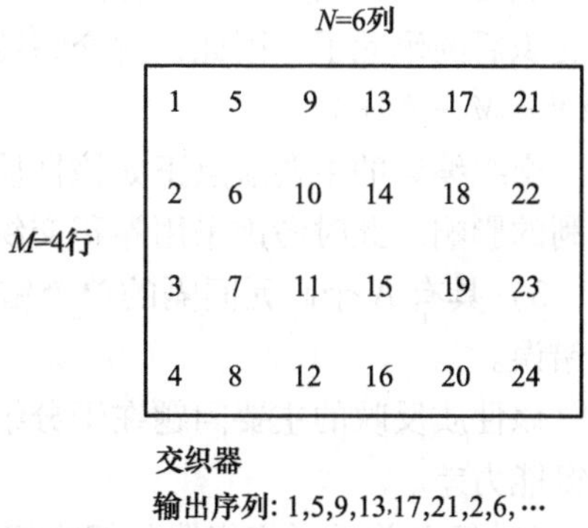

图 10.7.2　$M \times N$ 分组交织器

【例 10.7.1】　假设交织器输出码元序列在信道传输过程中受到突发噪声干扰,引起了长度为 5 的连续错误。以图 10.7.2 的 $M=4, N=6$ 交织器结构为例,试分析分组交织码的基本原理。

解:由图 10.7.2 得交织器输出码元序列为

　　　　1　5　9　13　17　21　2　6　10　14　18　22
　　　　　　　　　　　　3　7　11　15　19　23　4　8　12　16　20　24

假设突发产生于 14 至 7 连续 5 位,用对应数字下标注小圆点来表示。于是,接收端解交织器输入码元序列为

　　　　1　5　9　13　17　21　2　6　10　14̇　18̇　22̇
　　　　　　　　　　　　3̇　7̇　11　15　19　23　4　8　12　16　20　24

在解交织器中,将输入码元序列按行写入矩阵存储器,如图10.7.3 所示。按列读出解交织矩阵中的数据是

　　　　1　2　3̇　4　5　6　7̇　8　9　10　11　12
　　　　　　　　　　13　14̇　15　16　17　18　19　20　21　22̇　23　24

由上述分析可见,经过交织与解交织后,原来信道中的突发错误在解交织器输出端转化为随机独立的错误。

分组交织器性质如下:

1) 交织编码是克服突发差错的有效方法。通常,对于使用纠正单个错误的情况,交织

器参数的选择应当使得列数 N 大于预期的突发噪声长度,行数 M（M 称为交织深度）的选择取决于所使用的编码机制。对于分组码,M 必须大于分组长度,而对于卷积码,M 必须大于约束度下的（输出）码元数目。由此,长度为 N 的突发噪声在每个码组中最多产生单个错误；对于卷积码在任意译码约束长度中最多产生一个错误。

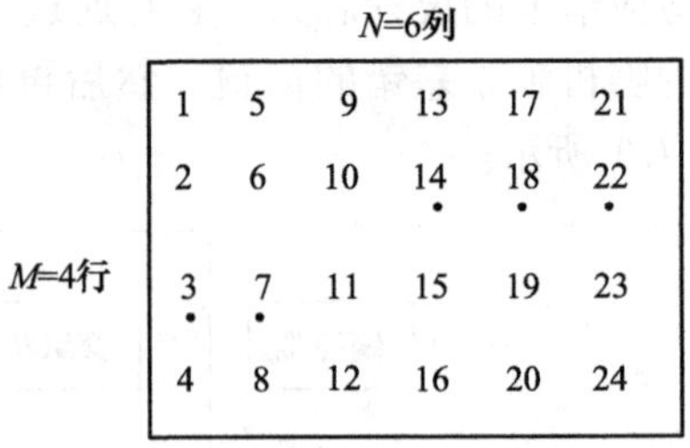

图 10.7.3　$M \times N$ 分组解交织矩阵

2) 交织器与解交织器的端到端延时为 $2MN - M - N + 2$ 个码元时间,不包括任何信道传输延时。这是因为只要最后一列的第一个码元填入交织器,那么交织器第一行就可以输出码元了,所以交织器的延时是 $M(N-1) + 1$。解交织器与交织器类似,只要最后一行的第一个码元填入解交织器,那么解交织器第一列也可以输出解交织后的码元了,因此,解交织器的延时是 $N(M-1) + 1$。交织器与解交织器总的延时为 $2MN - M - N + 2$。

交织编码的主要缺点正如该性质指出的,它会带来较大的延迟,给实时语音通信带来很不利的影响。此时考虑采用卷积交织器,它可以将时延和存储空间减少一半。

3) 具有 N 个码元间隔的单个错误周期序列将使解交织器的输出产生单个长度为 M 的突发错误。

该性质反映的主要问题在于分组交织自身固有的周期性排列,使之对周期性单个差错的抵御能力差。

4) 每个单元（交织器与解交织器）都需要 MN 码元的存储空间。由于 $M \times N$ 矩阵必须（几乎）填满才能被读出,因而每个单元使用一个 $2MN$ 码元的存储空间,以便在清空其中一个 $M \times N$ 矩阵时可以填充另一个。

3. 卷积交织器

卷积交织器由拉姆西和福尼首先提出,它相对于分组交织器,延时和存储空间均减少了一半,其原理框图如图 10.7.4 所示。码元顺序移入到 N 个寄存器组中,后一个寄存器比前一个寄存器多 M 个码元的存储空间,第 0 个寄存器无存储空间（码元直接被传送）。每个新的码元到来时,该码元移入寄存器,寄存器中的原码元向前推进一位,同时转换器转到下一个寄存器。经过 $(N-1)$ 个寄存器后,转换器开关回到第 0 个寄存器重新开始。解交织器进

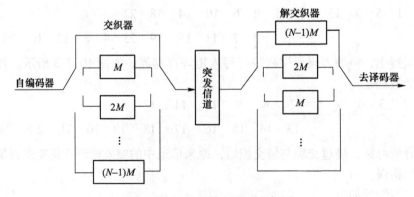

图 10.7.4　卷积交织器原理框图

行相反的操作，交织和解交织操作的输入和输出转换器必须是同步的。

无论是分组交织还是卷积交织，都避免不了在特殊情况下，将随机独立差错交织成突发差错的可能性。为了基本上消除这类意外的发生，可采用伪随机式的交织器，其实现的一种方式是先将 $L = MN$ 个码元写入一个随机存取的存储器 RAM，然后再以伪随机方式将其读出。可以将所需的伪随机排列方式（随机产生的 $1 \sim L$ 不重复的 L 个序号）存入只读存储器 ROM 中，并按它的顺序从交织器的存储器中读出。

10.8 级联码与 Turbo 码

10.8.1 级联码

级联码又称为链接码。1966 年，福尼提出了串行级联码方案，其编码结构如图 10.8.1 所示。该码在发送端是两级编码，连接信源的外码和连通信道的内码均为分组码。这种级联码

图 10.8.1 串行级联码编码结构

是利用两个短码的串联构造具有较大等效分组长度（长码）的纠错码。

当然，为了提高级联码的纠错能力，也可以采用分组码和卷积码级联的编码方案，例如，以 RS 码为外码，卷积码为内码，如图 10.8.2 所示。该方案充分利用了 RS 码和卷积码纠错性能互补的特点。RS 码的典型特点是纠突发差错能力强，而软判决卷积码在低信噪比条件下有较强的纠随机错误能力。图中，交织器起噪声随机化作用。

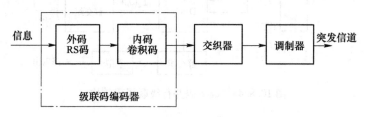

图 10.8.2 级联码用于突发差错信道

10.8.2 Turbo 码

Turbo 码是 1993 年在瑞士召开的国际通信会议上首次提出。仿真结果表明，在 AWGN 信道和 BPSK 调制下，E_b/N_o 为 0.7dB 时，编码效率为 1/2 的 Turbo 码可以获得 10^{-5} 的误比特率，达到了与香农理论极限仅相差 0.7dB 的优异性能。

1. Turbo 码编码

Turbo 码可以看作级联编码结构的改进，编码器为并行级联码，如图 10.8.3 所示，是由复接器、删余矩阵 P、子编码器以及交织器组成。

复接器将信息码 x_k、删余后的校验码 y'_{1k} 和 y'_{2k} 这三支并行的支路码合成一个数据流。并行级联的编码器 1、2 称为子编码器，也叫分量码。对于卷积分量码来说，在删余码形式下，递归型系统卷积码（RSC）比非系统卷积码（NSC）具有更佳的误码率特性。

Turbo 码巧妙地将卷积码和随机交织器结合在一起，在实现随机编码思想的同时，通过

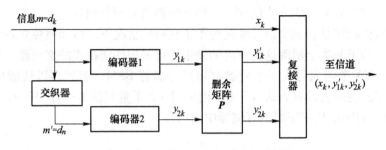

图 10.8.3 并行级联的 Turbo 码编码器

交织器实现了由短码构造长码,并采用软输出迭代译码来逼近最大似然译码。可见,Turbo 码充分利用了香农信道编码定理的基本条件,因此得到了接近香农理论极限的性能。

2. Turbo 码译码

Turbo 码译码器采用反馈结构、以迭代方式译码,并行级联的 Turbo 码译码器结构如图 10.8.4 所示。

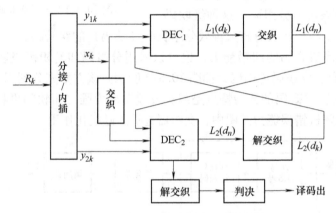

图 10.8.4 Turbo 码并行级联译码结构

分接器将接收码流 R_k 还原成信息码 x_k、子编码器 1 产生的校验码 y'_{1k} 和子编码器 2 产生的校验码 y'_{2k},再根据删余的规律对接收的校验序列进行内插,在被删除的数据位上补以中间量(如 0),以保证序列的完整性。

Turbo 码译码器包含两个独立的子译码器 DEC_1 和 DEC_2,与 Turbo 码编码器的子编码器 1、子编码器 2 相对应。DEC_1 和 DEC_2 均采用软输入、软输出的迭代译码算法。每次迭代有三路输入信息:一是信息码 x_k,二是校验码 y_{1k} 和 y_{2k},三是外信息,也有人称之为边信息。Turbo 码的译码特点正是体现在外信息上,因为通常的系统码译码只需要输入信息码及校验码就够了,这里的外信息是本征信息以外的附加信息,如何产生这类信息及如何运用这类信息就构成了不同的算法。Turbo 码的译码算法主要有两大类,一类是基于最大后验概率(MAP)的软输出算法,另一类是软输出维特比算法(SOVA)。DEC_1 和 DEC_2 的输出是软输出,与硬输出的不同之处在于,软输出用似然度 $L_i(d_k)$ $i=1,2$ 来表示。Turbo 码的迭代译码步骤如下。

1)子译码器 DEC_1 对 $x_k(x_k=m=d_k)$ 及 y_{1k} 进行译码,输出对 $d_k y_{1k}$ 的译码估值和估值的

可靠程度 $L_1(d_k)$，送入交织器。

2）交织器将 $L_1(d_k)$ 变成 $L_1(d_n)$，以便与由 $\{d_k\}$ 的交织序列 $\{d_n\}$ 产生的 y_{2k} 相匹配。交织后的 $L_1(d_n)$ 送入子译码器 DEC_2。

3）子译码器 DEC_2 利用附加信息 $L_1(d_n)$ 作为先验信息，对交织后的 x_k（即 $m'=d_n$）、y_{2k} 进行译码，输出 $L_2(d_n)$ 送入解交织器。

4）交织器将 $L_2(d_n)$ 变成 $L_2(d_k)$ 送入子译码器 DEC_1。

5）重复步骤 1）~4），直到得到可靠的判决。

6）最终的软输出经解交织和硬判决后形成译码信息。

由图 10.8.3 所示的 Turbo 码编码器不难看出，y_{1k} 和 y_{2k} 虽然是由两个子编码器独立产生并分别传输的，但它们是同源的，均取决于信息码 m。DEC_1 的译码输出信息必然对 DEC_2 的译码有参考作用，使输入到 DEC_2 的信息量增加，不确定度减少，从而提高了译码正确性。反之亦然。这种反复迭代结构类似涡轮机原理（Turbo）故称为 Turbo 码。

10.9 低密度奇偶校验码

低密度奇偶校验（Low-Density Parity-Check，LDPC）码是由加拉格尔早在 1963 年提出的，由于当时技术条件的限制，并没有得到编码理论界和工程界的重视。在 Turbo 码发明几年后，麦凯等人重新研究了 LDPC 码，并发现 LDPC 码就是逼近香农限的好码。该编码的重新发现是继 Turbo 码之后纠错编码领域的又一重大进展，已成为理论与应用研究的热点之一。

10.9.1 LDPC 码的基本概念

LDPC 码是一类由校验矩阵定义的线性分组码。其校验矩阵 H 为稀疏矩阵，即码长为 n，校正子数目为 m 的 LDPC 码其校验矩阵 H 每列有 j 个 1（$j \geq 3$），每行有 k 个 1（$k>j$），矩阵共有 n 列 m 行，其中 $j \ll m$，$k \ll n$，矩阵是稀疏的。若 j、k 为常数，则该码为正则 LDPC 码，记为 (n,j,k)；否则为非正则 LDPC 码。

构造 LDPC 码实际上就是要找到一个稀疏矩阵 H 作为 LDPC 码校验矩阵。目前其基本构造方法有：Gallager 构造法、Mackay 构造法、Gilbert 构造法、Euclid 有限几何构造法以及基于 RS 码的 LDPC 构造法等。不论采用哪种方法，要使构造出的 LDPC 码具有良好的纠错性能，都需满足无短环、无低码重码字、码间最小距离要尽可能大这三个条件。

10.9.2 LDPC 码的编码和译码

1. LDPC 码的编码

LDPC 码是由校验矩阵定义及构造的一种特殊的线性分组码，由线性分组码理论可知，它的基本编码方法是根据已构造出的校验矩阵 H 经行初等变换和列置换导出生成矩阵 G，然后进行编码。

这种方法简单明确，但由于 LDPC 码的码长 n 很大，特别是很多性能优良的 LDPC 码是用随机方法构造，编码的复杂度会随着码长 n 的二次方增加。为降低编码复杂度，常用 LU 分解法、部分迭代算法两种方法。二者基于同一思想，即若 LDPC 码的校验矩阵具有下三角或近似下三角形式,则计算校验码时可以用迭代或部分迭代编码。

2. LDPC 码的译码

通常分组码的译码复杂度与码长成指数关系。对于 LDPC 码,由于其校验矩阵的稀疏性使其存在高效译码算法,使译码复杂度与码长呈线性关系,为 LDPC 码的应用奠定了基础。

LDPC 码的译码算法大部分可以被归结到消息传递（MP）算法。MP 算法中的置信传播（BP）算法是 Gallager 提出的一种软输入迭代译码算法,具有最好的性能,类似于一般的最大似然译码。正是由于 BP 算法在 LDPC 码迭代译码中的成功应用,才使人们对 LDPC 码重新认识。

LDPC 码的具体构造方法、编译码算法较复杂,这里不再进一步深入探讨。

10.9.3 LDPC 码与 Turbo 码的误码率性能比较

LDPC 码与 Turbo 码都是逼近香农限的好码,两者性能接近,但 LDPC 码比 Turbo 码的译码简单,更易实现。

图 10.9.1 为二元 AWGN 信道下,码长都为 10^6,码率为 $1/2$ 时,正则和非正则 LDPC 码及 Turbo 码的误码率性能比较,图中最左边的曲线就是著名的香农限,它表明要实现目标误码率对信道信噪比的最低要求。可以看出非正则 LDPC 码的性能超过了 Turbo 码和正则 LDPC 码。

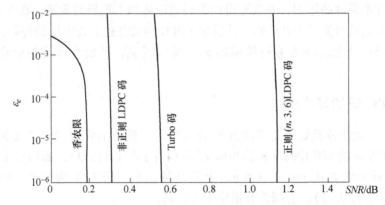

图 10.9.1　正则和非正则 LDPC 码及 Turbo 码的误码率性能比较

非正则 LDPC 码是在正则 LDPC 码基础上发展起来的,它使译码性能得到改善。图 10.9.2 为非正则 LDPC 码和 Turbo 码的误码率性能比较,码长分别为 10^3、10^4、10^5 和 10^6,

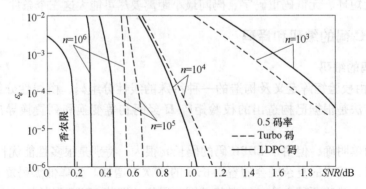

图 10.9.2　非正则 LDPC 码和 Turbo 码的误码率性能比较

码率都是 1/2。从图中可看出，随着码长的增加，LDPC 码的性能逐渐向香农限靠近，当码长约在 10^4 以上时，LDPC 码的性能优于 Turbo 码，而且码长越长，好得越多。

目前对 LDPC 码的理论研究已取得重大进展，并进入工程应用和超大规模集成电路实现阶段，应用前景相当广泛。

思 考 题

10-1 在通信系统中采用差错控制的目的是什么？
10-2 常用的差错控制方法有哪些？试比较其优缺点。
10-3 什么是随机信道？什么是突发信道？什么是混合信道？
10-4 简述利用冗余度进行纠错编码的基本思想。
10-5 什么是分组码？其构成有何特点？
10-6 试述码重、码距的定义，编码的最小码距与其检、纠错能力的关系。
10-7 线性分组码具有哪些重要性质？
10-8 典型监督矩阵和典型生成矩阵各有何特点？两者关系及在纠错码中的作用是什么？
10-9 汉明码具有哪些特性？
10-10 什么是循环码？循环码的生成多项式如何确定？它具有哪些特性？
10-11 什么是 BCH 码？什么是本原 BCH 码？什么是非本原 BCH 码？
10-12 循环码、BCH 码和 RS 码之间有什么关系？简述 RS 码的特点。
10-13 卷积码和分组码之间有何异同点？卷积码是否为线性码？
10-14 卷积码适合纠正哪类错码？
10-15 交织编码是针对哪类信道设计的？简述其设计思路。
10-16 采用链接码有何益处？如何构造链接码？
10-17 试述 Turbo 码和链接码的异同点。
10-18 LDPC 码的全称是什么？

习 题

10-1 已知码集合中有 8 个码组：(000000)、(001110)、(010101)、(011011)、(100011)、(101101)、(110110)、(111000)，求该码集合的最小码距。

10-2 上题给出的码集合若用于检错，能检出几位错码？若用于纠错，能纠正几位错码？若同时用于检错与纠错，纠错、检错的能力如何？

10-3 设某随机信道的错误概率为 $P = 0.01$。

1) (3,1) 重复码通过此信道传输，试分别计算不可纠正错误的出现概率 P_e 和无法检测到错误的概率 P_{ud}。

2) (4,3) 偶校验码通过此信道传输，无法检测到错误的概率是多少？

10-4 已知 (7,3) 码的生成矩阵为

$$G = \begin{bmatrix} 1001110 \\ 0100111 \\ 0011101 \end{bmatrix}$$

列出所有许用码组，并求监督矩阵。

10-5 已知一个 (7,4) 汉明码监督矩阵如下

$$H = \begin{bmatrix} 1110100 \\ 0111010 \\ 1101001 \end{bmatrix}$$

试求：

1) 生成矩阵 G；
2) 当输入信息序列 $m = (110101101010)$ 时，求输出码序列 A；
3) 若译码器输入 $B = (1001001)$，请计算校正子 S，并指出可能的错误图样。

10-6 已知 (7, 4) 循环码的全部码组为

    0000000   0100111   1000101   1100010
    0001011   0101100   1001110   1101001
    0010110   0110001   1010011   1110100
    0011101   0111010   1011000   1111111

试写出该循环码的生成多项式 $g(x)$ 和生成矩阵 $G(x)$，并将 $G(x)$ 化成典型阵。

10-7 已知 $x^{15} + 1 = (x+1)(x^4+x+1)(x^4+x^3+1)(x^4+x^3+x^2+x+1)(x^2+x+1)$，试问由它共构成多少种码长为 15 的循环码？列出它们的生成多项式。

10-8 证明 $x^{10} + x^8 + x^5 + x^4 + x^2 + x + 1$ 为 (15, 5) 循环码的生成多项式。求出该码的生成矩阵，并写出消息码为 $m(x) = x^4 + x + 1$ 的码多项式。

10-9 已知 (7, 4) 循环码的生成多项式为 $x^3 + x + 1$，输入信息码元为 1001，求编码后的系统码组。

10-10 已知某循环码的生成多项式是 $x^{10} + x^8 + x^5 + x^4 + x^2 + x + 1$，编码效率是 1/3。求：

1) 该码的输入信息分组长度 k 及编码后码组的长度 n；
2) 信息码 $m(x) = x^4 + x + 1$ 编为系统码后的码多项式。

10-11 已知 (7, 3) 循环码的一个码组为 (1001011)。

1) 试写出所有的码组，并指出最小码距 $d_{\min}$；
2) 写出生成多项式 $g(x)$；
3) 写出生成矩阵；
4) 画出构成该 (7, 3) 循环码的编码器。

10-12 一组 8 位的信息块（帧）11100110，通过传输链路传输。试写出由生成多项式 $g(x) = x^4 + x^3 + 1$ 产生的 CRC 码的编码过程。若 CRC 码帧长为 2ms，问 CRC 码码率和信息速率各是多少？

10-13 某 CRC 码的生成多项式 $g(x) = x^4 + x + 1$，接收码组为 (0100011100)。试判定该接收码组是否存在差错，并说明理由。

10-14 一个码长为 255 的 RS 码，其生成多项式是
$$g(x) = (x + \alpha)(x + \alpha^2)(x + \alpha^3)\cdots(x + \alpha^{32})$$
计算出该 RS 码的信息码位数。如果在信道上采用二进制传输，试分析其纠错能力。

10-15 二进制 (3, 1, 3) 卷积编码器如题图 10-15 所示。如果输入信息序列是 (101101011100…)，试写出生成矩阵和生成多项式，并利用它们求出输出码组序列。

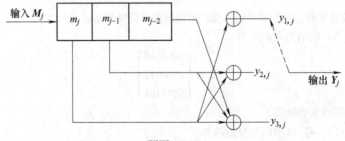

题图 10-15

10-16 某 (3, 2, 2) 卷积编码器如题图 10-16 所示。如果输入信息序列是 (101101011100…)，求输

出码组序列。

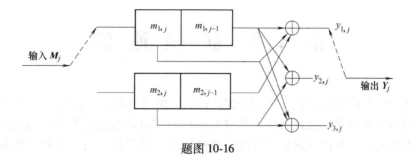

题图 10-16

10-17 已知一个（2，1，3）卷积码编码器结构如题图 10-17 所示。

1）写出生成序列 g_1、g_2 和生成矩阵 G；

2）画出状态图和网格图；

3）假设卷积码编码器的初始状态是 a，若发送序列为 10 01 11 00 10 11 00，求原信息码（提示：发送序列对应网格图上一条连续路径）。

10-18 某（3，1，3）卷积码的生成多项式为

$$g_1(x) = 1 + x + x^2, g_2(x) = 1 + x + x^2, g_3(x) = 1 + x^2$$

1）画出该码编码器框图；

2）当卷积码编码器输入信息速率为 6.4kbit/s 时，试计算卷积码的码元传输速率。

10-19 已知（3，1，3）卷积码的网格图如题图 10-19 所示。当接收码组序列为 111 001 011 010 110 000 时，试用维特比译码算法求发送码组序列。

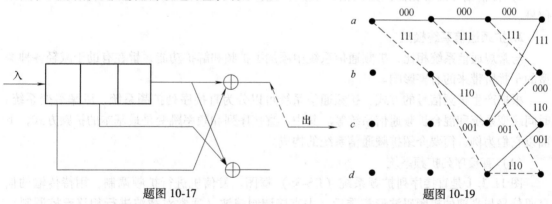

题图 10-17　　　　　　　　　　题图 10-19

10-20 已知删余卷积编码器如题图 10-20 所示。设（3，1，3）卷积编码器初始状态为 00，当输入 1011（左在先）时，试求经删余处理后的码率和输出序列。

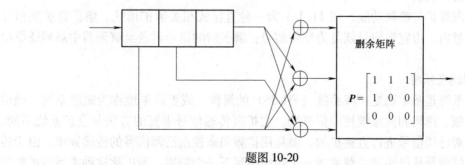

题图 10-20

第 11 章 扩 频 通 信

扩展频谱通信简称扩频通信，是围绕提高信息传输的可靠性而提出的一种有别于常规通信系统的调制理论和技术。常规通信系统（如前面各章讨论的通信系统），它的可靠性是指抗高斯白噪声的能力，而扩频通信系统的可靠性取决于抗干扰能力，这些干扰有人为干扰、窄带干扰、多径干扰等。

本章介绍扩频通信的基本概念，伪随机序列与正交编码理论，直接序列扩频系统基本原理及其抗干扰能力分析，扩频技术应用等。

11.1 扩频通信的基本概念

1. 扩频通信的特征

扩频通信是利用扩频码信号传送信息的一种通信方式。作为扩频通信系统应具有下列特征，有时也称为判断扩频通信系统的准则。

1) 传输信号的频谱宽度远大于信息信号带宽。

2) 传输信号的带宽由扩频码信号决定，此扩频码信号通常是伪随机（伪噪声）编码信号。

2. 扩频通信系统模型

与常规通信系统相比，扩频通信系统中添加了扩频和解扩功能，旨在有助于减轻各种类型的干扰所带来的有害影响。

根据产生扩频信号的方式，扩频通信系统可以分为直接序列扩频系统、频率跳变系统、时间跳变系统和混合扩频通信系统等。其中，直接序列和频率跳变是最基本的扩频方式，下面以它们为例，简要介绍扩频通信系统的构成。

（1）直接序列扩频系统

图 11.1.1 是直接序列扩频系统（DS-SS）框图。发信机进行扩频调制，用待传输的信息码信号与高速的扩频码波形相乘后，去直接调制载波（通常对载波进行相移键控调制），来扩展传输信号的带宽。直接序列扩频也可以先调制，然后用扩频码对已调信号进行直接扩频来实现带宽的扩展。

接收机实现解扩与解调功能，图 11.1.1 为一种直接式相关解扩形式。解扩将扩频信号压缩到信息频带内，由宽带信号恢复为窄带信号；解扩后的信号再送至解调器中解调还原出传送的信息。

（2）频率跳变系统

频率跳变系统是频率跳变扩频系统（FH-SS）的简称，或更简单地称为跳频系统，确切地说应称为多频、选码和频移键控通信系统。它扩展传输信号带宽的方法与直扩系统不同，不是用扩频码对已调信号进行直接扩频，而是用扩频码来控制已调信号的传输频率。由于传输信号看起来好像是从已调信号载波的一个频率跳到下一个频率，所以称这种类型的扩频为

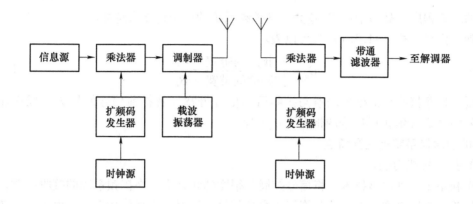

图 11.1.1　直接序列系统框图

跳频扩频。频率跳变系统框图如图 11.1.2 所示。

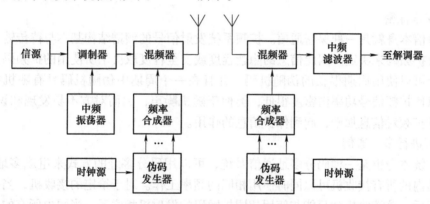

图 11.1.2　频率跳变系统框图

在频率跳变系统发送端，首先调制器将信息码信号调制至中频频率 f_{IF}（常用的调制方式是多进制频移键控），然后中频信号再经混频器进行二次调制。与常规通信系统相比，混频器的载波频率不是固定的，而是跳变的。由图 11.1.2 可见，载波发生器主要由伪随机码发生器与频率合成器组成，频率合成器在伪随机码序列控制下，使射频载波频率在一个预定的频率集内（伪）随机地由一个跳到另一个。

接收端采用外差式相关解扩形式，频率合成器也按照相同的顺序跳变，产生一个和接收信号频率相差 f_{IF} 的参考本振信号，通过混频（下变频）去除频率跳变，得到频率固定的中频信号，这一过程称为对跳频信号的解跳。解跳后的中频信号经放大后送到解调器解调，恢复出传输的信息。

3. 扩频系统的处理增益 G_p

处理增益定义为接收机解扩（跳）器（相关器）的输出信号干扰功率比与输入信号干扰功率比之比值，即

$$G_p = \frac{\text{输出信号干扰功率比}}{\text{输入信号干扰功率比}} \qquad (11.1.1)$$

扩频系统的处理增益类似于调制系统的调制制度增益，处理增益表示解扩器对信号干

功率比的改善程度，处理增益 G_p 越大，则扩频系统的抗干扰能力越强。

经理论推导，式（11.1.1）又可以表示为

$$G_p = \frac{\text{扩频后的带宽}}{\text{扩频前的带宽}} = \frac{B_{ss}}{B_b} \tag{11.1.2}$$

也就是说，扩频接收机的处理增益与扩频后的信号带宽（解扩前信号的带宽）成正比，与信息信号的带宽（解扩后信号的带宽）成反比。

4. 扩频通信系统的主要特点

（1）抗干扰能力强

由于利用了扩展频谱技术，将信号扩展到很宽的频带上，在扩频系统的接收端对扩频信号进行相关处理即带宽压缩，使其恢复成窄带信号。而对于干扰信号而言，由于与扩频码信号不相关，则被扩展到一个很宽的频带上，使之进入信号通频带内的干扰功率大大降低，相应地增加了解扩器输出端的信号/干扰比，因而具有较强的抗（人为或非人为的）干扰能力。

（2）安全保密

扩频通信本身就是一种保密通信。扩频系统发射信号的频谱结构基本与待传输的信息无关，主要由扩频码来决定。因此信息的隐蔽程度或安全程度取决于所使用的扩频码。由于扩频通信系统可以使用周期很长的伪随机码，并且在一个周期中伪随机码具有随机特性，因此，既可以使扩频信号功率谱密度很低，类似于随机噪声，因而对方不易发现和识辨信号；又可以通过扩频对信息加密，起到保护信息的作用。

（3）可进行多址通信

扩频系统本身也是一种码分多址通信系统，可以用码分多址的方式来组成多址通信网。多址通信网内的所有接收机可以同时使用相同的频率工作。对于给定的接收机，当指定了特定的扩频码后，该接收机就只能与使用相同扩频码的发射机相联系。当网内所有的接收机都指定了不同的扩频码后，网内的任一发射机可通过选择不同的扩频码来与使用相应扩频码的接收机相联系。

（4）抗多径干扰

在满足一定的条件下，扩频技术还具有抗多径的能力。多径信号到达接收端，只要多径时延超过伪随机码的一个码片，则利用伪随机码的相关特性，通过相关处理后，可消除这种多径干扰的影响。

11.2　m 序列

m 序列是伪随机序列中最重要的序列之一。伪随机序列又称伪随机码或伪噪声码，是近似满足随机序列基本特性（均衡特性、游程分布特性和相关特性）的确定序列。由于 m 序列具有优良的自相关函数，且易于产生和复制，因此在扩频技术中得到了广泛应用。

11.2.1　m 序列的产生

m 序列是最长线性反馈移位寄存器序列的简称，通常由二进制移位寄存器（简称移存器）来产生。下面以长度为 15 的线性反馈移位寄存器序列为例，说明 m 序列的产生过程。

第 11 章 扩频通信

图 11.2.1 为长度 $N = 15$ 的 m 序列产生电路的逻辑框图。图中，每级移存器的状态在一个时钟脉冲到来时向右位移一位；位于最左端的移存器的状态，由各寄存器的状态反馈经模 2 加后的值来确定。

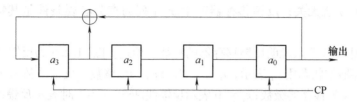

图 11.2.1　$N=15$ 的 m 序列产生电路逻辑框图

假设移存器的初始状态为 $(a_3a_2a_1a_0) = (0001)$，则在移位一次时，由 a_3 和 a_0 模 2 相加产生新的输入（即反馈输出）$a_4 = 0 \oplus 1 = 1$，新的状态变为 $(a_4a_3a_2a_1) = (1000)$，以此类推，这样移位 15 次后又回到初始状态（0001），如图 11.2.2 所示。该反馈移位寄存器序列是长度 N（也称为序列的周期）为 15 的伪随机序列：

1 0 0 0 1 1 1 1 0 1 0 1 1 0 0

移存器状态变化的顺序可以用其状态转移图表示。图 11.2.3 是全 0 初始状态下的状态转移图。如果移存器的初始状态为全 0，则此状态在时钟脉冲作用下不会改变。这就意味着在这种反馈移位寄存器中应避免出现全 0 状态，不然移位寄存器的状态

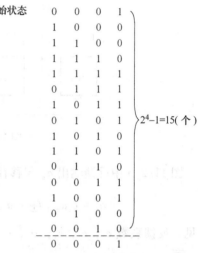

图 11.2.2　状态变化图表

将不会改变。图 11.2.4 是非全 0 初始状态下的状态转移图，图中圆圈中的数字与 a_3、a_2、a_1、a_0 相对应。

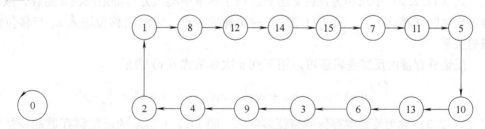

图 11.2.3　全 0 初始状态下的状态转移图

图 11.2.4　非全 0 初始状态下状态转移图

由移位寄存器加线性反馈构成的线性反馈移位寄存器（以下简称反馈移存器）能产生二进制周期序列。一般说来，反馈移存器序列由寄存器的级数、反馈线的连接状态（反馈逻辑）和寄存器的初始状态（寄存器初值）决定。

1) 由 n 级移存器组成的线性反馈电路所产生的序列周期不会超过 $2^n - 1$。

2) 不同特征多项式对应不同的反馈逻辑，即对应不同的反馈移位寄存器结构，产生不同的移位寄存器序列。

3) 相同的电路可能产生许多不同的输出序列，生成具体的输出序列与移存器的初始状态有关（参见习题 11-1）。

对于 m 序列，作为最长线性反馈移位寄存器序列，毫无疑问，它的周期 $N = 2^n - 1$，并且与移存器的初始状态无关；反馈移存器产生 m 序列的充分必要条件是其特征多项式是本原多项式。

下面，结合图 11.2.5 来说明反馈移存器的特征多项式。图 11.2.5 为反馈移存器逻辑框图。图中，每一级移存器的状态用 a_i 表示，$a_i \in \{0, 1\}$，$i =$ 整数。反馈系数 $c_i \in \{0, 1\}$，$i = 1, 2, 3, \cdots, n$；n 为移存器级数；$c_i = 0$ 表示反馈线断开，$c_i = 1$ 时表示反馈线接通（参加反馈）。

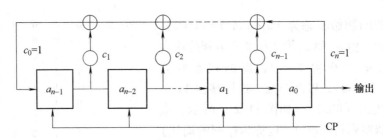

图 11.2.5 反馈移存器逻辑框图

图 11.2.5 中反馈输出 a_n 与移存器状态 a_{n-1}，a_{n-2}，a_{n-3}，$\cdots$，a_0 的关系为

$$a_n = c_1 a_{n-1} \oplus c_2 a_{n-2} \oplus \cdots c_{n-1} a_1 \oplus c_n a_0 = \sum_{i=1}^{n} c_i a_{n-i} (\text{模 2}) \quad (11.2.1)$$

可见，反馈系数 c_1，c_2，c_3，$\cdots$，c_n 的取值决定了反馈逻辑。一般来说，对于任意一状态 a_k，有

$$a_k = \sum_{i=1}^{n} c_i a_{k-i} \quad (11.2.2)$$

式 (11.2.2) 中求和为按模 2 运算。由于本章中类似方程都是按模 2 运算，故公式中不再每次注明（模 2）了。式 (11.2.2) 称为递推方程，它给出移位输入 a_k 与移位前各级状态的关系。

反馈移存器的反馈逻辑还可以用下列 n 次多项式 $f(x)$ 表示

$$f(x) = c_0 + c_1 x + c_2 x^2 + c_3 x^3 + \cdots + c_n x^n = \sum_{i=0}^{n} c_i x^i \quad (11.2.3)$$

式 (11.2.3) 称为反馈移存器的特征多项式。图 11.2.1 所示的反馈移存器的特征多项式是 $f(x) = 1 + x + x^4$。

因为反馈移存器中反馈逻辑总是接入的，所以式 (11.2.3) 中 $c_0 = 1$。式 (11.2.3) 中 x^i 仅指明其系数（1 或 0）代表 c_i 的值，x 本身的取值并无实际意义，也不需要去计算 x 的值。

以上分析表明，m 序列实际上不是随机的，而是周期序列。这是因为移位寄存器的级数是有限的，则其状态也是有限的，因而产生的序列是周期性的。之所以称其为伪随机序列，是因为它表现出了随机序列的基本特性，在不知其生成方法时看起来像真的随机序列一样。

11.2.2 特征多项式与序列多项式的关系

本节继续探讨求解 m 序列的方法。事实上，在给定特征多项式与移位寄存器初始状态的情况下，反馈移存器的输出序列被唯一地确定了。

由 11.2.1 节可知，根据给定特征多项式，画出 m 序列发生器的逻辑框图，在给出任意非零初始状态的条件下，依据移位寄存器的工作原理，可以求出具体的 m 序列 $\{a_k\}$ 来。还可以利用特征多项式与序列多项式的关系，通过求解序列多项式 $G(x)$ 的方法直接获取 m 序列。这种方法不需要人们事先知道 m 序列发生器的具体结构。

可以证明，在初始状态为 $00\cdots01$（即除最右边一级移位寄存器的存数为 1 外，其余各级的存数都为 0）的条件下，反馈移存器的序列多项式 $G(x)$ 与特征多项式 $f(x)$ 的关系为

$$f(x) = \frac{1}{G(x)} \tag{11.2.4}$$

式中，多项式 $G(x)$ 称为序列多项式或母函数，是输出序列 $\{a_k\} = a_0, a_1, a_2, \cdots, a_k, \cdots$ 的代数方程表示式。

利用关系式（11.2.4）求解反馈移存器输出序列，应满足一个前提条件，即移位寄存器初始状态为 $00\cdots01$。不过，对于产生 m 序列的反馈移存器，假设初始状态为 $00\cdots01$ 是合理的。因为对于产生 m 序列的反馈移存器来说，除 $00\cdots00$ 这一个全零状态外，其余所有的 $2^n - 1$ 个非全零状态在其一个周期 $N = 2^n - 1$ 内各出现一次。

【例 11.2.1】 求 $n = 4$ 的特征多项式 $f(x) = 1 + x + x^4$ 产生的 m 序列。

解：利用关系式（11.2.4），运用长除法求出序列多项式 $G(x)$。

$$\begin{array}{r}
1 + x + x^2 + x^3 + x^5 + x^7 + x^8 + x^{11} \\
1 + x + x^4 \overline{\smash{\big)}\, 1} \\
\underline{1 + x + x^4} \\
x + x^4 \\
\underline{x + x^2 + x^5} \\
x^2 + x^4 + x^5 \\
\underline{x^2 + x^3 + x^6} \\
x^3 + x^4 + x^5 + x^6 \\
\underline{x^3 + x^4 + x^7} \\
x^5 + x^6 + x^7 \\
\underline{x^5 + x^6 + x^9} \\
x^7 + x^9 \\
\underline{x^7 + x^8 + x^{11}} \\
x^8 + x^9 + x^{11} \\
\underline{x^8 + x^9 + x^{12}} \\
x^{11} + x^{12} \\
\underline{x^{11} + x^{12} + x^{15}} \\
x^{15}
\end{array}$$

即 $G(x) = \dfrac{1}{1+x+x^4} = 1 + x + x^2 + x^3 + x^5 + x^7 + x^8 + x^{11} + \cdots$

由输出序列多项式 $G(x)$ 的系数可写出 m 序列为
$$\{a_k\} = 111101011001000\cdots$$

在例 11.2.1 中，当长除法进行到余式为某一单项式 x^N 时即可，这是因为
$$\frac{1+x^N}{f(x)} = a_0 + a_1 x + a_2 x^2 + \cdots + a_{N-1} x^{N-1} \tag{11.2.5}$$

满足式（11.2.5）的最小正整数 N 即为输出序列的周期，这时序列多项式 $G(x)$ 为
$$\begin{aligned}
G(x) = \frac{1}{f(x)} &= \sum_{k=0}^{\infty} a_k x^k \\
&= a_0 + a_1 x + a_2 x^2 + \cdots + a_{N-1} x^{N-1} + \\
&\quad x^N(a_0 + a_1 x + a_2 x^2 + \cdots + a_{N-1} x^{N-1}) + \\
&\quad x^{2N}(a_0 + a_1 x + a_2 x^2 + \cdots + a_{N-1} x^{N-1}) + \\
&\quad \cdots
\end{aligned}$$

对应的输出序列为
$$\{a_k\} = a_0 a_1 a_2 \cdots a_{N-1} a_0 a_1 a_2 \cdots a_{N-1} a_0 a_1 a_2 \cdots a_{N-1} \cdots$$

可见，$1+x^N$ 可被 $f(x)$ 整除，得到的商正好是所求 m 序列的一个周期。

本原多项式的互反多项式为本原多项式。n 次多项式 $f(x)$ 的互反多项式 $f_n(x)$ 定义为
$$f_n(x) = x^n f\left(\frac{1}{x}\right) \tag{11.2.6}$$

可以通过式（11.2.6），由原序列的特征多项式 $f(x)$ 求镜像序列的特征多项式 $f_n(x)$。所谓镜像序列是与原序列相反的序列，如例 11.2.1 的序列为 111101011001000，其镜像序列为 000100110101111。

11.2.3　m 序列的性质

（1）均衡性

在 m 序列的一个周期内，"1" 和 "0" 的数目基本相等。准确地说，"1" 的个数比 "0" 的个数多一个。

（2）游程特性

序列中连 0 或连 1 称为一个游程，一个游程中元素的个数称为游程长度。

一个周期中长度为 1 的游程数占游程总数的 1/2，长度为 2 的游程数占游程总数的 1/4；长度为 3 的占 1/8，以此类推，长度为 k 的游程数占游程总数的 2^{-k}，其中 $1 \leq k \leq (n-1)$；而且在长度为 k 的游程中 [其中 $1 \leq k \leq (n-2)$]，连 "1" 的游程和连 "0" 的游程各占一半。

将 15 位 m 序列重写如下：

$$\cdots 0\overbrace{111101011001000}^{m=15\text{个}}1\cdots$$

不难看出，在其一个周期（15 个元素）中，共有 8 个游程，其中长度为 4 的游程有一个，即 "1111"；长度为 3 的游程有一个，即 "000"；长度为 2 的游程有两个，即 "11" 与

"00"；长度为 1 的游程有 4 个，即两个 "1" 与两个 "0"。

(3) 移位相加特性

一个 m 序列 M_p 与其移位序列 M_r 模 2 加得到的序列 M_s 仍是 M_p 的移位序列，即

$$M_p \oplus M_r = M_s \tag{11.2.7}$$

设 M_p 的一个周期为 111101011001000，另一个序列 M_r 是 M_p 向右移位一次的结果，即 M_r 的一个相应周期为 011110101100100。这两个序列的模 2 加为

$$111101011001000 \oplus 011110101100100 = 100011110101100$$

上式得出的为 M_s 的一个相应的周期，它与 M_p 向右移位 4 次的结果相同。

(4) 相关特性

令周期为 N 的 m 序列为 $a_1a_2a_3\cdots a_N$，$a_k \in (0,1)$，$k = 1, 2, 3, \cdots$，$\{a_k\}$ 称为单极性序列。又令 $b_k = 1 - 2a_k$，则当 $a_k = 0$ 时，$b_k = 1$；当 $a_k = 1$ 时，$b_k = -1$，显然，$b_k \in (1, -1)$ 为双极性码元。相应的双极性 m 序列 $\{b_k\}$ 为 $b_1b_2b_3\cdots b_N$。

双极性 m 序列的归一化周期性自相关函数定义为

$$r_b(j) = \frac{1}{N}\sum_{k=1}^{N} b_k b_{k+j} \tag{11.2.8}$$

式中，由于 $\{b_k\}$ 为周期性序列，故 b 的下标按模 N 运算，即 $b_{k+N} = b_k$。

不难验证，单极性码元的模 2 加对应双极性码元的相乘，因此，单极性 m 序列的自相关函数定义式将变为

$$r_a(j) = \frac{[a_k \oplus a_{k+j} = 0]\text{的数目} - [a_k \oplus a_{k+j} = 1]\text{的数目}}{N} \tag{11.2.9}$$

由 m 序列的移位相加特性可知，式 (11.2.9) 分子中的 $a_k \oplus a_{k+j}$ 仍为 m 序列的一个元素，所以其就等于 m 序列一个周期中 "0" 的数目与 "1" 的数目之差；另外，由 m 序列的均衡性可知，m 序列一周期中 "0" 的数目比 "1" 的数目少一个，所以式 (11.2.9) 分子等于 -1。这样，就有

$$r_a(j) = \frac{-1}{N}, \quad j = 1, 2, \cdots, N-1$$

当 $j = 0$ 时，显然 $r_a(0) = 1$。所以有

$$r_a(j) = \begin{cases} 1, & j = 0 \\ \dfrac{-1}{N}, & j = 1, 2, \cdots, N-1 \end{cases} \tag{11.2.10}$$

由于 m 序列有周期性，故其相关函数也有周期性，于是，周期等于 N 的 m 序列的归一化周期性自相关函数为

$$r_a(j) = \begin{cases} 1, & j = kN(k = 0, \pm 1, \pm 2, \cdots) \\ \dfrac{-1}{N}, & j \neq kN \end{cases} \tag{11.2.11}$$

式 (11.2.11) 表明，m 序列的自相关函数在离散的点（j 只取整数）只有两种取值（1 和 $-1/N$），有时把这类自相关函数称为二值函数。

对于双极性 m 序列，其自相关函数同样是二值函数。因为双极性 m 序列与其移位序列也是一双极性移位的 m 序列，此序列一个周期中 "-1" 的个数比 "1" 的个数多 1，所以其

一个周期的元素和等于-1，由式（11.2.8）可得：$r_b(j) = \dfrac{-1}{N}$，$j = 1, 2, \cdots, N-1$；当 $j = 0$ 时，$r_b(j) = 1$。

11.2.4 m 序列波形的自相关函数和功率谱密度

m 序列波形具有类似白噪声性质，包括尖锐的自相关特性和低值的互相关特性，功率谱占据很宽的频带。

与单极性 m 序列 $\{a_k\}$ 相对应的 m 序列波形是一个码元宽度为 T_c，周期为 $T = NT_c$ 的 NRZ 信号，如图 11.2.6 所示。在一个周期内可表示为

$$a(t) = \sum_{k=1}^{N} a_k g[t - (k-1)T_c] \tag{11.2.12}$$

其中

$$g(t) = \begin{cases} 1, & 0 < t \leq T_c \\ 0, & \text{其他 } t \end{cases}$$

称为码片波形，简称码片。

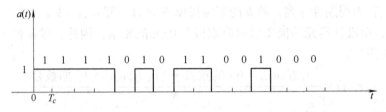

图 11.2.6 由反馈移存器产生的 m 序列波形（1 个周期）

对应的双极性 m 序列波形为

$$b(t) = \sum_{k=1}^{N} b_k g[t - (k-1)T_c] \tag{11.2.13}$$

令 $B(t) = \sum_{n=-\infty}^{\infty} b(t - nT)$ 为 $b(t)$ 的周期性延拓，于是有

$$R_b(\tau) = \dfrac{1}{T} \int_0^T B(t) B(t+\tau) \, dt \tag{11.2.14}$$

称为 $B(t)$ 的归一化周期性自相关函数。

可以证明 $R_b(\tau)$ 表示式为

$$R_b(\tau) = \sum_{k=-\infty}^{\infty} r(\tau - kT) - \dfrac{1}{N} \tag{11.2.15}$$

其中

$$r(\tau) = \begin{cases} \dfrac{N+1}{N}\left(1 - \dfrac{|\tau|}{T_c}\right), & |\tau| < T_c \\ 0, & \text{其他 } \tau \end{cases}$$

双极性 m 序列波形的归一化周期性自相关函数如图 11.2.7 所示。

由于信号的自相关函数与功率谱密度构成一对傅里叶变换。因此，很容易由式

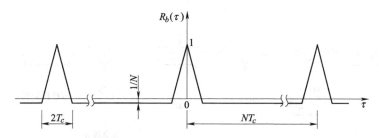

图 11.2.7 双极性 m 序列波形的归一化周期性自相关函数

(11.2.15) 经过傅里叶变换，求出其功率谱密度为

$$P_m(\omega) = \frac{N+1}{N^2} \sum_{k \neq 0} \text{Sa}^2\left(\frac{\omega T_c}{2}\right) \delta\left(\omega - \frac{2\pi k}{NT_c}\right) + \frac{1}{N^2}\delta(\omega) \tag{11.2.16}$$

按式（11.2.16）画出的曲线如图 11.2.8 所示。由图可见，m 序列波形的功率谱具有如下特点。

1) m 序列波形的功率谱为离散谱，谱线间隔等于 $2\pi/NT_c$。

2) 谱线具有 $\text{Sa}^2(\omega T_c/2)$ 的包络，每个分量的功率与周期 N 成反比。

3) 直流分量的强度与 N^2 成反比。

4) 功率谱第一个零点出现在 $2\pi/T_c$，

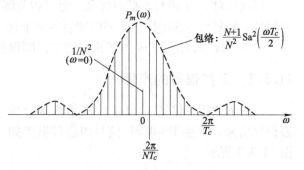

图 11.2.8 m 序列的功率谱

因此带宽由码片宽度 T_c 决定，T_c 越小，即码片速率 $R_c = \dfrac{1}{T_c}$ 越高，带宽越宽。

5) 增加 m 序列的长度 N，将使谱线加密，谱密度降低，更接近于白噪声的功率谱特性。

11.3 直接序列扩频系统

直接序列扩频系统又称为直接序列调制系统或伪噪声系统（PN 系统），简称直扩系统，是目前应用较为广泛的一种扩频系统。

假设直扩系统采用 BPSK 调制方式，这个 BPSK 直扩系统模型如图 11.3.1 所示。图中，$d(t)$ 表示信息信号，$c(t)$ 表示扩频码信号波形。由图可知，送入信道的直扩信号（以下又称为 DS-BPSK 信号或者扩频信号）$s(t)$ 为

$$s(t) = d(t)c(t)\cos\omega_0 t \tag{11.3.1}$$

式中，ω_0 为载波频率。

考虑到在传播过程中，扩频信号 $s(t)$ 受到各种干扰和信道噪声的影响，则接收信号 $r(t)$ 为

$$\begin{aligned} r(t) &= s(t-\tau) + n(t) + s_i(t) \\ &= d(t-\tau)c(t-\tau)\cos[2\pi(f_o + f_d)t + \varphi] + n(t) + s_i(t) \end{aligned} \tag{11.3.2}$$

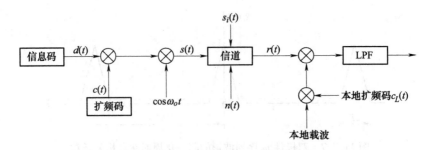

图 11.3.1 BPSK 直扩系统模型

式中，τ、f_d 和 φ 分别表示信号 $s(t)$ 在传输过程中产生的随机时延、多普勒频移和随机相位；$n(t)$ 为信道加性噪声；$s_i(t)$ 代表干扰信号，可能是窄带干扰、多径干扰或者多址干扰等。

接收机对 $r(t)$ 进行解扩与解调，通过相关解扩（低通滤波器起积分作用），一方面从有用信号中恢复出传输的信息，同时抑制各类干扰。

下面，详细讨论 BPSK 直扩系统的工作原理和抗干扰性能。

11.3.1 直扩信号的产生

为便于分析，将图 11.3.1 中发信机部分单独提取出来，产生 DS-BPSK 信号的原理框图如图 11.3.2 所示。

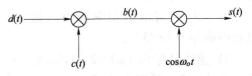

图 11.3.2 产生 DS-BPSK 信号的原理框图

设信息信号 $d(t)$ 是双极性不归零矩形脉冲序列，信息速率 $R_b = \dfrac{1}{T_b}$，即

$$d(t) = \sum_{k=-\infty}^{\infty} d_k g(t - kT_b) \tag{11.3.3}$$

式中，$\{d_k\}$ 是以独立等概方式取值为 ± 1 的信息序列；$g(t)$ 是幅度为 1、宽度为 T_b 的矩形脉冲。

$c(t)$ 为扩频码信号，它是由 m 序列或其他扩频码形成的双极性不归零信号，码速率 $R_c = \dfrac{1}{T_c}$，即

$$c(t) = \sum_{n=-\infty}^{\infty} c_n g_c(t - nT_c) \tag{11.3.4}$$

式中，$\{c_n\}$ 是取值于 ± 1 的伪随机码；$g_c(t)$ 为码片波形；T_c 为码片宽度。

扩频码的码速率 R_c 称为码片速率或切普（chip）速率。在直扩系统中，码片速率是信息速率的整数倍，通常取 $R_c = NR_b$。在这种情况下，直扩系统的处理增益 $G_p = \dfrac{R_c}{R_b} = \dfrac{T_b}{T_c} = N$，一般 $T_b/T_c \gg 1$。

扩频过程实质上是信息信号 $d(t)$ 与扩频码信号 $c(t)$ 的（波形）相乘，或者是单极性信息码序列与单极性扩频码的模 2 加。令 $b(t) = d(t)c(t)$，则 $b(t)$ 也是幅度为 ± 1 的双极性不归零信号，如图 11.3.3 所示。

信号 $b(t)$ 可表示为

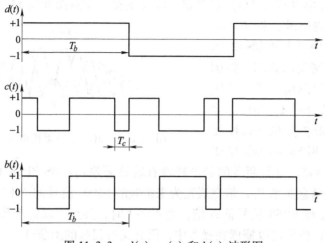

图 11.3.3 $d(t)$、$c(t)$ 和 $b(t)$ 波形图

$$b(t) = d(t)c(t) = \sum_{n=-\infty}^{\infty} b_n g_c(t - nT_c) \tag{11.3.5}$$

式中,$\{b_n\}$ 是扩频码 $\{c_n\}$ 乘以信息序列 $\{d_k\}$ 的结果,一个信息码元要与 N 个码片相乘。

$b(t)$ 经过正弦载波相位调制后得到 DS-BPSK 信号,其表达式为

$$s(t) = d(t)c(t)\cos\omega_0 t = b(t)\cos\omega_0 t$$
$$= \sum_{n=-\infty}^{\infty} b_n g_c(t - nT_c)\cos\omega_0 t \tag{11.3.6}$$

11.3.2 直扩信号的频谱特性

由 6.3.1 节可知,BPSK 调制的结果就是把调制信号 $b(t)$ 的功率谱 $P_b(\omega)$ 搬移到了载频 ω_0 处,因此只要求出 $P_b(\omega)$ 就可以得到 DS-BPSK 信号的频谱特性。下面,利用随机信号分析方法计算出功率谱 $P_b(\omega)$。

由于 $b(t) = d(t)c(t)$,且 $d(t)$ 和 $c(t)$ 是由两个不同的信源产生的,因而是相互独立的,则有

$$R_b(\tau) = R_d(\tau) R_c(\tau) \tag{11.3.7}$$

式中,$R_b(\tau)$、$R_d(\tau)$ 和 $R_c(\tau)$ 分别为 $b(t)$、$d(t)$ 与 $c(t)$ 的自相关函数。

设信息码信号 $d(t)$ 的功率谱密度为 $P_d(\omega)$,扩频码信号由 m 序列产生,其功率谱密度 $P_c(\omega)$ 由式(11.2.16)决定。对式(11.3.7)求傅里叶变换,可得 $b(t)$ 的功率谱密度为

$$P_b(\omega) = \frac{1}{2\pi}\{P_d(\omega) * P_c(\omega)\}$$
$$= \frac{1}{2\pi}\left\{P_d(\omega) * \left[\frac{N+1}{N^2}\sum_{n\neq 0}\text{Sa}^2\left(\frac{\omega T_c}{2}\right)\delta\left(\omega - \frac{2\pi n}{NT_c}\right) + \frac{1}{N^2}\delta(\omega)\right]\right\}$$
$$= \frac{1}{2\pi}\left[\frac{N+1}{N^2}\sum_{n\neq 0}\text{Sa}^2\left(\frac{\pi n}{N}\right)P_d\left(\omega - \frac{2\pi n}{NT_c}\right) + \frac{1}{N^2}P_d(\omega)\right] \tag{11.3.8}$$

原来扩频码信号 $c(t)$ 功率谱中的 $\delta(\omega)$ 函数由信息码信号 $d(t)$ 的功率谱 $P_d(\omega)$ 所替代,

第一个零点在码片速率 R_c 处，$b(t)$ 功率谱密度（主瓣）示意图如图 11.3.4 所示。

根据 BPSK 调制原理，将 $P_b(\omega)$ 搬移到载频 ω_0 处，便可得到 DS-BPSK 信号 $s(t)$ 的功率谱密度示意图，如图 11.3.5 所示。从频谱形状上看，扩频信号的功率谱包络是 $\mathrm{Sa}^2(x)$ 型的，主瓣带宽为 $2R_c$。与未扩频的 BPSK 比较，虽然未扩频的 BPSK 与 DS-BPSK

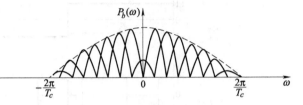

图 11.3.4　$b(t)$ 功率谱密度（主瓣）示意图

的功率谱形状基本相同，但是两者的频谱特性有着显著差别：DS-BPSK 信号的带宽取决于码片速率 R_c 而不是信息速率 R_b，带宽展宽为未扩频的 BPSK 信号的 N 倍；DS-BPSK 信号的功率谱密度要比未扩频 BPSK 信号低 N 倍，当 $N \gg 1$ 时，甚至可以低于系统内部噪声的功率谱密度，即 DS-BPSK 信号可以掩埋在噪声中，因此具有很强的隐蔽性。

11.3.3　直扩信号的解扩与解调

扩频信号的接收一般分为解扩和解调两步进行，这两个步骤通常是不能颠倒的，要按照先解扩后解调的顺序进行。这是因为在未解扩前的信噪比很低，信号淹没于噪声中，一般的解调方法很难实现。扩频接收机是在

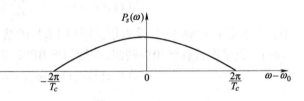

图 11.3.5　$s(t)$ 功率谱密度示意图

强干扰噪声条件下进行信号处理，因此大多数扩频信号的解扩都使用相关器，即采用相关解扩。下面，针对图 11.3.6 所示的扩频接收机，分析直扩信号的解扩与解调的过程。

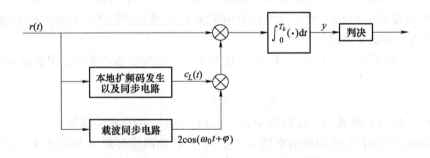

图 11.3.6　直扩信号解扩与解调原理框图

当不考虑各种干扰及噪声的影响时，由式（11.3.2）表示的接收信号变成

$$r(t) = s(t - \tau) = d(t - \tau)c(t - \tau)\cos(\omega_0 t + \varphi) \tag{11.3.9}$$

式中，τ 表示发送信号 $s(t)$ 在传输过程中产生的随机时延。

在图 11.3.6 中，通过伪码同步恢复出本地扩频码 $c_L(t)$，同时通过载波同步恢复出 $2\cos(\omega_0 t + \varphi)$，这意味着载波已经取得同步，为了简化运算，设本地载波幅度为 2。此时相关器的输出为

$$y = \int_0^{T_b} r(t) c_L(t) 2\cos(\omega_0 t + \varphi) dt$$

$$= \int_0^{T_b} d(t-\tau) c(t-\tau) c_L(t) 2\cos^2(\omega_0 t + \varphi) dt \tag{11.3.10}$$

在扩频码也同步的情况下，即 $c_L(t) = c(t - \tau)$ 时，得

$$y = d_0 T_b \tag{11.3.11}$$

式中，d_0 是 $[0, T_b]$ 时间内发送的信息码。以上分析表明，当收发两端扩频码同步时，相关解扩才能恢复出传输的信息。

11.3.4 直扩系统的抗干扰性能

扩频系统的主要特点之一是具有较强的抑制干扰的能力，本节将分别分析在窄带干扰、多径干扰和多址干扰环境下，直扩系统的抗干扰性能。

1. 抗窄带干扰性能

设直扩系统的信道上存在窄带干扰 $s_1(t) = d_1(t) \cos(\omega_o t + \varphi_1)$，其中 $d_1(t)$ 是与扩频信号 $s(t) = d(t) c(t) \cos\omega_o t$ 中 $d(t)$ 独立的另一个信息信号，假设其信息速率与 $d(t)$ 一样是 $R_b = \frac{1}{T_b}$，并且在时间上与 $d(t)$ 是对齐的（同步），$[0, T_b]$ 时间内，$d(t)$ 的数据是 d_0，$d_1(t)$ 的数据是 $d_{1,0}$。不难看出，$s_1(t)$ 是一个非扩频的 BPSK 信号，由于 $s_1(t)$ 的带宽是 $s(t)$ 的 $\frac{1}{N}$，因此可以看作是对扩频信号的窄带干扰。

有窄带干扰时扩频接收机如图 11.3.7 所示，此时，扩频接收机输入为

$$r(t) = s(t) + s_1(t)$$

$$= d(t) c(t) \cos\omega_o t + d_1(t) \cos(\omega_o t + \varphi_1) \tag{11.3.12}$$

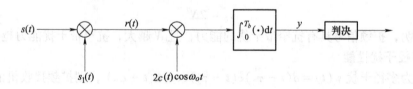

图 11.3.7 窄带干扰下的扩频接收机

则相关器输出为

$$y = \int_0^{T_b} r(t) 2c(t) \cos\omega_o t dt$$

$$= \int_0^{T_b} [d(t) c(t) \cos\omega_o t + d_1(t) \cos(\omega_o t + \varphi_1)] 2c(t) \cos\omega_o t dt$$

$$= 2\int_0^{T_b} d(t) c^2(t) \cos^2\omega_o t dt + \int_0^{T_b} d_1(t) \cos(\omega_o t + \varphi_1) 2c(t) \cos\omega_o t dt$$

$$= d_0 T_b + \xi \tag{11.3.13}$$

式中的干扰分量为

$$\xi = \int_0^{T_b} d_1(t)\cos(\omega_o t + \varphi_1) 2c(t)\cos\omega_o t \, dt$$

$$= \int_0^{T_b} d_1(t) c(t)[\cos\varphi_1 + \cos(2\omega_o t + \varphi_1)] \, dt$$

$$= d_{1,0} T_b \overline{c(t)} \cos\varphi_1 \tag{11.3.14}$$

其中，扩频码的均值为

$$\overline{c(t)} = \frac{1}{T_b}\int_0^{T_b} c(t)\, dt = \frac{1}{NT_c}\sum_{i=0}^{N-1}\int_{iT_c}^{(i+1)T_c} c_i g_c(t - iT_c)\, dt$$

$$= \frac{1}{NT_c}\sum_{i=0}^{N-1} c_i T_c = \frac{1}{N}\sum_{i=0}^{N-1} c_i \tag{11.3.15}$$

假设 φ_1 在 $[0, 2\pi]$ 内均匀分布，则干扰分量 ξ 的均值和方差分别为

$$E[\xi] = E[d_{1,0} T_b \overline{c(t)} \cos\varphi_1] = d_{1,0} T_b \overline{c(t)} E[\cos\varphi_1] = 0 \tag{11.3.16}$$

$$D(\xi) = E[(d_{1,0} T_b \overline{c(t)} \cos\varphi_1)^2] = (d_{1,0} T_b)^2 \overline{c(t)}^2 E[\cos^2\varphi_1]$$

$$= \frac{1}{2}(d_{1,0} T_b)^2 \overline{c(t)}^2 \tag{11.3.17}$$

于是，输出信扰比为

$$\gamma_0 = \frac{(d_0 T_b)^2}{D[\xi]} = \frac{2}{[\overline{c(t)}]^2} \tag{11.3.18}$$

当发送信号是 DS-BPSK 时，$\overline{c(t)}$ 与具体所采用的扩频码有关。若 $c(t)$ 采用 m 序列，则由双极性 m 序列均衡性及扩频码均值表达式可知，$\overline{c(t)} = -\frac{1}{N}$，于是有

$$\gamma_0 = 2N^2 \tag{11.3.19}$$

结果表明，扩频信号具有抗窄带干扰的能力，且 N 越大，抗窄带干扰能力越强。

2. 抗多径干扰性能

若干扰为多径干扰 $s_2(t) = d(t - \tau_2) c(t - \tau_2)\cos(\omega_o t + \varphi_2)$，则扩频接收机的输入为

$$r(t) = s(t) + s_2(t)$$

$$= d(t)c(t)\cos\omega_o t + d(t - \tau_2)c(t - \tau_2)\cos(\omega_o t + \varphi_2) \tag{11.3.20}$$

于是接收机中相关器输出为

$$y = \int_0^{T_b} [s(t) + s_2(t)] 2c(t)\cos\omega_o t \, dt$$

$$= 2\int_0^{T_b} d(t) c^2(t) \cos^2\omega_o t \, dt + \int_0^{T_b} d(t - \tau_2) c(t - \tau_2)\cos(\omega_o t + \varphi_2) 2c(t)\cos\omega_o t \, dt$$

$$= d_0 T_b + \xi$$

其中，多径干扰分量为

$$\xi = \int_0^{T_b} d(t - \tau_2) c(t - \tau_2) 2c(t)\cos(\omega_o t + \varphi_2)\cos\omega_o t \, dt$$

$$= \cos\varphi_2 \int_0^{T_b} d(t-\tau_2)c(t-\tau_2)c(t)dt = \cos\varphi_2 R_c(\tau_2) \tag{11.3.21}$$

其中 $R_c(\tau_2) = \int_0^{T_b} d(t-\tau_2)c(t-\tau_2)c(t)dt$ 是 $c(t)$ 的自相关函数。于是，相关器输出的信号分量又可表示为

$$2\int_0^{T_b} d(t)c^2(t)\cos^2\omega_o t\, dt = R_c(0) = d_0 T_b \tag{11.3.22}$$

式（11.3.21）及式（11.3.22）表明，抗多径干扰的能力取决于扩频码的自相关特性，理想的自相关特性（即 $R_c(\tau) = \delta(\tau)$）可完全抑制掉多径干扰。实际的伪随机码自相关特性满足 $\dfrac{R_c(0)}{|R_c(\tau)|_{\max}} \gg 1 (\tau \neq 0)$，因此虽然不能完全抑制多径干扰，但也可以取得较好的抑制效果。

假设 φ_2 在 $(0, 2\pi)$ 内均匀分布，τ_2 在 $(0, T_b)$ 内均匀分布，同时 φ_2, τ_2 相互独立，则

$$E[\xi^2] = E[\cos^2\varphi_2]E[R_c^2(\tau_2)]$$

$$= \frac{1}{2} \times \frac{1}{T_b}\int_0^{T_b} R_c^2(\tau_2)d\tau_2 = \frac{1}{2}\overline{R_c^2(\tau_2)} \tag{11.3.23}$$

对随机序列信号，自相关函数的均方值 $\overline{R_c^2(\tau_2)} = NT_c^2$ ($\tau_2 \neq 0$)。由此得到多径信扰比

$$\gamma_0 = \frac{d_0^2 T_b^2}{E[\xi^2]} = \frac{T_b^2}{NT_c^2/2} = 2N \tag{11.3.24}$$

显然，N 越大，抗多径干扰的能力越强。

3. 抗多址干扰性能

若干扰为另一扩频信号 $s_3(t) = d_3(t)c_3(t)\cos(\omega_c t + \varphi_3)$，称此干扰为多址干扰。假设 $s_3(t)$ 和扩频信号 $s(t)$ 之间存在时延差 τ_3，则相关器输出为

$$y = \int_0^{T_b}[s(t) + s_3(t-\tau_3)]2c(t)\cos\omega_o t\, dt$$

$$= 2\int_0^{T_b} d(t)c^2(t)\cos^2\omega_o t\, dt + \int_0^{T_b} d_3(t-\tau_3)c_3(t-\tau_3)\cos[\omega_0(t-\tau_3)+\varphi_3]2c(t)\cos\omega_o t\, dt$$

$$= d_0 T_b + \xi \tag{11.3.25}$$

令 $\theta = \varphi_3 - \omega_o\tau_3$，并且设 φ_3 在 $(0, 2\pi)$ 内均匀分布，τ_3 在 $(0, T_b)$ 内均匀分布，且 φ_3 与 τ_3 相互独立。引入扩频码 $c_3(t-\tau_3)$ 和 $c(t)$ 的互相关函数

$$R_{3c}(\tau_3) = \int_0^{T_b} d_3(t-\tau_3)c_3(t-\tau_3)c(t)dt \tag{11.3.26}$$

则式（11.3.25）中多址干扰分量可以表示为

$$\xi = \cos\theta R_{3c}(\tau_3) \tag{11.3.27}$$

可见，抗多址干扰能力取决于扩频码的互相关特性。若互相关恒为0，则可完全抑制多址干扰。实际的伪随机码为准正交码，即其互相关特性满足 $\dfrac{R_c(0)}{|R_{3c}(\tau)|_{\max}} \gg 1$。因此虽然不能完全抑制多址干扰，但可以抑制大部分干扰。

干扰分量 ξ 的方差为

$$D[\xi] = E[\xi^2] = E[\cos^2\theta R_{2c}^2(\tau_3)] = \frac{1}{2}\overline{R_{3c}^2(\tau_3)} \tag{11.3.28}$$

其中 $\overline{R_{3c}^2(\tau_3)} = \dfrac{1}{T_b}\displaystyle\int_0^{T_b} R_{3c}^2(\tau_3)\mathrm{d}\tau_3$ 为互相关的均方值。对于多数伪随机序列信号，$\overline{R_{3c}^2(\tau_3)} = NT_c^2$，因此多址信扰比为

$$\gamma_0 = \frac{(d_0 T_b)^2}{D[\xi]} = \frac{T_b^2}{NT_c^2/2} = 2N \tag{11.3.29}$$

由此可见，N 越大，多址信扰比越大，抗多址干扰的能力越强。

11.3.5 码分多址

码分多址（CDMA）是 3G 移动通信网普遍采用的一种多址接入技术。多址接入技术主要用来解决在给定频谱资源下允许多个用户同时进行通信的问题。

采用直扩实现多址接入时，码分多址系统为每个用户分配不同的扩频码（称该扩频码为用户地址码），在同频、同时的条件下，利用扩频码的准正交性（例如伪随机码具有低值的互相关特性，但其互相关函数不为0）来区分不同用户。

在码分多址系统中，所有用户地址码在接收点保持同步关系（同时到达），称为同步码分多址；若用户地址码之间不需要协调时间关系，称为异步码分多址。这里，以反向信道（移动台到基站方向）为例，说明异步码分多址系统的工作原理。

令第 i 个用户信号为 $s_i(t) = d_i c_i(t)$，其中 d_i 是信息码，$c_i(t)$ 为其地址码。基站的接收信号是一个叠加信号

$$s(t) = \sum_{i=1}^{L} s_i(t - \tau_i) \tag{11.3.30}$$

式中，L 为通信用户总数。

基站对接收信号 $s(t)$ 做相关处理。并假设指定接收第 $j \in (1, 2, \cdots, L)$ 个用户信息，则接收机的相关器输出为

$$\int_0^T s(t) c_j(t-\tau_j)\mathrm{d}t = \sum_{i=1}^{L}\int_0^T d_i c_i(t-\tau_i) c_j(t-\tau_j)\mathrm{d}t$$

$$= \int_0^T d_j c_j(t-\tau_j) c_j(t-\tau_j)\mathrm{d}t + \sum_{i\neq j}\int_0^T d_i c_i(t-\tau_i) c_j(t-\tau_j)\mathrm{d}t$$

$$= d_j R_c(0) + \sum_{i\neq j} d_i R_{c_i c_j}(\tau) \tag{11.3.31}$$

可见，在异步码分多址系统中，会产生用户地址码之间的相互干扰，称作多址干扰。不

过,伪随机码作为一种准正交码,其互相关函数值的旁瓣值比自相关函数的主瓣值小得多,即 $\frac{R_c(0)}{|R_{c_i c_j}(\tau)|_{\max}} \gg 1$,因此,在异步码分多址系统中,不用保证 $\tau_1 = \tau_2 = \cdots = \tau_L$ 的关系(同步关系),仍可抑制大部分干扰,实现从接收信号中分离出需要的信息信号。

11.4 正交编码

正交码也是一种重要的扩频码,广泛应用作同步码分多址系统的地址码。本节介绍哈达玛(Hadamard)矩阵和沃尔什(Walsh)码,哈达玛矩阵可以用来产生沃尔什码。

11.4.1 哈达玛矩阵

设长为 N 的双极性码序列分别记为 x 和 y,即

$$x = (x_1, x_2, x_3, \cdots, x_N)$$
$$y = (y_1, y_2, y_3, \cdots, y_N)$$

其中,$x_i, y_i \in (+1, -1)$ $i = 1, 2, \cdots, N$。x 和 y 间的互相关系数定义为

$$\rho(x,y) = \frac{1}{N} \sum_{i=1}^{N} x_i y_i \tag{11.4.1}$$

若规定用二进制数字"0"代替上述码序列中的"+1",用二进制数字"1"代替"-1",则单极性码序列的互相关系数为

$$\rho(x,y) = \frac{A - D}{A + D} \tag{11.4.2}$$

式中,A 为 x 和 y 中对应码元相同的个数;D 为 x 和 y 中对应码元不同的个数。

如果码序列 x 和码序列 y 正交,则必有

$$\rho(x,y) = 0 \tag{11.4.3}$$

在明确了码序列正交的概念之后,接下来介绍一种典型的正交码,即哈达玛矩阵。哈达玛矩阵是法国数学家哈达玛于 1893 年首先构造出来的,简记为 H 矩阵。H 矩阵是一种方阵,仅由元素 +1 和 -1 构成,并具有下列递推关系:

$$H_{2^0} = H_1 = +1, \quad H_{2^r} = \begin{bmatrix} H_{2^{r-1}} & H_{2^{r-1}} \\ H_{2^{r-1}} & -H_{2^{r-1}} \end{bmatrix} \tag{11.4.4}$$

式中,$r = 1, 2, \cdots$。

最低阶的 H 矩阵是 2 阶的,令 $r = 1$ 有

$$H_2 = \begin{bmatrix} +1 & +1 \\ +1 & -1 \end{bmatrix} \tag{11.4.5}$$

当 $r = 2$ 和 $r = 3$ 时,可得 4 阶和 8 阶哈达玛矩阵分别为

$$H_4 = \begin{bmatrix} H_2 & H_2 \\ H_2 & -H_2 \end{bmatrix} = \begin{bmatrix} +1 & +1 & +1 & +1 \\ +1 & -1 & +1 & -1 \\ +1 & +1 & -1 & -1 \\ +1 & -1 & -1 & +1 \end{bmatrix} \tag{11.4.6}$$

$$H_8 = \begin{bmatrix} H_4 & H_4 \\ H_4 & -H_4 \end{bmatrix} = \left[\begin{array}{cccc|cccc} +1 & +1 & +1 & +1 & +1 & +1 & +1 & +1 \\ +1 & -1 & +1 & -1 & +1 & -1 & +1 & -1 \\ +1 & +1 & -1 & -1 & +1 & +1 & -1 & -1 \\ +1 & -1 & -1 & +1 & +1 & -1 & -1 & +1 \\ \hline +1 & +1 & +1 & +1 & -1 & -1 & -1 & -1 \\ +1 & -1 & +1 & -1 & -1 & +1 & -1 & +1 \\ +1 & +1 & -1 & -1 & -1 & -1 & +1 & +1 \\ +1 & -1 & -1 & +1 & -1 & +1 & +1 & -1 \end{array}\right] \quad (11.4.7)$$

若把哈达玛矩阵 H 的每一行看作是一个码序列，则这些码序列是相互正交的，而整个 H 矩阵就是一种长为 N 的正交编码，且它包含 N 个码序列。令 $N = 2^r$ ($r = 2, 3, \cdots$)，则 N 阶 H 矩阵是正交方阵，即 H 矩阵中各行（或列）是正交的。

11.4.2 沃尔什函数与沃尔什码

沃尔什函数是取值于+1 与-1 的二元正交函数集。阶是沃尔什函数的重要参数，N 阶沃尔什函数表明在沃尔什函数的周期 T 内，它由 N 个不同的子函数组成。一个 4 阶沃尔什函数如图 11.4.1 所示。

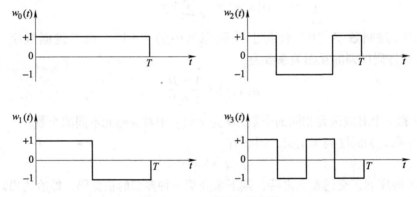

图 11.4.1　4 阶沃尔什函数

N 阶沃尔什函数可记为 $\{w_j(t); t \in (0, T), j = 0, 1, \cdots, N-1\}$，子函数 $w_j(t)$ 的下标 j 的取值对应于每个子函数的过零点次数。

沃尔什函数最重要的性质是正交性，即在区间 $(0, T)$ 上有

$$\frac{1}{T}\int_0^T w_i(t) w_j(t) \mathrm{d}t = \begin{cases} 1, & i = j \\ 0, & i \neq j \end{cases} \quad (i, j = 0, 1, 2, \cdots, N-1) \quad (11.4.8)$$

若对沃尔什函数波形等间隔上采样，可得到离散沃尔什函数，离散沃尔什函数简称为沃尔什序列或沃尔什码。

沃尔什码是由 N 个元素（码元）组成的序列。例如，与图 11.4.1 中 4 阶沃尔什函数对应的沃尔什码为

$W_0(i): +1\ +1\ +1\ +1$　或　$0\ 0\ 0\ 0$

$W_1(i): +1\ +1\ -1\ -1$　或　$0\ 0\ 1\ 1$

$W_2(i): +1\ -1\ -1\ +1$　或　$0\ 1\ 1\ 0$

$W_3(i)$: +1 -1 +1 -1   或   0 1 0 1

其中，$W_j(i)$ 的下标 j（$j = 0, 1, \cdots, N-1$）为沃尔什码的序列编号，同时它又是沃尔什码的符号改变次数；i 表示沃尔什码的元素序号，$i = 0, 1, \cdots, N-1$。

沃尔什码具有如下性质。

1) 若 m（或 n）$= 0, 1, \cdots, N-1$，则

$$\frac{1}{N}\sum_{i=0}^{N-1} W_n(i) W_m(i) = \begin{cases} 1, & \text{当 } m = n \text{ 时} \\ 0, & \text{当 } m \neq n \text{ 时} \end{cases} \tag{11.4.9}$$

即在同一周期 N 中，沃尔什码是正交的。

2) 除 $W_0(i)$ 以外，其他 $W_{n \neq 0}(i)$ 在一个周期内均值为 0。

3) 两个沃尔什码相乘，乘积仍是沃尔什码，即对乘法运算满足封闭性。

4) 沃尔什码集合是完备的，即长度为 N 的沃尔什码可构成 N 个相互正交的码序列。换句话说，长度为 N 的沃尔什码有 N 个（相互正交）。

5) 沃尔什码在完全同步时是完全正交的（同步只关心到达的同时性，而对到达时间值并不关心）。

沃尔什码可由哈达码矩阵产生。需要指出的是，哈达码矩阵的各行（或列）均为沃尔什码，只是哈达码矩阵的行号与沃尔什码按符号改变次数排列的序列编号不同。

11.4.3 码分复用

信道复用时，为了在接收端能将不同路信号区分开，必须使不同路信号具有某种不同特征。按照不同频域特征区分信号的方式称为频分复用（FDM），按照不同时域特征区分信号的方式称为时分复用（TDM），而码分复用（CDM）则是按照不同波形（码）特征来区分信号。

码分复用通常采用沃尔什函数 $\{w_i(t)\}$ 作为特征信号，这种情况实际就是正交码分复用（OCDM）。这种特征信号的正交设计，满足从接收信号中区分出多路信号的充分必要条件，即特征信号彼此线性不相关。

沃尔什码在完全同步时才是完全正交的。对于移动通信信道（属于随参多径信道），严格同步很难保证。非同步时，沃尔什码的互相关将产生迅速恶化，其互相关函数值比异步状态下的伪随机码的互相关函数值大得多。如果将沃尔什码与伪随机码模 2 加或相乘形成 Walsh-PN 复合码，可以使沃尔什码与伪随机码特性中的各自优点互补，即 Walsh-PN 复合码除保留了沃尔什码的正交性外，同时又大大地改善了其相关函数的特性，使其旁瓣值减少至 $\sqrt{N}$ 数量级。

思 考 题

11-1 为什么以付出传输带宽为代价的通信方式均可以提高抗干扰能力？有哪些通信方式属于此类？

11-2 什么是扩展频谱通信？它有何优点？

11-3 扩展频谱技术可以分为几类？

11-4 何谓 m 序列？

11-5 本原多项式有哪些特点？

11-6 线性反馈移存器产生 m 序列的充要条件是什么？

11-7 简述 m 序列的特性。

11-8 为何 m 序列属于伪随机序列?

11-9 何谓正交编码?

11-10 何谓哈达玛矩阵? 它的主要特性如何?

11-11 何谓沃尔什码? 它的主要特性如何?

11-12 简述哈达玛矩阵和沃尔什码的关系。

习 题

11-1 解释为什么一个 n 级线性反馈移位寄存器可以产生一个最大周期不超过 $2^n - 1$ 的序列。

11-2 一个 3 级线性移位寄存器的原理结构图如题图 11-2 所示。当初始状态分别为 000、111、010 和 100 时,试写出该移位寄存器的输出序列。

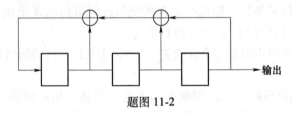

题图 11-2

11-3 一个线性反馈移位寄存器序列发生器的特征多项式为 $f(x) = 1 + x^2 + x^3$,试画出此序列发生器的结构图,写出它的输出序列(至少包括一个周期),并判断此序列是否为 m 序列。

11-4 证明在初始状态为 00⋯01 的条件下,线性反馈移位寄存器的序列多项式 $G(x)$ 与特征多项式 $f(x)$ 的关系为 $f(x) = \dfrac{1}{G(x)}$。

11-5 已知某 m 序列发生器如题图 11-5 所示。

1)写出此序列发生器的特征多项式 $f(x)$,指出其周期是多少?

2)试求出该 m 序列;

3)写出此序列一个周期中的所有游程,并统计出各游程长度的数量。

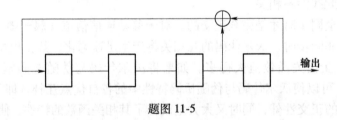

题图 11-5

11-6 已知 m 序列的特征多项式为 $f(x) = 1 + x + x^3$,试计算该序列的一个完整周期。

11-7 画出由特征多项式 $f(x) = 1 + x + x^4$ 生成的 m 序列波形的自相关函数和功率谱密度,所用的移位寄存器时钟频率为 1.0kHz。

11-8 考虑题图 11-8a 所示的 DS-BPSK 扩频系统的发射机。设 $d(t)$ 序列的速率为 75bit/s,按到达时间顺序依次为 100110001;$c(t)$ 由题图 11-8b 所示的移位寄存器产生,移存器初始状态为 1111,工作时钟为 225Hz。试绘出最终发送序列 $d(t)c(t)$ 及传输信号 $s(t)$ 波形。

11-9 某 m 序列发生器的结构图如题图 11-9 所示。

1)此 m 序列的周期 N 值是多少? 写出其特征多项式;

2)写出它的输出序列(至少包括一个周期),同时验证这个输出序列满足 m 序列的均衡性、游程特性

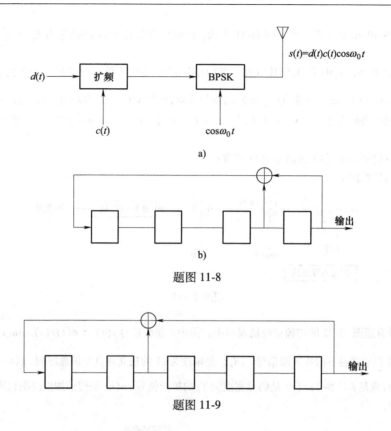

题图 11-8

题图 11-9

和移位相加特性;

3) 假设 m 序列发生器的时钟频率是 10kHz,将其输出序列和速率为 1kbit/s 的信源的输出模 2 加,再采用 2PSK 调制传输,试画出 DS-BPSK 信号的功率谱密度(要求标注零点的频率值),并求出信号带宽。

11-10 某 DS-BPSK 通信系统如题图 11-10 所示。图中,$d(t) = \sum_{k=-\infty}^{\infty} d_k g(t-kT_b)$ 是双极性不归零矩形的信息信号,$g(t)$ 是幅度为 1,$\{d_k\}$ 是幅度为 ±1 的独立等概率信息序列,T_b 是码元间隔。$c(t)$ 是由 m 序列形成的幅度为 ±1 的双极性不归零信号,码片宽度为 T_c。扩频信号 $s(t)$ 在信道传输中受到窄带干扰 $s_1(t) = d_1(t)\cos(\omega_c t + \varphi_1)$,$d_1(t) = \sum_{k=-\infty}^{\infty} d_{1,k} g(t-kT_b)$ 是与 $d(t)$ 独立的另一个信息信号,φ_1 在 $[0, 2\pi]$ 内均匀分布,$s_1(t)$ 与 $s(t)$ 具有相同码元周期且保持码元同步。

1) 画出接收机输入端的扩频信号和窄带干扰的功率谱图(要求标注零点的频率值);
2) 画出接收机中相关器输出信息信号和干扰分量功率谱图。

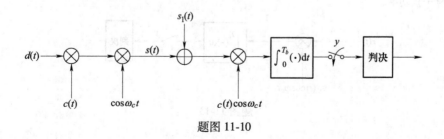

题图 11-10

11-11 某 DS-BPSK 传输系统如题图 11-11 所示。已知信息信号 $d(t)$ 的码速率 $R_b = \dfrac{1}{T_b}$，$c(t)$ 是周期 $N = \dfrac{T_b}{T_c}$ 的 m 序列波形，其中 T_c 为码片宽度。扩频信号 $s(t)$ 在信道传输中受到多址干扰 $s_3(t) = d_3(t-\tau)c_3(t-\tau)\cos[\omega_c(t-\tau)+\varphi]$，$\varphi$ 在 $(0, 2\pi)$ 内均匀分布，τ 在 $(0, T_b)$ 内均匀分布，且 φ 与 τ 相互独立。

1) 若扩频码由特征多项式 $f(x) = 1 + x^2 + x^5$ 的 m 序列来产生，请画出产生此 m 序列的发生器逻辑框图；

2) 求出信息信号 $d(t)$ 和扩频信号 $s(t)$ 带宽；

3) 计算输出信扰比 γ_0。

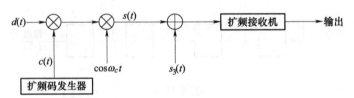

题图 11-11

11-12 试计算题图 11-12 的扩频接收机误码率。图中，接收信号 $s(t) = d(t)c(t)\cos\omega_c t$，其中 $d(t) = \sum_{k=-\infty}^{\infty} d_k g(t-kT_b)$ 是双极性不归零矩形信号，$\{d_k\}$ 是幅度为 ±1 的独立等概率信息序列，$g(t)$ 在 $t \in (0, T_b)$ 之内幅度为 1，且满足 $f_c T_b \gg 1$；$c(t)$ 是码片宽度为 T_c 的扩频信号。$n(t)$ 是信道加性高斯白噪声，其双边功率谱密度为 $n_0/2$。

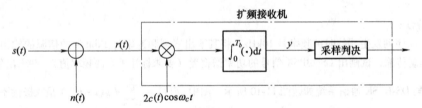

题图 11-12

11-13 设题图 11-13 所示的接收机输入 $r(t) = d(t)c(t)\cos\omega_c t + \cos(\omega_c t + \varphi)$，其中 $s(t) = d(t)c(t)\cos\omega_c t$ 是码片速率 $R_c = 10\text{Mbit/s}$、信息传输速率 $R_b = 1\text{kbit/s}$ 的 DS-BPSK 信号，并且（长度为 N 的）m 序列 $c(t)$ 的码片宽度 $T_c = \dfrac{T_b}{N}$；$s_1(t) = \cos(\omega_c t + \varphi)$ 是一个单频干扰，φ 在 $(0, 2\pi)$ 内均匀分布。

1) 试求采样值 y 中有用信号分量和单频干扰分量；

2) 计算干扰功率。

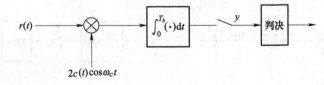

题图 11-13

11-14 已知 8 阶哈达玛矩阵 H_8 为

$$H_8 = \begin{bmatrix} +1 & +1 & +1 & +1 & +1 & +1 & +1 & +1 \\ +1 & -1 & +1 & -1 & +1 & -1 & +1 & -1 \\ +1 & +1 & -1 & -1 & +1 & +1 & -1 & -1 \\ +1 & -1 & -1 & +1 & +1 & -1 & -1 & +1 \\ +1 & +1 & +1 & +1 & -1 & -1 & -1 & -1 \\ +1 & -1 & +1 & -1 & -1 & +1 & -1 & +1 \\ +1 & +1 & -1 & -1 & -1 & -1 & +1 & +1 \\ +1 & -1 & -1 & +1 & -1 & +1 & +1 & -1 \end{bmatrix}$$

试写出沃尔什码 W_3 和 W_7，验证它们是正交的。

附　　录

附录 A　常用三角函数公式

1. $\sin(x \pm y) = \sin x \cos y \pm \cos x \sin y$
   $\cos(x \pm y) = \cos x \cos y \mp \sin x \sin y$

2. $\sin x \sin y = \dfrac{1}{2}[\cos(x-y) - \cos(x+y)]$

   $\cos x \cos y = \dfrac{1}{2}[\cos(x+y) + \cos(x-y)]$

   $\sin x \cos y = \dfrac{1}{2}[\sin(x+y) + \sin(x-y)]$

3. $\sin x + \sin y = 2\sin\left(\dfrac{x+y}{2}\right)\cos\left(\dfrac{x-y}{2}\right)$

   $\sin x - \sin y = 2\sin\left(\dfrac{x-y}{2}\right)\cos\left(\dfrac{x+y}{2}\right)$

   $\cos x + \cos y = 2\cos\left(\dfrac{x+y}{2}\right)\cos\left(\dfrac{x-y}{2}\right)$

   $\cos x - \cos y = -2\sin\left(\dfrac{x+y}{2}\right)\sin\left(\dfrac{x-y}{2}\right)$

4. $\sin 2x = 2\sin x \cos x$
   $\cos 2x = 1 - 2\sin^2 x = 2\cos^2 x - 1 = \cos^2 x - \sin^2 x$
   $\sin^2 x = \dfrac{1 - \cos 2x}{2}$
   $\cos^2 x = \dfrac{1 + \cos 2x}{2}$

5. $\sin^2 x + \cos^2 x = 1$

6. $\sin x = \dfrac{1}{2j}(e^{jx} - e^{-jx})$

   $\cos x = \dfrac{1}{2}(e^{jx} + e^{-jx})$

   $e^{jx} = \cos x + j\sin x$

7. $A\cos(\omega t + \varphi_1) + B\cos(\omega t + \varphi_2) = C\cos(\omega t + \varphi_3)$
   式中　$C = \sqrt{A^2 + B^2 - 2AB\cos(\varphi_2 - \varphi_1)}$
   $\varphi_3 = \arctan\dfrac{A\sin\varphi_1 + B\sin\varphi_2}{A\cos\varphi_1 + B\cos\varphi_2}$

附录 B 常用信号的傅里叶变换

序号	$f(t)$	$F(\omega)$
1	$\delta(t)$	1
2	1	$2\pi\delta(\omega)$
3	$e^{-\alpha t}u(t)$	$\dfrac{1}{\alpha+j\omega}$
4	$te^{-\alpha t}u(t)$	$\dfrac{1}{(\alpha+j\omega)^2}$
5	$\lvert t\rvert$	$-\dfrac{2}{\omega^2}$
6	$u(t)$	$\pi\delta(\omega)+\dfrac{1}{j\omega}$
7	$\cos\omega_c t$	$\pi[\delta(\omega-\omega_c)+\delta(\omega+\omega_c)]$
8	$\sin\omega_c t$	$j\pi[\delta(\omega+\omega_c)-\delta(\omega-\omega_c)]$
9	$\dfrac{1}{\pi t}$	$\operatorname{sgn}(\omega)$
10	$\operatorname{sgn}(t)$	$\dfrac{2}{j\omega}$
11	$e^{-\alpha\lvert t\rvert}$	$\dfrac{2\alpha}{\alpha^2+\omega^2}$
12	$e^{\pm j\omega_c t}$	$2\pi\delta(\omega\mp\omega_c)$
13	$A\operatorname{rect}\left(\dfrac{t}{\tau}\right)$	$A\tau\operatorname{Sa}\left(\dfrac{\omega\tau}{2}\right)$
14	$\operatorname{tri}\left(\dfrac{t}{\tau}\right)$	$\tau\operatorname{Sa}^2\left(\dfrac{\omega\tau}{2}\right)$
15	$\dfrac{W}{2\pi}\operatorname{Sa}\left(\dfrac{Wt}{2}\right)$	$\operatorname{rect}\left(\dfrac{\omega}{W}\right)$
16	$\displaystyle\sum_{n=-\infty}^{\infty} C_n e^{jn\omega_c t}$	$2\pi\displaystyle\sum_{n=-\infty}^{\infty} C_n\delta(\omega-n\omega_c)$
17	$\delta_{T_s}(t)=\displaystyle\sum_{n=-\infty}^{\infty}\delta(t-nT_s)$	$\omega_s\displaystyle\sum_{n=-\infty}^{\infty}\delta(\omega-n\omega_s),\quad\left(\omega_s=\dfrac{2\pi}{T_s}\right)$

附录 C Q 函数表和误差函数表

表 C.1 Q 函数表

x	0.00	0.01	0.02	0.03	0.04	0.05	0.06	0.07	0.08	0.09
0.0	0.5000	0.4960	0.4920	0.4880	0.4840	0.4801	0.4761	0.4721	0.4681	0.4641
0.1	0.4602	0.4562	0.4522	0.4483	0.4443	0.4404	0.4364	0.4325	0.4286	0.4247
0.2	0.4207	0.4168	0.4129	0.4090	0.4052	0.4013	0.3974	0.3936	0.3897	0.3859
0.3	0.3821	0.3783	0.3745	0.3707	0.3669	0.3632	0.3594	0.3557	0.3520	0.3483
0.4	0.3446	0.3409	0.3372	0.3336	0.3300	0.3264	0.3228	0.3192	0.3156	0.3121
0.5	0.3085	0.3050	0.3015	0.2981	0.2946	0.2912	0.2877	0.2843	0.2810	0.2776
0.6	0.2743	0.2709	0.2676	0.2643	0.2611	0.2578	0.2546	0.2514	0.2483	0.2451
0.7	0.2420	0.2389	0.2358	0.2327	0.2296	0.2266	0.2236	0.2206	0.2117	0.2149
0.8	0.2119	0.2090	0.2061	0.2033	0.2005	0.1977	0.1949	0.1922	0.1894	0.1867
0.9	0.1841	0.1814	0.1788	0.1762	0.1736	0.1711	0.1685	0.1660	0.1635	0.1611
1.0	0.1587	0.1562	0.1539	0.1515	0.1492	0.1469	0.1446	0.1423	0.1401	0.1379
1.1	0.1357	0.1355	0.1314	0.1292	0.1271	0.1251	0.1230	0.1210	0.1190	0.1170
1.2	0.1151	0.1131	0.1112	0.1093	0.1075	0.1056	0.1038	0.1020	0.1003	0.0985
1.3	0.0967	0.0951	0.0934	0.0918	0.0901	0.0885	0.0869	0.0853	0.0838	0.0823
1.4	0.0808	0.0793	0.0778	0.0764	0.0749	0.0735	0.0721	0.0708	0.0694	0.0681
1.5	0.0668	0.0655	0.0643	0.0630	0.0618	0.0606	0.0594	0.0582	0.0571	0.0559
1.6	0.0548	0.0537	0.0526	0.0516	0.0505	0.0495	0.0485	0.0475	0.0465	0.0455
1.7	0.0446	0.0463	0.0427	0.0418	0.0409	0.0401	0.0392	0.0384	0.0375	0.0367
1.8	0.0359	0.0351	0.0344	0.0336	0.0329	0.0322	0.0314	0.0307	0.0301	0.0294
1.9	0.0287	0.0281	0.0274	0.0268	0.0262	0.0256	0.0250	0.0244	0.0239	0.0233
2.0	0.0228	0.0222	0.0217	0.0212	0.0207	0.0202	0.0197	0.0192	0.0188	0.0183
2.1	0.0179	0.0174	0.0170	0.0166	0.0162	0.0158	0.0154	0.0150	0.0146	0.0143
2.2	0.0139	0.0136	0.0132	0.0129	0.0125	0.0122	0.0119	0.0116	0.0113	0.0110
2.3	0.0107	0.0104	0.0102	0.00990	0.00964	0.00939	0.00914	0.00889	0.00866	0.00842
2.4	0.00820	0.00798	0.00776	0.00755	0.00734	0.00714	0.00695	0.00676	0.00657	0.00639
2.5	0.00621	0.00604	0.00587	0.00570	0.00554	0.00539	0.00523	0.00508	0.00494	0.00484
2.6	0.00466	0.00453	0.00440	0.00427	0.00415	0.00402	0.00391	0.00379	0.00368	0.00357
2.7	0.00347	0.00336	0.00326	0.00317	0.00307	0.00298	0.00289	0.00280	0.00272	0.00264
2.8	0.00256	0.00248	0.00240	0.00233	0.00226	0.00219	0.00212	0.00205	0.00199	0.00193
2.9	0.00187	0.00181	0.00175	0.00169	0.00164	0.00159	0.00154	0.00149	0.00144	0.00139

表 C.2　大 x 值的 Q 函数表

x	$Q(x)$	x	$Q(x)$	x	$Q(x)$
3.00	1.35×10^{-3}	4.00	3.17×10^{-5}	5.00	2.87×10^{-7}
3.05	1.14×10^{-3}	4.05	2.56×10^{-5}	5.05	2.21×10^{-7}
3.10	9.68×10^{-4}	4.10	2.07×10^{-5}	5.10	1.70×10^{-7}
3.15	8.16×10^{-4}	4.15	1.66×10^{-5}	5.15	1.30×10^{-7}
3.20	6.87×10^{-4}	4.20	1.33×10^{-5}	5.20	9.96×10^{-8}
3.25	5.77×10^{-4}	4.25	1.07×10^{-5}	5.25	7.61×10^{-8}
3.30	4.83×10^{-4}	4.30	8.54×10^{-6}	5.30	5.79×10^{-8}
3.35	4.04×10^{-4}	4.35	6.81×10^{-6}	5.35	4.40×10^{-8}
3.40	3.37×10^{-4}	4.40	5.41×10^{-6}	5.40	3.33×10^{-8}
3.45	2.80×10^{-4}	4.45	4.29×10^{-6}	5.45	2.52×10^{-8}
3.50	2.33×10^{-4}	4.50	3.40×10^{-6}	5.50	1.90×10^{-8}
3.55	1.93×10^{-4}	4.55	2.68×10^{-6}	5.55	1.43×10^{-8}
3.60	1.59×10^{-4}	4.60	2.11×10^{-6}	5.60	1.07×10^{-8}
3.65	1.31×10^{-4}	4.65	1.66×10^{-6}	5.65	8.03×10^{-9}
3.70	1.08×10^{-4}	4.70	1.30×10^{-6}	5.70	6.00×10^{-9}
3.75	8.84×10^{-5}	4.75	1.02×10^{-6}	5.75	4.47×10^{-9}
3.80	7.23×10^{-5}	4.80	7.93×10^{-7}	5.80	3.32×10^{-9}
3.85	5.91×10^{-5}	4.85	6.17×10^{-7}	5.85	2.46×10^{-9}
3.90	4.81×10^{-5}	4.90	4.79×10^{-7}	5.90	1.82×10^{-9}
3.95	3.91×10^{-5}	4.95	3.71×10^{-7}	5.95	1.34×10^{-9}

表 C.3　误差函数和互补误差函数表

x	erf(x)	erfc(x)	x	erf(x)	erfc(x)
0.05	0.05637	0.94363	0.70	0.67780	0.32220
0.10	0.11246	0.88754	0.75	0.71115	0.28885
0.15	0.16799	0.83201	0.80	0.74210	0.25790
0.20	0.22270	0.77730	0.85	0.77066	0.22934
0.25	0.27632	0.72368	0.90	0.79691	0.20309
0.30	0.32862	0.67138	0.95	0.82089	0.17911
0.35	0.37938	0.62062	1.00	0.84270	0.15730
0.40	0.42838	0.57163	1.05	0.86244	0.13756
0.45	0.47548	0.52452	1.10	0.88020	0.11980
0.50	0.52050	0.47950	1.15	0.89912	0.10388
0.55	0.56332	0.43668	1.20	0.91031	0.08969
0.60	0.60385	0.39615	1.25	0.92290	0.07710
0.65	0.64203	0.35797	1.30	0.93401	0.06599

(续)

x	erf(x)	erfc(x)	x	erf(x)	erfc(x)
1.35	0.94376	0.05624	2.30	0.99886	0.00114
1.40	0.95228	0.04772	2.35	0.99911	8.9×10^{-4}
1.45	0.95969	0.04031	2.40	0.99931	6.9×10^{-4}
1.55	0.97162	0.02838	2.45	0.99947	5.3×10^{-4}
1.50	0.96610	0.03390	2.50	0.99959	4.1×10^{-4}
1.60	0.97635	0.02365	2.55	0.99969	3.1×10^{-4}
1.65	0.98037	0.01963	2.60	0.99979	2.4×10^{-4}
1.70	0.98379	0.01621	2.65	0.99982	1.8×10^{-4}
1.75	0.98667	0.01333	2.70	0.99987	1.3×10^{-4}
1.80	0.98909	0.01091	2.75	0.99990	1×10^{-4}
1.85	0.00111	0.00889	2.80	0.999925	7.5×10^{-5}
1.90	0.99279	0.00721	2.85	0.999944	5.6×10^{-5}
1.95	0.99418	0.00582	2.90	0.999959	4.1×10^{-5}
2.00	0.99532	0.00468	2.95	0.999970	3×10^{-5}
2.05	0.99626	0.00374	3.00	0.999948	2.2×10^{-5}
2.10	0.99702	0.00298	3.50	0.999993	7×10^{-6}
2.15	0.99763	0.00237	4.00	0.999999984	1.6×10^{-8}
2.20	0.99814	0.00186	4.50	0.9999999998	2×10^{-10}
2.25	0.99854	0.00146	5.00	0.999999999985	1.5×10^{-12}

附录 D 贝塞尔函数表

n \ x	0.5	1	2	3	4	6	8	10	12
0	0.9385	0.7652	0.2239	-0.2601	-0.3971	0.1506	0.1717	-0.2459	0.0477
1	0.2423	0.4401	0.5767	0.3391	-0.0660	-0.2767	0.2346	0.0435	-0.2234
2	0.0306	0.1149	0.3528	0.4861	0.3641	-0.2429	-0.1130	0.2546	-0.0849
3	0.0026	0.0196	0.1289	0.3091	0.4302	0.1148	-0.2911	0.0584	0.1951
4	0.0002	0.0025	0.0340	0.1320	0.2811	0.3576	-0.1054	-0.2196	0.1925
5		0.0002	0.0070	0.0430	0.1321	0.3621	0.1858	-0.2341	-0.0735
6			0.0012	0.0114	0.0491	0.2458	0.3376	-0.0145	-0.2437
7			0.0002	0.0025	0.0152	0.1296	0.3206	0.2167	-0.1703
8				0.0005	0.0040	0.0565	0.2235	0.3179	0.0451
9				0.0001	0.0009	0.0212	0.1263	0.2919	0.2304
10					0.0002	0.0070	0.0608	0.2075	0.3005
11						0.0020	0.0256	0.1231	0.2704
12						0.0005	0.0096	0.0634	0.1953
13						0.0001	0.0033	0.0290	0.1201
14							0.0010	0.0120	0.0650

参 考 文 献

[1] 赵蓉,等. 现代通信原理教程 [M]. 北京:北京邮电大学出版社,2009.
[2] 樊昌信,等. 通信原理 [M]. 6版. 北京:国防工业出版社,2006.
[3] 周炯槃,等. 通信原理 [M]. 4版. 北京:北京邮电大学出版社,2017.
[4] 樊昌信,等. 通信原理 [M]. 5版. 北京:国防工业出版社,2001.
[5] 周炯槃,等. 通信原理 [M]. 3版. 北京:北京邮电大学出版社,2008.
[6] 曹金玉,等. 通信系统原理 [M]. 长春:吉林大学出版社,1998.
[7] 王福昌,等. 通信原理 [M]. 北京:清华大学出版社,2006.
[8] 曹志刚,等. 现代通信原理 [M]. 北京:清华大学出版社,1992.
[9] 马海武,等. 通信原理 [M]. 北京:北京邮电大学出版社,2004.
[10] 刘颖,等. 数字通信原理与技术 [M]. 北京:北京邮电大学出版社,1999.
[11] HAYKIN S. Communication System [M]. 3rd ed. New York:John Wiley & Sons,1994.
[12] 达新宇,等. 通信原理 [M]. 北京:北京邮电大学出版社,2005.
[13] 常永宇,等. CDMA2000-1X 网络技术 [M]. 北京:电子工业出版社,2005.
[14] ZPEEBLESS P. Communication System Principles [M]. New Jersey:Addison—Wesley Publishing Company,1976.
[15] 吴伟陵. 移动通信中的关键技术 [M]. 北京:北京邮电大学出版社,2001.
[16] 张宗橙. 纠错编码原理和应用 [M]. 北京:电子工业出版社,2003.
[17] 沈保锁,等. 现代通信原理 [M]. 北京:国防工业出版社,2002.
[18] 冯玉珉,等. 通信系统原理 [M]. 北京:清华大学出版社,北京交通大学出版社,2003.
[19] 沈振元,等. 通信系统原理 [M]. 西安:西安电子科技大学出版社,1993.
[20] 黄庚年,等. 通信系统原理 [M]. 北京:北京邮电学院出版社,1991.
[21] 张树京,等. 通信系统原理 [M]. 北京:中国铁道出版社,1992.
[22] 倪维桢,等. 数据通信原理 [M]. 北京:北京邮电大学出版社,1994.
[23] 乐光新,等. 数据通信原理 [M]. 北京:人民邮电出版社,1988.
[24] 桑林,等. 数字通信 [M]. 北京:北京邮电大学出版社,2002.
[25] 赵琦,等. 编码理论 [M]. 北京:北京航空航天大学出版社,2009.
[26] 赵宏波,等. 现代通信技术概论 [M]. 北京:北京邮电大学出版社,2003.
[27] 达新宇,等. 现代通信新技术 [M]. 西安:西安电子科技大学出版社,2001.
[28] 王兴亮. 通信系统原理教程 [M]. 西安:西安电子科技大学出版社,2007.
[29] 徐家恺,等. 通信原理教程 [M]. 北京:科学出版社,2007.
[30] 李宗豪,等. 基本通信原理 [M]. 北京:北京邮电大学出版社,2006.
[31] 肖闽进,等. 通信原理教程 [M]. 北京:电子工业出版社,2006.
[32] LILLIAN G. 电信技术基础 [M]. 唐宝民,等译. 北京:人民邮电出版社,2003.
[33] 杨大成,等. 现代移动通信中的先进技术 [M]. 北京:机械工业出版社,2005.
[34] 王文博,等. 宽带无线通信 OFDM 技术 [M]. 北京:人民邮电出版社,2003.
[35] 尹长川,等. 多载波宽带无线通信技术 [M]. 北京:北京邮电大学出版社,2004.
[36] JOHN G,MASOUD S. 数字信号处理——原理、算法与应用 [M]. 方艳梅,刘永清,等译. 4版. 北京:电子工业出版社,2001.
[37] 陈振国,等. 卫星通信系统与技术 [M]. 北京:北京邮电大学出版社,2003.

[38] 郭梯云，等．数字移动通信［M］．北京：人民邮电出版社，1996．
[39] 王新梅，等．纠错码——原理与方法［M］．西安：西安电子科技大学出版社，2001．
[40] 陈显治，等．现代通信技术［M］．北京：电子工业出版社，2001．
[41] 王秉钧，等．现代通信系统原理［M］．天津：天津大学出版社，1991．
[42] 中睿通信规划设计有限公司．迈向5G从关键技术到网络部署［M］．北京：人民邮电出版社，2018．
[43] PATRICK M. 5G 移动无线通信技术［M］．陈明，等译．北京：人民邮电出版社，2017．
[44] MARTIN S, Analog and Digital Communication Systems [M]. New Jerser: Prentice-Hall, 1991.
[45] 冯子裘，等．通信原理［M］．西安：西北工业大学出版社，1990．
[46] 孙立新，等．CDMA（码分多址）移动通信技术［M］．北京：人民邮电出版社，1996．
[47] 刘颖，等．同步数字传输技术［M］．北京：科学出版社，2012．
[48] 李允博．光传送网（OTN）技术的原理与测试［M］．北京：人民邮电出版社，2013．
[49] 赵琦，等．编码理论［M］．北京：北京航空航天大学出版社，2009．
[50] 刘东华，等．Turbo 码设计与应用［M］．北京：电子工业出版社，2011．
[51] 赵晓群．现代编码理论［M］．武汉：华中科技大学出版社，2008．
[52] 肖扬．Turbo 与 LDPC 编解码及其应用［M］．北京：人民邮电出版社，2010．
[53] 田日才．扩频通信［M］．北京：清华大学出版社，2007．
[54] ROGER L. 扩频通信导论［M］．沈丽丽，等译．北京：电子工业出版社，2006．